跟名师读
《白鲸》

陶红亮 编著　冰河插画 绘

海洋出版社

图书在版编目（CIP）数据

跟名师读《白鲸》 / 陶红亮编著． — 北京 ： 海洋出版社， 2021.12

ISBN 978-7-5210-0786-2

Ⅰ．①跟… Ⅱ．①陶… Ⅲ．①海洋－青少年读物 Ⅳ．① P7-49

中国版本图书馆 CIP 数据核字 (2021) 第 122916 号

跟 名 师 读

《白鲸》 GEN MING SHI DU 《BAI JING》

总 策 划：刘　斌	发行部： (010) 62100090　　 (010) 62100072（邮购部）
责任编辑：刘　斌	(010) 62100034 （总编室）
责任印制：安　淼	网　　址：www.oceanpress.com.cn
排　　版：冰河文化	承　印：北京中科印刷有限公司
	版　次：2022 年 6 月第 1 版
出版发行：海洋出版社	2022 年 6 月第 1 次印刷
	开　本：787mm×1092mm　1/16
地　　址：北京市海淀区大慧寺路 8 号（716 房间）	印　张：22.5
100081	字　数：393.1 千字
经　　销：新华书店	印　数：1～4000 册
技术支持：(010)62100055	定　价：68.00 元

本书如有印、装质量问题可与发行部调换

前言
PREFACE

　　赫尔曼·梅尔维尔是十九世纪美国伟大的小说家、散文家和诗人，他与纳撒尼尔·霍桑齐名。梅尔维尔的作品在二十世纪二十年代才被大众接受，他被认为是美国文学史上的巅峰人物之一，其地位在马克·吐温等人之上，因此也被誉为"美国的莎士比亚"，但这一切都发生在他已故后，生前的梅尔维尔和他的作品未得到应有的重视。

　　赫尔曼·梅尔维尔出身于纽约的一个望族中，其祖父曾参加过美国独立战争，外祖父是一名将领。富足优越的家庭让梅尔维尔从小接受了良好的教育，使他养成了博览群书的习惯。但是这样的生活到他十二岁时就结束了，其父亲因破产郁郁而终，家庭的动荡使年幼的梅尔维尔为了养家糊口不得不放弃了学业，也使他形成了复杂深沉的性格。为了改变现状，十九岁的梅尔维尔到一艘开往英国的货轮上做事，正是这次航海经历为他打开了一个崭新的世界。从英国返回后，梅尔维尔就在一艘名为"阿西希耐"的捕鲸船上做了水手。在捕鲸船上的水手生涯和其后在美国海军"合众国"号上服役的经历，奠定了他的思想基础，也大大丰富了他的见闻，为他后来的写作打下了良好的基础。

　　梅尔维尔一生创作了多部作品，其中《白鲸》创作于一八五〇年，于一八五一年出版。作品出版后，大家对其的评论毁誉参半。中年以后，梅尔维尔放弃了以写作为主业，担任纽约海关监督员，闲暇时以写诗自娱。终其一生，《白鲸》也没有得到应有的承认。

　　《白鲸》以大海为背景，通过以实玛利倒叙的方式，讲述了他与好友季奎格登上了一艘名叫"披谷德"号的捕鲸船。捕鲸船的船长亚哈是一位纵横海上四十年、在水手们眼中如同神一般的人物。他在一次捕鲸过程中被凶残狡猾的白鲸莫比·迪克咬掉了一条腿，从此之后便一心想要杀死这头白鲸报仇。最终被仇恨蒙蔽了双眼的亚哈船长失去理智，变成了一个一意孤行的偏执狂。为了杀死白鲸，重获尊严，亚哈精心策划了一个史无前例的复仇计划。他驾着"披谷德"号在全世界的各大洋里搜寻，不顾大副的多次劝说，置全船人的生命于不顾，终于找到了莫比·迪克。经过三天的追捕，他在捕鲸艇上用标枪刺中了白鲸，但是"披谷德"号也被白鲸撞破，而亚哈船长却被标枪上的绳索缠住，掉进海中，最终与白鲸同归于尽。全船人除了以实玛利外都葬身海底。这部小说具有极强的象征意义，被认为是美国文学史上描写人与自然关系的巅峰之作，它还激起了人们对道德、社会、人性、人与人之间的关系以及人与自然之间的关系等多方面的深思。

《白鲸》有着史诗般的剧情以及沉郁绚丽的文笔，作者以一种极其独特的审美视角和思考维度使这部海洋题材的文学作品达到了一个寻常人难以企及的高度。众所周知，在欧美的文学作品中从来都不缺乏英雄主义，而《白鲸》中的亚哈船长就是一个具有复杂英雄主义倾向的人物。他的身上不仅带着人类征服海洋的勇气和大无畏的精神，也具有人性中的自私与暴力。在他的身上，美与丑、善与恶共存，也正是这些矛盾与冲突的存在，使其象征意义更加值得探究。

小说的另一位主角是以实玛利，他对海洋有着与众不同的态度。在以实玛利的眼中，海洋是一个既神秘又充满诱惑的地方，人们可以在这里放松身心、尽情享受。他不像亚哈那样把海洋看作战场，他热爱海洋，并认为大海的美、大自然的美都是上帝赐予人们的礼物。他尊重其他生物，对它们一视同仁，认为人类没有权利去破坏甚至毁灭它。

亚哈对待自然疯狂的态度与以实玛利的理性形成了鲜明的对比，这种差异体现在亚哈对鲸的敌意和以实玛利对鲸的友善上。鲸是代表自然界的一种海洋生物，两个人对鲸的态度代表了两类人与自然的关系。最终亚哈的悲剧结局和以实玛利的被救赎，揭示了人与自然的最好关系：不是一方为主宰，一方为仆役，人类与自然界必须和谐共存，才是人类生存的唯一途径。因此，我们应该保护自然、敬畏生命，才能维持人类活动与生态之间的平衡。

　　本书通过各章前的名师导读和正文中的赏析解读，帮助读者更好地理解原著，感受自然的浩瀚与人类的勇敢；同时对书中出现的海洋生物、海洋地理、海洋现象、海洋文化、捕鲸业及其他知识点（如历史人物、历史事件等）进行了科学解读，将科学与文学相结合，以无障碍阅读的方式提升阅读体验，赋予名著新的价值和内涵。

海洋名著与科学丛书

|顾　问|

金翔龙

|主　编|

陶红亮

|副主编|

李　伟　秦　颖

编委会

赵焕霞　　权亚飞　　刘东旭　　刘超群

王晓旭　　张　姝　　杨　媛　　杨岚惠

目录
CONTENTS

第一章　海的诱惑

[名师导读]

"我"叫以实玛利，算是一名水手，每到一个时期，"我"就会有想要出海的念头，出海对"我"来说，不但是维持生计的一种手段，而且已经成了一种习惯。然而"我"这个一直在商船上当水手的人，突然萌生了上一次捕鲸船的念头。

关于我的名字，无关紧要，你就叫我以实玛利（基督教和伊斯兰教中共同出现的人物，是亚伯拉罕和妻子的埃及女仆夏甲所生的儿子，其命运始终被操纵在别人手中。这里取名为以实玛利，其实是隐喻遭遇坎坷，受到社会不公平对待的意思）吧。我要说的这些事距今已经有些年头了，到底有多久我也记不清了。那时的我囊空如洗，又不想在岸上随便找个差事，便想着不如去当水手，见识一下大海里的世界，这有利于我祛除心火、调节血脉。每当我心浮气躁、心绪不宁，如同十一月阴沉潮湿的天气时；每当我身不由己跟随着不相干的送葬队伍时；每当我忧郁症发作，想要冲上街头横冲直撞时，我心里都在想：我得赶紧出海去了。因为只有出海这一条路才能阻止我想对自己开枪的念头。我无法像当年的加图（指小加图，公元前95—公元前46年，罗马共和国末期的政治家和演说家，因为其传奇般的坚忍和固执而闻名。因与恺撒不和，在庞培战败后，加图继续反对恺撒。在乌提卡战役中战败后，加图因拒绝让恺撒享有宽恕自己的权力而自杀）那样以一种哲学家的姿态自刎，只能悄悄地上船。其实这并不是什么奇怪的事情。我相信不论是谁，在某个特定的时期，都会和我一样，对海洋产生某种向往。[赏析解读：这里是对以实玛利的介绍，是整个故事的引线，同时也为下文作铺垫。]

为什么几乎每一个身心健全的小伙子都会产生出海的念头呢？为什么当你第一次坐船出海，听到远离陆地的消息时，心头就会产生一种莫名其妙的激动呢？为什么古代波斯（伊朗的古名，兴起于伊朗高原的西南部。从公元前 600 年开始，希腊人把这一地区叫作"波斯"。波斯人在历史上曾建立许多赫赫有名的帝国，如阿契美尼德王朝、萨珊王朝、萨法维帝国等，波斯帝国更是第一个地跨亚欧非三洲的大帝国）人把大海奉为神明呢？为什么希腊人会特意设立一位海神（古希腊的海神是波塞冬，奥林匹斯十二主神之一，他是宙斯的哥哥，哈迪斯的弟弟），作为主神朱庇特（是罗马神话里统领神域和凡间的众神之王，古老的天空神及光明、法律之神，也是罗马十二主神之首，对应希腊神话中的主神宙斯）的兄弟呢？这一切显然是存在一定道理的，而那个关于那喀索斯（源自希腊神话，是河神刻菲索斯与水泽神女利里俄珀的儿子。Narcissism 直译是"自恋"的意思，就源自与他相关的传说：他在水中看到了自己的倒影，便爱上了自己，每天茶饭不思，憔悴而死，变成了一朵水仙花。心理学家借用这个词，用以描绘一个人爱上自己的现象）的传说含意就更深了。美少年那喀索斯因为无法触碰到自己映入清泉中的柔美影子而最终投水自溺。然而，我们自己在江河湖海里也看到了同样的身影，那是无法捉摸的生命的魅影，这就是对一切问题的解答。

这样一来，每当我觉得视力模糊、肺部不适时，我就想出海，但并不是说我要以一个乘客的身份花钱去坐船出海。因为以乘客的身份出海，必须要有钱袋，而你的钱袋里也一定要有钱，否则那个钱袋就如同一块破布。[赏析解读：作者在这里把没有钱的钱袋比作一块"破布"，从侧面体现出了主人公当时的经济情况。]而且乘客还会晕船、争吵和失眠，我是绝不会如此无趣地出海的。另外，虽然我也称得上是一名水手，但是我从来没有以船队司令、船长或厨师的身份出海过，我情愿将这些职位让给那些喜欢荣耀和显赫的人。我要以一名普通水手的身份出海，高高地站在桅杆上、桅杆前或是一头扎进水手舱。他们也会支使我干这干那，让我像五月草地上的蚂蚱一样，从这根圆木跳到那根圆木上去。一开始，这样的情况会让人觉得不适，因为它会伤害人的自尊心，但时间一长也就无所谓了。[赏析解读：简短的一句话，体现出了人们在面对生存时的诸多无奈。]

你觉得天使长加百列（基督教和伊斯兰教都提到的一位天使长的名字，本为炽天使，身份显赫而高贵，担任警卫长的职务。传说末日审判的号角就是由他吹响的，象征着智慧）会因为我顺从地执行那个老家伙的命令就小瞧我吗？你倒是说说看，谁又不会受人使唤呢？再说，我之所以总是以水手的身份出海，是因为可以拿到酬劳，我从来都没有听说过他们会给乘客钱，乘客只能掏钱给他们。掏钱和收钱，这两者之间可谓天壤之别（形容极大的差别，也说天渊之别）。

但是，在多次以商船水手的身份出海之后，我居然有了想要跟随捕鲸船出海的念头。[赏析解读：以实玛利想要以捕鲸船水手的身份出海的这个念头是整条故事线的源头。]为何要让我扮演出海捕鲸的水手这种寒酸角色呢？这个问题只能去问那个总是监视我、暗中跟踪我的无形警官——命运之神了，我想只有他才能说清楚。

其中最大的动因就是那头鲸，只是想到它就能让人亢奋不已。[赏析解读："那头鲸"是故事的主角之一，在它的身上蕴藏着诸多的秘密，引起读者的好奇。]那头既凶猛又神秘的巨兽激起了我极大的好奇心。让我动心的还有它如岛屿一般的身躯在浩瀚的大海里翻腾着的景象以及与鲸相关的那些无法用言语形容的危险；再加上巴塔哥尼亚（主要位于阿根廷境内，小部分属于智利，几乎包括阿根廷本土南部的所有土地。由广阔的草原和沙漠组成，气候条件恶劣，素有"风土高原"之称）式的奇幻风光与声音。可能对别人来说，这并不能称为诱惑，但是对我来说，遥远的事物总是让我无时无刻不心痒难耐。我喜欢在惊涛骇浪（凶猛而使人害怕的波涛）中远航，喜欢登上蛮荒的海岸。我对美好的事物不会视而不见，对可怕的事物也会很快觉察到，并善于与之相处。

出于这些原因，我无比渴望出海捕鲸。在促使我做出这一决定的狂想中，那个神奇世界的大门已经打开了，数不清的鲸排着队列，缓缓地游进了我的灵魂深处，而在这一切中，突然冒出了一头鬼魅般的巨兽，它戴着风帽，看起来仿佛是跃在半空中的一座雪山。[赏析解读：此处对以实玛利想象中的鲸的描写，为其出场增添了更多的神秘感。]

第二章　新贝德福德的夜晚

[名师导读]

"我"带着一个旧行李包和几枚银币来到了新贝德福德，因为错过了开往南塔克特的船，无奈之下只好在这里停留一天两夜。对"我"来说，首先要解决住宿和吃饭的问题，而"我"只想找一个便宜的旅店。最终"我"来到了"鲸鱼客店"，它会是什么样子呢？

我提着一个旧行李包，里面只有一两件衬衣，然后往腋下一挟，便动身去了合恩角（智利南部合恩岛上的陡峭岬角。位于南美洲最南端，以1616年绕过此角的荷兰航海家斯豪滕的出生地合恩命名。合恩角洋面波涛汹涌，终年强风不断，气候寒冷，航行危险），转而去了太平洋。离开了古老的曼哈托斯岛（即纽约的曼哈顿岛，原是印第安人起的名字，19世纪中叶时纽约城全部都在这里）后，我在十二月一个星期六的晚上，顺利到达了新贝德福德（是美国马萨诸塞州东南部港口城市。美国著名的捕鲸港口，17世纪前的居民为印第安人，1654年开始就有欧洲殖民者在此定居。城内有一座著名的新贝德福德捕鲸博物馆，是美国最大的捕鲸主题博物馆）。令我大失所望的是，那艘开往南塔克特（大西洋中的岛屿。在美国马萨诸塞州科德角以南48千米处，是由于冰川作用形成的，这里在18—19世纪早期捕鲸业发达，在美国独立战争前夕有多达125艘捕鲸船以此地为基地）的小邮船已经开走了，而下一班船要等到下星期一。

到捕鲸船上吃苦的新手都先要在新贝德福德停留，然后再从这里登船出海。不过在这里说明一下，我不是这样打算的。我已经拿定主意，一定要从南塔克特登船。如今，我必须要在新贝德福德停留一天两夜，才能离开这里去往我的目的地，当务之急是要找个吃饭和睡觉的地方。这是一个漆黑、寒冷的夜晚，彻骨的凉意让人打不起精神。[赏析解读：此处的描写，写出了新贝德福德寒冷萧瑟的环境，渲染气氛，为下文作铺垫。] 我在这里一个熟人也没有。我急切地用手摸了一下口袋，只摸出几枚银币——这是我的所有了。此时的我扛着行李包，站在一条荒凉的街道中间，四周一片阴沉黑暗，我这样对自己说："以实玛利呀，无论你去哪儿，都可以凭着聪明才智随便去哪里过夜，但是在那之前一定要问问价钱，不要太挑剔了。"

我在街上走走停停，经过了那块标有"交叉标枪"的招牌，那家旅店一看就是个寻欢作乐的地方，房价肯定也很贵。再往前走，是"箭鱼客店"，店里的灯烛从窗子里射出一片红光，那股暖意似乎要把屋前的积雪融化了。

于是我接着向前走去，这回我出于本能，顺着通往海边的街道走，因为在那里一定有虽然不是最舒适，但却是最便宜的客店。

街道两边十分荒凉，两旁的房屋被淹没在黑暗中，烛光零零星星地散落着，就像是坟地中的鬼火。在周末的夜晚，这个荒凉的地段几乎看不到行人。

我继续向前走，终于来到了一座离码头不远、挂在门外的油灯发着朦胧灯光的房屋前。我走到门口，听见半空中吱呀作响，颇感凄凉。我抬头向上望去，只见门头上挂着一块摇摇晃晃的招牌，上面有一幅用白漆画成的画，隐约可以看出是鲸笔直地喷向高空中的一股像雾般的水柱，在下面有"'鲸鱼客店'——彼得·考芬（考芬是棺材一词的音译）"几个大字。[赏析解读：通过"我"细致地观察，写出了"我"将要居住的客店的环境，同时也呼应上文，这是一个供穷人落脚的地方。]

棺材？鲸？这两者联系在一起，让我有些后背发凉。不过，据说考芬这个姓在南塔克特非常常见，我想，这个名叫彼得的人一定是从那里搬过来的。由于这里的灯光昏暗，而且很幽静，以至于这所破败的小木屋像是发生过一场大火，再加上摇摇欲坠的招牌发出的吱呀声，好像在告诉我它的贫穷。我想自己要找的客店就是这里了，没准还能在这里喝上最好的代用咖啡。

这里有个特别古怪的地方，一座有山墙（一般称为外横墙，沿建筑物短轴方向布置的墙为横墙，建筑物两端的横向外墙一般称为山墙。古代建筑一般都有山墙，它的作用是与邻居的住宅隔开和防火）的旧房子像是瘫了一样，可怜巴巴地斜倚在那里。这座房子坐落在一个荒凉的尖角上，欧罗克利顿（是地中海上的一种东北飓风）不停地在呼啸（风发出高而长的声音），比当年吹翻圣徒保罗（5—67年，基督教圣徒。在《圣经》中，圣徒保罗从希腊坐船前往罗马，途中遭遇了地中海暴风友拉革罗，所乘船只因此倾覆）乘坐的船的风还要凶猛。可是，这样的风对任何一个将双脚安闲地架在壁炉架上取暖并昏昏欲睡的人来说，无疑是一股极其舒适的和风。但可怜的穷人躲在那里，头枕着石栏，冻得牙齿直打冷战，浑身抖动得把身上的破布都抖掉了。或许他也可以把两只耳朵塞上破布，嘴里咬住一根玉米芯，但即使这样，他也无法抵挡住狂暴的欧罗克利顿的摧残。穿着紫色睡衣的老财主说，欧罗克利顿！谁在乎它呢！这个天寒地冻的夜晚多棒啊！猎户星多明亮！北极光多美！让那些人去谈论他们四季如暖房般的夏日气候吧，我要的是能够用炭火制造出来的属于自己的夏天的特权。[赏析解读：此处通过穷人与富人之间的巨大差异对比，凸显出了当时穷人清苦的生活状况。]

但是那些穷人会怎么想呢？他们能把冻得青紫的双手探到壮丽的北极光里去取暖吗？难道他们宁愿不待在苏门答腊（印度尼西亚西部的一个大型岛屿，面积47.3万平方千米，是世界第六大岛屿。因盛产黄金，所以我国古代称其为"金州"。16世纪时其黄金岛的名声曾吸引不少葡萄牙探险家到来。这里属于热带雨林气候，全年高温多雨，有明显干湿两季）而更愿意待在这里吗？难道他们不想舒适地躺在赤道地区吗？当然，如果老天能够赶走这严寒，哪怕让他们钻进火坑里都可以。

不过，现在还不是哭哭啼啼诉苦的时候，我们要去捕鲸了，以后哭诉的日子还多着呢。现在先把靴子上凝结成的冰擦掉，去看看"鲸鱼客店"到底是个怎样的地方。

第三章　鲸鱼客店

[名师导读]

　　来到"鲸鱼客店","我"被客店老板告知要与一个标枪手同睡一张床。虽然"我"十分不情愿,但是在寒冷与贫穷的窘迫中,只能选择面对现实。什么!他还是个卖人头的生番!对于这样的床伴,不得不令"我"对他感到好奇,并深深地为我们的同床之夜感到担忧。那么,这个不寻常的晚上会发生什么不寻常的事情呢?

　　一走进这家有山墙的鲸鱼客店,便会发现自己置身于一条装有老式护壁板的、零乱低矮的过道里。看到护壁板,不禁会让人联想起报废的旧船的舷墙。一侧的护壁板上挂着一幅巨大的油画,这幅画已经被烟熏得模糊不清了,在不均匀的交叉光线下观看,只能经过苦苦研究、反复分析,再仔细地向邻里街坊询问,才能真正了解这幅画的含意。[赏析解读:对于环境细节的描写,表明这是个穷人的落脚之处,与以实玛利想要寻找的住宿地点相吻合。]不过,最让人感到纳闷的是在这幅画的中央有一个看起来又长、又软、又奇怪的黑色东西,在这个长条下面叫不出名来的泡沫堆上,依稀飘浮着三道蓝色的直线。一旦把那个东西搞清楚了,一切真相都会浮出水面。不过且慢,那个东西不有些像条巨大的鱼吗?或者它就是那头巨兽?[赏析解读:一幅引人产生各种联想的怪画,让以实玛利想到那头鲸,此处为下文埋下了伏笔。]

　　其实,这位作者的构思大概是这样的(这是我的最终推测,我和许多长者都谈论过这幅画,推测的部分也综合了他们的意见):这幅画画的是一艘经常行驶在合恩角的船,在强烈的飓风(指生成于大西洋和北太平洋东部地区的强大而深厚的热带气旋,也泛指狂风和任何热带气旋以及风力达12级的大风。飓风中心有一个风眼,风眼越小,破坏力越大,其意义和台风、旋风类似,只是产生地点不同)中残喘着,还未完全沉没。可以看到帆都已经被卷走了,海面上只露出那三根光秃秃的桅杆;一头狂怒的鲸奋力跃出水面,想要跃过这艘船,然而它的肚子眼看就要被这三根桅杆戳破了。

　　通道对面的墙上挂满了一排我从未见过的、造型奇特的棍棒和长矛。有的密密麻麻地布满了像锯齿一般闪闪发亮的牙齿;有的装饰着一绺绺的头发。有的则透着一股仿佛会随时舞动起来的杀气,当你看到它时,就会心生寒意,忍不住浑身颤抖,不知道它的主人是怎样的穷凶极恶，才会使用这样的工具。还有一些陈旧、生锈的捕鲸标枪夹在这些东西中，全部已经损坏变形，其中有一些曾是赫赫有名的武器。[赏析解读：对通道墙上挂着的各种武器的描写，一方面表现出了这个客店的杂乱，另一方面也体现出了"鲸鱼客店"的主题。]穿过这条昏暗的通道，就会看到一条低矮的拱形过道。在以前，这里一定是与巨大的总烟囱相通的，因为周围都是火炉。经过这个区域就来到了这家客店的大堂，那是个更加昏暗的地方。大堂的屋梁矮且笨重，脚下是旧得起了裂纹的地板，踩在上面几乎会让人觉得自己踩在了一艘破船的船尾上，特别是在这样一个狂风肆虐的晚上，这艘停靠在一个拐角里的破旧方舟（《圣经》中诺亚为全家人躲避洪水而造了一只方舟）摇晃得几乎快要散架的感觉就更加强烈了。[赏析解读：作者在这里采用了一种夸张的比喻手法，表达出了这家客店的破败与老旧。]在屋子的一边摆放着一张像是柜子一样又长又矮的桌子，桌子上摆着一些破裂的玻璃盒子，里面装着从这个广阔的世界各个角落搜集来的落满了灰尘的稀罕物。

在远一些的一个角落里，有一个看起来漆黑阴暗的地方，那里是个酒吧。客店的主人应该是想要将它布置成露脊鲸（是鲸目、须鲸亚目、露脊鲸科的通称。露脊鲸的身体呈纺锤形，体表光滑无毛，成年后最大可长达18米，重100吨，身体大部分呈黑色，在它们的头部有特殊的硬皮，没有背鳍，有长且呈弓状的嘴巴，因此它们很容易区别）的头的形状，不过粗糙了些。

在那个看起来能够吞食掉一切的嘴巴里，一个干瘪的小老头正在忙个不停。他看起来活像是遭天谴的约拿（在《圣经·旧约·约拿书》中，约拿在违背了上帝的旨意后，坐船出逃。上帝让同船的人将约拿扔入海中，后被吞入鱼腹。约拿在鱼腹里向上帝忏悔并苦苦哀求，上帝才开恩让鱼把他吐了出来），也许在别人口中他就是约拿。水手们会用钱从这个小老头手里高价购买酒精和死亡。那些被他用来存放毒药的玻璃杯最可恶了。[赏析解读：作者在这里将酒比作毒药，将装酒的玻璃杯比作存放毒药的容器，表达出了他对酒的厌恶。]从外表上来看，它们确实是一个圆筒，然而从里面看，这些"坏透了"的绿色杯子却越向下越小，其实是一个骗人的圆锥体。在这些如同强盗般的杯子外面，粗糙地刻着一圈圈平行的格子线。酒倒到这条线上时，只收你一个便士（是英国货币辅币单位，每个硬币面值可能不同，类似于中国的"分"。1970年前1英镑等于240便士，自1971年起1英镑等于100新便士）；到那条线上时，加收一个便士；以此类推，直到酒杯被倒满，这种杯子被称为合恩角量器，能够让人一口气喝掉一个先令（是英国的旧辅币单位，1英镑等于20先令，1先令等于12便士，1971年英国货币改革时被废除）。

当我走进客店时，看见许多年轻的水手正聚集在一张桌子旁，在昏暗的灯光下观看水手自制的各式各样的手工艺品（水手们将鲸骨雕刻成各种小玩意儿，以此作为消遣）。[赏析解读：从这里可以看出，海上的生活是极为乏味的，水手们会用鲸骨雕刻成各种东西，来打发漫长的航海生涯。]我找到客店老板，跟他说要间房，他回答我说客店已经没有空房了，甚至连空床都没有。

"噢！等一等，"他拍了下前额，又说道，"你是不会介意和一个标枪手共用一张床吧？看样子你是准备出海捕鲸的，先习惯一下这种事对你来说没有坏处。"

我对他说我从不喜欢两个人睡一张床；如果非这样不可的话，那要看这个标枪手是个什么样的人，要是他实在没有别的地方给我过夜，而这个标枪手又确实不讨人嫌，那在这么冷的夜晚，与其再在一个陌生的城市里瞎转悠，还不如跟一个规规矩矩的人同睡一张床上凑合一下算了。
[赏析解读：此处的心理描写，表达出了以实玛利纠结的内心活动，同时也写出了他的无奈。]

"我也是这么想的。很好，请坐。你要吃晚饭吗？晚饭马上就好了。"

我坐在一张高背长靠椅上，这张椅子跟炮台公园（位于美国纽约市曼哈顿区南端，克林顿堡国家纪念碑是公园的主要建筑，建造于1812年之前的克林顿堡为防御英军的四座城堡之一，在1817年被改为炮台公园，以纪念当时任纽约市长的德威特·克林顿）里的那些长椅没有什么不同，布满了乱刻乱画的痕迹。后来，我们有四五个人被带到隔壁的一间房子里去吃饭。那间房子没有生火，冷得就跟冰岛一样，据客店老板说他生不起火。屋里只点了两支看起来很劣质的牛油蜡烛，分别被类似于裹尸布一样的挡风罩围着。[赏析解读：此处对于环境细节的描写，照应上文，突出了客店的破旧。]我们只好把水手的紧身短上衣裹严，用冻得半僵的手指把茶送到嘴边。不过，饭菜倒是很实惠，不但有肉有土豆，竟然还有汤团。天啊！晚饭有汤团！一个身穿绿色车夫外套的年轻人，正在以一种很难看的吃相解决那些汤团。

"小伙子，"客店老板突然开口说道，"你今天晚上一定会做噩梦的。"

"老板，"我悄悄地说，"他不是你说的那个标枪手吧？"

"才不是呢，"他以一副滑稽的表情说道，"我说的那个标枪手是个黑皮肤的家伙。他从来不吃汤团，更准确地说，他除了半生不熟的牛排，什么都不吃。"

"这么奇怪！那他在哪儿呢？他现在在这里吗？"我问道。

客店老板的回答是："他一会儿就来。"

我开始对那个"黑皮肤"的标枪手有了戒心。[赏析解读：当听到客店老板说到那个黑皮肤标枪手的怪异之处后，以实玛利对他产生了很大的好奇，也为下文作铺垫。] 不过，不管如何，我做了一个决定，要是我们非要睡到一起不可，那我必须等他先睡了后再睡。

晚饭结束后，大家又回到了酒吧。而我不知道做什么好，于是准备做个旁观者来打发这段时间。

没过多久，外面响起了一阵喧闹声。客店老板突然站起身来，叫道："那是'逆戟鲸'号上的人。今天早上，我看到它在附近的海面发出信号：出海四年，满载而归。真是太好了，小伙子们！我们马上就可以听到斐济岛（位于南太平洋中心，介于赤道与南回归线之间，是世界著名的旅游胜地。1642 年荷兰航海家塔斯曼是最早到达这里的欧洲人）最新的新闻了。"

紧接着，通道里响起了一阵水手靴发出的"噔噔"声；门猛地被推开，一群狂野的水手走了进来。他们穿着粗糙的水手上衣，用羊毛围巾捂着头，全都穿着打着补丁的衣服，络腮胡子上挂着冰凌，让他们看起来更像是一群拉布拉多（是北美洲最大半岛，世界第四大半岛，为美洲大陆最东端，位于加拿大东部，哈得孙湾与大西洋及圣劳伦斯湾之间，除夏季短暂温凉外，地表均为冰雪覆盖）的熊闯进了酒吧。[赏析解读：从这些水手的衣着打扮上可以看出，漫长的航海生活非常艰辛。] 毫无疑问，他们刚刚下船上岸，而这里是他们上岸后进的第一座房子。难怪他们会径直奔向鲸嘴酒吧的位置，在那里忙碌的满脸皱纹的小老头马上为他们斟满了酒杯。其中有名水手说自己得了重感冒，头痛得很；小老头一听，马上就为他调了一杯将杜松子酒（又称金酒，最先由荷兰生产，在英国大量生产后闻名于世，是世界第一大类的烈酒。由 1660 年荷兰莱顿大学的西尔维斯制造，目的是帮助在东印度地区活动的荷兰商人、海员和移民预防热带疟疾病，作为利尿、清热的药剂使用，不久就被作为酒精饮料使用）和糖浆混合在一起，犹如沥青般的饮料，并信誓旦旦地说这是治疗一切伤风感冒的特效药，无论病情拖延了多久，也不管是在拉布拉多沿海得的，还是在冰岛附近迎风得的，它都可以治好。

很快，酒劲就上来了，这是常有的事，那些刚上岸的酒鬼也不能幸免。于是他们开始随心所欲地嬉笑打闹。

不过我注意到，在这些人中有一个人有些与众不同，虽然他似乎并不想让自己那张清醒的面孔破坏同伴们的兴致，但他还是管得住自己，没有像其他的水手那样大吵大闹。[赏析解读：作者在这里只用了简短的三言两语，就显示出了这个人与其他水手不一样的地方，引起读者的好奇。] 这个人顿时引起了我的兴趣。既然海神已经决定让他在不久后成为与我同船的伙伴（结合本书，他只是与我同床的家伙），我就冒昧地在这里对他稍作介绍。他足足有六英尺（英美制长度单位，1 英尺等于 0.3048 米）高，肩膀很宽，胸膛像个潜水箱。我很少看到像他这么强壮的人。他的牙齿在他那被晒成深棕色的皮肤的衬托下白得耀眼。而在他那双眼睛深深的阴影里飘动着似乎并没有给他带来多少欢乐的回忆。[赏析解读：通过对这个怪人外貌的描写，一方面凸显出了他的健壮；另一方面也为下文埋下了伏笔。] 从他的口音中，你能明显地听出他是南方人；而从他那傲人的身材来看，我猜想他一定是弗吉尼亚州（是美国最初的十三州之一，位于美国东部大西洋沿岸，1607 年英国在其沿海的詹姆斯敦建立起北美第一个定居点。该州有"老自治领州"的别名，取名"弗吉尼亚"是为纪念英国伊丽莎白女王一世对开拓英国殖民事业的贡献）阿勒根尼山脉（北美阿巴拉契亚山系西北部的分支，延伸于美国宾夕法尼亚州、马里兰州、弗吉尼亚州和西弗吉尼亚州境内，是大西洋水系和墨西哥湾水系的分水岭）一带伟岸的山民。在他的同伴们纵饮狂欢到极致时，他却趁人不备溜走了。一直等到他成为我同船出海的同伴时，我才再次见到了他。不过，在他刚溜走没有几分钟后，他的同伴们就发现了。大家齐声高喊："布尔金敦！布尔金敦！布尔金敦去哪儿了？"看样子，他在这群人中还是非常受欢迎的。接着，这群酒鬼们很快就离开了这家客店，冲出去找他了。

这时大约是晚上九点左右，客店大堂在经过了一场狂欢之后，似乎静得有些吓人。我在那些水手进来之前想到了一个小主意，而现在正在为这个小主意而感到庆幸。

没有人喜欢和别人共用一张床。即使对方是自己的亲兄弟，你也不会愿意这么做的。我不知道这是怎么一回事，睡觉时就是喜欢一个人独处。我一想到要和那个标枪手在一张床上睡觉就心烦。他既然是个标枪手，就说明他的棉麻衬衣或羊毛衬衣都不会干净到哪儿去，更不要说质地有多好了。[赏析解读：这一切都只不过是"我"因为要与别人同睡在一张床上的不满而引起的某种偏见。] 一想到这里，我就开始浑身起鸡皮疙瘩。再说，现在已经很晚了，那位规规矩矩的标枪手也要回来准备上床睡觉了。如果他半夜突然钻到了我的被窝里，我又怎么能知道他是从哪个肮脏的地方回来的呢？

"老板！关于与那个标枪手同床的事，我改变主意了！我不跟他一起睡了，我准备在这张长椅上睡睡看。"

"随你吧。不过对不起，我不能给你找出一张桌布来当褥子，这张长椅粗糙得要命。"他边说边用手去摸椅子上的那些木节子和缺口，"等一下，鲸骨佬。在酒吧间里有把木匠用的刨子。唉！等一会儿，我会让你睡得很舒服的。"[赏析解读：作者在这里用几句简单的话，突出了客店老板的好心、乐于助人的形象。] 说着，他就找到了刨子；他先用他的旧绸手帕掸了掸长椅，然后开始使劲地在我的"床"上刨开了，一边刨一边还像只猿猴似的龇着牙笑。刨花散乱得到处都是，直到刨刀碰上了一个推不动的木节子，客店老板差一点儿把他的手腕扭伤了才停了下来。我劝他看在老天的面上别再刨了，它已经够"软"了。因为我知道，不管他怎么刨，也不可能把一块松木板变成鸭绒垫子。客店老板又龇牙笑了笑，收拾好刨花，将它们扔进了房屋中间的大炉子里。接着又去忙他的事去了，任由我一个人发呆。

这时，我量了量长椅，发现它比我的身高短了一英尺，不过我可以搬张椅子接上；可是还窄了一英尺，屋子里另外一把长椅又比刨过的这把长椅高出四英寸（英制长度单位，1 英寸等于 2.54 厘米），这让我无法将它们拼在一起。于是，我把第一把长椅拖到靠着墙的空地上，让"床"与墙中间稍稍留出一点儿空隙，这样我就可以勉强躺在上面了。然而，很快我就发现从窗台下吹来一大股冷风，这样一来我的这个安排根本行不通，特别是在那扇摇摇欲坠的门的门缝里还有另外一股风吹来，两股风汇合在一起，正好在我打算过夜的那块地方周围形成了一阵阵的小旋风。

[赏析解读：对于周围环境的描写，凸显出了以实玛利当时的窘迫状况。]

我心里不禁希望魔鬼能把那个标枪手抓走。且慢，难道我不能比他先到房里，从里面把门闩上，然后跳上他的床蒙头大睡，任由他怎么敲门都不理不睬吗？这个主意好像还不错，可是细想之后，我便放弃了。谁也无法知道第二天早上会发生什么，万一我的头刚一伸出房门，那个已经在通道里等着的标枪手，就会一拳把我揍趴下呢？

我又朝着四周看了看，发现除了和别人睡在一张床上对付一晚外，别无他法。我开始想，也许说到底只是我对那个素不相识的标枪手怀着不应有的偏见而已。我想，还是再等一等，他应该快回来了。到那时我再仔细打量打量他。说不定我们还能成为同床的好伙伴呢！ [赏析解读：因为财务状况的窘迫，迫于无奈，以实玛利只能把事情往好的一方面去想。]

然而，其他的客人或成单成双，或三五成群地陆续回来睡觉了，那个标枪手却始终没有出现。

"老板，"我说，"他是个什么样的人呢？他总是这么晚回来吗？"我说话的时候已经快晚上十二点了。

客店老板吃吃地干笑起来，似乎是有什么我不知道的事情触发了他的笑点。"不是的，"他答道，"他通常是个早睡早起的人。早起的鸟儿有虫吃，他就是那种鸟。不过，今晚他出去叫卖去了，我不知道发生了什么事情让他耽搁这么晚，除非他没有卖出他的脑袋。"[赏析解读：客店老板简单的几句话，将那个标枪手的形象生动地刻画了出来。]

"没有卖出他的脑袋？你是在胡说什么来骗我吗？"我顿时火冒三丈，"你是真的在说，这个标枪手在这个神圣的周六晚上，不，我应该说是周日的早上，在这个城市到处叫卖他的脑袋吗？"

"没错，就是这个意思，"客店老板说，"我还跟他说过在这里卖不掉，因为市场上的存货太多了。"

"存货是什么？"

"当然是脑袋了。这世界上的脑袋不是太多了吗？"

"老板，我跟你说，"我十分冷静地说，"你最好不要编出这样的瞎话来骗我，我可不是没见过世面的三岁小孩。"

"可能吧，"他把一根细木棍儿削成了一支牙签，接着说道，"不过，如果那个标枪手听到你说他的脑袋的坏话，你可能要倒霉了。"

客店老板这些莫名其妙的话在我看来完全没有真实的成分在里面，我不禁火冒三丈："我要砸碎他的脑袋！"

"他的脑袋已经碎掉了。"他说。

"碎了？你是说已经被砸碎了？"

"我想是的，这也可能是他卖不出去的原因吧。"

"老板，"我冷静地走到他的面前，就像是屹立在暴风雪中的赫克拉火山（冰岛西南部的一座活火山，海拔1491米，过去1000多年里爆发了20多次，位于雷克雅未克东113千米处，外形像是倒扣的船，被当地人称为"地狱之门"）一样，"停止削木棍儿吧。我觉得我们之间有些话必须要说清楚。我到你的店里来要一个床位，而你回答我只能与那个标枪手共享一个床位。到现在我还没有见到那个标枪手，而你却一直说些莫名其妙的怪话，这让我非常担心自己的处境和人身安全。老板，既然你故意引诱我去和这样危险的人睡在一起，我就有权去告你。"[赏析解读：以实玛利认为客店老板在胡说八道，作者对此处语言的描写，不但表达出了他对那个标枪手身份的忧虑，同时也表达出了他对客店老板戏耍他的愤怒。]

"好吧，"客店老板深吸了一口气，说道，"像你这个动不动就乱说的人竟然说出一番长篇大论的道理。不过，放轻松，放轻松，我说的那个标枪手刚从南大洋那边来，他在那里买了许多涂抹了香油的新西兰野人头颅（要知道，那可是宝贝），到这里时就只剩下一个没有卖出，他今天晚上出去就是去叫卖这个了。因为明天是星期天，大家都要去教堂，他要是那时在街上叫卖人头可不行。他上个星期天用一根绳子串了四颗人头，就像串着四颗洋葱一样就要出门，我把他叫住了。"[赏析解读：此处客店老板的回答，解答了以实玛利之前的怀疑，也为后续剧情作铺垫。]

经客店老板这么一说，那些莫名其妙的胡话就说得通了，这也证明了客店老板并没有戏耍我。但是，又出现了一个新的问题，对于一个在星期六半夜直到神圣安息日的清晨还要出去叫卖野人头颅这种勾当的标枪手，他能给我留下什么好印象呢？

"老板，我可以确定这个标枪手是个危险分子。"

"他按时付房租。"[赏析解读：客店老板并没有直接回答以实玛利的问题，而是用"按时付房租"终结了以实玛利的猜想，凸显出了商人的本色。] 客店老板的回答直截了当。"好了，已经很晚了，你可以去睡觉了；那可是我和赛儿的婚床，它足够大，完全不用担心两个人会折腾不开。那可是张不错的大床呢！在我们换新床之前，赛儿总是让萨姆和小强尼在我们脚边睡觉。没想到，有一天晚上，我做梦折腾，不小心把萨姆挤到了地上，差点儿摔断了他的胳膊。从那之后，赛儿便说那张床睡不下我们了。来这里，我马上给你一点儿亮光。"他边说边点燃了一根蜡烛伸向我，看样子是要为我引路。不过，我有些拿不定主意；他看了眼放在角落里的钟，突然叫起来："我发誓，已经到星期天了，今晚你见不到那个标枪手了。他不知道又去哪里借宿了，走吧。快走，你到底来不来啊？"[赏析解读：通过对客店老板的语言和动作的细致描写，凸显出了他洞察世事的人物形象。]

沉思了片刻，我还是跟着他上了楼。接着便被领进了一间小房间，那里冷得像个冰窖一样，房间里摆放着一张大得足够四个标枪手并排躺着的大床。

"好了，"客店老板把蜡烛放在一个在船上用的怪异箱柜上，这个箱柜同时充当着盥洗架和桌子的角色，"请舒服地睡一觉吧，晚安。"他说这句话的时候，我还在打量着那张奇大无比的床，等我转过身来时，他已经离开了这间房间。

我掀开被罩，弯腰去察看这张床。这张床称不上考究，倒还算耐看。我起身打量着这间房间：房里有一张床，房中间有一张桌子，一个箱柜，空壁炉和一块用画有一个人在刺一头鲸的纸包着的护板——不用壁炉时，可以用护板遮盖住。很明显，有几样东西是原本并不属于这间房间的：一张捆好了的吊床被随意地扔在角落里；一个装有衣服的水手包，那可能就是那个标枪手的衣箱了；放在壁炉架子上奇形怪状的鱼钩和床头边上的那支长长的标枪。

[赏析解读：此处对于客房环境的详细描写，不但渲染了神秘的气氛，同时也表达出了以实玛利对那个标枪手的好奇。]

我走到床边坐下，陷入了对这个卖人头的标枪手与他的蹭鞋垫的沉思中。想了一阵子之后，我站起身来，脱掉了紧身短外衣，接着就站在房中间发呆。然后我又把上衣脱了下来，只穿着衬衣沉思了一小会儿。不过，这时我只穿着衬衣，便觉得冷了。我想起客店老板说，这么晚标枪手根本不会回来的话，就不再犹豫，迅速地脱掉了裤子和靴子，又吹灭了蜡烛，钻进了被窝里。一切就听天由命吧！[赏析解读：多个"沉思"表达了以实玛利忐忑不安的心情，同时也为下文作铺垫。]

我说不出来那床垫里塞的是玉米芯子还是碎陶瓷片。反正我翻来覆去地好长时间也没有睡着。就在我总算迷迷糊糊地快要进入梦乡时，突然听到通道里响起了一阵沉重的脚步声，接着就从房门下的缝隙里透出了一丝光亮。

老天保佑我，我心里暗暗想：一定是那个标枪手，那个该死的人头贩子回来了。但我还是一动不动地躺在床上。借着陌生人手中的蜡烛，果然不出我所料，他的确是个很恐怖的床伴：他看起来像是刚刚和别人发生过争斗，身上受了很重的刀伤——要知道刚刚从外科医生那里回来，大概就是这个模样。然而，当他正巧把脸转过来，面对着烛光的那一瞬间，我看得清清楚楚，他脸上布满了奇形怪状的色斑。当我观察那个标枪手的时候，他压根儿就没有注意到我。他只是自顾自地忙着他的事情，在费了一番力气把袋子解开后，他把手伸进去摸索了一阵，不大一会儿就掏出一把像战斧一样的东西，同时还拿出了一个带毛的海豹皮钱包。他把这两样东西搁在房间里的箱柜上，随后又拿起那个抹了香油的新西兰野人头颅——那个在我看来很恐怖的东西——把它塞到了袋子里。做完这一切后，他摘下了帽子，那是一顶崭新的海獭（是世界上最小的海洋哺乳动物，体长 1.3～1.5 米，体重 30～50 千克，雄性略大于雌性。海獭主要分布于北太平洋的寒冷海域，由于生活环境恶劣，能量消耗大，海獭进食量可达自身体重的 1/3，为动物界之最。海獭皮下脂肪较薄，但皮毛极为致密，每平方厘米皮肤达 12.5 万根毛发，也是动物界之最）皮帽。天啊！我又几乎惊叫出声来。他的头上只在头顶上留有一丛头发，头发被编成了结，立在前额上。这让他那颗带紫色的秃头看上去就像是一个发了霉的骷髅。如果不是这个陌生人正好站在我和房门之间，我绝对会以比狼吞虎咽吃下我的晚餐还要快的速度冲出房间。[赏析解读：作者在这里运用了一种夸张的修辞手法，是为了突出以实玛利当时恐惧的心理。]

此刻，他还在接着脱衣服，终于胸脯和胳臂都露出来了。事实就是如此，他那部分被盖在衣服下的肌肤也像他的脸一样布满了同样的方块；而且他的背上也全是同样的黑方块；他就像参加了三十年战争（指 1618—1648 年由神圣罗马帝国的内战演变而成的一次大规模的欧洲国家混战，也是历史上第一次全欧洲大战，又称宗教战争。这场战争推动了欧洲民族国家的形成，也是欧洲近代史的开始），被贴了一身橡皮膏，刚刚逃回来。甚至连他两条腿上也全是斑点，看起来就像是一群墨绿色青蛙在往小棕榈树上爬。现在我已经弄明白了，他绝对是个邪恶的野蛮人，搭上了一艘南大洋捕鲸船后来到了这里。一想到这里，我就浑身发抖。更不要说他还是个人头贩子，说不定他卖的就是他亲兄弟的头。他也许还会看中我的头。天啊！看看那把战斧！[赏析解读：通过简单的观察和心理描写，再次肯定了在以实玛利的心里，这个人就是个穷凶极恶的家伙。]

可是现在没有时间让我发抖，因为这个野蛮人这时又在做着一件完全吸引住了我的注意力的事情，这件事情让我确信他一定是一个异教徒。他走到搭在椅子上的带兜帽的短上衣（也可以称其为斗篷或是厚外套）跟前，在几个口袋里摸索了一阵子，最后掏出了一个奇怪的小雕像。那个小雕像的背是驼的，就像是一个刚生下三天的刚果婴儿。我想起那个涂抹了香油保存完好的人头，开始几乎以为这个黑肤色的小雕像也是以同样的方式保存下来的真正的婴儿。但是看到它硬邦邦的，还像打磨光亮的乌木一样反着光时，我就断定它肯定是个木偶，而事实也证实了我的猜想。因为这个野蛮人走到空壁炉跟前，挪开了那糊了一层纸的护板，把这个驼背的小雕像像打保龄球用的瓶形木柱一样竖立在两个柴架的中间。壁炉里的烟道壁和砖被熏得乌黑，因此我觉得这个壁炉倒是很适合他的小雕像，就像是一个神龛或者小教堂。

这时，我一边尽量眯起眼睛朝那个半隐半现的小雕像望去，一边不安地瞧着之后会发生什么事情。只见他先从斗篷口袋里掏出一捧刨花，然后小心翼翼地放在那个小雕像前面，刨花上面放着一小块船用面包。随后他用蜡烛将刨花点燃，烧起一堆祭火。不大一会儿，只见他急急忙忙伸手到火中去抓面包，又更快地缩了回来，反复了几次之后（他的手似乎被烧伤得很厉害），终于把面包抓到了手里，然后他吹了吹，让面包不那么烫，也把上面黏着的灰吹掉了一些，毕恭毕敬地献给那个小雕像。可是，这个小魔鬼似乎一点儿也不喜欢这么干的供品，闭着嘴一动不动。这个膜拜者在做出这些举动的同时，喉咙里还发出一阵更为怪异的声响，似乎是在用一种拙劣的歌唱方式做祈祷，又或者在唱什么异教的赞美诗，这时他的脸十分不自然地抽动着。最终，他熄灭了火，十分不礼貌地拎起那个小雕像，随手塞回到了斗篷的口袋里，就像猎人随手拎起一只死山鸡那样的漫不经心。

看到他这些怪异的举动后，我越发地忐忑不安了，从之前的一些明显迹象来看，他这些正经事儿马上就要结束了，随时都会跳到床上，我想现在是时候了，趁着蜡烛还没有被吹灭，要赶紧把禁制了我这么久的魔力打破，要不就来不及了。

但是我又不知道该说些什么，这时候真的能把人急死。只见他从桌上拿起那把战斧，检查了一下斧刃，之后就把它凑到烛火前，嘴咬着斧柄，大口大口地抽起烟来。紧跟着，这个野蛮人就把蜡烛吹灭了，咬着那把短柄战斧跳上了床。我大叫一声，此刻的我再也憋不住了；他先吃了一惊，突然发出一阵哼哼声，随即伸手来摸我。我结结巴巴地也不知自己都说了些什么，一直躲他，直到滚到墙边，然后又求他，这时我也顾不上他到底是什么来路了，只求他安静下来，让我起来重新把蜡烛点着。[赏析解读：以实玛利一系列的动作都表明他处于万分惊吓的状态，更加形象地写出了他内心的恐惧。] 但是，他喉咙里咕噜作声的回答让我马上就明白过来，他根本没有听懂我的意思。

"你究竟是谁？"他终于说话了，"你不说，我就把你宰了。"他一边说一边在黑暗中把那把当作烟斗点着了的战斧在我周围挥舞起来。[赏析解读：一系列的语言及动作描写，写出了这个标枪手在以实玛利心中可怕的形象。]

"老板！快来呀，彼得·考芬！"我大声叫喊，"客店老板！值班的！考芬！天使们呀！快救救我！"

"快说！你得告诉我你是谁，要不我就把你宰了！"那个食人生番再次吼道，那把烟斗战斧在一轮吓人的挥舞之后，炽热的烟灰纷纷掉落在我的周围，搞得我以为自己的衬衫会被烧着。好在谢天谢地，客店老板举着蜡烛进来了。我一跃下床，便朝着他跑了过去。

"好啦，好啦，别怕，"客店老板还是咧着嘴笑，"我们季奎格不会伤害你一丝一毫的。"[赏析解读：此处对考芬咧嘴笑的描写，在打破紧张的气氛的同时也表现出了他泰然自若的心态。]

"不要跟我嬉皮笑脸的，"我厉声喝道，"为什么没有早告诉我这个该死的标枪手是个食人生番？"

"我还以为你知道呢。我不是和你说过，他正在城里到处卖人头吗？不过，还是上床去睡吧。季奎格，听着，你懂我，我懂你。这个人要和你一起睡，你懂吗？"

"我懂得很。"季奎格咕哝道，他一边抽起了烟斗，一边在床上坐了下来。[赏析解读：作者在这里使用了"咕哝"一词，显示出了季奎格的委屈和不满。]

"你上来！"他接着说道，一边拿他那斧头烟斗示意，一边把衣服扔到一边。他这么做时的确既有礼貌，还给人一种和蔼可亲的感觉。我站着没动，瞧了瞧他。尽管他浑身刺着奇怪的花纹，但总的来说，他还是个干净、五官端正的生番。我这么大惊小怪的干什么呢？我心想这个人跟我一样也是人，我怕他，他不也同样有理由怕我吗？与其跟一个醉醺醺（形容人喝醉酒，醉得一塌糊涂的样子）的基督徒在一张床上睡，还不如跟一个清醒的食人生番一起睡。

"老板，"我说道，"让他把他的那把战斧收起来，或者说烟斗，或者随便你怎么叫那个玩意儿吧。总之，让他不要再抽了就行了，那样我就答应跟他一起睡一晚。我可不喜欢身边有个人躺着抽烟。那是很危险的。再说，我也没有保火险。"

客店老板按照我的意思跟季奎格说过后，他马上就同意了，并且又很礼貌地打手势招呼我上床去，他自己则尽量让到一边去，那个意思就等于在说我连你的腿都不会碰一下。[赏析解读：通过对季奎格的一系列动作的描写可以看出，他爽朗的性格与好心肠。]

"晚安，老板，"我说道，"你可以走了。"

接着我上了床，然后睡了有生以来最香的一觉。

第四章　人体被子

[名师导读]

在"鲸鱼客店"休息了一晚后，"我"在季奎格"亲密"的怀抱中醒来，这样的待遇显然不能让"我"接受。无奈之下，"我"只好把那位还在熟睡中的床伴唤醒，然后看着他穿衣打扮，像个元帅般消失在"我"的视线中。

到了第二天天亮时，我一觉醒来，发现季奎格的胳膊以一种异常亲昵的姿势搭在我的身上，这个姿势如果在别人眼中，可能会把我认作他的妻子。我们身上所盖着的被子是用零星碎布头拼凑成的，被子上到处是古怪且又五颜六色的小方块和三角形块；而他这只布满了刺花的胳臂五彩缤纷，就像是克里特岛（位于地中海的南端，是爱琴海中最大的岛屿，属于希腊的克里特大区，是地中海文明的发祥地之一，也是著名的米诺斯文明所在地）上那令人目眩神迷的迷宫（即米诺斯迷宫，源自克里特神话，里面囚禁着牛首人身的怪物米诺陶洛斯），没有一处色彩的明暗深浅是相同的——我想，这跟他在海上胳臂时常被暴露在阳光下，衬衫袖子不时地随意卷起有关系。他的这只胳臂看上去简直就是我们盖的这床百衲被子的一部分。实际上，我刚醒来时，看到这只胳臂压在被子上，一时竟没有分出哪是被子哪是胳膊，二者的色彩融合无间。我是因为感觉到身上有股压力，才知道原来季奎格在抱着我。[赏析解读：一句简单的话，写出了以实玛利身体所承受的负重，同时也说明了季奎格的强壮。]

当时我的感受很奇特。我曾试图挪开他的胳膊，摆脱他那新郎似的拥抱。然而，尽管他现在睡着了，却仍然紧紧地搂着我，那样子就像除了死神，没有什么能够让我们分开一样。[赏析解读：此处作者以一种夸张的修辞手法结合以实玛利的行动，从侧面反映出了季奎格的壮实。]

这时我只想尽力叫醒他，"季奎格！"可是他回应我的竟然是一声呼噜。我翻了个身，感觉自己的脖子仿佛被套上了马颈圈，突然觉得有点儿轻微的擦伤。我把被子掀到一边，那把战斧赫然出现在这个野蛮人的身边，像个长着斧子脸的孩子一般。这处境还真是够尴尬的：大白天和一个食人生番、一把战斧躺在一间陌生房间里的床上！

"季奎格！看在上天的分上，季奎格，你快醒醒吧！"最后，经过我一番奋力地挣扎，再加上反复大声地跟他说话，说这样成亲似的紧搂着一个同性实在是太不像样了，才总算从他的嘴里听到了一阵哼哼声，随即他把自己的胳臂抽了回去，浑身抖动得像是刚从水里上来的纽芬兰犬（原产于加拿大东海岸的纽芬兰岛，是18世纪由英国或欧洲汉密哈顿地方的渔民带到纽芬兰的欧洲獒犬和当地狗的混血后代。它是一种大型犬，但性情温和、非常聪明，一般被用来拖拉渔网，牵引小船靠岸，还是非常优秀的水上救援犬）一般，然后像只长矛一样僵硬地坐了起来，一边瞧着我，一边擦着眼睛，好像完全想不起来我怎么会躺在他的身边。不过他似乎在慢慢清醒过来，隐隐约约地记起昨晚发生的一切。[赏析解读：一系列的动作描写，写出了季奎格睡得很香，同时也反映出了以实玛利的无奈和痛苦。]

这时我静静地躺在床上看着他，已经没有过分的担心和害怕了，开始细细打量这个十分古怪的家伙。最终，他似乎终于认可了自己睡伴的品格，好像也接受了这一事实。于是他跳下床来，一边说一边用手比画着，意思是说：如果我没有意见的话，他想先穿衣服离开，把整个房间留给我，然后我再起床穿衣服。我心想，季奎格呀，在目前的情况下，这简直就是个非常文明的提议。不过说实话，不管你怎么说，这个野蛮人天生就有一种为他人着想的心性；他的骨子里都透着礼貌，这一点很令人惊奇。[赏析解读：以实玛利的心理活动描写，写出了他的好奇心以及对季奎格的兴趣。] 我之所以认为季奎格在这方面特别值得称道，是因为他待我非常有礼貌，也非常体贴，而我对他十分粗鲁，在床上盯着他，看着他梳洗打扮的每一个动作，这时我的教养完全被自己的好奇心所主宰了。但不得不说，像季奎格这样的人不是每天都见得到的，而且他和他的举止都值得格外关注。

他的穿戴是从头上开始，先戴上他那顶海獭皮帽，那是一顶很高的帽子，然后在没有穿裤子的情况下，四处找他的靴子。但是下一个动作，他竟是趴在地上，手里拿着靴子，头上戴着帽子，钻到了床下，我无从知晓他为什么要这么做；接着便是一阵杂乱的剧烈喘气声和使劲声，我估计他是在拼命套靴子。最后，他爬了出来，帽子被压瘪了，落在了眼睛上；他开始在房间里吱嘎作响、一瘸一拐地走动，看样子好像是不太习惯穿靴子似的，他那双又潮又皱、穿着硌脚（摩擦脚，一般指鞋子磨脚，穿着不合适）的牛皮靴子让我想到那有可能不是定做的，在这样寒冷的早晨穿出去，可是够他受的了。[赏析解读：此处对于季奎格靴子的描写，写出了他的经济状况以及他不拘小节的性格特征。]

我看到窗户上没有窗帘，街道又很窄，对面的房屋比我们所住的房间高，可以把这房间里的一切看得清清楚楚，而且我越发觉得季奎格现在的姿态很不雅观，因为他只戴着一顶帽子，穿着双靴子在室内快步走动。我想尽一切办法求他快点把衣服穿上，特别是要先把裤子穿上。他答应了，开始梳洗。可是让我大为吃惊的是，季奎格只洗了洗自己的胸膛、胳臂和双手就结束了。然后他穿上坎肩，又从盥洗架中间的台面上拿起一块硬肥皂用水打湿，就开始往脸上抹起肥皂沫来。

我正盯着他瞧，想知道他把刮脸刀藏在哪里了。哎哟，看，他竟从床的角落里抄起了那支捕鲸用的标枪，卸掉它长长的木柄，去掉枪鞘，然后在靴子上来回蹭了两下，大步走到贴在墙上的那一面小镜子跟前，使劲刮了起来，或者更确切地说是削起他的脸来了。我心想，季奎格呀，杀鸡哪能用牛刀啊！后来我才得知那支标枪头是用最好的钢打造的，并且那长长的、笔直的枪刃总是被磨得格外锋利。

他很快就梳洗完了。于是，他穿上他的那件水手大外套，心满意足地拿起标枪，像一个元帅拿起指挥刀一般，得意扬扬地走出了房间。

第五章　早餐

[名师导读]

在新贝德福德的第一个早上，以实玛利和"鲸鱼客店"里的所有房客一起享受了一顿早餐，如果可以忽略季奎格那别开生面的用餐仪式的话，这顿早餐应该还称得上圆满。用过早餐后，以实玛利离开了客店，准备去散散步。

我用很快的速度盥洗完毕，然后下楼来到酒吧间里，在这里愉快地和咧着嘴笑的客店老板打了个招呼。其实，我并不讨厌他，即使他在我的床伴的问题上与我开了不少玩笑。

此刻，酒吧间里挤满了住客，他们都是前一晚上前来投宿的，我还没有来得及好好打量一番。他们差不多都是捕鲸者：大副（是指职位仅低于船长的船舶驾驶员，甲板部负责人，船长的主要助手）啦，二副（是指职位仅低于船长、大副的船舶驾驶员。在船长、大副领导下履行航行和停泊值班职责，主管驾驶设备、航海图书资料、旗帜和信号器材）啦，三副（船员的职务名称。其职级次于二副，一般掌管救生设备、消防设备等，航行时轮流值班驾驶）啦，船上的木匠啦，箍（gū）桶匠啦，铁匠啦，标枪手啦，看船的啦；满脸络腮胡子、棕色皮肤、肌肉结实的一群；头发蓬乱许久未剪、全都把水手短上衣当作晨服穿的一伙。[赏析解读：通过对周围人物细致地观察描述，写出了酒吧间里就餐人的职业。]

在这群人中，你能够一眼就看出来他们每个人上岸的时间。这个小伙子健康的双颊晒得像烤熟了的梨子一般，闻起来还带点麝香味，他肯定从印度洋航行归来，上岸还不到三天。坐在他旁边的那个人，面色稍稍浅一点，可以说有点儿椴木（一种有缎子般黄褐色光泽的硬木树种，常常用来制作上等的橱柜等）味道。第三个人的脸上仍然留着热带的黄褐色，不过稍稍有点儿发白，他肯定已经在岸上待了几个星期。可是，季奎格的脸，有谁说得准？那张脸上画了各种颜色的线条，有点儿像安第斯山脉（位于南美洲的西岸，从北到南全长 8900 余千米，是世界上最长的山脉，素有"南美洲脊梁"之称）的西坡，齐整地显示出一个又一个对比鲜明的气候带。

"嘿，开餐啦！"这时客店老板一边喊着，一边猛地把门推开，于是我们就都进去吃早饭。

令我大为惊奇的是，他们几乎全都默不作声，而且一个个看上去都稍显局促不安。没错，坐在这里的都是一些经验丰富的水手，他们其中许多人曾经毫无畏惧地在波涛汹涌的大海上逼近鲸，甚至还是头一次和鲸打交道时，都可以眼都不眨地把它们杀死。然而，此刻他们一起坐在桌边共进早餐时，虽然职业相同，经历相似，但是却你看着我，我看着你，温顺得就像是绿山（美国佛蒙特州北部的一处山地，是阿巴拉契亚山脉的一部分。佛蒙特的州名就是来自此山的法语名"Verts Monts"，其别名即"绿山之州"）里一群从未远离过羊圈的绵羊一般。这情景简直让我叹为观止。这些腼腆的大熊们，这些羞怯的捕鲸勇士们！[赏析解读：此处的"腼腆"和"羞怯"与这些水手们的粗犷外形产生的对比更为鲜明。]

但是，现在说一说季奎格。嘿，他坐在他们当中，碰巧还是坐在首席的位置上，却冷静得像冰柱一般。确实，我无法恭维季奎格的教养。他带着标枪来吃早餐，随心所欲地使用着它，把它当作刀叉一般伸出去在牛排上戳来戳去，使许多人都面临着头破血流的危险。这种做法连最钦佩他的人都没有办法诚心诚意地为他辩护。不过，他做起这样可怕的事情来却异常冷静，而且谁都知道，在许多人的眼里，无论什么事情，只要做得够冷静，那么便不能说没教养。

我不准备在这里把季奎格所有的怪癖都一一列举出来，比如说他为什么不爱喝咖啡，不爱吃刚烤好的小面包，又是如何专注于半生不熟的牛排等。早餐结束之后，他和其他人一起去往公共起居室，在那里他点起了他的战斧烟斗，戴着那顶片刻不离身的帽子，一边抽着烟，一边安静地坐在那里消化着早饭，而我要出去散步了。

第六章　街头见闻

[名师导读]

在新贝德福德的街头，"我"看到了许多来自世界各地奇奇怪怪的人，其中的绝大部分人来这里都是为了同一件事，那就是捕鲸。然而，也正是捕鲸业，使这个曾经贫瘠的地区变成了现在赫赫有名的城市。

如果说，我一开始对季奎格这样怪异的人出现在一座文明城市的上流社会中而感到不胜惊奇，那么，这种惊奇在我第一次大白天漫步在新贝德福德的街道上时，就已经烟消云散了。[赏析解读：作者在这里使用了"烟消云散"这样总结性的词语，增强了读者的好奇，并引出下文。]

在任何一个海港靠近码头的大街上，通常都会看到许多来自世界各地难以名状的奇怪的人。即使是在百老汇（为纽约市重要的南北向道路，南起巴特里公园，由南向北纵贯曼哈顿岛。由于

路旁分布着为数众多的剧院，是美国戏剧和音乐剧的重要发扬地，"百老汇"因此成了音乐剧的代名词），偶尔也会有来自地中海（欧洲、非洲和亚洲大陆之间的海域，是世界最大的陆间海，也是世界上最古老的海之一，历史比大西洋还要古老）的水手与被吓坏了的太太、小姐们擦肩而过。在伦敦的摄政街（是位于英国首都伦敦西区的一条街道，1811 年英国摄政王乔治四世让著名建筑师约翰·纳什为其在从摄政王宫到摄政公园间设计的一条道路，现为伦敦最著名的地标之一）看到印度人和马来人也没有什么稀奇的；而在以前孟买（印度西部滨海城市，也是印度第一大港口。"孟买"一词来源于葡萄牙文"博姆·巴伊阿"，意为"美丽的海湾"）的港口，那里的土著居民经常会被精力旺盛的美国佬吓到。但是，它们依然被新贝德福德碾压。毕竟在那几个地方，人们能看到的只有水手。而在这里，你可以看到真正的食人生番与别人站在街角聊天；那些野性十足的野蛮人中，还有许多人袒裼裸裎。[赏析解读：通过此处的描写，凸显出了新贝德福德是一座包容性很大的城市，同时也与前一段内容呼应。] 如果一个初来此地的人看到这样的情形，只会目瞪口呆。

不过，除了斐济人、东加托波亚尔人、埃罗曼戈亚尔人、邦南人、布列格人以及那些在街上常常能够看到的、摇摇晃晃的捕鲸"野蛮人"外，你还会在这里看到更为奇怪、肯定能让你觉得可笑的景象。每个星期，这座城市都会迎来几十个来自佛蒙特州和新罕布什尔州（是位于美国新英格兰区域的一个州，因为盛产花岗岩而被称为"花岗岩州"，1603 年英国航海家马丁·普灵成为第一个到达这里的欧洲人）的新手，他们都迫切地想要在捕鱼业中扬名立万。这些人大多是年轻人，体格强健，都是些想扔下伐木的斧头拿起捕鲸枪的家伙们。其中许多人"绿"（在英语俗语中指"新的""初出茅庐"的意思）得就像他们家乡的绿山地区一样。在有些事情上，你会觉得他们就像是新生儿一样。你看！那个拐过街角走来的家伙。他头戴海獭皮帽，身穿燕尾服，腰上束着水手皮带，还佩戴了一把带鞘的刀。瞧，这边又走过来一个头戴防水帽、身披毛葛大氅的家伙。[赏析解读：通过此处的描写，凸显出了在新贝德福德当时捕鲸业的龙头地位。]

新贝德福德无疑还是个奇怪的地方。如果没有我们这些捕鲸人，说不定这片土地如今还会像拉布拉多海岸那样荒凉。即使这样，它的部分边远地区看起来仍然贫瘠得可怕。这座城市本身也许算是整个新英格兰（是位于美国大陆东北角、濒临大西洋、毗邻加拿大的区域。1614 年约翰·史密斯船长探索了这一地区并将其命名为新英格兰）最适合人居住的地方。说它是一个富得流油的地方也不为过：不过它不像迦南（一般指西起地中海沿岸平原，东至约旦河谷，南至内格夫，北至加利利地区的一片区域。包括今日以色列、约旦及埃及北部的一部分。按"旧约全书"中记载，这里被认为属于"应许之地"，是一块"流着奶和蜜"的土地）那样盛产玉米和葡萄酒，这里的街道上也没有牛奶流淌，人们也不会在春天里用新鲜的鸡蛋去铺满街道。然而，尽管如此，新贝德福德贵族化的宅邸、豪华的公园和私人花园却是美国其他地方都无法比拟的。它们都是从哪儿来的呢？怎么会在这样一片曾经贫瘠得如同火山熔岩般的土地上生根呢？ [赏析解读：连着两个疑问句，在这里布下了疑团，也为下文作铺垫。]

你只要到前面那座宏伟的府邸去看看那树立在它四周并以此作为标记的铁标枪，就能找到答案了。没错，所有的这些富丽堂皇的房屋和花团锦簇的园林都来自大西洋、太平洋和印度洋。它们都是用标枪从海底一路拖到这里来的。请问，魔术家亚历山大先生他有这样的本事吗？

据说，在新贝德福德，父亲都是用鲸作为女儿的陪嫁的，而侄女结婚时则用几头海豚。只有在这里，你才能看到灯烛辉煌的婚礼盛况。因为据说这里的居民每家每户都有一池池的鲸油，他们夜夜点着鲸油到天亮也满不在乎。[赏析解读：对于新贝德福德嫁女儿风俗的描写，凸显出了新贝德福德捕鲸业的繁盛。]

到了夏天，这座城市会有另一番美景。到处都能看到挺拔的枫树，长长的街道，翠绿和金黄交织在一起。八月，美丽的七叶树枝繁叶茂地挺立着，就像是枝形烛台一般，向着路人献上尖塔式的花簇。艺术无所不能，它能在新贝德福德的许多街区中，在造物主创造世界的最后一天丢弃在一旁的那些贫瘠无用的石头堆上，建造艳丽夺目的花坛。

新贝德福德的女人们如同花朵般娇艳。花朵只在春、夏盛开，她们却一年四季点缀着这美丽的海滨城市。据说，年轻姑娘们身上都有一股麝香似的味道，当水手的情郎还没有靠岸就会闻到她们身上的清香，让他们误以为到了香料群岛（即马鲁古群岛，是印度尼西亚东北部岛屿中的一组群岛。古时即以盛产丁香、豆蔻、胡椒闻名于世，被早期印度、中国和阿拉伯商人称为香料群岛）！

第七章　捕鲸人教堂

[名师导读]

"我"在去南塔克特之前，来到了新贝德福德的捕鲸人教堂里进行礼拜。"我"在这里遇到了季奎格，还看到了一些印有悼念字样的大理石墓碑，然而碑文中所透露出来的哀痛与绝望却更加坚定了"我"走上捕鲸船的信念。

在新贝德福德有座捕鲸人教堂。那些即将出发去往喜怒无常的印度洋或太平洋的捕鲸人，很少不去那里做礼拜的。当然，我也少不得是要去的。

首次在新贝德福德散步回来后，我又专门为了完成这一项任务出了门。原本暖融融的阳光此刻已被雾蒙蒙的雨夹雪所代替。[赏析解读：作者在此处对于天气情况进行的描写，凸显出了气候的恶劣与多变。]我穿着一件被称为"熊皮"的绒布外套，顶着猛烈的暴风雨艰难前行。等走进教堂后，发现有一小群水手、水手的妻子和寡妇们零零散散地坐在各处。[赏析解读：对于教堂中人物的描写，与前文中的"捕鲸人教堂"相呼应。]四周一片寂静，偶尔会被暴风雨的呼啸声打破。每一个沉默地做着礼拜的人仿佛有意不与他人坐在一起，似乎每个人都默默且孤寂地忧伤着，不愿与他人沟通。这时牧师还没有来，大家都默不作声地坐在那里，眼睛注视着几块围着黑边、镶嵌在布道坛两边墙上的大理石碑。其中有三块上面刻着下面的字样，不过我不能保证能够一字不差地抄录下来：

神圣悼念

约翰·塔尔伯特

约翰·塔尔伯特，在一八三六年十一月一日，于巴塔哥尼亚海面荒岛附近失足落海，终年十八岁。

姐姐特立此碑为念

神圣悼念

罗伯特·朗、威利斯·埃勒里、
奈桑·科尔曼、沃尔特·坎尼、
塞斯·梅赛、塞缪尔·葛雷格

上述六人均为"埃利扎"号的船员，在一八三九年十二月三十日，于太平洋近海渔场被一头鲸掠入海里，失去踪迹。

幸免于难的船友特立此碑为念

神圣悼念

故伊齐克尔·哈代船长

在一八三二年八月三日，于日本近海在其船首被一头抹香鲸所害。

他的未亡人特立此碑为念

我把衣帽上的雨、雪抖落后，在靠近门口的位置坐了下来。令我大为吃惊的是，季奎格就在我身旁不远处。他被眼前的肃穆气氛所感染，脸上露出一种好奇、莫名其妙的神情。这个野蛮人似乎是在场的人中唯一注意到我进来的人，因为只有他不识字，没有去看墙上那些冷冰冰的碑文。在这些前来做礼拜的人中，我不知道有没有那些碑文中提到的海员的家人。不过在捕鲸业中遇到意外却没有记载在案的事件数不胜数，因此在场的好几位妇女即使从衣饰上看不出来有什么异常，但是从其面容上也或多或少地流露出了无尽的哀思。由此我敢肯定：我面前聚集的这些妇女，一看到那阴冷的石碑，未愈合的旧创伤又在开始流血。[赏析解读：此处通过对教堂中妇女们的描写，凸显出了一种悲凉肃穆的氛围，同时也表达出了捕鲸业的危险。]

唉，那些有亲人长眠在这绿草之下的人们，你们可以站在花丛中说：啊，这里，这里躺着我所爱之人，你们无法理解郁结在我们心里的哀痛，在那些镶着黑边的大理石下并没有骨灰，有的只是空荡的痛苦！那些纹丝不动的碑文中蕴藏着多少绝望！那短短的几行像是要啮蚀掉所有信仰的文字，使那死无葬身之地的可怜人永远无法复活，它们带给了人们多少致命的空虚和背弃。这些碑石立在这里与立在埃莱芬塔岛上的石窟（在埃莱芬塔岛上有六座石窟，那里供奉着专门掌管破坏的印度教三个主神之一的湿婆）里又有什么区别呢？

我是怀着怎样的心情，在启程赶赴南塔克特出海的前夕，在那压抑惨淡的日子里，就着幽暗的光线，看那些大理石墓碑并且默察那些先我而去的捕鲸人的命运的——这样的话就用不着多说了。是啊，以实玛利，你可能也会面临着相同的命运。但是，不知道为什么，我的情绪突然又变得高涨起来了。使我感到开心的是我即将登船了，新生活就在眼前了。

第八章 讲坛

[名师导读]

这座捕鲸人教堂的牧师是著名的梅布尔神父，他深受捕鲸人尊敬。"我"想其中很大一部分原因是他曾经也是一名捕鲸人。

在我坐下没多久后，便有一个看起来十分神气的人走了进来——遭受着暴风雨吹打的门仿佛为了迎接他的到来，"忽"地一下就被打开了，所有会众用充满尊敬的眼神快速地看了他一眼，这足以证明他就是这座教堂的牧师。没错，他就是著名的梅布尔神父，捕鲸人都是这样称呼他的，这位神父在捕鲸人中深受爱戴。他年轻时曾做过水手和标枪手，不过他已经献身主多年了。[赏析解读：作者在这里特意对梅布尔神父曾经做过水手进行介绍，是为了引出下文。]

我们在这里说到他时，这位梅布尔神父已经步入了属于严冬季节的老年期，不过他依然老当益壮；他似乎正在焕发青春，因为他那重重的皱纹里正透出某种类似于鲜花乍开时的柔和光彩，就像即使在二月积雪下，春草也会探出头。[赏析解读：此处对于梅布尔神父精神状态以及身体状态的描写，强调出了曾经作为水手的他现在的身体素质很好。]

之前只闻其名并没有亲眼看到过梅布尔神父的人，在第一次看到他本人时，无不对他产生极大的兴趣，因为他表现出来的不只是一种普通神职人员的特性，那是一种从他过去出生入死的航海生涯中产生的特性。在他进来时，我注意到他没有带伞，而且可以肯定他并不是乘坐自己的马车过来的，因为他的帆布帽子还在滴落着融化后的雪水，他那件引航员（由船东雇用，协助船舶进出港口狭窄水道等复杂水域。因为船长不一定会经常进出停靠的港口、水道等，对该水域的水深潮汐水流等不太熟悉，为了航线安全，临时雇用熟悉当地水域的引航员协助船长进出港口等）的宽大外衣由于吃足了水，重得好像要把他拖到地上去一样。他摘下几乎湿透了的帽子并脱下外衣，一一挂好，换上了法衣，走到了讲坛边上。

讲坛很高，旁边垂着一副软梯，和从小艇攀上大船用的软梯一样。这个软梯是用捕鲸船上的舷门索制成，是一位捕鲸船的船长的太太送来的。

梅布尔神父在梯子旁稍微停了一下，双手抓住软梯上的结，以一种水手式的又不失牧师身份的姿势登上了软梯。

让人意外的是，梅布尔登上讲坛后又蹲下身来，不紧不慢地将软梯一节一节地收了起来。这个举动似乎巩固了他高高在上的地位。

他难道是靠这种与人们的距离来表示他精神世界的卓尔不群吗？他不是已经因为自己的圣洁和真诚而拥有了超凡脱俗的圣名吗？这种小小的手段实在让人费解。

软梯并非这讲坛唯一的特点，在讲坛上面的墙上的石碑之间还有一幅大大的油画，画上一艘大船正迎风破浪、奋勇向前，乌云之间泄下一缕神秘的阳光，飞溅的泡沫之上显现出一张天使的脸。

天使的脸使惊涛骇浪中的大船笼罩在了温馨的关怀之中。讲坛此时仿佛成了大船的舵位，上面站着的是威严的船长。前伸的嵌板仿佛扁平的船头，而那本放在斜板上的《圣经》，恰似战舰舰首的铁嘴。

讲坛是人间的领导者，为人世间遮风挡雨。世界就是一艘大船，航程没有终点。讲坛便是船头的舵手，永远引着大船向前。

第九章　传道

[名师导读]

梅布尔神父在这座小教堂里带着所有的听众唱起了赞美诗，唱完后他以庄重而又肃穆的神情，为听众们讲起了约拿的故事。之后，众人离开了教堂，只留他一人还沉浸在自己的世界里。

梅布尔神父直起身来，以一种平等庄严的口气柔声命令分散在四处的人们聚拢。"右舷过道的向左舷靠，左舷过道的向右舷靠！大家往船中间靠近！"[赏析解读：此处通过语言特点的描写，凸显出了梅布尔神父之前的身份特征。]

瞬间在长椅之间响起了一阵沉重的水手靴和轻佻的女鞋交织在一起的挪动声，之后一切又归于寂静，所有人的目光都投射到了传道者的身上。

梅布尔神父稍定了定神，接着便跪在了讲坛前，他将自己的一双棕色大手交叉抱于胸前，闭目仰首，极其虔诚地做了个祷告，其神情让人觉得他是跪在海底做祷告一样。

祷告结束后，他开始拖着庄重的长音（那种声音就像是大雾中海上一艘失事的船连续发出的钟声）朗诵起以下的赞美诗；当朗诵到最后几节时，他突然声腔一变，洪亮且充满着欢乐情绪的吟唱声随之响起——

鲸的身躯和威力，

将我笼罩在恐惧的阴影里，

上帝的波涛在阳光的普照下翻滚而去，

我被毁灭吞没。

我看到地狱张开血盆大口，

里面是无尽的痛苦辛酸；

唯有亲身经历过的人才知道——

啊，我坠入了绝望之渊。

在灾难降临时，我呼唤着我的上帝，

这时我已不再寄希望于他的庇佑，

但是他俯耳倾听了我的哀诉——

鲸不能再将我禁锢。

他飞一般地赶来拯救我，

就好像骑乘着一条海豚，闪耀着光辉；

上帝是我的救星，电光一闪间照亮了你那庄严又夺目的脸。

我的歌要唱出这可怕而又快乐的时刻，并永远记载。

我将荣耀归于我主，

他是那样仁慈又无所不能。

几乎所有的人都一起唱起了这首赞美诗，声音越来越大，甚至掩盖住了屋外暴风雨的呼啸声。之后便是暂时的静默，梅布尔神父慢慢地翻着《圣经》，最后，他按住要讲的那一页，说道："亲爱的船友们，请看《约拿书》第一章的最后一节——'耶和华安排一条大鱼吞了约拿'……"[赏析解读：承上启下，引出下文，下文中整个剧情都将围绕着"耶和华"与"大鱼"而展开。]

神父在说这些话的时候，屋外的暴风雨尖厉的呼啸声为他增添了新的力量。他在向人们讲述约拿在海上遇到大风暴时，好像自己也感受到了风暴的颠簸。他宽厚的胸膛似乎随着巨浪在起伏，他摆动的手臂好像在与自然界的力量抗衡；而从他黝黑的额头发出的雷鸣声，从他的眼中射出的电光，都使他那些淳朴的听众带着一种从未有过的敬畏之心注视着他。[赏析解读：作者在这里通过对梅布尔神父声情并茂的描写，渲染出了紧张的气氛，引人入胜。]

当他再一次翻动《约拿书》的书页时，他的神情变得宁静。最后，他闭上眼睛，一动不动地站在那里，就好像在与上帝交谈，又像是在与自己的心灵沟通。

接着，他又探身面向大家，低垂着头，脸上是一副深沉却又极有男子气概的谦恭神情，然后说出了以下这番话：

"船友们，上帝将一只手放在了你们的头上；但是他却放了两只手压在我的头上。我凭借着我个人肤浅的理解向你们宣讲了约拿告诫所有罪人，当然包括给你们，特别是给我（因为我的罪更大些）的教训。"

"就像我们看到的那样，上帝安排了一头鲸去惩罚他，将他一口吞进了活地狱里，在一阵阵疾风的推动下令他身处'海中央'；那里的漩涡将他吸到了一万英寻（英制测量水深的长度单位，1 英寻等于 6 英尺，约 1.8288 米）的深处，'海草缠绕着他的头'，他被淹没在灾难的海水中。然而，当那头鲸停留在海底时，那是任何铅锤都无法到达的深处，但是上帝却'从地狱的肚腹中'听到了那位忏悔的先知的祷告。于是上帝马上吩咐鲸从冰冷刺骨且漆黑的大海深处一跃而起，向着温暖的太阳，向着风光无限的天空和大地，'把约拿吐在了旱地上'。当上帝第二次向他下达指令时，尽管约拿因受到了打击而遍体鳞伤，他那两只贝壳一样的耳朵里还回响着大海的种种声音，却执行了万能的主的吩咐。那么，是什么吩咐呢，船友们？直面虚伪宣讲真理！这就是主的吩咐！"

"船友们，这就是另一个教训：作为永生之主的向导，谁忽视了它，谁就会招来灾祸！谁抵挡不住世间的诱惑放弃了传播福音的职责，谁就会招来灾祸！谁在上帝特意掀起风浪的时候火上浇油，谁就会招来灾祸！谁只为博得他人欢心而不求他人心存畏惧，谁就会招来灾祸！谁把名声看得重于德行，谁就会招来灾祸！谁在这世上落井下石，谁就会招来灾祸！谁执意弄虚作假，谁就会招来灾祸！没错，谁要是像那个伟大的圣徒保罗所说的传播福音给别人，自己却反被遗弃，谁就会招来灾祸！"

他俯下身子，沉默了片刻，之后又抬起头面对着听众，眼中流露出极大的喜悦，同时无比热忱地说道："但是，我亲爱的船友们啊，灾难的背后必然隐藏着幸福，而幸福高于灾难。谁在这个卑鄙奸诈的世界之船沉没时还能用自己强壮的臂膀挺住，谁就会有幸福。谁为了真理丝毫不肯让步，将所有的罪恶杀尽、烧光、消灭（虽然这些罪恶都来自议员和法官的袍子底下），谁就会有幸福。谁不承认除上帝之外的任何法律和君主，只效忠于上天，那么谁就会有幸福，而且是最至高无上的幸福。谁身处在喧嚣鼓噪的暴民之海中，任狂波巨澜也丝毫不能动摇他稳定的世代的基础，谁就会有幸福。谁在临终时以最后一口气说——啊！天父啊！是您惩处的杖让我得知您的存在；无论是凡人也好，天神也罢，我现在就要死了，这样的人就会得到永恒的愉悦和美满。我努力想要成为您的仆人，而并非这世俗或我自己的仆人。然而，这也不值得一提，永恒只应属于您；一个人若是活得比他的上帝还长，那他又算什么呢？"他没有再说下去，只是缓缓地摆了摆手表示祝福，然后双手掩面，就这样长跪在地，直到所有人都散去了，只留他一个人待在那里。[赏析解读：画面定格在这里，渲染了气氛，将神父的虔诚表现到了极致。]

第十章　知心好友

[名师导读]

"我"从教堂回到鲸鱼客店，发现那里只有季奎格一个人。坐下来后，他在数书页，"我"在端详他。然而，"我"越来越有一种强烈的感觉，在这个野蛮人的身上隐藏着一种神奇的吸引力，它正吸引着"我"向他靠近，而事实上，"我"也确实是这样做的。

我从教堂回到鲸鱼客店，发现只有季奎格一个人在这里。他是在神父进行最后的祝福之前离开那里的。此刻他正坐在炉火前的一张长椅上，双脚搁在炉边，一只手拿着他那个小雕像，凑到脸跟前，聚精会神地盯着看。他一边用大折刀轻轻地削它的鼻子，一边自在地哼着一种异教徒的曲子。

不过他看到我回来后，就收起了小雕像。没过多久，他就走到了桌子前面拿起了一本大书，又回到长椅坐下，将书放在膝头上，数起了书页来。我想，他好像数得极有规律且小心翼翼，每数五十页就会停下来，然后茫然地看看四周，发出一声表示惊奇的拖长的口哨声，然后再接着开始数第二个五十页。每一次他都要从头开始数，好像最多只能数到五十，而且在合起来时他才发现竟然有那么多个五十页时，这使得他对这本书页数之多大为震惊。[赏析解读：季奎格的怪异举动，引发了以实玛利的好奇以及对他的极大兴趣。]

我坐下来，饶有兴致地观察着他。他虽然是个野蛮人，脸又因破相变得很丑，至少我是这么觉得的，但他的容貌绝不惹人生厌。一个人的灵魂是无法遮掩的。透过他身上怪异的花纹，许多迹象足以证明他有一颗纯朴正直的心。他那一双大眼深邃、黑亮、勇猛，流露出敢于面对万千恶魔的神采。另外，在这个异教徒的身上还有着某种高贵的气质，他的粗野举止也不能使之损坏分毫。他看上去就像是一个从来不会对人卑躬屈膝，也不会亏欠别人的人。[赏析解读：通过对季奎格的观察和描写，凸显出了季奎格的魅力以及他身上的神奇吸引力。] 不知道是不是跟他剃了光头有关系，他的前额突出，看起来更为饱满，而且好像比之前蓄发的气度更为宽广了，对于这一点我不敢断言。但是有一点我可以确定，从颅相学的角度去看，他的头确实是与众不同。这听起来似乎有些荒谬，他的头确实让我联想到华盛顿（乔治·华盛顿，1732—1799 年，美国政治家、军事家、革命家，首任总统，美国开国元勋之一）。他的脸从眉毛以上有一个长长的逐渐后缩的坡度，双眉也同样突出，就好像丛林中生出了两个长长的海岬（突入海中的尖形陆地）。季奎格就是食人生番里的乔治·华盛顿。

我表面上像是在看窗外的暴风雨，实际上在细细地端详他，而他根本就没有注意到我的存在，连瞧也没有瞧我一眼，似乎只是聚精会神地在数那本书的页数。这让我想到昨晚我们还很和谐地睡在一起，特别是今天早上醒来时，我还发现他的一只胳膊亲热地搂着我，此时却只能感受到他的冷漠。虽然这样想，但是话说回来，这些野蛮人都很奇怪，有时候还真不知道该怎样看待他们才好。一开始他们令人望而生畏，他们那种表现出来的沉着、淳朴和专注带着一种苏格拉底（前 469/470 — 前 399 年，西方哲学的奠基者，古希腊三贤之一。因被控蔑视传统宗教、引进新神、腐化青年和反对民主等罪名而获死刑，拒绝了朋友和学生要他乞求赦免和外出逃亡的建议，饮下毒酒而死。在欧洲文化史上被看作为追求真理而死的圣人）式的智慧。另外，我还注意到季奎格从来不和客店里的其他水手打交道，即使有，也是极少的。他从不主动接近别人，看起来并不想扩大自己的交际圈。这一切在我看来都很奇怪——但是细想一下，这其中却又带着某种近乎崇高的东西。

眼前的这个人，离家大概有两万里（这个路程的计算是按照他取道合恩角来算的，而合恩角也是他回家唯一的一条路），独自置身于陌生程度堪比"木星人"的人群中，却能非常自在，保持着极度的宁静，满足于现状，又不迷失自我。不得不说，这看起来蕴藏着很高深的哲学。当我坐在这间冷清寂静的房间里时，炉火已经经历过了最初的炙热燃烧，把房间烧暖后，转为了温火低燃的阶段，火光的亮度恰到好处地能使人看到它。

黄昏的窗外，只有阴影与鬼魅潜伏在四周，向屋内窥视着我们两个静默孤寂的人。[赏析解读：通过对屋内屋外气氛的鲜明对比，渲染了气氛，增添了读者的好奇，并为下文作铺垫。] 屋外的暴风雨越来越大。我开始有一种奇怪的感觉，内心好像有什么东西在融化。我碎裂的心和狂怒的手不再想要去反抗那虎狼般的世界。这个野蛮人用一种力量抚慰了它。他漠然地坐在那里，对周遭的一切都无动于衷，对外面表面文明、实际虚伪的世界无动于衷。虽然他浑身带着狂野的气息，模样也十分奇特，但是我却开始感觉到自己被他身上的一种神秘力量所吸引，向他靠近。然而他吸引我的东西正是许多人都唯恐避之不及的。

我想，既然已经证明那些基督徒口中的善良不过是徒有其表的空洞文章，那我倒不介意和异教徒交朋友。我把长椅挪到他身边，做出了一些结交的手势和暗示，同时费尽心思与他聊天。[赏析解读：由于对季奎格产生了强烈的好奇和兴趣，使以实玛利产生了与他交往的念头，此处总结上文，引出下文。] 一开始他并没有察觉到我的意图，但是当我提到昨天晚上他对我的热情，他马上就领会到了，并用手势问我：是不是还要和他睡在一张床上。我告诉他是。他听了后似乎很开心，甚至还有点儿引以为荣的意思。

接着我们便一起翻阅那本书，我尽力去向他解释这本书的用处及书中为数不多的几张插图的意思。就这样，我很快引起了他的兴趣，因此，我们又进而十分费力、磕磕绊绊地聊起这座著名的城市有什么值得一看的景致。随后我提议一起抽几口烟；他便拿出烟袋和战斧烟斗，默默地递给了我。于是我俩便轮流用他那十足狂野的烟斗抽起烟来，并且很默契地递来递去。

如果说这个异教徒的心里原本还对我存有什么戒备的话，那么经过这样友好而愉快的抽烟后，他心底的冰块也很快就融化了，我们成了非常要好的朋友。我喜欢上了他，而他也发自内心地喜欢上了我。抽过烟后，他把他的前额贴在我的前额上，然后揽着我的腰，说我们两个，按照他们家乡的话来说，从今以后就算结了婚了，意思就是从今以后就成了知己——如果有必要的话，他甚至愿意为我去死。[赏析解读：这里对季奎格与以实玛利友情升温的描写，刻画出了季奎格热情、正直、真诚的人物形象。] 如果这句话是出自本国人之口，这友情之火燃得也过于突兀了些，令人无法相信。但是对这个淳朴的野蛮人来说，那一套对他并没有作用。

吃过晚饭，我们又聊了一会儿，抽了一会儿烟，便一起回到了我们的房间。他把那个涂抹了香料的头颅送给了我；接着又取出他那硕大的烟袋，在烟草下面摸索了一会儿，掏出大约三十枚银币，然后认真地分成了相等的两份，把其中一份推给了我，并说那是我的。我刚想要婉言推辞，可是他没等我开口就把那些银币倒进了我的裤兜里。[赏析解读：通过对季奎格一系列的动作描写，凸显出了他豪爽真诚的性格特征。]我只好收下。随后他开始做他的晚祷，拿出了他的小雕像，挪开了被纸包住的护板。从他的某些手势和迹象来看，我想他可能是特别想让我与他一起做这件事。但是这样做的后果让我有些踟蹰，想着如果他真的邀请我，我是同意还是拒绝呢？

　　我是一个虔诚的基督徒，是在正经稳妥的长老会（又称长老宗、归正宗、加尔文派等，与安立甘宗和路德宗并称新教三大主流派别，产生于16世纪的瑞士宗教改革运动，后流行于法国、荷兰、苏格兰及北美地区）的关怀下出生长大的。我怎么能和一个野蛮的雕像崇拜者一起去礼拜他那块木头呢？可是，礼拜是什么呢？我想，以实玛利啊，你不会真的认为天与地（异教徒以及一切都包含在内）的宽厚悲悯的上帝会去嫉妒一块无足轻重的黑木头吧？怎么可能！但是，礼拜是什么呢？礼拜就是执行上帝的旨意。那上帝的旨意又是什么呢？上帝的旨意就是你想要别人以什么样的态度去对待你，那么你就要以什么样的态度去对待别人。那么现在，季奎格就是那个“别人”。你希望季奎格怎样对待你呢？当然是要他跟我一起做长老会独有的礼拜。因此，我自然也要和他一起做他的礼拜，所以我也必须成为那个小雕像的崇拜者。[赏析解读：通过对以实玛利内心活动的描写，体现出了他对待季奎格时的真诚。]于是我点燃了刨花，帮着他扶好那个粗糙的小雕像，然后和季奎格一起用烤煳了的面包祭它，对着它拜了两三次，亲吻了它的鼻子。做完这一切后，我便脱衣上床，扪心自问对得起他人，对得起世界，无需愧疚。不过在入睡之前，我们又聊了一会儿。

　　我也不知道为什么会这样，但是朋友之间要想推心置腹（表示把自己内心的想法毫无保留地告诉对方。比喻真诚待人）地交流，那么床上是最好的地方。听说夫妻就是在枕边相互敞开心扉的，有些上了年纪的夫妻还会躺在一起回忆往事，通常会聊一个通宵。同样的道理，我和季奎格躺在一起，就像是一对热恋的夫妇，在这里度过了我们的心灵蜜月之旅。[赏析解读：以实玛利在这里将他与季奎格比作热恋的夫妇，以此来表达两个人之间深厚的友情。]

第十一章　彻夜长谈

[名师导读]

"我"与季奎格的感情火速升温，以至于我们两个因为聊天而睡意全无。季奎格提议把灯点上，因为他想要抽烟，而"我"也正希望如此。于是两个人靠在床头，一边轮流抽烟，一边享受着这份亲密的舒适感。直到季奎格说起了他的家乡，引起了"我"的极大兴趣。

我们就这样躺在床上，聊一会儿，睡一会儿，反反复复，季奎格还时不时地把他那条棕色刺了花纹的腿亲密地搭在我的腿上，一会儿又挪开。我们的关系是如此亲密又随性。后来，因为聊得太起劲而导致那一丁点儿的睡意也都消散了，虽然离天亮尚早，但是我们都想要起床了。[赏析解读：此处对于两人相处状态的细致描写，写出了以实玛利与季奎格火速升温的友情。]

是的，我们已经彻底没有睡意了，因此长时间的侧卧让人觉得很累。于是我们在不知不觉中慢慢地坐了起来，把衣服叠好后放在身体旁边，靠在床头，把自己的膝盖收起并拢，把鼻子紧贴着膝盖，就好像膝盖骨是暖床用的长柄炭盆一样。特别是当被窝外面的气温越低（因为房内没有生火）时，我们这样靠在一起就会觉得既暖和又舒服。[赏析解读：作者在此处通过一系列的动作描写，将两个人相处的和睦与温情描写得淋漓尽致。]

我们就这样蜷缩着好一阵子，然后我突然想要睁开我的眼睛。从自我创造的愉快的黑暗中走出来，进入外面那光亮的粗鄙幽暗中，我会产生一种强烈的厌恶感。我对季奎格做出的暗示毫无异议：既然我们已经睡不着了，那就不妨把灯点上吧，再说他很想静静地用他的斧头烟斗抽上几口烟。虽然昨天晚上我还对他在床上抽烟这件事感到厌烦，但是一旦感情从中动摇了固执的偏见，那么偏见就会变得富有弹性。[赏析解读：从以实玛利对于在床上抽烟的厌恶到接受的转变，表达出了他对季奎格情感上的转变。]

因为在此刻，我最喜欢的事就是有季奎格在我身边，即使他要在床上抽烟，因为这时他似乎正在享受着宁静的情趣。我也不再过分地担心房子发生火灾的问题了。我所感受到的，只是与一位真正的朋友共盖一床毯子，轮流抽一支烟斗的那种深深的、心有灵犀的舒适感。我们的肩上披着毛茸茸的外套，斧头烟斗轮流出现在我们手中，直到新点亮的灯光将我们头上那层缭绕着的、犹如华盖一样罩着我们的蓝色烟雾照得清晰可见。

我不知道，是不是这缭绕的华盖将这个野蛮人送到了遥远的地方去的，不过这时他谈到了他的家乡；而我呢，又很想了解他的过去，于是便求他讲下去。他欣然同意了。虽然那时他有许多话我还听不懂，但是随着我对他那磕磕绊绊的英语有了逐步的了解，我现在已经从他的自述中勾勒出一个大致的轮廓，由此可以大概了解他的全部身世。[赏析解读：通过此处的描写，凸显出了以实玛利对季奎格的好奇及兴趣，也由此引出下文。]

第十二章　季奎格的身世

[名师导读]

通过季奎格的讲述，"我"终于弄清楚了他身上那种神秘的吸引力到底是怎么回事了。他是一位酋长的儿子，因为想要学习文明世界的技能，费尽心思地离开了家乡，一腔热血却败给了残酷的现实。但是当"我"问他是否要回去继承王位时，他却告诉"我"还要继续他的海上生活。这便让"我"生起了一个念头：如果和季奎格一起出海，一定是件不错的事情。

季奎格是科科沃科人，科科沃科是一座远在西南方的岛屿。那个地方是在任何地图上都绝对找不到的地方，凡是理想的地方都是这样的。[赏析解读：文中开头先对季奎格的故乡进行描写，为他的"未开化"做出了解释。]

在很小的时候，他经常穿着草编的衣服在家乡的树林里乱跑，后面还跟着一群山羊，仿佛他就是棵翠绿的小树。然而就在那时，季奎格的灵魂深处就已经产生了一个野心勃勃的念头，他想要去文明世界里多长长见识，而不是只满足于看到的一两艘捕鲸船。[赏析解读：由此可以看出，季奎格远大的志向与理想是从小就存在的，同时也从侧面说明了季奎格的勇敢和冒险的精神。]他的父亲是位大酋长，是个国王；他的叔父是位大祭司（是指在宗教活动或祭祀活动中，为了祭拜或崇敬所信仰的神而主持祭典，在祭台上为辅祭或主祭的人员）；而他母亲这边，他的几位姨母都是战无不胜的勇士的妻子。在他的血管里流着高贵的血，那是王者具备的素质；可惜这王者的素质被在他未受到良好教育的青年时期所养成的食人习性破坏掉了。

一艘来自萨格港（位于美国纽约州，地处长岛的东部海岸，北濒加德纳斯湾的西南侧，西南近纽约港）的船停靠在了他父亲管辖的海湾，季奎格请求搭乘这艘船去文明世界。但是当时船上的水手已经满员，船长便拒绝了他；他的父亲动用了全部的权势也丝毫不起作用。但是季奎格发誓非去不可。他知道船在离岛后会经过远处的一处海峡，所以他便独自一人驾着独木舟来到了那里。那处海峡一边是珊瑚礁（是石珊瑚目的动物形成的一种结构，这个结构可以大到影响其周围环境的物理和生态条件），一边是一段狭长的低地，上面红树丛生，一直延伸到了海里。他把独木舟藏在树丛里，让船头向海，而他自己则坐在船尾，紧紧地把桨握在手里。等到那艘大船经过时，他便划着独木舟疾如闪电般地冲了出去，靠到船边，脚往后一蹬，自己攀着大船上的链子爬上去，然后翻身躺在甲板上，一只手还紧紧地抓着甲板上的扣环，发誓绝不松手，哪怕是要把他剁成碎块。[赏析解读：此处对季奎格登船的一系列动作的描写，表现出了季奎格坚强的意志及决心。]

　　船长威胁要把他扔进海里，还在他裸露的手腕上吊上了一柄弯刀，但都无济于事。季奎格不愧是酋长的儿子，毫不畏惧。船长最终被他那种不顾一切的精神及强烈地想去见识一下文明世界的信念打动了，告诉他可以留在船上。但是这个志向远大的野蛮人，这位海上的"威尔士亲王"（威尔士公国的元首，自1301年英格兰吞并威尔士之后，英王便将这个头衔赐予自己的长子。从此以后，给国王的男性继承人冠以"威尔士亲王"的头衔逐渐相沿成习，"威尔士亲王"便成了英国王储的同义词。这里实际上指的是季奎格的王储地位），却从来都没有正眼看过船长的舱房。船上的人把他安置在水手舱中，让他做了一名捕鲸手。但是，就像彼得大帝（彼得一世，1672—1725年，俄罗斯帝国首位皇帝，俄罗斯历史上仅有的两位"大帝"之一。曾化名彼得·米哈伊洛夫随团出访，先后在荷兰的萨尔丹、阿姆斯特丹和英国的伦敦等地学习造船和航海技术）甘愿在外国城市的船上干体力活儿一样，季奎格毫不在意地做起那些有失身份的活儿，只要让他获得用来教化他那些未开化的同胞的力量就行。说句真诚的话——他是这样告诉我的——他这样做的原因是他有一个愿望，那就是学习文明和先进的技能，然后使他的人民生活得比现在幸福；不只是更幸福，而是要比现在更好。[赏析解读：从季奎格远大的理想和目标中，看到了他粗犷、冷漠的外表下那颗细腻又火热的心。]

　　然而很可惜！捕鲸人的所作所为让他很快明白，原来文明世界的人也会既可怜又可恨，而且其邪恶程度远远超出他父亲手下的那些异教徒。他来到了萨格港，亲眼看到了水手们都在那里干了什么；随后他又抵达了南塔克特，看他们又是怎样花天酒地，花掉了他们赚来的钱。这也让可怜的季奎格断了学技能的念头。他心想，随便是哪都好，反正这个邪恶的世界没有一处是干净的，不如到死都做个异教徒吧！

所以，在他的内心深处他还是一个异教徒，但是他却生活在文明人中，穿着他们的衣服，努力学着他们讲那些莫名其妙的话。这也是为什么他虽然离家有一段时间了，行为举止却依然很古怪。[赏析解读：此处通过对季奎格内心与外在差异的描写，与前文呼应，也为他之前的怪异举动做出了合理的解释。]

我拐弯抹角地问他：他离家的时候，他的父亲已经年老体衰了，到如今他很可能已经去世了，他是不是打算回去继承王位？他回答我说没有这个打算，最起码目前还没有，说完后又补充道：他害怕因为受到基督教的影响，或者说是受到基督徒的影响，已经让他失去了登上王位的资格了，尽管他家的王位之前已传了三十代之久。他还说他会回去的，但要等他觉得自己受了洗礼（基督教的入教仪式，通过礼仪表示入教人对基督的信仰，并被接纳为教会的成员。最早源自《新约》中施洗者约翰在约旦河给耶稣洗礼）之后。不过目前，他还是打算继续他的航海生涯，痛快地做一番年轻人该做的事情再说。他成为一个标枪手，如今这支有倒钩的枪就成了他的权杖。

我问他有没有关于未来的计划。他说他还要出海去做他的老本行。听他这样说，我便告诉他：我的计划也是捕鲸，并告诉他我准备在南塔克特出海，因为那里是敢于冒险的捕鲸人登船出海最适宜的港口。他当下就决定要和我一起去那个岛，登上同一艘船，值同一个班，划同一艘小艇，吃同样的伙食。总之一句话，就是有福同享，有难同当。他紧握着我的双手，准备去勇敢地闯荡一番。[赏析解读：突出了以实玛利和季奎格的深厚感情及默契。] 对于这一切我都欣然同意，因为此刻我不仅十分喜欢他，还因为他是一个富有捕鲸经验的标枪手，对我这样一个只做过商船水手的人来说，虽然熟悉海上的生活，对捕鲸这一行却一无所知，有季奎格陪着我，一定会很有帮助的。

在他抽完最后一口烟的时候，他的自述也讲完了。季奎格搂着我，把他的前额抵到了我的前额上，然后吹灭了灯，我们各自翻过身去，很快便睡着了。

第十三章　"摩斯"号上的意外

[名师导读]

第二天一早，"我"和季奎格就离开了鲸鱼客店，借了一辆独轮车，轮流推着我俩的全部家当，登上了开往南塔克特的"摩斯"号。不过在这艘小帆船上，这个野蛮人做了一件顶天立地的大事，更加坚定了"我"和他待在一起的念头。

第二天是星期一，早晨起床后，我就把那个涂抹了香油的头颅给了一个理发师，换回了一个挂假发的木架子。随后我们结了账，不过用的是同伴的钱。[赏析解读：从这里的描写可以看出季奎格热情、大方的性格特征，同时也体现了他对以实玛利的真诚。]那个总是咧着嘴笑的客店老板以及那些房客，对于我和季奎格之间突然发生的友情觉得匪夷所思（不是根据常理所能想象到的），特别是在客店老板向我讲述完那些关于季奎格的一大通荒诞不经的鬼话吓到我之后，如今我却和这个人形影不离了。

我们借了一辆手推的独轮车，装上了我们的全部家当，其中有我那只简陋的旅行袋以及季奎格的布袋和吊床，然后推着车走向停靠在码头定期开往南塔克特的"摩斯"号。一路走来，行人们直盯着我们看。其实不是在看季奎格，因为大家经常会在街上看到这样的野蛮人，已经不足为奇了。他们盯着我们看的主要原因在于我和季奎格看起来关系十分亲密。不过我们根本不在意，只顾轮流推着独轮车走，季奎格不时地停下来调整一下标枪上的护套。我问他为什么要给标枪戴上这么一个麻烦的家伙，是不是所有的捕鲸船上都配有标枪。他给我的回答大致是：我说的没错，但是他还是比较喜欢用自己的标枪，因为它的材质十分坚硬，在多次生死搏斗中都经受住了考验，刺进了鲸的心脏。[赏析解读："多次生死搏斗"一方面体现出了季奎格作为标枪手有着丰富的经验；另一方面体现出了捕鲸的危险。]简单地说，就像内陆的割麦工和刈草（割草）工一样，尽管没有人让他们自带工具，可是他们还是喜欢拿着自己的镰刀去干活儿；季奎格更是这样，他出于个人的原因，宁愿用自己的标枪。

他从我手里接过独轮车后，给我讲了一个他第一次推这种小车时的趣事。那是在萨格港，他的船主借给了他一辆独轮车，让他装上那个沉重的箱子去住宿的地方。他假装很熟悉这种小车（其实他对怎样使用一窍不通），把箱子放到了独轮车上，用绳子捆得牢牢的，然后把车子扛了起来，大步地走上了码头。

"咳，"我说，"季奎格啊季奎格，你怎么会这么笨。他们没有笑话你吗？"

听到我这么说，他又给我讲了个故事。他说在他们家乡科科沃科岛上，人们在举行婚礼时会从未成熟的椰子中取出芳香的椰汁，放到一个像是染了色的用大葫芦瓢制成的大口碗中，然后把大口碗放在举行婚宴的席子中央，作为最引人注目的装饰品。有一次，一艘很大的商船刚好到了科科沃科，听其他船长们说，这艘船的船长是一位非常讲究排场又极为挑剔的绅士。[赏析解读：作者在这里特意强调这位船长的"讲究排场又极为挑剔"，为下文作铺垫，引起读者的兴趣。]

当时正逢季奎格刚满九岁的妹妹、一位美丽公主的婚宴，这位船长受邀出席。就在所有客人都聚集在新娘的小竹屋里后，这位船长大摇大摆地走了进来，落座于大祭司和季奎格父亲之间的位置上，而他的面前正好是那个作为装饰品的大口碗。在做过感恩祷告之后（因为他们和我们一样，也要做感恩祷告，不过季奎格告诉我，我们是低头向着盘子做这些，而他们则是像鸭子一样，抬眼仰望着赐予他们佳肴的恩赐者），大祭司便用岛上古老的开席仪式来开席：他先是将他那根圣化了并能使人圣化的手指在那只碗里蘸了蘸，然后大家便开始轮流饮用这被赐了福的椰汁。船长考虑到自己所坐的位置正处于大祭司的下面，而且仪式已经开始了，又想到自己是一船之长，应当凌驾于这座小岛的酋长之上，特别此时又是在这位酋长的家里，于是他从容地在这大口碗里洗了洗手。我觉得他可能把这个大口碗当作洗手指的器皿了。

"这样的情形，"季奎格说，"你又会怎样想呢？我们的人都在笑话他！"

之后，我们登上了那艘帆船，付了船钱，放好了行李，来到了甲板上。船升起了帆，向着阿库希奈河下游驶去，在船的一边是新贝德福德的梯形街道，被冰雪覆盖的树木在清冷的空气中闪着晶莹剔透的寒光。码头上，摞起来的木桶像小山一样，那些流浪在世界各处的捕鲸船终于有了归宿，沉默、安全地停靠在一起；而从另一些船上则传来了木匠和箍桶匠干活的声音，其中还夹杂着火炉熔化沥青和铁锤敲打铁砧的声响，所有的一切都在告诉人们新的航行马上又要开始了。通常一次极其危险且漫长的航行结束后，紧接着就会开始下一次，就这样一次接着一次，无限循环，永远不会终止。世上的一切俗务，都像这般无穷无尽，直至让人难以忍受。[赏析解读：航行一次接一次不停地循环反复，凸显出了当时捕鲸业的繁盛。]

当船航行到更开阔的水域时，凉爽的微风沁人心脾；"摩斯"号的船头激起急速的泡沫，仿佛是一匹小马驹在喷着鼻子说：我酣畅地吸着鞑靼（这里指的是成吉思汗的孙子拔都西征后在东欧建立的金帐汗国，其东起额尔齐斯河西部，西至第聂伯河，南起巴尔喀什湖、里海、黑海，北临北极圈）的空气！我痛恨陆地上那些印满了奴隶的脚印和骡马蹄印的大道，也痛恨那些据道为障收取通行税的人！我爱大海，大海上没有路，又到处都是路，而且永远不会有任何路的痕迹。

季奎格似乎和我一样陶醉其中，不停地摇晃着。他那深褐色的鼻翼向两边张开，连那被磨得尖尖的牙齿都露了出来。[赏析解读：此处通过对以实玛利及季奎格陶醉其中的描写，写出了他们对于大海的热爱，表达出了他们对即将开始的海上生活的兴奋。]

我们飞呀，飞呀，远离了岸边，"摩斯"号乘风破浪地不停疾行；它的船头躲闪腾挪，就像苏丹（来自阿拉伯语，有"力量""治权""裁决权"的含义，后来成为对一个特殊统治者的称号，被苏丹统治的地方，一般都对外号称拥有独立主权或完全主权）面前的奴仆。它向一边倾斜，我们就跟着歪向一边，每股绳索都发出了像钢丝绷紧时的鸣响声；两根高大的桅杆摇摆得像陆地狂风中的印度藤杖一样。

我们站在船头的斜桅旁，在乘风破浪中无暇去顾及其他乘客投射来的嘲笑的目光。这群愚蠢的人，看到两个结伴同行的人居然这么默契，竟然觉得不可思议，就好像白人总是比受了洗礼的黑人高出一头似的。不过在他们中倒真是有几个蠢人，看看他们那初出茅庐的样子，就可以断定其幼稚程度。季奎格发现他们中有一个呆瓜在背后学他的样子。我想这个家伙该倒霉了。只见这个身强体壮的野蛮人扔下标枪，一把提起了那个乳臭未干的家伙，也不知道他哪里来的那股力气和灵敏，将手中的人抛得老高，等他翻了半个筋斗时，轻轻地往他的屁股上一拍，那个呆瓜吓得肺都快要炸了，落地时竟然是双脚着地。而季奎格呢，则是转过身来背对着他，点着他的斧头烟斗，递给我让我抽了一口。[赏析解读：此处对于季奎格一系列的动作描写，从侧面反映了他孔武有力的身体素质以及野蛮的性格特征。]

"船昌（长）！船昌！"那个呆瓜高声叫喊着跑到船长跟前，"船昌！船昌！你看这个魔鬼！"

"喂，你这个家伙，"那位瘦削高挑的船长大步流星地走到季奎格面前，大声说道："你这么做到底想干什么？你不知道这样会让那个小子丧命吗？"

"他在说什么？"季奎格优雅地转过身来问我。

"他说，因为你，那个人差点儿死了。"我边回答他边指着那个还在发抖的呆瓜。

"啊？丧命？"季奎格大声说道，他那刺了花纹的脸上露出了一个奇怪的表情，看起来既阴森又不屑，"哼，他这听（条）小鱼，啊，季奎格不要这种小鱼的命，啊，季奎格要杀的是鲸！"

"你，听好了，"船长大声喝道，"如果你还要在这船上惹是生非的话，我就杀了你！哼，你这个生番，小心点儿。"

但是恰巧就在这个时候，该小心点儿的却是那位海上行家了。原来主帆受到的风压太大，导致它与调整迎风角度的链子分离，异常坚固的桅杆下桁在横扫甲板后飞到了另一边，而那个被季奎格扔在空中的可怜虫不幸被扫中掉落到了海里，所有人都惊慌失措。这时只有疯子才会想要去抓住那根飞舞的下桁。那下桁几乎在一秒钟之内就可以从右边飞到左边，然后在下一秒又飞回来，而且随时都有迸裂成碎片的可能。什么也做不了，事实上，也的确让人束手无策。刚才还停留在甲板上的人此刻都聚集到了船头，站在那里看着下桁，就好像它是一头愤怒的鲸张开的下颚一样。

就在众人不知该如何是好时，季奎格灵敏地跪了下来，从来回横扫的下桁底下爬过去，抓住了一根绳索，把其中一头固定在船舷上，接着又趁着下桁从他头上扫过的瞬间，将另一头扔了出去，接着再猛地一抽，下桁就像被套索套上了一样。等它再扫过来时就会停下来，这样大家都安全了。帆船迎风行驶，在人们都去忙着收拾船艄（指船尾。艄，shāo）的小艇时，季奎格脱掉上衣，光着膀子从船边跳进了海里，划出了一道如长虹般的优美弧线。季奎格像狗爬似的游了大约三分钟，长长的胳膊伸得笔直，两个结实的肩膀交替地在冰凉的白沫里出现。我注视着这个伟岸的男子汉，但却没见他救上人来——那个呆瓜已经沉下去了。季奎格上身笔直地跃出水面，打量着四周，看样子是想要看看到底是怎么回事，然后又潜入到水里不见了。又过了几分钟，他又浮出了水面，一只胳膊划着水，另一只胳膊中夹着一个奄奄一息的人。

小艇很快被放了下去将他们救了上来。那个可怜的呆瓜居然醒了过来。季奎格成了众人眼里的大英雄，船长也请求他的原谅。从那以后，我就像是海贝（海中有壳软体动物的总称。其壳古代曾用作货币）一样吸在了季奎格的身上。嗯，直到他最后一次落入海中再也没有上来为止。[赏析解读：作者在此处用了一种夸张的比喻手法，表达出了以实玛利对季奎格的崇拜之情，同时也为下文埋下伏笔。]

从古至今，可能再也没有比他更迟钝的人了。他似乎根本没有想过自己应该得到舍己救人协会的奖章。他只是要求给他些淡水，只是淡水，能够把身上的咸水洗掉就好。随后，他又穿上干衣服，点燃了他的斧头烟斗，斜靠在舷墙上，以一种温和的神情看着四周，好像在对自己说："这个互相帮助、合伙经营的世界，到处都是一样的。我们食人生番一定会帮助这些文明人的。"[赏析解读：简单的描述，表现出了在季奎格野蛮、彪悍的外表下，隐藏着一颗善良、真诚、不计得失、乐于助人的心。]

之后，在我们到达南塔克特之前，再也没有什么特别的事情发生，我们平安顺利地结束了这次航行。

第十四章　赫赛太太

[名师导读]

"我"和季奎格半夜才上了岸，根据鲸鱼客店老板的指引，多方打探终于来到了他所说的那位表弟经营的油锅客店，我们的食宿也得到了改善。在这里，我们吃到了传说中可口的蛤蜊杂烩和鳕鱼杂烩。但是在这里住宿有一个特别的要求，那就是季奎格不能带着标枪过夜。

等到"摩斯"号停靠好后，我和季奎格才上了岸，这时夜已经很深了，我们什么事也办不了，只能先找个地方解决吃饭和睡觉的问题。[赏析解读：对于上岸时间的交代，一方面起到铺垫、渲染气氛的作用；另一方面也是为了更好地引出下文。] 在我们离开前，鲸鱼客店的老板曾向我们推荐过他表弟荷西·赫赛开的油锅客店，并说那里是整个南塔克特城管理最正规的客店之一；而且他还向我们一再保证，他表弟荷西做的杂烩十分有名。总之一句话，他的意思再清楚不过了，没有比去那家油锅客店品尝一下那里的家常菜更好的选择了。他告诉我们要怎么到达那里：先顺着右手边的一座黄色仓库一直走到看见一座白色教堂；再向左转，之后便一直顺着左边往前走；到了街角，转个三十四五度的弯，再靠着右侧，到了这时就向我们碰到的第一个人打听油锅客店在哪里。他这种曲里拐弯的指路方法，一开始可是把我们绕晕了，特别是在开头的地方。季奎格坚信那座作为出发点的黄色仓库在我们左手边，而我却记得鲸鱼客店的老板是说它在我们的右手边。无论哪边，我们在黑暗中摸索了一阵子，还时不时地敲开老实居民的门问路，最后终于找到了那里。

我们站在一扇破旧的门前，门口竖着一根旧中桅，桅顶（桅肩以上部分）横桁上吊着两口用锅耳扣住的漆成黑色的硕大的木锅，它们像秋千一样轻轻地摆动着。横桁背面的两只角被锯掉了，使这根旧中桅看起来很像绞架。[赏析解读：把旧中桅和横桁构成的样子想象成结束生命的绞架，寓意深刻，也为下文埋下了伏笔。] 或许当时我对这类见闻有些过于敏感，但是我总是会不自觉地瞪着那个绞架，它使我感到隐隐不安。当我抬头看着那剩下的两只角时，脖子感到一阵痉挛。没错，这剩下的两只角，分别用来吊我和季奎格。这可不是一个好兆头，我暗暗地想道。我到的第一个捕鲸港，就住进了一家店主姓"棺材"的客店里，在捕鲸人教堂里我面对着墓碑，到了这里又出现了一个"绞架"！而且还有一对硕大的黑锅！这对大锅是不是在转弯抹角地让我想起陶斐特（见《圣经·旧约·耶利米书》第7章32节。上帝在惩处犹太国的子民时曾提到他们行他眼中看为恶的事，在陶斐特建造高坛，好在火中烧死自己的儿女以祭祀火神摩洛克）呢？

在这家客店的门廊上坐着一个女人，她满脸雀斑，一头黄发，穿着一件黄衫。这时我才从那些胡思乱想的思绪中回过神来。她站在一盏摇曳的灯下面，那盏灯是暗红色的，很像一只受了伤的眼睛。此刻，那个女人正对着一个穿着紫色羊毛衬衣的男人骂得起劲儿。

[赏析解读：此处对于环境的描写，渲染了气氛；对于女人的描写，凸显出了她泼辣的性格特征。]

"快点滚，"她对男人说，"不然看我怎么收拾你！"

"来吧，季奎格，"我说，"那肯定是赫赛太太，不会错的。"

果然如此，荷西·赫赛先生出门了，由能干的赫赛太太处理店里的全部事务。在我们向她说明了要食宿的来意后，赫赛太太暂时停止了责骂，带着我们来到了一个小房间里，让我们在一张明显刚刚用过餐却还没有来得及收拾的桌前落座。接着转过身来问我们："你们是要蛤蜊（软体动物，长约3厘米，壳卵圆形，淡褐色，边缘紫色。生活在浅海底，世界各大洋都有分布）还是要鳕鱼（是生活在海洋底层和深海中下层的冷水性鱼类，广泛分布于世界的各大洋，鳕鱼肉质鲜美，营养和经济价值都较高。在1958—1976年间，冰岛和英国还曾因为鳕鱼爆发了一场持续20年之久的鳕鱼战争）？"

"鳕鱼是怎么做的，太太？"我十分客气地问道。

"要蛤蜊还是鳕鱼？"她好像没有听到我的问话，又重复了一遍。

"一只蛤蜊作为晚餐？一只冷蛤蜊是吗，赫赛太太？在这样冷的天气里用这道菜来招待我们，是不是凉了点儿、潮了点儿呢，你认为呢，赫赛太太？"

不过，赫赛太太好像急切地想要去接着骂那个穿着紫色羊毛衬衣的男人，而那个男人也还在入口处等着。我说的话她似乎只听到"蛤蜊"这个词，便匆匆地朝着通向厨房敞开的门，大喝了一声"两份蛤蜊"，说完人便离开了。

"季奎格，"我说，"我们每个人都只有一份蛤蜊，你觉得这顿晚饭能对付过去吗？"

然而，从厨房飘出来的那股又热又香的蒸汽打破了我们之间那种消极的想法。当热气腾腾的杂烩一端上桌，那个谜团就以一种很愉悦的方式解开了。噢，亲爱的朋友，让我来告诉你，那份杂烩是用比榛子个头大不了多少、鲜嫩多汁的小蛤蜊熬制成的，又香又浓；里面还有敲碎的船用面包及切成小片的咸猪肉，加上黄油，再撒上适量的胡椒和盐。在经历过那场寒冷的航行后，我们早就饥肠辘辘了，特别是当季奎格看到自己最喜欢吃的海鲜，可口至极地摆在眼前时，马上风卷残云般地消灭掉了它们。[赏析解读：通过对美食的描写，把两个人前后两种不同的心态做了鲜明的对比，也从另一方面说明了他们两个人很乐观，也很容易满足。]

吃完后我向后一靠，想起了赫赛太太问的"要蛤蜊还是鳕鱼"，便有了一种想要尝试鳕鱼的念头。我起身走到厨房门口，加重语气说了声："鳕鱼。"马上又返身坐下。没过多久，那股香喷喷的蒸汽又飘了出来，但是仔细闻一下跟之前的味道并不一样。接着，一份可口的鳕鱼杂烩就放在了我们面前。

于是我们又继续埋头吃了起来，我一边用勺子不停地在碗里捞，一边琢磨，这东西对大脑会不会有影响？俗话里不是有句形容人愚蠢的说法，叫长着一颗杂烩脑袋的人（与中国人说的"一脑袋糨糊"意义相同）吗？"唉，季奎格，你的碗里是不是有条活鳗鱼（是一种外观类似长条蛇形的鱼类，具有鱼的基本特征，一般产于咸淡水交界海域。鳗鱼与鲑鱼类似，具有洄游特性）？你的标枪在哪儿呢？"

天底下最腥的地方莫过于油锅客店了，这是名副其实的。因为它的锅里总熬煮着热气腾腾的杂烩。早餐是杂烩，午餐是杂烩，晚餐依然是杂烩；一直吃到你生怕衣服上会钻出鱼骨头来。房前的空地上铺满了蛤蜊壳。赫赛太太戴着一条鳕鱼脊椎骨打磨而成的项链；而荷西·赫赛的账本则是用最好的陈年鲨鱼皮装订的。[赏析解读：此处的描述一方面是为了凸显油锅客店的腥；另一方面也与前文所说的油锅客店最有名的就是杂烩相对应。] 这里的牛奶里都夹杂着一股鱼腥味儿，至于这股子鱼腥味儿是从哪里来的，我一开始也弄不明白。直到后来有一天早上，我沿着沙滩去那些渔船附近散步，发现荷西的花奶牛在吃剩下的鱼杂碎，而且它的每只蹄子都踩在剁下来的鳕鱼头上——那个样子说起来实在是不雅观。

吃完晚饭，我们提着一盏灯，听赫赛太太向我们指明通往卧室最近的路线。可是就在季奎格准备第一个上楼时，这位太太却伸手要他把标枪交给她，说不允许带着标枪进入客房。"为什么不可以呢？"我问，"每个真正的捕鲸人都会与他的标枪一起入睡——为什么你这里不行呢？"

"因为太危险了，"她答道，"自从斯蒂格斯那个年轻人出航不利，出了事后，我就不许了。他出海四年半，只带回来了三桶油，然后我们就在一楼的房间发现了他，他已经死了，他的标枪插在他的腰里。打那之后，我就不允许我的客人在晚上带着这种凶器在客房过夜。所以季奎格先生（此时她已经知道了他的名字），我会把你的标枪替你保管到明天早上。唉，你们明天的早饭杂烩，是要蛤蜊还是要鳕鱼？"

"两样都要，"我答道，"再来两条熏鲱鱼（又叫青鱼，有着流线型的身体和银色鳞片，像一支支银色飞镖。喜欢成群游动，这样可以防止其他鱼类的攻击，但同时也意味着很容易被捕捞。17 世纪的荷兰曾因为鲱鱼而成为世界经济中心，其首都阿姆斯特丹更是有"建在鲱鱼骨头上的城市"之称），变变花样。"

第十五章　发现"披谷德"号

[名师导读]

季奎格受到约觉的告诫不能和"我"一起去挑选船只，第二天一早，"我"只好独自一人出发去港口联系船只。经过多方询问，"我"得知有三艘船有为期三年航行的打算，分别为"魔鬼闸"号、"美食"号和"披谷德"号。经过最终筛选，"我"觉得"披谷德"号最适合我们这次航行。

我们躺在床上，做好了第二天的计划。但是让我觉得吃惊且非常担心的是，此时季奎格告诉我：他一直在向约觉——就是他那尊又黑又小的雕像——请教，而约觉已经三番两次地告诫他，并且执意坚持这一点，那就是不让我们一起去港口联系那些捕鲸船，不要一起去挑选要上的船只。约觉慎重地嘱咐：挑选船只的事情只能让我一个人去办。约觉这样做是出自一番好意，而且它已经帮我们选中了一艘船，只用我一个人去办这件事。我忘了提及，在许多事情上，季奎格非常相信约觉的英明判断及令人惊讶的预见能力，并且对它十分敬重，认为它是一尊不错的神。总的来说，约觉也许真的很善良，但是它那些出于好心的意图总是无法实现。关于季奎格的这次计划，或许应该说约觉这次涉及我们挑选船只的计划，我完全不喜欢。[赏析解读：作者通过描述以实玛利对约觉的态度，与季奎格的虔诚形成了鲜明的对比。]

原来我是打算凭借季奎格的聪明才智去选定一艘最适合我们的捕鲸船的。不过无论我怎么劝说都无法使季奎格改变心意，我只好勉强同意，随即又马上打起精神，准备全力以赴。说起来这只是一件小事，很快就可以把它解决掉。第二天一早，我留下季奎格和约觉待在我们那间小客房里便出了门，因为那天好像是季奎格和约觉的大斋日或斋期，又或是禁食和祈祷的日子。至于这个大斋日到底是怎么回事，我始终也没有弄明白，因为我虽然多次钻研过，却总也无法明白他的那些礼拜仪式以及三十九条信条。[赏析解读：作者在此处特意对季奎格的动向进行了描述，为下文作铺垫，同时引发了读者的好奇。]

没办法，我只好由着季奎格咬着他的斧头烟斗禁食，让约觉点燃献给它的刨花去祭火吧。我来到码头后，转悠了好半天，经过多方打探，打听到有三艘船将进行为期三年的航行，一艘是"魔鬼闸"号，一艘是"美食"号，一艘是"披谷德"号。我不知道"魔鬼闸"号的出处，但是"美食"号就很明显了。至于那艘"披谷德"号，相信你肯定记得，那是马萨诸塞一个非常有名的印第安人部落，如今已经和古代米底人（古代亚洲西部的人。印欧人种之一，与波斯人有血缘关系。早在公元前17世纪进入伊朗东北部，定居于后来称为米底亚的高原地区，公元前9世纪成为亚述国的臣民，前7世纪独立建立米底帝国，约前550年被波斯王居鲁士击败，此后与波斯人融为一体）一样灭绝了。我先是对"魔鬼闸"号仔细打量了一番，又跳上了"美食"号，最后才来到了"披谷德"号上。我到处瞧了瞧，最终拿定主意：这就是我们要登的船。[赏析解读：此处的叙述，一方面突出了以实玛利的聪慧；另一方面与约觉的预测相互呼应。]

也许你们也见过许多奇奇怪怪的船只——方船尾的横帆船（是最早出现的帆船，船上装的是"横帆"，是一种横向安置的方形帆。古埃及方帆船就是一种早期横帆船，后来横帆逐渐被三角帆代替，公元9世纪后逐渐消失），山地日本人的木船（指用木材制成的船，通常用檀、桨等行驶。既指用木材作为船体结构主要材料的船，也指以木材为主要材料，仅在板材连接处采用金属材料的船舶），像黄油箱一样的桨帆船（是一种主要以人力划桨驱动的船只，其特征包括细长的船体、浅的吃水线以及低矮的干舷，并且都安装有帆，以便在顺风下航行。桨帆船发源于公元前2000年的地中海沿岸，在大航海时代得到迅速发展，17世纪后逐渐被风帆战舰所替代），等等。但是我敢说，你一定从未见过像"披谷德"号那样极为少见的旧船。

那是一艘老式船，如果非要用一个贴切的词来形容它，那就是非常"小"。它看起来式样老派且稳重。这艘小船长年在四大洋中饱经风浪，也曾见过风平浪静的景致。它破旧的船身形容枯槁，就像是一个远征过埃及和西伯利亚幸存下来的法国榴弹兵的脸色。它那年代久远的船头就像是长着胡须一般，当人望上去时就会有种肃然起敬的感觉。它的桅杆是从日本海岸的某处砍来的，之前的那根桅杆在一场风暴中消失在了海里——那些桅杆站得笔直，就像科隆那三位老国王（指科隆大教堂里的东方三圣，即来自东方的三位王者或贤士，依据《圣经》，在耶稣出生后，有来自东方的王者带着礼物，朝拜耶稣。在如今的科隆大教堂中保存有东方三圣的尸骨）的脊梁。它的甲板早已破旧得不成样子，看上去就像起了皱纹，就像坎特伯雷大教堂（位于英国肯特郡郡治坎特伯雷市，建于公元 598 年，是英国最古老、最著名的基督教建筑之一，是英国圣公会首席主教坎特伯雷大主教的主教座堂）中为了纪念贝克特（圣托马斯·贝克特，1118—1170 年，是英格兰国王亨利二世的大法官兼上议院议长，后出任坎特伯雷大主教，因王权与教权的矛盾被亨利二世派人暗杀，被教皇亚历山大三世封为"圣人"）赴难流血倒下的那块受圣者膜拜的铺路石板。[赏析解读：对"披谷德"号船体的描述，突出了它的年代久远和历史悠久，同时也从侧面体现出了它的牢固。]但是令我觉得惊奇的是在这些老古董物件上，偏偏还增添了一些新奇的玩意儿，这无不与它在半个世纪中经历过的奇事有关。

老法勒之前曾在"披谷德"号上做了多年的大副，直到他拥有了自己的船后才做了船长。如今他已经退休了，也是"披谷德"号的主要股东之一。老法勒在任职大副期间，在"披谷德"号原有的设计基础上增添了许多精彩的东西，他将船身进行了镶嵌装修，在用料和设计上都力求奇特，只有托基尔·哈克雕刻的扣环或是床架才能与之媲美。这艘船看起来就像是一位脖子上挂着光滑沉重的象牙饰物的埃塞俄比亚皇帝。

就是把它说成是件战利品也绝不为过，这艘船可称得上是船中的"食人生番"了，因为它是用敌人的骸骨来装饰自己的。它那没有镶嵌木板的舷墙就像是一道被延长的下颚，四周以抹香鲸（是体型最大的齿鲸，体长可达 18 米，体重超过 50 吨，头部长度占身体的 1/3，具有动物界中最大的脑。其潜水能力极强，是潜水最深、潜水时间最长的哺乳动物。抹香鲸肠内分泌物的干燥品称为"龙涎香"，是一种偶尔会在抹香鲸肠道里形成的蜡状物质，主要来源于抹香鲸吃下巨型乌贼后无法消化的鹦嘴，刚取出时臭味难闻，存放一段时间逐渐发香，是一种贵重香料）尖锐的长牙作为钉子来装饰。船上的旧麻绳、索子被固定在尖牙上，这些绳索并没有缠绕在陆地出产的劣质木板上，而是巧妙地被盘在一根海象（海象科海象属的一种动物，主要生活在北极或近北极的温带海域。其身体庞大，皮厚而多皱，有稀疏的刚毛，眼小，视力欠佳，长着两枚长长的牙，这点与陆地上的大象很像。不过它的鼻子很短，四肢因适应水中生活已退化成鳍状，不能像大象那样步行于陆上，仅靠后鳍脚朝前弯曲以及獠牙刺入冰中的共同作用，才能在冰上匍匐前进）牙上。神气的舵旁的绞轮根本无缘与高傲的它们有所接触，它们甘愿待在那里作为舵柄的饰品；而那舵柄则是用一大块捕鲸船的世仇那长而窄的下颚雕刻而成的，虽然样子看起来雕得很奇怪。[赏析解读：此处对船上那些奇怪的装饰的描述，都与鲸有着密切的联系，同时由此也可以看出，捕鲸人与鲸之间关系的恶劣。]

当舵手在暴风雨中握着那舵柄时，就会觉得自己像是一个鞑靼人勒紧他那暴烈坐骑的缰绳让它停下来一般。这是一艘高贵的船，但是不知道为什么会显得非常忧郁！好像凡是高贵的东西都会给人一种忧郁的感觉。

这时我向船的后甲板望去，想要找个管事的人，好向他毛遂自荐，参与到这次航行中去。一开始一个人也没有看到，但是这时我注意到在主桅稍后的地方有一顶古怪的帐篷，与其说是帐篷，倒不如说是一间棚屋。

最后，我总算在那个半隐半现的怪棚屋里找到了一个人，看样子应该是个管事的。当时正值中午，船上的工作都暂时停了下来，而那个人也暂时卸下了重担，享受着片刻的休闲时光。他坐在一把老式的栎木椅子上，椅子上面刻满了古里古怪的图案，那结实的座位也是用搭建棚屋所用的软骨拼成的。

我看到的这个人是个上了岁数的人，从他的外表看或许并没有什么特别之处，他的皮肤是棕黑色的，双手粗壮有力，这和许多老水手一样。他穿着一件按照教友会会员衣服式样剪裁而成的引航员常穿的蓝布衬衣，袖子被他卷得很高。这张脸上唯一会吸引别人注意的就是他那双眼睛周围细密如蛛网的皱纹，这一定是由于长期在顶风的航行中观察航向所导致的（因为迎着风观察就会使眼睛周围的肌肉收拢）。[赏析解读：此处对于这位老人的外貌描写，寥寥几笔就刻画出了一个饱经沧桑、经验丰富的水手形象。]这种眼纹会让一个面无表情的人有点儿不怒自威的气势。

"您是'披谷德'号的船长吗？"我走到棚屋门前问道。

"就算是吧，你找他有事吗？"他答道。

"我想在船上找份活干。"

"你想在船上找份活干？我看你不是南塔克特人——以前在烟囱船（汽轮）上待过吗？"

"没有，先生，从来没有过。"

"那我可以确定，你对捕鲸这一行一窍不通，对吗？"

"是的，一无所知，先生。但是我保证一定会很快学会的。我曾经在商船上待过一段时间，我想……"

"商船算什么。别用这些话来糊弄（欺骗；蒙混）我。看到那条腿了吗？你要是再跟我说什么商船，我就让你的那条腿从你的屁股那里分家。商船，哼！我猜你一定为自己在那些商船上干过活而得意吧！那算什么！喂，你为什么想出海捕鲸呢？看起来有点问题，对吧？——难道你做过海盗？是不是刚抢了你的上一位船长？你不会有一出海就想要谋害船上的长官们的念头吧？"[赏析解读：作者在此处用了连续的反问句，显示了老水手对以实玛利的怀疑、戒备与猜测的心理。]

我郑重地声明自己绝不会干那种事情。我看得出来这个老水手虽然说的是一些半开玩笑、试探性的话，但是那都是表面现象；其实他是一个顽固到骨子里的教友派南塔克特人，满脑子都是偏见，除了科德角（又称鳕鱼角，位于美国马萨诸塞州东南部向大西洋突出的科德角半岛的顶端，是一个沙洲状的岬角。1602 年英国探险家戈斯诺尔德抵此，其船上装载了大量鳕鱼，故取名鳕鱼角）和马萨葡萄园岛（也译马撒葡萄园岛，是位于美国东北部新英格兰地区的马萨诸塞州的一座海岛，位于科德角以南。1602 年英国制图师巴塞洛缪·高斯诺德第一个为该岛绘制了地图，并为了纪念他的小女儿马萨而以她的名字命名该岛，"葡萄园"是因为高斯诺德在此岛屿上所发现的许多葡萄藤）来的人，他不会相信其他的外乡人。

"不过你为什么想要去干捕鲸这一行的呢？在我决定是否雇佣你之前，我要先把这一点弄明白。"

"那好，先生，我想去看看捕鲸是怎么回事。我想去看看这个世界。"

"想看看捕鲸是怎么回事？那么，你见过亚哈（本书中的主要人物的名字都来源于《圣经》。亚哈这个名字源于《圣经》中一个复仇心切的邪恶国王，此人被称为以色列最恶之王）船长了吗？"

"亚哈船长是谁，先生？"

"哦，哦，我早就想到你没有见过他。亚哈船长是这艘船的船长。"

"这么说，是我弄错了。我一直以为和我说话的人就是这艘船的船长本人呢！"

"你是在和法勒船长说话——就是现在跟你对话的这个人，小伙子。'披谷德'号这次出海前的准备工作是我和亚哈船长一起负责的，包括水手在内。我们都是这艘船的股东和代理人。但是我要说的是，如果你真的像你说的那样想要看看捕鲸是怎么回事，那么年轻人，那我有办法让你在下决定并且不能反悔之前多少知道一些事情，你去好好瞧一瞧亚哈船长，就会发现他只有一条腿。"［赏析解读：此处对于亚哈船长断腿的描写，写出了出海捕鲸的危险。］

"你这是什么意思，先生？难不成他的另一条腿被鲸咬断了？"

"没错，被鲸咬断了！小伙子，你站过来一点；那条腿是被攻击过捕鲸船的鲸中最凶恶的一头抹香鲸咬断的，它把那条腿嚼得嘎嘣嘎嘣响，然后就吞进了肚子里，唉，唉！"他说话时的神态让我觉得有些害怕，但他最后那句话里透露出来的发自内心的悲痛同样使我有些感动，不过我还是尽量保持镇静地说："您说的一定是真实的，先生。但是我又怎么知道您说的那头抹香鲸是不是真的格外凶猛呢，虽然这个事故很简单明了，我大概也能推断出来。"

"喂，小伙子，听你说话能够看出你确实没有多少经验。你也没有说一句谎话。不错，你说你出过海，这是真的吧？"

"先生，"我说，"我记得和您说过，我曾经以水手的身份跟着商船出海过四次——"

"别再提那个！记住我说过的那些关于商船的话——不要惹我生气——我不爱听那些。不过，让我们先把话说明白。我已经向你透露了一些关于捕鲸是怎么回事的信息。你听完后是不是还想要做这行？"

"我想做，先生。"

"很好，现在我问你，你敢不敢对着一头活蹦乱跳的鲸的喉咙投掷标枪，然后对它猛追过去？给我回答，快点！"

"我敢，先生，如果到了非这么做不可的地步，我敢做。也就是说，到了不是被它干掉就是我干掉它的时候，我会这样去做的；但是这种情况我想多数并不会发生。"

"说得非常好。你说想要上捕鲸船去亲身体验一下捕鲸是怎么回事，还说想要去见识一下这个世界，对吧？你刚才不是这么说的？我想的确是这样。那么，现在你走到船头的上风舷去瞧一瞧，然后回来告诉我你都看到了什么。"

这个奇怪的要求让我觉得有点莫名其妙，以至于我没有马上行动，因为我不知道他是开玩笑还是认真的。可是看到法勒船长脸色一沉，连眼尾的鱼尾纹都皱了起来，我吓得赶紧照他说的去做了。［赏析解读：以实玛利内心活动的描述，写出了他内心的疑惑以及不安。而对法勒船长的描述，则凸显出了他威严的一面。］

我走上前去，朝着船头的上风舷外望去，只见船只在下了锚的地方随着涨潮来回摇摆，这时正侧身对着辽阔的大海。眼前一望无际，但是却单调到让人不想继续看下去，看不出有半点儿的变化。

"说吧，你想要向我报告什么。"我一回来，法勒就问道，"你看到了什么呢？"

"没有什么，"我答道，"只有水。不过视野却很开阔。我认为要起大风了。"

"那么，你现在是不是仍然想去见识一下这个世界呢？你是不是还想绕过合恩角去看一看这个世界呢？难道你所站的这个地方就无法见识这个世界吗？"

我有点犹豫不决，但是捕鲸我是非去不可的，我也很乐意去。而且"披谷德"号跟那两艘船相比，我认为无论从哪方面看它都是最好的选择。我把我的这些想法全都说给了法勒船长听。他看到我的态度如此坚决，便表示同意雇用我。[赏析解读：此处的描写一方面凸显出了以实玛利的决心；另一方面也预示了后面的故事发生的地点就在"披谷德"号上。]

"不如你马上签约好了。"他接着说，"跟我来。"他一边说，一边领着我走下甲板，来到了舱房里。

在船尾的肋板上坐着一个在我看来非比寻常且令人大为吃惊的人物，他就是比勒达船长，他和法勒船长都是这艘船上最大的股东之一。在这里，其他的股份则是在一群领年金的老年人、寡妇、失去父亲的孩子以及受监护的未成年人的手里。他们每个人所拥有的股份价值只不过相当于船上的一小段木头，或一英尺船板，又或一两根钉子。南塔克特人把钱都投资在捕鲸船上，就像你把钱投资在信誉良好、红利可观的股票上是一个道理。

现在来说一说比勒达船长，他跟法勒船长一样，都是教友会会员。他还是一个生活富裕、退休了的捕鲸手。但是两人的不同之处在于，法勒船长对于所谓重要的事物满不在乎，并且说实话，他会把那些看起来重要的事物看作最无聊的事情；而比勒达船长由于原先就接受过教友会中最严格的南塔克特教会的其中一派的教育，并且后来他还长期生活在海上，在合恩角周围的岛上看到过许多赤身裸体的纯朴居民——这一切都丝毫没有影响到这个土生土长的教友会会员，甚至他连外表也没有一丝一毫的改变。[赏析解读：作者在这里描述比勒达船长与法勒船长对待重要的事物的差别，使我们了解到法勒船长的随性与比勒达船长的严谨。]

不过说起来有些遗憾，比勒达如今名声在外，大家都称他是个无可救药的老守财奴；他在还出海的时候，就是一个尖刻、冷酷的工头。[赏析解读："老守财奴"一词，体现出了比勒达对待钱财的态度，同时也为下文作铺垫。]在南塔克特，人们给我讲过一个现在听起来确实是非常离奇的故事，说他当年负责那艘老捕鲸船"凯特古特"号时，一上岸他的大部分船员都被直接抬进了医院，他们一个个筋疲力尽，十分衰弱。作为一个有着虔诚宗教信仰的人，特别是作为一个教友会会员，即使以最温和的说辞来形容他，他的心肠也实在是太狠了。不过，虽然他们说他从来不骂他的水手，但不知道为什么，他却能迫使他们在极恶劣的条件下为他工作。[赏析解读：比勒达不用骂他的水手就能使他们按照他的意思去做事，从侧面表现出了他的威严。]

在他当大副时，只要用那双黄褐色的眼睛瞪你一眼，你就会马上六神无主，只得赶紧抓起一件什么工具——一把斧头或者一根穿索针，便发疯似的猛干起来，无论干什么。偷奸耍滑在他面前通通想都别想。他自身再好不过地体现出了那种功利主义的性格。比勒达船长身材瘦长，身上没有一点多余的肉，也没有不必要的胡须，他下巴上只有稀疏的一小撮软软的绒毛，就像他那顶阔边帽上被磨得只剩下为数不多的绒毛一样。[赏析解读：此处对比勒达外貌的描写，描述出了一个严肃、节俭但不容易相处的老水手的形象。]

甲板之间的地方有限，比勒达身板笔直地坐在那里，他一直是这样坐的，从来不倚靠着什么东西，这样也省得磨坏他大衣的后摆。他的阔边帽就放在旁边，双腿僵硬地交叉着；淡褐色的上衣扣子一直扣到下巴下面，眼镜架在鼻子上。他似乎在聚精会神地读着一本十分厚的书。

"比勒达，"法勒船长喊道，"又在看那本书了，比勒达，呃？据我所知，这些圣书你已经看了三十年了，准没错。你看到哪儿啦，比勒达？"

比勒达仿佛对他这位老伙伴亵渎上帝的谈吐早就习惯了，没有理睬他的这次不敬之举，他只是安静地抬起头来，一看到我，便用询问的眼光瞪了他一眼。

"他说要到我们的船上来，比勒达。"法勒说，"他想在船上找份活儿干。"

"你想吗？"比勒达的语调里没有丝毫情感，同时朝我转过身来。

"我是这样想的。"我没有在意，照实答道。他是一个十分热诚的教友会会员。

"你觉得他怎么样，比勒达？"法勒问道。

"他可以。"比勒达边说边看我，说完后又看着书并喃喃地拼读下去。[赏析解读：简单的三个字，从侧面体现出了比勒达船长敏锐的洞察力，同时也是对以实玛利的一种肯定。]

我觉得他是我所见过的最古怪的教友会会员，特别是与他的朋友兼老伙伴法勒——那个动不动就大喊大叫的人相比，就更为明显了。可是我什么也没说，只是机警地打量四周。法勒这时打开一口箱子，拿出船上的用品，把笔和墨水放到面前，然后在一张小桌边坐下。现在我开始琢磨：这是给我开条件，我才会答应跟着这艘船出海。上船前我已经打听到干捕鲸这一行是没有工资的；所有的人，包括船长在内，都是按利润分成的，这叫作份子；而一个人拿多少份子则是参照各人在船上所任职务的重要程度，按一定的比例分配的。[赏析解读：此处的描述，对捕鲸船员的待遇有了明确的交代。]

我也知道自己是个捕鲸新手，分到的份子不会很多。但是我也算是个习惯了海上生活的老生了，掌舵、打绳结这样的船活我都会做，根据我所打听到的情况可以得出他们给我的份子不会少于第二百七十五号，换句话说，无论最后折算出来到底有多少，我都会拿到这次航行纯收入的二百七十五分之一。虽然这第二百七十五号的份子是少了些，不过总比没有强。要是这次航行运气好，很有可能会把在船上穿烂的衣服钱挣回来，至于在船上白吃三年牛肉饭食，白住三年就更不用说了，那都是分文不用付的。总的来说，我觉得第二百七十五号的份子是比较公平合理的。不过，如果他们要给我第二百号的份子，我也不会觉得太意外，毕竟我也是个高大结实的汉子。

虽然我是这么想的，但是有一件事却让我不太敢相信会拿到一份比较丰厚的份子：还在岸上时，我就听到有关法勒船长和他那位令人莫名其妙的老伙计比勒达船长的一些情况，说他们是"披谷德"号的主要股东，而其他零散的小股东把船务事宜都交给了他们负责。我无法确定这个吝啬的比勒达在雇用人手方面是不是有很大的发言权，特别是现在，我在"披谷德"号上看到他自在地坐在船长舱房里读《圣经》，就像坐在自己家里的火炉边一样。这时，法勒船长正在白费力气地用他的大折刀削笔。比勒达照理说是办理用人手续的其中一位负责人，但是却始终对我们不予理睬，只是自顾自地咕咕哝哝念他的书："不要为自己积攒财宝在地上——"[赏析解读：语言描写，显然有着嘲讽意味，表达出了他辛酸地讽刺了比勒达的吝啬。]

"嘿，比勒达船长，"法勒打断他说，"你说，我们该给这小伙子多少份子？"

"你说了算，"他以一种阴沉的语气答道，"我看第七百七十七号不算太多吧？——'地上有虫子咬，能锈坏，只要积攒——'"[赏析解读："地上有虫子咬，能锈坏"是与上句"不要为自己积攒财宝在地上"相连的一句话，作者在这里使用，体现出了一语双关的用意。]

积攒，哼，我心里想，我就值这样的份子吗？第七百七十七号！好啊，比勒达老头，你是下定决心不让我积攒许多份子在地上了，因为地上有虫子咬，能锈坏。那确实是个少得可怜的份子。这么大的数字听起来或许能够骗得了在陆地上做事的人，但只要略微动动脑子就会明白，七百七十七虽然是一个相当大的数字，但一旦把它变成分母，你就会发现，这个第七百七十七号份子可比七百七十七枚金币少得多。当时我就是这么想的。

"喂，见你的鬼去吧，比勒达，"法勒大声说道，"你这不是在蒙骗这个小伙子吗？他应该拿得比这多。"

"第七百七十七号。"比勒达再次重复了一遍，他说这话的时候连眼睛都没有抬，之后又继续小声说着，"因为你的财宝在那里，你的心也在那里。"

"我要给他写第三百号，"法勒说，"你听到没有，比勒达！我说的是第三百号的份子。"

比勒达放下书，十分严肃地朝他转过身去说，"法勒船长，你为人仁慈慷慨，但你必须考虑你对此船及其他股东承担的义务——那些人里有许多的孤儿寡妇——如果我们给这个小伙子的劳动报酬过于丰厚，那就是从那些寡妇和孤儿的嘴里抢夺面包。给他第七百七十七号，法勒船长。"

"你这个比勒达！"法勒船长猛地站起身，在舱里四下走动，脚下的船板被他踩得"嘎吱嘎吱"直响，"该死的家伙，如果在这些问题上我按照你的话去办，那我的良心早就变得沉甸甸的了，重得会把那些到达过合恩角的最大的船都压沉了。"

"法勒船长，"比勒达坚定不移地说，"你的良心或许能吃十英寸或者十英寻深的水，那个我无法确定。不过，由于你至今为止是个不思悔改的人，法勒船长，我最怕的是你的良心被锚钩穿了孔漏了。只怕你到头来会一直沉到地狱的火坑里去。"

"火坑！火坑！这是你对我的侮辱。真叫人忍无可忍，你侮辱我。这可是奇耻大辱，随便诅咒人家下地狱。又是挨锚钩，又是掉进火炕！比勒达，有本事你再说一遍，你将我惹火了，我会——我会，我会把一只活山羊连毛带角活吞下去。你，滚出去，你这个虚伪无耻、面目可憎、呆头呆脑的家伙——马上给我滚出去！"[赏析解读：此处的语言描写，生动地刻画出了法勒船长易怒、暴躁的性格特征，同时也渲染出了紧张的气氛。]

法勒船长大发雷霆（比喻大发脾气，高声斥责别人），一边吼叫着，一边朝着比勒达猛冲了过去，只见比勒达这时展现出惊人的敏捷身手，身子一歪便躲开了。

"披谷德"号两位主要股东之间的这场大战令我惊慌失措。看来这两人之间有些问题，且又由他们暂时负责船只，这让我对上这艘船的热情瞬间破灭了一半。此刻我很清楚：比勒达一定想要躲开狂怒之下的法勒。于是我从舱房门口闪开为他让出了一条路。但是令我大为吃惊的是，他竟安安静静地又回到肋板上坐了下来，丝毫没有避开的意思。看来他似乎早已习惯了不思悔改的法勒那一套。至于法勒，他把满腔怒火发泄了一通后，似乎再也没有什么情绪了，也安静得像一只绵羊一样坐了下来，只不过身子还稍有些抽搐，好像激动的心情还未平复。

"嘘！"他终于吹了一声口哨，"风暴已经过去了，我想。比勒达，你过去很会磨标枪，请你修修那支笔，好不好？我这把大折刀该磨了。谢谢你，谢谢你，比勒达。那么，小伙子，你刚才是说你叫以实玛利吧？好的，以实玛利，我就这么给你写下来了，你拿第三百号的份子。"[赏析解读：法勒船长将自己发脾气的整个过程比作一场"风暴"，这明显带着一种自嘲的意味。从他的言语中可以发现两人有着深厚的友情。]

"法勒船长，"我说，"我还有个朋友也想和我一起找个活干——我明天把他带来行吗？"

"当然可以，"法勒说，"把他带来让我们看看人。"

"他要多少份子？"比勒达叹了口气说道，眼睛从刚刚重新埋头读着的书上抬了起来。

"啊，这个你别管了，比勒达，"法勒说，"他捕过鲸吗？"他转过脸来朝我问道。

"他杀死的鲸我数都数不过来，法勒船长。"

"好，就这么说定了，那你带他来。"

签过约后，我就走了。毫无疑问，今天上午干得不错。"披谷德"号也正是约觉看中的那艘带季奎格和我远航合恩角的船。[赏析解读：此处的描述，照应上文，就像季奎格所说的那样，约觉为他们挑选好了船只，以实玛利也顺利地登上了船。]

可是没有走出多远，我便想起还没有见到那位即将与我一起远航的船长。虽然这种情况会经常发生，一艘捕鲸船要在一切准备就绪，所有人员都已经上了船后，船长才会露面发号施令。因为船在海上航行的时间很长，期间返航靠岸休整的时间又特别短，而船长如果是有家或者其他需要特别关注的事情，船进港后的事宜及下次出海前的准备工作就会很少过问，直接交给船东去打理。不过话又说回来，在义无反顾地把自己的一切都交到船长手里之前，先去看看他是个什么样的人总没有坏处。这么想来，我又转过身询问法勒船长在哪里能见到亚哈船长。[赏析解读：以实玛利在走出去后又返回来，凸显出了他的好奇与他对亚哈船长的兴趣。]

"你找亚哈船长干什么？手续都办完了呀！我们已经雇用你了。"

"是的，但是我想要见见他。"

"恐怕你现在见不到他。我也不太清楚他究竟是怎么回事，现在整天闷在家里不出来；说是有什么病吧，看气色又没问题。事实上，他没有病；不，也不对，他与正常人的样子

还是有差别的。总之，小伙子，他也不是每次都肯见我，所以我想他也不会见你。他是个怪人，这位亚哈船长——有些人是这么认为的——不过他也是个好人。嗯，你会很喜欢他的，我想你会很喜欢他的。不要怕，不要怕。这位亚哈船长，他是个不信上帝又像上帝一样的杰出人物。他不怎么说话，不过一旦说起话来，你最好要好好听着。你要听好了，我先在这里警告你。亚哈与众不同，他上过不止一所大学，也和食人生番打过交道，比大海还深奥的奇迹对他来说也是平常，他那支可怕的标枪杀死过比鲸还要有力、还要不可思议的敌人。他的那支标枪，在整个岛上是最锋利、最准的！啊！他不是比勒达船长，他也不是法勒船长，他是亚哈。小伙子，而古代的亚哈，你知道，那是个头戴王冠的国王呢！"[赏析解读：通过法勒船长的叙述，使以实玛利从侧面了解到了亚哈船长的故事，为亚哈船长的出场增添了神秘感。]

"而且是个狠毒的国王。这个罪大恶极的国王被杀以后，来了许多狗，它们都是为了去舔他的血的。"

"过来，到我这边来，这边来，"法勒说，这时他的眼睛里有一种意味深长的神情几乎吓到我了，"你听着，小伙子，在'披谷德'号上千万不要说这个，到任何地方都不能说这个。亚哈船长的名字并不是他自己起的。那是他那位精神不正常的寡妇娘一时兴起冒出来的一个愚蠢至极的怪念头。在他出生十二个月后，他娘就死了。可是居住在盖海德（位于马萨诸塞州东南马萨葡萄园岛的西部尖端的旅游胜地，在当时只是一个渔村）的一个叫提斯提格的老太婆却说这个名字总归会证明是具有预言性的。我在这里先告诉你，其他像这老太婆一样的蠢货也许也会跟你这么说。那是谎言。"

"我对亚哈船长十分了解。许多年前我作为他的大副随他一起出过海，我了解他的为人。他是一个好人，但不是那种像比勒达一样虔诚的好人，而是一个说话粗鲁的好人，这有点像我，只不过他比我强得多。嗯，嗯，我知道，他从来都不会嬉皮笑脸——这一点，从那次返航的途中我就知道了。那一次，有一段时间他就像中了邪一样心神不宁；但是正如任何人都可以看到的，那是因为他那条被咬掉的还在流血的残肢痛得太厉害所导致的。我也知道，自从上次航行那头可恶的鲸咬掉了他的一条腿后，他就变得很古怪——十分喜怒无常，有时甚至蛮不讲理；不过这一切都会过去的。小伙子，我干脆一次和你说清楚，你可以放心，跟着一个情绪不好的好船长出海总比跟一个笑呵呵的坏船长出海强吧！"

"好了，再见啦，你也别因为他碰巧有了一个邪恶的名字就错怪他。再说，我的孩子，他还有个妻子，距他结婚还不到三个航程，那是一个挺可爱、相信命运的姑娘。你想一想看，幸亏有了这么一个可爱的姑娘，才让这个古怪的老头有了个孩子呢：这样一来，你是不是还认为亚哈坏透了，无可救药了呢？不，不，我的孩子，虽然他的身子残了，遭遇到了不幸，但是他还是很有人性的！"[赏析解读：从法勒船长对亚哈船长的描述中，凸显出了他古怪的性格特征，同时从侧面写出了亚哈的英勇事迹，也让以实玛利对捕鲸生活做好了充足的心理准备。]

在回去的路上，我心事重重。偶然间得知的亚哈船长的情况，使我觉得他的遭遇一定非常痛苦。这种痛苦的感觉一时也说不出来（想必是因为他那么不幸丢了一条腿的缘故吧）。我很同情他，为他感到难过。然而同时我对他也抱有一种奇怪的敬畏。我没有办法确切地形容，也不知道那到底是种什么感觉。但我可以清晰地感觉到，它并没有使我不愿意接受他。但是当时我对他的了解太少了，以至于对他身上那种好像很神秘的东西很不耐烦。[赏析解读：通过对以实玛利内心活动的描写，凸显出了他对亚哈船长极大的兴趣，同时也为亚哈船长的登场埋下了伏笔。]然而我的注意力最终又被转移到其他方面，于是神秘莫测的亚哈就暂时从我的脑海里溜走了。

第十六章　斋戒日

[名师导读]

在"我"顺利签约回到油锅客店之后，却发现客房里没有任何动静。不论"我"怎么喊季奎格，他都没有回应，这使"我"感到很不安。当"我"透过钥匙孔看到季奎格的标枪时，"我"开始觉得害怕。季奎格一定是出事了，他也许是中风了！而整个油锅客店因为这突如其来的"中风"事件，遭遇了一场劫难！

由于季奎格的斋戒，或者说是禁食会持续上一整天，所以我并不打算在天黑之前去打扰他。因为我对别人的宗教信仰——无论它看起来有多么可笑——都非常尊重。在我看来，我们这些虔诚的长老会基督徒在对待这类事情上应该宽宏大量，不要因为异教徒等因素，就在这些问题上有怪诞的且自以为高人一等的想法。眼前就有个季奎格，他对约觉和斋戒肯定持有一种荒谬透顶的观点；可是那又怎么样呢？我想，季奎格知道自己在做什么。既然他看起来心满意足，那就让他那样去做好了，任凭我们怎么跟他争辩也是无济于事的，依我看不如随他去吧。我们大家——无论是长老会教徒还是异教徒——老天都会一视同仁的。

傍晚时分，我认为季奎格应该把所有的仪式都做完了，于是便上楼去敲门，但是没有人应答，我想推开门，却发现门从里面被锁上了。我从钥匙孔里轻轻地喊了声"季奎格"，里面依然没有回应。

　　"喂，季奎格！你为什么不说话？是我，我是以实玛利呀！"依然是满室寂静。我不由得担心起来，等了这么久都没有动静。我怕他可能是"中风"了。[赏析解读：通过对以实玛利所认为的"中风"的叙述，引出了下文，在渲染了气氛的同时，引发读者的好奇。] 我透过钥匙孔往里瞧，视野之内空无一人。我只能从钥匙孔里瞧见房间左边一幅扭曲了的景象，看到床前的一个踏脚板和一块墙壁。但是令我感到吃惊的是，我看到了靠墙立着的季奎格的标枪的木柄。那支标枪明明在昨天晚上我们上楼时被老板娘拿走了。这就奇怪了，我心想：但是不管怎样，既然标枪出现在房间里，而季奎格不带标枪是不会出门的，由此可以断定他一定在里面，这不可能有错。

　　"季奎格！季奎格！"仍然没有动静。肯定是出了什么事了。中风！我拼命地想把门撞开，可是那道门怎么也撞不开。我赶紧奔下楼，首先碰到了那个收拾房间的女仆，我马上就将我心里的怀疑告诉了她。

　　那个女仆高声说道："没错！没错！我也想着一定是出了什么事。吃过早饭后，我就去收拾房间，但是房门一直锁着，里面一点儿动静也没有，而且一直没有动静。我以为你们两个可能一起出去了，为了怕别人拿走你们的行李才锁上了门。没错，没错，太太——老板娘！出人命啦！赫赛太太！有人中风啦！"她一边嚷着一边朝厨房跑去，我紧跟在她身后也跑了过去。

　　赫赛太太很快就过来了，她一手拿着个芥末罐，一手拿着个醋瓶，原本她正在收拾餐桌上的那些调味瓶，嘴里责骂着那个黑人管事。

　　"到柴房！"我喊道，"要怎么走？看在上帝的分上，快跑，去找个什么东西把房门撬开。找斧子！找斧子！他中风了，一定是这样的！"我一边这么大声喊着，一边又像个无头苍蝇一样空着手冲上楼梯。[赏析解读：通过对以实玛利惊慌失措状态的描述，可以看出他对季奎格的担忧之情，同时渲染出了一种紧张的氛围。] 这时，把手里的芥末罐和醋瓶放回到调味品架子里的赫赛太太发话了。

　　"你怎么啦，小伙子？"

　　"去把斧子拿来！看在上帝的分上，快去找医生，不管什么医生先找来，我来撬门！"

　　"听我说，"老板娘说，"听我说，你是说要撬开我的某一扇门对吗？"随即她一把抓住我的胳膊，"发生了什么事情？发生了什么事情，水手？"

我尽可能平静且迅速地把情况原原本本地向她讲述了一遍。她一边下意识地拿醋瓶轻拍着她的半边鼻子，一边沉思了片刻，然后嚷嚷起来："我把他的标枪收走后就再也没有去看过。"她跑到楼梯下面一个小房间里一瞧，就跑来告诉我：季奎格的标枪不见了。

"他自杀了，"她喊道，"真倒霉，在斯蒂格斯自杀后又出现了这样的事情！又一床被子完蛋啦！上帝怜悯他可怜的穷母亲吧！这下我的家算是毁了。那个可怜的小伙子有姐妹吗？那个姑娘在哪儿？嗨，贝蒂，到油漆匠斯瑙尔斯那里去一下，让他给我做块告示牌，在上面写上'此处不准自杀，客厅不许抽烟！'，这一次就把两件事情一起解决了。自杀！愿上帝怜悯他的鬼魂吧！上面那是什么声音？嗨，小伙子，你快住手！"

她马上跑上楼来，就在我准备再次撞门时拦住了我。

"我不允许这样破坏我的房子。去找个锁匠来，在距离这里大约一英里远的地方就有一个。你再等一下！"她把手伸进口袋里，"这有一把钥匙，我想能打开这扇门，咱们试试看。"于是她拿着那把钥匙插进锁眼里。但是，唉！季奎格从里面把门插上了，用钥匙也无济于事。

"只好撞开它了。"我说，然后在门道里往后退了一点儿，铆足了劲正要撞上去。这时老板娘又一把拦住了我，坚决不让我破坏她的房子。[赏析解读：在这种人命关天的时刻，老板娘还在担心她的房子，由此可以看出人性中的自私与丑恶。]可是我挣脱了她，把整个身子对准目标猛地撞了上去。

在一声巨响后，门被撞开了，门把手"砰"地撞在墙上，泥灰被溅得飞上了天花板。天呐！季奎格正沉着冷静地蹲在房间的正中央，而约觉则被他顶在头上。他聚精会神地蹲在那里，就像一尊雕像，几乎没有一点儿动静。[赏析解读：此处对季奎格状态的描述，从侧面表现出了他对信仰的虔诚和忠诚。]

"季奎格，"我走到他跟前说，"季奎格，你怎么啦？"

"他以前并不是总这样一坐就是一整天的吧？"老板娘说。

但是不管我们怎么说，他就是一言不发。我几乎就要把他推倒，让他换个姿势了，因为他现在的姿势看起来那么的痛苦和不自然，几乎令人抓狂。特别是很可能他已经这么坐了有八个或十个小时了，而且这期间一顿饭都没有吃。

"赫赛太太，"我说，"不管怎样他还活着，如果你允许的话，请让我们单独待一会儿，我会把这件古怪的事情弄明白的。"

老板娘一走，我就关上了门，极力想让他坐到椅子上，可是完全没有用。他就那么坐着，任由我说尽了好话，始终一言不发，没有一丝反应，甚至连瞧都不瞧我一眼，就好像我在他面前是个透明人一样。

我想是不是他斋戒时就是这个样子的，莫非在他家乡的岛上的人都这样蹲着斋戒的吗？肯定是这样的，我想这一定是他宗教仪式的一部分。既然这样，那就让他这么蹲着吧。毫无疑问，迟早他会站起身的。谢天谢地，好在他的斋戒一年只有一次，而且我不相信他会准时执行。

我下楼去吃了晚饭。正好有几个刚刚做了一次他们称为"葡萄干布丁航行"——这是水手们通行的叫法，指在赤道以北的大西洋中所做的短距离捕鲸航行——归来的水手们正在滔滔不绝地讲着他们的见闻，于是我便坐着听了好久。大约十一点时我才上楼去睡觉，心想，季奎格的斋戒这时总该结束了。可是我错了，他还是待在原来的地方，丝毫没有挪动过。我开始有些生气了。他已经头上顶着那块木头在这个冰冷的房间里蹲了一天了，我只能说他既无聊又愚蠢。

"看在老天的分上，季奎格，站起来活动活动，吃点东西吧。不然，你会因饿坏而丧命的，季奎格。"可是他仍然一声不吭。

我实在拿他没有办法，于是决定上床睡觉，过段时间后他肯定也会上床睡觉的。不过在那之前，我拿起我那件沉重的熊皮上衣给他披上，因为夜里会特别冷，而他又只穿了一件平日里穿的圆筒形上衣。上床之后的很长时间里，我翻来覆去地没有一丝睡意。我吹熄了蜡烛，可是一想到季奎格——在离我不到四英尺远的地方——孤零零地在冰冷的黑暗中痛苦地蹲着，我就觉得很不是滋味。想想看，我和他在同一个房间里，我整夜地躺着，而那个清醒的异教徒却在房间里蹲着做他那令人觉得心生寒意却又莫名其妙的斋戒，那会是什么样的体验！

不过我最终还是睡了过去，一觉睡到天亮才醒来。醒来后我向着床外一看，季奎格还蹲在那里，好像被谁钉死在了地板上似的。但是等到第一线阳光照进窗口时，他终于站起身，浑身的关节僵硬，嘎嘎作响，神情却显得很愉快。他步履蹒跚地朝着我躺着的地方走过来，将他的前额紧贴在我的额头上，告诉我说他的斋戒结束了。

我之前提到过，我对任何人的宗教信仰——无论什么教——都不反对，只要他不因为别人没有和他同样的宗教信仰就去伤害或侮辱别人就行。可是当一个人的宗教信仰因变得过于痴狂而变成折磨自己时，换句话说，因为它的存在使我们这个地球成了一个住起来很不舒服的客店时，我想那就到了把那个人拉到一边和他就这个问题好好辩论一番的时候了。而这正是我现在要对季奎格做的事。

"季奎格，"我说，"到床上来，躺下来听我跟你说。"于是我开始了长篇大论式的说教，从原始宗教的兴起和发展，一直说到目前的各种宗教。我又着重向他说明了这些四旬斋、禁食斋以及在冰冷的房间里长时间地蹲着都是一种浪费时间的愚蠢行为，对健康有害，对灵魂无益。总之，明显地违背了卫生法则和常识。我也对他说，他这个野蛮人在其他事情上都显得十分通情达理、见解独特，唯独对这件事情的处理让我备感荒谬可笑，也让我非常痛心。另外，我也极力说服他，禁食会搞垮身体，而且精神也会随之垮掉。最后，我说得有点离题：地狱最初来源于一个没有消化掉的苹果馅饼，其后通过斋戒所培养出来的遗传性的消化不良，便永远地流传了下来。

之后，我问季奎格他自己是不是也曾有过消化不良。我把我对吃人的想法说得非常清楚，以便于他领会。他说没有：仅仅有一次，还是在一个难忘的场合，那时他的父亲打了胜仗，在下午两点钟左右杀死了五十个敌人，就在当天傍晚，那五十个人全部被煮熟吃掉了。

"不要说了，季奎格，"我听了吓得浑身发抖，"可以了。"因为不用他再说下去，我就已经明白了。我曾经见过一名水手，他去过那座岛，他告诉我岛上的习俗就是这样：每逢打了胜仗后，就会在院子或花园里将所有被杀死的敌人烤了，然后将他们一个个放在大木盘里，嘴里塞上点欧芹（属伞形科欧芹属，为二年生草本植物，味道清新而柔和，有着香草的清香，可以掩盖一些食材中的异味，常常被用作菜肴的装饰品，或者直接作为蔬菜来食用），周围搁上面包果（指面包树的果实，面包树又称罗蜜树、马槟榔，为马来群岛一带热带著名林木之一，其果实富含淀粉，烧烤后可食用，风味类似面包，松软可口，酸中有甜，常被用作口粮，因此而得名）或是椰子，看起来就像是一盘烩肉饭，这些被烤熟的人肉会被胜利者分赠给亲朋好友，以示心意，好像这些礼物是一只只圣诞节的火鸡似的。[赏析解读：对于吃人场景的描写，凸显出了部落战争的残酷及野蛮，以及当地的未开化。]

尽管我费尽唇舌，但是我并不认为我说的那些关于宗教的话给季奎格留下了多少印象。首先，他对这个重大的话题似乎有自己的见解，当然如果与他自己的观点相符合那就另当别论了；其次，我说的话他能听懂的不到三分之一，即使我已经把意思表达得尽可能简单明了；最后，无疑他自认为更比我懂真正的宗教。他以一种傲然的、带着关怀与怜悯的神情看着我，仿佛觉得像我这样通情达理的小伙子居然对传播福音的异教徒的虔诚这样无知，实在可惜。

[赏析解读：此处的描写，写出了季奎格固执、执拗的性格特征，也从侧面反映出了以实玛利的无奈。]

最终，我们起床穿好衣服。季奎格异于寻常，早餐大吃特吃了一顿各式各样的杂烩，这样的结果就是：尽管季奎格禁食了一整天，但是依然让老板娘赚足了钱。之后，我们便出了门，一路上走走停停，用大比目鱼骨刺剔着牙，向着"披谷德"号走去。

第十七章　登船画押

[名师导读]

"我"带着季奎格来到了"披谷德"号前，因为季奎格食人生番的身份遇到了登船的障碍。就在"我"想尽一切办法要在法勒船长和比勒达船长眼皮底下蒙骗过关时，季奎格却用一记标枪征服了他们，并为自己获取了一份丰厚的份子。于是，季奎格以画押的特殊签约方式登上了这艘船。

我们沿着码头的一边走向"披谷德"号时，法勒船长从他那间小棚屋里用粗哑的嗓音跟我们打招呼，说他没想到我的朋友是个食人生番，并且宣称食人生番不得上船，除非他能先出示他的有关证件。[赏析解读：此处特别强调"食人生番"，凸显出了法勒船长对于季奎格身份的歧视，同时也为下文埋下了伏笔。]

"你这是什么意思，法勒船长？"我问，随即跳上船舷，而我的同伴则留在了码头上。

"我的意思是，"他回答道，"他必须出示有关证件。"

"对，"比勒达船长站在法勒背后，从小棚屋里探出头来说，"他必须出示已经改变信仰的证件。这个小魔王，"他又转过脸来对季奎格说，"你现在都去哪一座基督教堂？"[赏析解读：此处的描写可以看出，比勒达船长他们对于异教徒的芥蒂，同时也从侧面体现出了以实玛利的博爱。]

"那是当然，"我说，"他是第一公理会（又称公理宗，基督教新教主要宗派之一，16世纪末英国人罗伯特·布朗首倡）会友。我在这里应该说明一下：有许多在南塔克特上船出海的文身野蛮人最后都改信了基督教。"

"第一公理会，"比勒达大声说道，"什么！那他就是在裘特隆诺梅·科尔曼执事的教堂里做过礼拜了？"他一边说着，一边取出眼镜，用一块黄色的印度棉布手绢擦了擦，然后小心翼翼地戴上，走出小棚屋，僵直地探身走到了船舷上，仔细地打量了季奎格许久。

"他做会友有多长时间了？"稍后他转过脸来问我，"我看应该不太长，小伙子。"

"看起来不长，"法勒说，"而且他还没有正式受过洗礼，要不然他脸上那恶魔般的蓝色多少会被洗掉一些。"

"老老实实说吧，"比勒达说，"这个野蛮人是不是科尔曼执事的会友？我每个主日都会去那里，可是却从来没有看到过他。"

"关于科尔曼执事或者他的讲道会我一无所知，"我说，"我所知道的是这个季奎格生来就是第一公理会会友。他本人就是个执事，这是个事实。"

"小伙子，"比勒达严厉地说，"你跟我开什么玩笑！你给我说清楚，你这个家伙。你说的是什么教会？回答我。"

他这样穷追不舍的态度让我有些心虚，我只得说："我指的是你和我还有那位法勒船长以及这边的季奎格，先生。我们大家以及每一位母亲的儿子，普天之下所有的人全都归属的同一个古老的天主教教会，它是全世界都敬仰的那个伟大且永存的第一公理会，我们大家都归属于这个教会，不过我们中间有极少数人有些奇怪的念头是与这伟大的信仰毫无关系的；在这个信仰上，我们大家手携手。"

"捻接，你该说手捻接着手。"法勒走到我面前说，"小伙子，你做传教士比做水手更合适。我从来没听到过布道有比你还要好的。别说科尔曼执事，就是梅布尔神父也讲不了这么好，而且众所周知他的名气还很大。上船，上船。我说，别管什么证件不证件了，告诉那个夸霍格——你怎么叫他来着？告诉夸霍格快上来。我以大铁锚作证，他那把标枪太棒了！看起来是个好家伙，而且他还很会使的样子。喂，夸霍格，嗯，你随便叫什么名字都可以，你在捕鲸小艇首上站过吗？你射中过鲸吗？"[赏析解读：简单的语言描述，体现出了法勒船长迫不及待的心情，与之前恶劣的态度形成了鲜明的对比。]

季奎格一言不发，狂野地纵身一跃上了舷墙，又从舷墙上一跳，就到了吊在船侧的一艘捕鲸小艇的艇首上，然后他把左膝绷直，做出了一个投枪的姿势，并保持这个姿势喊道："船长，你看到那边水上那个一小滴柏油一样的东西了吗？看见了吗？好，就当它是一头鲸的眼睛好了！"于是他瞄准好，"嗖"地投出标枪。标枪正好从比勒达的阔边帽上飞过，又越过船甲板，正好落在了远在视线之外的那滴闪闪烁烁的柏油上。

"瞧，"季奎格沉着地收回标枪，说，"那要是鲸的眼睛，哼，那头鲸早就死了。"

"快，比勒达，"法勒说，他的这位合作伙伴因为标枪贴着脑袋飞过，吓得退到了舱门口。"快点，我说你这比勒达，快把船上的合同拿来。我们一定要把海奇豪格（这是刺猬的音译）雇用了。不，我是说夸霍格，将他安排在我们的一艘小艇上。你听着，夸霍格，我们打算给你第九十号份子，这可比历来南塔克特的任何一个标枪手拿的都多。"[赏析解读：之前在看到季奎格的标枪时，法勒就急不择言把他误认为夸霍格，现在又因为急于雇用他，将他称为"刺猬"，以此体现出了季奎格令人折服的矫健身手以及丰富的捕鲸经验。]

于是我们走进舱房。令我感到高兴的是季奎格被录用了，以后我们就可以在同一艘船上干活了。

等准备工作做好后，法勒就等着与季奎格签约了，他对我说，"我想那个夸霍格不会写字吧？喂，夸霍格，我说让它见鬼去吧！你是签名还是画押？"

先前已经经历过两三次同样场面的季奎格，听到这个问题后，丝毫没有不好意思的样子，而是接过递过来的笔，仿照他手臂上刺的古怪图案，在合同上原本应该签名的地方画了一个一样的图案。

此时，比勒达船长一直坐着很认真地打量着季奎格，后来他一脸庄重地站起来，在他那浅褐色镶着宽边的上衣的巨大口袋里摸索了一阵，掏出一摞小册子，挑了一本标题叫《末日来临或曰刻不容缓》的册子，放到季奎格的手里，然后用自己的双手紧紧地握住季奎格的双手和那本小册子，饱含热情地看着他的眼睛说："小魔王啊，我必须对你尽到我的责任。我是这艘船的大股东，自然关心全体船员的灵魂。我最担心的就是你仍然死抱着你那异教徒的一套不放，那么我恳求你，不要再做巴尔（原是犹太教以前迦南的主神，进入犹太教时代他被视为恶魔，并派生出别西卜、贝尔菲高尔和巴艾尔等一系列恶魔。如今多作为西方的奇幻类文艺作品和游戏业中使用得相当广泛的一个人物素材，大多是作为一种强大的恶魔首领的形象出现）的奴隶了，摒弃巴尔那个偶像和那条毒龙（出自西方宗教故事。据说在利比亚的海岸有一条毒龙，人们由于惧怕它的威力，每年都要向它奉献美丽的少女作为祭品，后来被英国的圣乔治降服）。趁上帝的怒火尚未降临时赶紧回头吧！我说，照顾好自己。啊！天呐！远避开那地狱的火坑吧！"比勒达的语言中保留着他海洋生涯中的一部分和《圣经》以及家乡话杂乱地混在一起。

"打住，打住，比勒达，别毁了我们的标枪手。"法勒不满地叫道，"虔诚的标枪手绝对成不了出色的水手——虔诚扼杀他身上那鲨鱼的性子。一个标枪手要是丧失了鲨鱼的性子，那他就一文不值了。当年的纳特·斯凡因不就是个例子吗，他曾经是南塔克特和马萨葡萄园岛最勇敢的捕鲸艇领班。自从他入了会，就再也不行了。他老为他那愧疚的灵魂担心，以至于看到鲸就退缩不前、避开，生怕出意外伤了鲸，自己会落入地狱。"

"法勒！法勒！"比勒达仰起头，举起双手，说道，"你我都曾经历过许多危险的时刻，你又不是不知道害怕死亡是怎么回事，你怎么还用这种罪孽深重的借口来胡说八道。你说的不是心里话。你老实说，这艘'披谷德'号那次在日本海面碰上台风（台风、飓风和旋风都是指风速达到 33 米/秒以上的热带气旋，只是因发生的地域不同，才有了不同名称。生成于西北太平洋和我国南海的强烈热带气旋被称为"台风"；生成于大西洋以及北太平洋东部的则称"飓风"；而生成于印度洋的则称为"旋风"），三根桅杆掉到海里，那次航行你是亚哈船长的大副，那时你没有想到死亡和最后的审判吗？"

"听听他说的，听听他说的，"法勒大步穿越过舱房，双手深深地插进口袋里，大声叫喊着，"你们大家都来听听他说的。想想看！在我们认为船随时都可能下沉的时候！还能想到死亡和最后的审判吗？当船上的三根桅杆倒下来，如雷般的撞击声在船边响起，海浪对我们形成夹击时，你还会想到死亡和最后的审判吗？绝对不会！那时候没有工夫去想死亡。亚哈船长和我想的只是怎样才能活命；如何能把全体船员都救出来；如何安好应急用的桅杆；如何开进最近的港口里，这就是我当时所想的。"[赏析解读：此处的描写，体现出了航海生活的危险以及海上恶劣的天气状况。]

比勒达没有再说什么，他只是扣起上衣的扣子，大步走上甲板，我们跟在他的身后。他站在甲板上，安静地看着几个帆工在船腰修补中桅帆。他不时地弯腰捡起一块布头，或是一段涂过柏油的麻绳头。如果他不捡起这些东西，那么这些东西就会被丢进垃圾桶。

第十八章　偶遇以利亚

[名师导读]

在"我"和季奎格从"披谷德"号下来，慢慢悠悠地往回走时，一个叫花子模样的人突然拦住了我们的去路。当他得知我们已经被录用时，却说了一些莫名其妙的话。这些话虽然让"我"觉得有些疑虑，但是在看到他那古怪的行为后，"我"确定他就是个唬人的骗子。

"伙计们，那艘船雇用你们了吗？"

在季奎格和我刚离开"披谷德"号，正从海边往回溜达，一路上各自想着心事时，突然一个陌生人的声音在我们耳边响起。这个人停在我们面前，他用粗壮的食指指了指"披谷德"号，向我们提出了上面那个问题。他穿得很寒碜：一件褪色的短外衣，一条打了补丁的裤子，脖子上围了块破布一样的黑手巾。得天花后留下的麻子从四面八方涌到他的面孔上，使他的脸看起来就像是急流冲刷干涸后露出的沟坎、棱纹交错的河床。[赏析解读：对于这个陌生人的外貌描写，一方面写出了他窘迫的生活状况；另一方面为他的出场增添了神秘感。]

"那艘船雇用你们了吗？"他再次问了一遍。

"你说的是'披谷德'号？"我说，我特意跟他多磨了一会儿，以便能仔细地观察一下他。

"嗯，'披谷德'号——就是那艘船。"他说话的同时把整只胳膊抬了起来，然后很快又笔直地伸出去，尖尖的食指像装着的刺刀，直接戳中目标。

"是的，"我说，"我们刚刚签了合约。"

"合同上有没有涉及你的灵魂？"

"涉及什么？"

"哦，你们根本就没有。"他说得很快，"但那也没有什么关系，我认识的很多人都没有——祝他们一切顺利。没有灵魂的人也许过得更安逸。灵魂这东西有点儿像马车上的第五个轮子。"

"伙计，你在那里叽里咕噜说些什么？"我问道。

"不过他有的是灵魂，足以弥补其他人在这方面的不足，"这个陌生人突然说道，还特别强调出了那个"他"字。[赏析解读：陌生人口中的"他"，引起读者的好奇，也为"他"的出场增添了神秘的气息。]

"季奎格，"我说，"咱们走，这家伙不知是从哪里跑出来的，他说的人和事我们都根本不了解。"

"站住！"那个陌生人高声喊道，"你说的一点儿也没错——你们还没有见过'老雷公'吧，对不对？"

"'老雷公'是谁？"我问道，一下子被他那疯里疯气又热切的神态吸引住了，停下了脚步。

"亚哈船长。" [赏析解读：陌生人将亚哈船长称为"老雷公"，从侧面写出了亚哈船长脾气的暴躁。]

"你在说什么！就是我们那艘'披谷德'号的船长？"

"嗯，在我们那些老水手中，有些人就是这样称呼他。你们没有见过他吧，对不对？"

"我们是还没有见过他。他们说他病了，不过正在休养，不久就会痊愈的。"

"不久就会痊愈！"陌生人笑了笑，那是一种认真且又饱含嘲弄意味的笑，"听着，如果亚哈船长能够痊愈，那么我的这只左臂也就痊愈了，不过不会在他之前痊愈。"

"你知道关于他的什么事情？"

"关于他的事情他们怎么和你们说的，说说看！"

"他们说的不多。我只是听说他是一位出色的捕鲸人，对他的船员来说他是个好船长。"

"你说的没错，说的没错——是的，这两条都是实实在在的。不过话说回来，他一下命令，你一定要马上去执行。他走上前来大吼，吼完就走——这么说亚哈船长是最合适的。[赏析解读：此处的叙述，从侧面体现出了权力大于一切，在船上水手不得不听命于船长。] 可是，多年前在合恩角附近发生的那件事没有任何人提起。那时候，他就像死了一样，整整躺了三天三夜。他在圣塔（秘鲁港口）圣殿前和一个西班牙人的生死之战也一点儿都没有提及吗？关于这些，一点儿也没有听说过吗？那也没有听说过他往银葫芦（指圣餐所用的高脚银酒杯）里吐口水的事吧？关于他如何应了预言，在上次航行中丧失了一条腿的事是不是也没有听说过？所有这些事，你们一点儿都没有听说过吗？是的，我想你们根本听不到，你们怎么能听得到？这些事有谁知道？我想并不是所有的南塔克特人都知道。不过，无论如何，也许你们听说过他那条腿是怎么丢掉的。嗯，我敢肯定，你们一定听说过。是的，那件事几乎这里的每个人都知道——我的意思是人人都知道他只有一条腿，而那条腿是被一头鲸咬掉的。"

"朋友，"我说，"我不知道你在胡言乱语些什么，我也不想知道，因为在我看来，你的脑子肯定有点儿不对劲。不过，如果你是在说亚哈船长，是在说那艘叫'披谷德'号的船，那么，我可以告诉你，关于他如何丢掉那条腿的事我全都知道。"

"全知道，呃——你肯定？——全知道？"[赏析解读：陌生人的反问不禁令人产生怀疑，这件事一定还有以实玛利没有了解的。]

"我确定。"

那个叫花子似的陌生人注视并指着"披谷德"号，就这样一动不动地站了好大一会儿，似乎陷入了一种噩梦般的沉思中，然后他的身体微微一震，转过脸来对我们说："他们雇用你们了，是不是？名字已经写在合约上了？好啦，好啦，签了名就已成定局了，要来的终归会来；但是话又说回来，有些要发生的事不也没有发生吗？无论怎样，老天爷在冥冥之中已经安排好了一切。我想，总得有水手跟他一起去吧。这些人不去，还会有另外一些人去，上帝怜悯他们吧！早安，朋友们，早安，愿冥冥中上天能够保佑你们。对不起，我耽误了你们。"[赏析解读：陌生人不安的举动以及莫名其妙的言语，包含着一层又一层的悬念，等着以实玛利为读者慢慢解答。]

"听我说，朋友，"我说，"你要是有什么重大的事情要告诉我们，那你就说吧。不过如果你只是想糊弄我们，那你可能找错人了。我要说的就是这些。"

"说得真好，我很喜欢别人这样直截了当地说话。你正是他需要的人——你们这样的人。早安，朋友们，早安！啊！你上了船后请告诉他们，我绝对不会成为他们中间的一员。"

"嘿，我的好朋友，你这样是吓唬不了我们的——完全不能。一个人想要装得好像知道了什么了不起的秘密的话，那简直太容易不过了。"

"早上好，朋友们，早上好。"

"早上好，"我说，"走吧，季奎格，别理这疯子。对了，且慢，你能告诉我你的名字吗？"

"以利亚（是《圣经》中的重要先知，生活在公元前9世纪。以利亚这个名字意即'耶和华是我的神'）。"

以利亚！我想了想，便和季奎格走开了，我们一路上都在讨论这名衣衫褴褛的老水手，最终一致认为这个人只不过是虚张声势，想要吓唬人的骗子而已。但是我们还没有走出一百码，就在要拐弯时，我回头一瞧，正好看到以利亚跟在我们后面，虽然他只是远远地跟在后面。不知怎的，一看到他我就心中一动，我没有告诉季奎格那个人在后面跟着，而是和我的同伴继续拐弯向前走，心里则迫切地想要看看他是不是也跟着我们拐弯。他果然跟着我们拐了弯。这样一看，他是在跟踪我们，我想不通他到底有什么意图。这种情况，再加上他之前那含含糊糊、云里雾里、半明半暗的一番话，我的心里不禁隐约产生了些许猜想和忧虑，所有的一切都源于那艘"披谷德"号。我下决心一定要弄清楚：这个衣衫褴褛的以利亚是不是真的在跟踪我们，有了这样的打算后，我便和季奎格穿过马路，到了对面之后再往回走。可是以利亚一直往前走，似乎并没有注意到我们。这使我松了一口气，同时在心里做出了断定，这个人绝对是个花言巧语的骗子。

第十九章　出发前的准备

[名师导读]

　　就在"我"和季奎格签订合约后的一两天，"披谷德"号出海前的准备工作也接近了尾声，但是船上仍然是一片繁忙，要知道在一切就绪之前，还是有很多琐碎的事情要做的。虽然"我"仍然十分期待见到亚哈船长，但是看样子只有慢慢等了。

　　过了一两天，"披谷德"号上异常地繁忙，水手们还在抓紧修补旧帆，新帆也被运上了船，一匹匹的帆布，一卷卷的绳索——总之，一切都表明出海前的准备工作即将接近尾声。法勒船长几乎不上岸，他每天都坐在那间小棚屋里密切注视着那些水手们干活；而比勒达则忙着在各家铺子进行采购；那些雇来舱里干活或整理索具的人要忙到很晚才能休息。

　　就在季奎格签约的第二天，这艘船上的船员投宿的所有客店都得到了通知：船员的行李必须在今晚之前送上船去，因为谁也不知道船具体什么时候起航。因此，我和季奎格决定把行李先送上船，在没有开船之前也就一直待在岸上。他们习惯过早地下达通知，几天后才起航。不过这也不奇怪，"披谷德"号在一切都准备就绪之前，还有许多事情要考虑，的确很难一下子就定下确切的时间。谁都知道，有许多烦琐的事情需要当家的操办：比如说床铺、锅碗瓢盆、铲子钳子、餐巾以及坚果夹子，等等，一样都不能少。对于捕鲸船也是一样的，因为它要在辽阔的海洋上航行三年之久，在这三年中船会远离食品杂货店、小贩、医生、面包师和银行。[赏析解读：此处的详细描述，从侧面体现出了航海生活单调、漫长的特点和水手们在海上生活的艰辛。] 捕鲸船除了航程极为漫长、捕鲸所需的设备过于繁多、偏僻港口补给困难等因素之外，你还必须记住，捕鲸船是所有船只中最容易发生事故的，特别是决定此行收获是多是少的那些设备是最容易遭到毁坏和损失的。所以，必须有备用的小艇、桅桁圆木、曳鲸索、标枪等——除了船长和捕鲸船不用后备，几乎所有的一切都要有备用品。

　　我们到达这座海岛时，"披谷德"号的储备工作已经接近尾声，包括足够的牛肉、面包、水、燃料、铁箍桶板等。不过之前我们曾提到过，还要花费一些时间把这些大大小小的散物品运送到船上去。[赏析解读：从这里可以看出，出海远航是一件十分烦琐的事情，因为在这漫长的航行中，所有人都要生活在船上。]

　　负责运送工作的是比勒达的姐姐，那是一位有着坚韧意志、不知疲倦、心地善良的消瘦老太太。她看上去下定了决心，只要她力所能及，就要保证"披谷德"号在顺利出海后不缺任何东西。有一次，她拿来了一罐放在食堂管事配膳室里的泡菜；把一大把鹅毛笔送到了大副的办公桌上，供他来记航海日志（记载船舶在航行和停泊过程中主要情况的载体文件，是船舶日常工作的记录，检查船员值班责任的依据，也是处理海事时所必须引用且具有法律效力的原始资料）；还有一次她带来了一卷法兰绒，以便那些背部患有风湿的人护腰用。没有任何一个女人比她更适合以查利丹（慈善）来命名了——大家都叫她"查利丹姑妈"。这位菩萨心肠的"查利丹姑妈"就像天主教的修女那样到处忙个不停，随时准备为那些与她最爱的弟弟比勒达有着利益关系的船员们带来安全、舒适和安慰。而她自己也在这艘船上投下了辛苦攒下的好几十枚银币的船股。[赏析解读："查利丹姑妈"的忙碌和用心，其实都与利益有着密切的联系，前文中提到过南塔克特岛的人有钱就会把钱投到捕鲸船上去，此处与前文相呼应。]

然而在开船前的最后一天，这位仁慈的女教会会员的出场方式让众人大吃一惊，她一只手拿着一把长柄油勺，另一只手则拿着一根柄很长的捕鲸标枪登上了船。而比勒达船长和法勒船长的忙碌程度也丝毫不逊色。就拿比勒达来说吧，他随身带着一张长长的所需物品名字的单子，每有一样物品被运上了船，他就会在单子上该物品的名字下面做个记号。而法勒呢，则不时地从他那个用鲸骨搭成的小棚屋里跑出来，要么是对着下面舱口的人大声嚷嚷，要么就是冲着上面桅顶装配索具的人叫唤，最后叫喊着回到自己的小棚屋里去。

在为出海做准备的这些日子里，我和季奎格没事就会来船上看看。每次我都会问及亚哈船长的情况，问他什么时候能到船上来。对于我的问题他们给出的答案总是：他的情况一天比一天好，随时都可能会上船，在这期间，法勒船长和比勒达船长完全可以应付这次航行前期的一切准备工作。如果非要让我说句实话，只要我还没有见到那位船长，我始终无法确定自己是不是真的愿意参与这次漫长的远洋航行，要知道船一旦开到海上，这个人就是说一不二的独裁者。然而很多时候就是这样，只要自己成了局内人，即使对事情怀有疑惑，也会下意识地将这种怀疑隐藏起来。我大概就是这种情况。我什么也不说，甚至刻意不让自己去想。

最后，上面终于宣布了，说是第二天的某个时候一定起航。于是第二天一早，我和季奎格离开了客店。

第二十章　登船

[名师导读]

第二天一早，"我"和季奎格来到了码头，在这里又遇到了以利亚，他在说了一番让"我"费解的话后就离开了。"我"带着疑惑和季奎格登上了"披谷德"号，但船上一个人都没有。于是我们在一个熟睡了的索具工身边抽着烟聊天，直到甲板上传来了杂乱的脚步声。

在不到六点时，我们已经来到了码头，这时天色还笼罩在一层灰蒙蒙的薄雾中，天气算不上晴朗。[赏析解读：此处对于时间和环境做出描述，为下文的故事发展作铺垫。]

"如果我没有看错的话，有几名水手在前头跑，"我对季奎格说，"那看起来不可能是影子。我想，太阳一出来就会开船。快走！"

"站住！"忽然从后面传来一声叫喊，有人走了上来。他将两只手分别搭在我们俩的肩膀上，然后挤到我们中间，身子微微前倾，在朦胧的曙光中，他先是看了看季奎格，又看了看我，原来是以利亚。

"要上船去了？"

"把你的手挪开可以吗？"我说。

"听好了，"以利亚一边抖了下身子一边说："那么，你们并不是准备上船去了？"

"我们是要上船去，"我说，"可是跟你有什么关系呢？你知不知道，以利亚先生，我认为你有点儿不太礼貌。"[赏析解读：从以实玛利的言语中，可以感受到他对以利亚的厌烦以及不理解。]

"不，不，不，我并不认为是这样。"以利亚说，然后以一种非常惊讶的眼神，缓缓地看了看我，又看了看季奎格，那是一种令人匪夷所思的眼神。[赏析解读：以利亚的出现十分突然，而且他的每次出现都令人匪夷所思，这里面一定有着不可告人的秘密。]

"以利亚，"我说，"我们还要到印度洋和大西洋去，你最好别耽误我们。"

"你们是准备这样做吗？那你们还回来吃早饭吗？"

"他疯了，季奎格，"我说，"走吧。"

"喂。"一直站着没动的以利亚在我们刚走出去几步后又向着我们喊了一声。

"别理他，"我说，"季奎格，我们走。"

但是他又悄悄地跟了上来，突然伸出一只手搭在我的肩膀上说："你刚才有没有看到似乎有人向那艘船走过去了？"

这个单刀直入且实实在在的问题打动了我，我答道："是的，我想我看见了四五个人。不过由于天色太暗，我不敢确定。"

"很暗，很暗，"以利亚说，"早上好。"

我们又一次摆脱了他。可是他再一次悄悄地跟了上来，又用手碰了碰我的肩膀说："看看还能不能找着他们，好吗？"

"找到谁？"

"早上好！早上好！"他再一次离开我们，边走边说："我本来想警告你们的——不过不要紧，不要紧——反正大家都是自家人——今天早晨霜很重，对吧？再见。恐怕会有一段时间不会再见面了，再见面的时候可能就是在大陪审团面前了。"说完这些疯疯癫癫的话后，这次他真的走了，有一段时间内我对他这种莫名其妙的举动百思不得其解。[赏析解读：此处的描写，一方面体现出了以利亚的神秘莫测；另一方面也说明了以实玛利的疑惑和好奇。]

我们终于登上了"披谷德"号，发现船上一片寂静，没有一个人走动。船舱门从里面被人反锁上了；货舱口都盖着，大卷的绳索堆在上面。我们一直走到船首楼，发现小舱口敞开着，有灯光从里面露了出来。我们走下去，只看到一个老索具工穿着件破烂的粗呢上衣，直挺挺地躺在两个箱子上，脸朝下埋在交叉的胳膊里，正睡得香。

"季奎格，我们刚才看到的那些水手呢，他们都到哪里去了？"我疑惑地瞧了瞧那个正在熟睡的人说道。不过，看起来季奎格在码头上的时候似乎根本没有注意到我说的那几名水手。因此，要不是以利亚那个无法解释的问题，我可能会认为自己眼花了。但是我先把这件事放下，又看着那个熟睡的人，对季奎格开玩笑地提出建议，不如就在这个人身边坐下，并要求他照办。季奎格用手按了按那个人的屁股，好像是在摸摸看它是不是够软，接着便毫不在乎地坐了下去。"我的天啊，季奎格，别坐到那上面。"我说。

"啊，挺好的座位，"季奎格说道，"我家乡用的（叫醒人的）办法，不会伤着他的脸的。"

"脸！"我说，"你是说他的脸？那倒是一张和善的脸，可是你听他的呼吸多困难，几乎是一吞一吐。下来，季奎格，你太重了，你会压坏那个可怜的家伙的。下来，季奎格！听着，他很快就会把你给扭下来的。真奇怪，他竟然还没醒。"

季奎格挪动了一下身子，在那人的头边坐下，点着了他的斧头烟斗。我坐在那个人的脚边。斧头烟斗就在那人身体上空不断地被递来递去。同时，在我的追问下，季奎格磕磕绊绊地向我解释，在他们那里，由于没有什么长、短沙发，所以像国王、酋长以及其他有头有脸的人物都会把一些下等人养肥了当带绒垫的椅子坐；而一户人家想要在这方面配备得舒适，只要买上八到十个懒汉，将他们安置在家里靠窗或挨着墙壁的地方就行了。而且，这种椅子出门带着也很方便，要比那些可以折叠成手杖的藤椅方便得多。有时酋长会把他的侍从叫来，要他充当一张长沙发待在枝叶茂盛的大树下，也可能是在潮湿的沼泽地里。

[赏析解读：此处的描述，一方面为上文做出了解释，另一方面也表现出了统治阶级等级划分以及下等人受到的非人待遇。]

每次季奎格从我的手里接过斧头烟斗时，他总是边跟我讲这些事情，边用斧刃在那个熟睡的人的头上比画。

"你那是在干什么，季奎格？"

"挺容易，杀了他！挺容易！"

就在那个熟睡的索具工引起了我们的注意时，季奎格正沉浸在有关斧头烟斗那漫无边际的幻想中。听起来它好像有两种用途，斧刃那一头曾用来砍掉敌人的头颅，烟斗这一头则是用来抚慰自己的灵魂。这时浓烈的烟雾已经充斥着这狭小的舱房，在这种刺激下那个索具工有了反应。他喘气的声音开始发闷，然后鼻子似乎感觉到不舒服；接着他翻了一个身，随即便坐了起来擦了擦眼睛。

"喂！"他终于出声了，"你们这两个抽烟的是什么人？"

"是这艘船上的水手，"我回答道，"什么时候开船？"

"哎，哎，你们是这艘船上的，对吗？今天就开。船长昨晚就上船了。"

"哪个船长——亚哈？"

"除了他还有别人吗？"

我正想再向他多打听一下亚哈的情况，就在这时突然听到甲板上响起了杂乱的声音。"喂！斯塔勃克起床了。"这个索具工说，"他是个精力旺盛的大副，是个好人，一个虔诚的教徒。现在大家都起来了，我也要去干活了。"他一边说着，一边向着甲板走去，我们跟在他的身后也上了甲板。

这时已经云开雾散。没过多久，水手们就陆续上了船，索具工们开始忙碌起来，大副、二副、三副更加繁忙起来，岸上还有几个人正忙着把最后一批零散的东西搬上船来。这期间，亚哈船长一直待在他的船长舱里，没有露面。[赏析解读：作为本书的主角之一，亚哈船长的身上一直笼罩着一层迷雾，使人越发地想要去认识他，此处的描写增添了他的神秘感。]

第二十一章　圣诞节出发

[名师导读]

在圣诞节这天的中午，"披谷德"号扬帆起航了。船上依然还是法勒船长和比勒达船长在指挥，这令"我"有些奇怪。伴随着引航员比勒达的歌声，船驶到了大海上，两位引航员在依依不舍中与"披谷德"号道了别，之后船向着大西洋前行。

终于，临近中午时，最后一批索具工们也离船了，"披谷德"号离开了码头，一贯体贴人的"查利丹姑妈"带来了她最后的礼物——给她妹夫、二副斯德布的一顶睡帽，给管事的一本备用《圣经》，之后她也乘坐着一艘捕鲸小艇离开了。

在这之后，法勒和比勒达两位船长从船舱里走出来，法勒对大副说："好吧，斯塔勃克先生，一切都已经安排妥当了吧？亚哈船长一切准备就绪——刚才我和他谈过了——再不用从岸上送什么东西上来了吧，呢？好，那让所有的水手过来。让他们到船尾这里集合——该死的家伙！"

"无论发生多么紧急的事情，也不要骂人，法勒，"比勒达说，"你去吧，老伙计斯塔勃克，快点按照我们的吩咐行事。"

这是怎么回事？"披谷德"号就要起航了，但是法勒船长和比勒达船长还在后甲板上任意发号施令，他们好像要在海上做这艘船的联合指挥官，与船停在港口时他们所表现的一样。而亚哈船长则至今都还没有露面，只是听他们说他在船长舱里。[赏析解读：亚哈船长虽然在"披谷德"号上，但是一直到船驶离港口都没有出现，此处的描写为亚哈船长的登场作铺垫，同时增添了人物的神秘性。] 不过，总的来说，大家想的是：让船起航，并使它顺利地驶到海面上去，他在不在场都无关紧要。实际上，那也算不上他的分内职责，而是引航员（又称"引水员""领港"，指在一定航区指引船舶安全航行、靠离码头或通过船闸及其他限定水域的人）的事。另外，据说他因为没有完全恢复身体，所以就待在下面。所有的一切看起来都理所当然，特别是在商船上，许多船长在起锚之后的好长时间里都不会出现在甲板上，而是待在船长舱里和岸上的朋友饮酒告别，直到他们最后和引航员一起离船为止。

不过，并没有多少时间让我来为这件事情费心，因为法勒船长这时非常活跃，大多时候由他发号施令，而比勒达很少参与。

"都到船尾来，你们这些该死的家伙，"法勒看到水手们还在主桅旁磨磨蹭蹭，便嚷嚷起来，"斯塔勃克先生，把他们都撵到船尾来。"

"把那边的棚屋拆掉！"这是第二道命令。我之前已经提到过，这个鲸骨棚屋是在船停在港口后才搭起来的，谁都知道拆掉棚屋是起锚之后要做的第二件事。

"转动绞车！该死的家伙！用力！"第三道命令随之而来。水手们赶紧使劲转起绞车的手推杆来。[赏析解读：连续三道命令，写出了船起航时的具体操作，同时体现出了船上的等级，水手们不但要出卖体力，而且还要忍受管理者在言语上的侮辱。]

到了起航时间，引航员总是会站在船头部位。对于这个职位，没有人比比勒达更适合了，他除了其他职务之外，还和法勒一样，是南塔克特港口领了执照的引航员。别人怀疑他之所以要做引航员，是为了节省一笔他参与股份的船只的引水费，因为他从不为别的船只当引航员。这时比勒达正在船头专注地看着那只越来越近的锚，时不时地还唱上几句悲凉的赞美诗为锚机旁边的水手鼓劲；而水手们则诚心诚意地放开嗓门唱着关于蒲布尔港的姑娘的歌曲。可是就在三天前，比勒达还曾跟他们说过，在"披谷德"号上，特别是在船起航的时候，不能在船上唱污秽的歌曲；而他的姐姐"查利丹姑妈"则在每名水手的铺位上都放了一本瓦茨（艾萨克·瓦茨，1674—1748 年，英国公理会执事，赞美诗作家，共写了 600 多首赞美诗，被称为"英国赞美诗之父"，代表作有《普世欢腾》《流血歌》等）的赞美诗。

同时，法勒船长在船尾监督其他部位的工作时则是破口大骂，不堪入耳。[赏析解读：此处的描写，一方面体现出了法勒船长的粗暴蛮横；另一方面说明了水手们海上生活的艰辛与无奈。]我几乎以为在锚还没有升起前他就会把这艘船弄沉了。一想到碰上这么个魔鬼般的指挥来开始这次航行，想到今后我们不知要冒多少风险，我推着推杆的手不禁停了下来，并要求季奎格也住手。然而，我还在自我安慰，心想，虔诚的比勒达也许会救大家于水火之中，尽管他曾经只想给我第七百七十七号份子。正在我出神时，突然觉得屁股上被人狠狠地踹了一下，回过头来一瞧，恶魔般的法勒船长正把一条腿收回去。这是我挨的第一脚。

"难道在商船上也是这么起锚的吗？"他大声吼道，"给我用力，你这个蠢货。给我使劲干，摔断你的脊梁骨！喂，你们大家怎么都不使劲——给我用力！夸霍格！用力，你这红胡子；使劲干，戴苏格兰帽的；用点力气，那个穿绿裤子的。用力啊，你们大家，把吃奶的力气都使出来！"他一边这么吼叫着，一边绕着绞车转，时不时随心所欲地给这个一脚，给那个一脚；而比勒达则不动声色地继续领唱着赞美诗。我心想，法勒船长今天肯定是喝了什么了。

锚终于起来了，也升起了帆，我们便驶离了岸边。在这个又短又冷的圣诞节，当北方短暂的冬日消失在黑夜中时，船只几乎已经置身于冬天的大海中了，那寒冷刺骨的浪花瞬间结成了冰，好像为船只披上了一身光亮的盔甲。舷墙上一排排的长齿在月光下闪闪发亮。巨大的弧形冰树就像是巨象的白森森的长牙从船头垂了下来。

瘦高的比勒达作为引航员带领几名水手值第一班。当这艘老旧的船深深扎进蓝色的海面时，整艘船上都蒙上了一层寒霜；狂风在呼啸，索具被吹得"砰砰"作响，不时地还能听到比勒达沉着镇静的歌声：

滔天的洪水尽头是芬芳的田野，

一望无际的绿色象征着生命。

宛如犹太人眼中的古迦南，

约旦河滚滚奔腾在其间。

这些美妙的歌词从未像那时听起来悦耳动听。它们充满了希望与憧憬。尽管在狂暴的大西洋上冬夜寒冷难耐，尽管我双脚湿漉漉的，外衣湿淋淋的，但是在当时的我看来前面还是有很多愉快的避风港，草原和林中空地上永远是一派生机，草到了春天便蓬勃生长，无人践踏也不会枯萎，繁密茂盛直到盛夏。

终于，我们的船只驶到了宽广的海面上，这两个引航员也要离船。那艘一直跟随着我们的结实的小帆船开始向我们的船边靠了过来。

在这时看到法勒和比勒达的激动程度，绝对是一件令人觉得好奇却并不愉快的事情。特别是比勒达船长，他还不愿意离船，十分不情愿就这样离开一艘航程如此漫长且危险重重的船，毕竟它要一直绕过合恩角和好望角（意思是"美好希望的海角"，是非洲西南端非常著名的岬角，北距南非共和国的开普敦市 52 千米。因多暴风雨，海浪汹涌，最初称为"风暴角"，它是西方探险家通往富庶的东方的航道，故改称"好望角"，1487 年 8 月葡萄牙航海家迪亚士首先发现这里）那两个凶险之地。要知道他在这艘船上投入了好几千银币的血汗钱，在这艘船上有他的一位老船友担任着船长，而这位老船友的年纪跟他差不多，他重操旧业，再次去经历那生死攸关的冒险。

　　比勒达不愿意跟这么一项从各方面来说都能引起他热情的事业告别——能够看出比勒达老头是多么的恋恋不舍，他激动地在甲板上踱来踱去，又跑到船长舱去说了些告别的话，然后回到甲板上来，望望上风头，望望那辽阔无际的海洋，望望那根本看不到的东方大陆，望望这边的陆地，望望上空，望望左右，每一处都望到了又好像不知道望向何处。最后，他机械地把一根绳子绕在轴上，颤抖着抓住法勒的手，举起一只防风灯（灯式之一。分灯座和灯罩两部分，灯座托盘上和灯罩底边有子母口，点上灯后可以扣合。灯罩上有镂孔，既可出烟，又可进入空气。有圆形、方形、六边形和八方形，也有做成房屋形的，屋内放灯，门窗透气），神色悲壮地对着法勒的脸凝视了好一会儿，那个神情仿佛在说："无论如何，法勒老弟，我能挺住。真的，我能挺住。"［赏析解读：此处对于比勒达船长神情举动的描写，写出了他对航海生活的热爱，同时体现出作为海洋人永不停歇的冒险精神。］

　　至于法勒自己，他对此事的态度很像一个哲学家。但是他再怎样伪装，当防风灯靠近他的脸时，仍然能看到他眼中有泪水在闪烁。而且，他也不止一次地在船舱里、甲板跑上跑下，一会儿在船舱里说句话，一会儿又跟大副斯塔勃克说说话。

　　最后，他很果断地对他的老伙计说："比勒达船长——喂，老船友，咱们得走啦。放下主桅下桁！小船过来！准备靠近！小心，小心！——喂，比勒达——做最后的告别吧。祝你好运，斯塔勃克；斯德布先生，祝你好运；弗兰斯克，先祝你好运。再见啦，祝你们大伙好运！三年后的今天，我会在南塔克特为你们准备好一顿热气腾腾的晚饭等你们归来。好了，走吧！"［赏析解读：此处的语言描写，写出了法勒船长对于大家的不舍之情，同时也表达出了他对于这次航行的期许。］

　　"愿上帝保佑你们，他的圣灵永远守护你们，我的朋友们。"比勒达失神地念叨着，"希望你们现在遇到好天气，这样亚哈船长很快就可以在你们中间走动走动了——他最需要的就是太阳，你们走的这条热带航线最不缺的就是这个。你们几位管事，捕鲸时要小心；你们这些标枪手，没有必要就不要拿小艇去冒险，上等的雪松木板价格一年之内足足上涨了百分之三。也别忘了做祷告。斯塔勃克先生，提醒那个箍桶匠别浪费备用的桶板。啊！缝篷帆的针都搁在那个绿色的橱柜里！主日（星期日，是基督徒敬拜主耶稣的日子）里不要捕杀太多的鲸，朋友们，不过有好机会也不要错过，老天爷送上门来的礼物不收也不合适。那个糖蜜桶得多留点儿神，斯德布先生，我担心它有点儿漏。如果船停靠在海岛，弗兰斯克先生，要留意那些未婚男女，禁止私通。再见，再见啦！那些乳酪不要在货舱里搁得太久，斯塔勃克先生，会坏的。黄油省着点儿，那是两银币一磅买来的，你要多小心，要是——"

"好啦，好啦，比勒达船长。别没完没了的了，下船！"法勒一边说，一边催他翻过船帮，于是两人双双下到了小船里。

大船和小船分开了，寒冷潮湿的夜风从中穿过；一只尖叫的海鸥（是鸟纲、鸥科的一种中等体型的海鸟，也是最常见的一种海鸟。海鸥能预见暴风雨：如果海鸥贴近海面飞行，那么未来的天气将是晴好的；如果它们沿着海边徘徊，那么天气将会逐渐变坏；如果海鸥离开水面，高高飞翔，成群结队地从大海远处飞向海边，或者成群的海鸥聚集在沙滩上或岩石缝里，则预示着暴风雨即将来临）在头上飞过，两艘船都颠簸得很厉害。我们心情沉重地欢呼了三声，大船就像听从命运的安排似的盲目地冲进了寂寥的大西洋。

我曾经提到过一个名叫布尔金敦的人，那是一名刚上岸的高个子水手，在新贝德福德的鲸鱼客店里碰到过。在那个寒冷到能把人冻透的冬天，"披谷德"号在刺骨恶浪的撞击下，勇猛地前进着，我一眼就看到掌舵的竟然就是布尔金敦！我对他既同情又敬畏，同时也觉得他有些可怕，要知道这个人在仲冬时刚刚结束了一趟为期四年的危险航程，居然这么快又开始了一场生死未卜的航行。[赏析解读：此处的描写，体现了一个海洋人对于航海的热情以及大无畏的冒险精神，也从侧面说明了当时人们谋生的艰辛与无奈。]

第二十二章　骑士与随从（上）

[名师导读]

"披谷德"号的大副名叫斯塔勃克，他是一个身材消瘦的南塔克特人。他待人真诚且有着丰富的捕鲸经验，但是别人却总是说他过于谨慎小心，想必在他的身上一定有着异于常人的经历与回忆吧！

"披谷德"号的大副叫斯塔勃克，他是地道的南塔克特人，祖祖辈辈都是教友会会友。斯塔勃克身材修长，待人诚恳，虽然是在冰天雪地的海边成长起来的，但似乎也非常适应热带气候，这都有赖于他那一身硬得像是烤过两次的面包似的肌肉。如果让他去东印度群岛，他一身的热血也不会像瓶装的艾尔酒（是英国人在中世纪酿制成功的啤酒，呈琥珀色，外观透亮、泡沫丰富、口感细腻、酒体醇厚。颇受当时的王公贵族喜爱，如伊丽莎白一世就很钟情于这种酒）那样坏掉。他一定是出生在寻常的干旱饥荒的年月里或是在所在的州盛行的某个禁食的日子。他只经历了大约三十个干燥的夏天，然而这些夏天却把他身体里所有多余的脂肪都耗尽了。但是对于他的消瘦，似乎一方面因为那折磨人的忧虑所致；另一方面则是身体有病的迹象。这些都只不过是这个人凝缩的形象。他绝不是一脸憔悴，恰恰相反，他干净紧绷的皮肤就像是一件异常贴身的衣服，他的身体紧裹在这件衣服里面，内在的健康和饱满的精力，使他看起来就像是一个复活了的古埃及人。

　　斯塔勃克似乎已经为未来漫长岁月中要遭受的磨难做好了准备，并且永远像现在这样准备着。不管是极地的冰雪，还是热带的太阳，都对他毫无影响。内在的精力使他像是一只优质航海计时器，能确保在任何气候条件下应付自如。注视着他泰然自若的眼睛，你似乎仍然能看到他往昔经历的危险。

　　斯塔勃克是个坚定沉着的人，他生命中的绝大部分时间是一部很有感染力的充满行动的哑剧，而并非由单调的声音组成的篇章。不过，尽管他冷静坚毅，他身上的某些品质有时却会对他造成更大的影响，甚至在某些情况下几乎会偏离方向。作为一名正式的水手来说，他过于认真，又生来就对大自然抱有深深的崇敬之情，长期处于狂暴的海上，生活的孤独使他变得十分迷信。不过他的这种迷信不知道为什么会在某些时刻显得那样与众不同，与其说是出于愚昧，倒不如说是来源于智慧。他善于根据外在的预兆和内心的直觉去行事。而这些东西如果有时会使他那铸铁一般的意识得以软化，那更多的软化因素则来源于他对那远在家乡的黑白混血的年轻妻子和孩子的思念。这种思念会加倍柔化他性格中原有的粗犷，使他更易于接受那些潜在的力量的影响。

　　这些潜在的力量会抑制一些正直之人心中的胆大妄为的冲动，这种冲动常常是许多人在捕鲸最危急、最复杂多变的情况下表现出来的。

　　"我绝不允许我的小艇上有不怕鲸的人。"斯塔勃克曾经这样说过。他这句话的意思似乎不仅仅是说，最可靠、最有实效的勇气只能来自对所有遭遇到的危险的清晰判断。不仅如此，要知道一个无所畏惧的人与一个胆小鬼相比，其实更危险。

"是的，是的，"二副斯德布说："斯塔勃克这个人，是捕鲸业中可以找到的那种最小心谨慎的人了。"不过我们很快就能知道，在斯德布心里或是任何一个捕鲸人心里"小心谨慎"究竟是什么意思了。

斯塔勃克不是那种一味地追求惊险刺激的勇士。他从来不把勇敢看作一种内在的情感，而只是把它看作一种对他有利的东西——能在生死攸关的时候派上用场。另外，他也许认为在捕鲸这个行业中勇敢是船上所有人的必备品质，就像牛肉和面包一样，那是不能白白浪费掉的东西。因此，他不喜欢在日落之后还放下小艇去捕鲸，也不愿意和一头过于顽抗的鲸长期争斗下去。斯塔勃克认为：我来到这个凶险的海上猎捕鲸是为了谋生的，而不是为了被鲸杀掉而成为它们的食物。对于这点斯塔勃克十分清楚，因为有不计其数的人就是那样丧失了生命。他父亲的下场是怎样的？在那个深不可测的海洋里，他又要到哪里去寻找他哥哥那被撕碎的肢体呢？[赏析解读：此处对斯塔勃克的父亲及哥哥的描写，一方面向读者解释了他小心谨慎的原因；另一方面也凸显出了捕鲸业的危险。]

虽然他的心里装着这样的回忆，再加上之前提到的迷信，即使这样，斯塔勃克的勇气依然是有增无减，但是只有到了无计可施的时候才会发挥出来。对于他这种有着可怕经历和回忆的人，要说这些东西没有在他心里产生任何的影响，那显然并不符合常理，但是这种潜在的影响只有在适当的条件下才会突破理性的控制激发出来，从而吞噬掉他的勇气。他的勇气与寻常人的勇气有些不一样，那种勇气虽然通常能够坚定不移地对抗海洋、风暴、鲸或是世界上任何普通的不合理的恐怖力量，却无法抵挡那些源于精神方面的更大的恐怖力量，这些力量有时会通过一个大人物在暴怒之下的一个皱眉的动作而使你感到胆寒。

第二十三章　骑士与随从（下）

[名师导读]

"披谷德"号的二副名叫斯德布，他是一个乐观的科德角人。三副弗兰斯克则是一个对鲸漫不经心的矮胖子。他们和大副斯塔勃克都是"披谷德"号上的关键人物。当然作为领头人，手下必然不缺配合默契的随从。

"披谷德"号的二副是斯德布。他是个地道的科德角人，因此按照当地的习惯，别人都喊他"科德角佬"。他是个乐天派，胆子虽然不小，但也说不上勇猛：在面对危险时，能够不为所动；在追捕鲸最危险的时刻，也总是不辞劳苦，沉着冷静地应付——就像是个雇来干了一年活的刚出道的小木匠。他脾气好，人又随和，总是嘻嘻哈哈，他指挥着他的捕鲸艇，在与鲸不期而遇时，就像举行晚宴一般，他手下的水手们都是他请来的客人。他总是把他小艇上的座位布置得舒舒服服的，就像是驿站的马车夫喜欢把他的座位弄得舒舒服服的一样。在逼近鲸时，在那生死立见的关键时刻，他总能沉稳又随意地投出那支冷血的标枪，就像是吹着口哨的补锅匠在摆弄他的铁锤一样。他能够在离那愤怒的巨兽很近时，仍然哼唱着家乡的小曲儿。对斯德布来说，长期的海上生活已经让他习惯性地把预示着死亡的鲸嘴当作安乐椅了。[赏析解读：此处的描述，一方面写出了斯德布的身份，另一方面写出了他临危不惧、将生死看透的乐天派的性格特征。]

对死亡本身他是怎么想的，很难有人能说清。连他到底有没有想过死亡，可能都是个问题。不过，正如一名合格的水手那样，万一在酒醉饭饱之余，他的思绪偶尔间转到了那方面的话，那么毋庸置疑，他一定是把死亡当作值班人的命令，叫人们爬到桅杆楼上去做点什么事情，至于到底是什么事情，在完成命令查明真相之前是无从得知的。

是什么促使斯德布成为这样一个随意却又无所畏惧的人，被生活的重担压得几乎直不起腰来，却依然在这个到处是死亡的世界上一路走得轻松愉快呢？是什么造成了他那种离经叛道的好性格呢？肯定与他的烟斗有关系，可能还有别的东西在起作用，因为他那又短又黑的小烟斗就像他的鼻子一样，是他脸部的一个正式组成部分。[赏析解读：此处提到了斯德布的烟斗，并以一种诙谐的手法将它比作与其"鼻子"一样重要的部分，推动下文故事情节的发展。]他会准备一整排装好烟丝的烟斗，插在床头一个触手可及的架子上。他一上床，便开始挨个儿抽，用抽完的这支点着另一支，一直到最后一支烟斗，然后再把所有的烟斗重新装好烟，以便于他接着抽。因为斯德布起身穿衣服时，第一件事不是先套上裤子，而是先叼上烟斗。

我认为，这样连续不断地抽烟至少是形成他那种独特气质的必要因素之一。因为谁都知道：这里的空气——无论是陆上的还是海上的——都是无数死于各种无以名状的病症的人吐出来的，因此它带有很多的病菌。正如霍乱（是一种因为摄入的食物、水受到霍乱弧菌污染而引起的一种急性腹泻性传染病，19世纪初在印度爆发，进而流传到全世界，造成几千万人死亡，如著名音乐家柴可夫斯基就因感染霍乱而去世）流行时，许多人在外面行走时都会用一块涂有樟脑的手绢掩住嘴；斯德布的烟气，也许起了一种防止感染各种致命疾病的作用。

三副是弗兰斯克，他是地道的马萨葡萄园岛上的提斯伯利人，是一个矮胖、脸色红润的小伙子，一旦涉及关于鲸的事情就特别爱与人争论。不知道为什么，他总认为那些巨兽在与他作对，因此对他来说，这是一个与荣誉相关的问题，只要碰上了就必须要把它们干掉。他对于鲸那庞大的身躯和神出鬼没的举止造成的奇异景象丝毫没有敬意，也意识不到遇到那些巨兽时会有多么危险，也完全不会产生那种类似于恐惧的感觉。在他眼里，那些令人惊叹的鲸不过是被放大了数倍的老鼠或是水老鼠罢了，只要稍微动动脑子，再多花点儿时间和力气，就可以把它宰了烹了。他这种无知无畏的精神使他在和鲸打交道时显得有些可笑。他追击鲸是为了寻开心，而长达三年绕过合恩角的航程对他来说不过是一个持续开心三年的玩笑。正如木匠所用的钉子有粗细之分，人类也可以按此区分。小伙子弗兰斯克属于那枚精制的钉子，这类钉子钉得紧、耐得久。"披谷德"号上的人都管他叫"顶梁柱"，因为从外形上来说，他很像北极捕鲸船上被如此称呼的那种又短又方的木柱，它的周围有许多呈辐射状的木头，用来支撑船只抵抗住那不断撞向船体的大块海冰。

大副斯塔勃克、二副斯德布和三副弗兰斯克，他们都是船上举足轻重的人物。按照通常的惯例，他们是负责"披谷德"号上三艘小艇的领头人。在亚哈船长很快就要亲自带队追捕鲸的那种大阵仗中，这三位领头人就是三个连队的队长。他们每个人都有长长的锋利的标枪，他们就像是从一众骑兵中挑选出来的最优秀的枪手，和把标枪手挑选出来就是为了投标枪是一样的道理。[赏析解读：此处的叙述是对上文的总结，并对三个人的职责做了介绍，同时也反映出三个人的优秀。]

由于在这种极具盛名的捕鲸业中，每位船副或者领头人都像以前的哥特骑士那样，在各自的小艇上都配有舵手或标枪手作为随从。当大副、二副、三副手上原有的那支标枪在攻击时拧坏了或是弄弯了无法使用时，这些随从能及时地递上新的标枪。由于这两种人之间通常会存在着十分亲密的友谊，所以我觉得在这里有必要交代一下在"披谷德"号上的标枪手以及他们都各属于哪一位领头人。

头一个要说的就是季奎格，大副斯塔勃克把他挑去作为自己的随从。不过季奎格我们已经很熟悉了。

第二个便是塔希特戈，他是从盖海德来的纯种印第安人，那里至今还留居着少数红种人。南塔克特岛上许多最勇猛的标枪手就是来自盖海德。在捕鲸业中，人们通常会按照他们的出生地叫他们盖海德人。塔希特戈有一头又长又稀的黑发和高高的颧骨，以及对一个印第安人来说又圆又大、酷似东方人的黑眼睛，那双眼睛炯炯有神，让他又像极了南极人。这一切都足以证明他是那些骄傲的武士猎手的纯种后裔。这些猎手为了捕捉新英格兰大角鹿（生存于更新世晚期及全新世早期的欧亚大陆，是体型最大的鹿，这种古鹿的角大得惊人，角面的宽度通常有 2.5 米，所以叫它大角鹿。大约于 7700 年前灭绝），手持强弓，跑遍了大陆上的原始森林。但是塔希特戈现如今已不再在山林中嗅着气味追踪野兽了，而是来到海上追踪鲸。万无一失的标枪毫不逊色地替代了先辈们百发百中的箭。只要一看到他那蛇一般灵敏的四肢上的茶色肌肉，你就不会对那些早期清教徒的迷信之说有所怀疑，并会对这个印第安人小子是空中力量王子（英文直译，应当是一位居住在马萨葡萄园岛的切尔马克地区的印第安人酋长之类的称谓）的一个儿子这种说法将信将疑。

塔希特戈成了二副斯德布的随从。我们要说的第三个标枪手叫达果，他有着健硕的体格，通体漆黑，从外形看就是个黑人。他走起路来像头狮子，活脱脱一个亚哈随鲁王（是波斯帝国阿契美尼德王朝的国王，其名字经常在《旧约圣经》及一些次经和伪经里出现。有人认为他是历史上的泽克西斯一世）。他的耳朵上挂着两只大金环，水手们管这两只大金环叫"螺栓耳环"，说是可以把中桅帆的升降索套在上面。达果在少年时曾主动跑到停泊在他故乡一个偏僻海湾里的一艘捕鲸船上当水手。除了非洲、南塔克特以及捕鲸船最常去的异教徒的港口外，他再没有去过别的什么地方。直到现在他已经在一些对标枪手特别挑剔的捕鲸船上度过了多年出生入死的捕鲸生活。达果保留了他全部的野蛮习性，身体笔直得像只长颈鹿，他只穿袜子不穿鞋，经常晃着他那六英尺五英寸高的身体在甲板上走动，非常壮观。人们抬着头看他，马上就在体格上产生了一种自卑感；一个白人站在他的面前，就像是一杆来到敌人跟前请求停战的白旗。

说来也奇怪，这个威严的黑人——亚哈随鲁·达果——竟是小个子弗兰斯克的随从，小个子弗兰斯克在达果身边一站，俨然就是国际象棋里的一枚棋子。

黑小子比普，这个来自亚拉巴马州（是美国东南部的一个州，濒墨西哥湾，首府为蒙哥马利。州名来自印第安语，意为"我开辟了这一块荒林地区"）的可怜孩子！你不久后就会看到他在这命途多舛的"披谷德"号的船舷上敲着他的手鼓；在大限即将到来之际，他被叫来在那高大的后甲板上与天使们一起合奏，在荣光中他使劲地敲响手鼓，时而为懦夫打气，时而为英雄欢呼！

岛上的居民似乎天生就是捕鲸好手，"披谷德"号上的水手差不多全是岛民。我之所以称他们是一些与世隔绝的人，并不是说他们没有与大家同住在一片大陆上，而是说他们各自生活在属于自己的小天地里。不过现在，大家来到一艘船上相依为命，哪还有什么与世隔绝者！这些来自天涯海角的人组成了一个阿纳卡西斯·克鲁茨（公元前6世纪游历希腊的斯基泰王子，古代著名法学人士，也是古代作家笔下的外邦贤达之士，在雅典与梭伦论交，甚至有时被视为"希腊七贤"之一。18世纪法国的让·雅克·巴忒勒密曾以他的事迹写了一部小说《青年阿纳卡西斯希腊游记》）代表团，在"披谷德"号上陪伴着亚哈老头，要把人世间的不平倾诉在那很少有人生还的法庭上。

第二十四章　亚哈船长

[名师导读]

亚哈就像个谜团一样，让"我"感到好奇，同时也让"我"想起了那个疯癫的以利亚的胡话。"我"努力将心中的不安压制下去，直到那天值午前班时，"我"又习惯性地向着船尾望去，突然在那里看到了亚哈船长。

离开南塔克特好几天了，亚哈船长依然没有露面。大副、二副、三副三人定时轮流值班，也没有什么异常事情发生，似乎他们就是这船上的指挥者，只是有时看到他们从船长舱出来后，下达立即执行并不容更改的命令时，才使人感到他们只不过是在替别人发号施令而已。是的，船上的独裁者就在那里，只不过目前还没有人获得准许进入那神圣的隐居之所。

每次我在下面值完班来到甲板上，总是会马上朝船尾望去，看那里是不是有什么陌生的面孔。因为我最初对这位知之甚少的船长的那种隐约的不安感，在此时四望皆水的情形下简直变成了一种精神上的摧残。有时，衣着褴褛的以利亚那些烦人的胡言乱语会回响在我的脑海里，那是一种我从未感受过的前所未知的神秘力量，这更加让我心烦意乱。如果不是现在这种心情，我对码头上那个预言者煞有介事却莫名其妙的话不以为然，然而现在我却不知该如何是好。不过，无论我恐惧也好，不安也罢（暂时就算是这样吧），每当我环顾四周，就觉得自己的这种心情完全不符合常理。因为虽然那些标枪手以及绝大部分水手，比起我过去所熟悉的商船的温顺船员要更野蛮，异教徒色彩更重，人种也更复杂，我仍然把这种心情归于——而且是完全正确地归于——那种斯堪的纳维亚人的职业（指8—10世纪的维京海盗。斯堪的纳维亚位于欧洲西北部，意为"黑暗的地方"，因地处高纬度、冬季黑夜很长而得名，是维京海盗的故乡）的可怕的独特性，而我也已全身心地投入这个职业。

不过，多亏了船上三位领头人的表现，他们有力地抚慰了我那种莫名其妙产生的不安感，使我能够满怀信心地去应付航行中出现的各种问题。你如果想要找到比他们三个更好、更合适以及各有一套手段的船上首领和人手就不那么容易了，而且他们全都是地道的美国人：一个来自南塔克特、一个来自马萨葡萄园岛、一个来自科德角。由于船驶离港湾时正值圣诞节，所以航程中有一段时间航行在冰寒刺骨的北极气候海域，幸好我们一路向南，在逐渐逃离这种气候。船一分一度地往南移动，那冷酷的冬天和难以忍受的气候也在一点点地被抛到身后。有天早晨，天色虽不像平常那么阴霾，但也是灰暗阴沉的乍暖还寒时节，船赶上了顺风，像是撒气似的在水面上蹦蹦跳跳，以一种让人紧张的速度飞速行驶。我值午前班，听到信号后就登上了甲板。当我的眼睛刚向船尾栏杆看去时，身上便有所预感似的打了个冷战。眼前的现实让我来不及恐惧，我看到亚哈船长赫然站在后甲板上。

他的身体看上去并没有什么生病的迹象，也不像是有病初愈，更像是刚被从火刑柱上解下来，大火虽然烧遍了他的全身，把四肢都烧红了，但丝毫没有损坏他那久经风霜的结实身体。他那高大魁梧的身体似乎是用实实在在的青铜铸成的，就像切利尼（本韦努托·切利尼，1500—1571年，意大利文艺复兴时期的雕塑家、金匠、美术理论家，甚至还写了一本著名的自传《致命的百合花》，是风格主义雕塑中装饰派的代表人物）雕刻的《帕尔修斯》（切利尼受佛罗伦萨的柯西莫大公爵的委托在1554年完成的雕塑，这座高3.2米的青铜雕塑矗立在佛罗伦萨的兰齐凉廊）一样。从他的花白头发中一路往下经过干枯的茶色半边脸和脖子，最后隐没在衣服里的是一道棍子般细长的青灰色的疤痕。谁也不知道那疤痕究竟是生来就有的，还是受到重创后留下的。在这次的整个航行过程中，大家好像达成了某种默契，很少有人或根本没有人提及，三位船副更是绝口不提。

[赏析解读：此处对亚哈身上的疤痕细节的描述，一方面增添了神秘感，引起读者的好奇；另一方面也为下文作铺垫。]

不过有一次，塔希特戈的一个长辈——也是盖海德的一名印第安人老水手——出于迷信断定亚哈在四十岁之前是没有这道疤痕的，也不是和别人进行生死搏斗时留下的，而是在海上和风暴抗争中受的伤。这一荒谬的说法被曼克斯的一个老头用拐弯抹角的一番推论给否定了。这个仿佛是从坟墓里爬出来的人以前从来没有离开过南塔克特岛，也从来没有见过狂野的亚哈。尽管如此，那古老的海上传说，再加上远古的迷信使大家觉得这个老头的眼光独特。所以，当他说要是哪一天亚哈船长能够安安静静地死去（不过他又嘀咕道：这样的事不大可能发生），谁来安葬死者，谁就会发现死者身上这道疤痕是从头到脚的。他的这番话没有受到任何一名白人水手认真地反驳。

当看到亚哈令人惊恐的面目及身上那道青白色的疤痕时，我非常震惊，以至于我有一阵子竟然没有注意到：他那种冷酷高傲的神态很大程度上来自支撑着他半个身子的那条古怪的白色假腿。我早前就听别人说过，这条象牙色的腿是用抹香鲸的腭骨打磨后做成的。"唉，他的腿是在日本海面被弄断的，"那个盖海德的老印第安人曾说，"不过像他船上那根断了的桅杆一样，他不用返港修理就又换上了另一根。他有的是桅。"

他那保持了许久的奇特姿势给我留下了深刻的印象。在"披谷德"号后甲板的每一边，贴近后帆的护桅索处，在船板大约半尺深的地方各有一个钻孔。他那条鲸骨腿就稳稳地插在那个钻孔里。他的一只胳臂抬起抓着一根护桅索，站得笔直，眼睛直直地望着颠簸不已的船头的正前方。在他那无所畏惧、一往无前的坚毅眼神中，透露着说不出来的坚定不移、毫不妥协的顽强意志。他一言不发，他手下的几个领头人也默不作声；不过从他们细微的动作和表情上明显能够看出来：他们在这位首领的注视下觉得很不舒服，甚至可以说是很痛苦。还不止那样，当阴晴不定、遭遇了不幸的亚哈站在他们面前时，他们脸上自带一种甘心献身的神情。在遭受了如此大的劫难后，他依然带有一种王者般莫可名状的凛然不可侵犯的气势。[赏析解读：此处对亚哈的细微描写，与之前人们对他的描述相呼应，同时也更加凸显出了他的威严。]

他的首次视察结束后，很快就回到船长舱去了。不过自此以后，大家每天都能看到他了：

或站在那个钻孔里，或坐在他自备的那条鲸骨凳子上，或在甲板上缓慢地走动。[赏析解读：此处的叙述表明亚哈船长的行动不便，同时也从侧面说明了他是一个有故事的人。] 随着天气变得不再那么阴沉沉的，并最终转晴后，他也就越来越不愿隐居生活了。看起来船只出海，只因海上严冬的荒凉景象才让他如此深居简出。慢慢地，他差不多总是待在外面了。到目前为止，不管他说了些什么，或是让人觉得他做了些什么，在这终于布满阳光的甲板上，他就像是一根多出来的桅杆那样显得可有可无。但是，"披谷德"号现在还只是在赶路，并没有进入正式的巡航阶段。所有需要督导的捕鲸准备工作，三位船副完全可以胜任，所以眼下除了他自己的事情外，很少或根本就没有什么事情需要惊动他亲自出马。因此，在那段空闲的时间里，他额头上那层层的阴云暂时被驱散了，就像白云总爱堆积在最高的山峰上，这个道理一直如此。

不久后，那温暖如同美妙的歌声般诱人的天气到来了，他的心情也好像越来越好。因为当四月和五月这两位脸色红润、蹦蹦跳跳的少女又回到那被严冬占领的暗淡无光的树林时，即便是光秃粗糙、惨遭雷击的老橡树也至少会抽出几根嫩绿的新芽来欢迎这两位满怀喜悦的来访者。[赏析解读：作者在这里运用了拟人的手法，将四、五月份的天气比作两位青春洋溢的少女，渲染出了活泼、愉悦的气氛，也造就了亚哈的好心情。] 而亚哈对那如少女嬉戏般的天气终于也给出了一点儿同样的反应。他的目光中不止一次地展现出了些许愉悦之意，然而，如果换了别人的话，那早已是笑容满面了。

第二十五章　亚哈与斯德布

[名师导读]

"披谷德"号终于离开了严冬笼罩的海域，阳光普照的日子让人的心情都变得好了起来，同时也让回忆变得鲜活，这个现象在亚哈船长身上得到了完美的体现：二副斯德布一句打趣的话让这头沉睡的狮子觉醒了。

航行了一段时间后，那些冰和冰山都已经被"披谷德"号抛到了身后。此时它正乘风扬帆，穿过春光明媚的基多（厄瓜多尔的首都，原本是基图印第安人的中心，在印第安语中的意思是"有人居住的地方"，曾是印加帝国北部疆域的都城）。在海上，春天好像永远守在热带那永恒八月的门口。那些凉暖宜人、风轻云淡、连空气中都飘荡着铃兰香气的完美日子，犹如一只只盛满了波斯美酒的水晶杯，堆满了玫瑰露香的雪花，又把雪花碎成一片片。那星光璀璨的寂静夜晚，就像是傲慢的贵妇们身穿缀满宝石的丝绒衣衫，孤独高傲地在家里思念她们在外征战的公侯丈夫。那些头顶金盔的太阳！对一个睡着的人来说，真的很难在如此迷人的白昼和如此诱人的夜晚之间做出抉择。但是魅力无穷的天气不仅对外面的世界施展魔力，它还会对你的内心赋予效能，特别是在静谧柔和的黄昏时分。于是，记忆的水晶球像明净的冰一样把万籁俱寂的黄昏的千姿百态冻结了。所有这些难以捉摸的因素也在亚哈身上发挥了越来越大的作用。

人一旦上了年纪总是很难入睡。好像活得越久，就越不想和任何类似死亡的东西打交道。在那些海上的指挥官中，那些上了年纪的老人常常会在晚上起来去夜幕笼罩下的甲板上察看一番。亚哈也不例外，只不过最近他待在甲板上的时间似乎很长，确切来说，他多半时间是从甲板上走回船长舱，而不是从船长舱走到甲板上。他经常会喃喃自语："对像我这样上了年纪的船长来说，走下这狭小的舱口，到床铺上去，就像往坟墓里走一样。"[赏析解读：此处亚哈将自己的床铺比作坟墓，说明他虽然还有良好的身体素质，但是摆脱不了已是位垂暮老人的事实。]

差不多每二十四个小时，等夜晚值班的人员都安排妥当后，甲板上留下的人就要为在甲板下方睡觉的人守夜。如果这时把一根绳索从船首楼上放下来，水手们不会像白天那样随手扔在地上，而是会轻手轻脚地放好，生怕打扰了正在睡觉的伙伴们。每当周围要维持相当长一段时间没有半点儿响动的寂静时，那默不作声的舵手就会习惯性地盯着船长舱的小舱口。不用多久，那个老头便会出现在那里，他抓着铁柱一步一跛地走上甲板。好在他还多少有些体贴手下的想法，这时他从来不到后甲板上巡视，因为他那三位非常疲惫的副手无法在离他的鲸骨腿六英寸以内的地方休息。那条鲸骨腿每走一步就会发出异常大的震动及声响，以至于他们在睡梦里也能听到鲨鱼把牙咬得嘎巴响。[赏析解读：作者在这里运用了夸张的修辞手法，写出了那条鲸骨腿的沉重，同时也体现出了他们对于亚哈船长的敬畏。]

但是有一次赶上他的情绪很坏，他再也无法顾及这些细节。他脚步沉重地从船尾后栏杆走到主桅下。怪脾气的二副斯德布正好从船舱里走上来，他用一种稍显迟疑又带着祈求的幽默口吻说，如果亚哈船长有兴致在甲板上走动的话，没人能说个"不"字。不过也许可以想个什么办法把噪声降低一些，他含含糊糊、吞吞吐吐地说了一些什么弄团麻屑把那条鲸骨腿包在里面之类的话。唉！斯德布，那是你太不了解亚哈了。

"你是把我当成炮弹了吗，斯德布？"亚哈说道，"不然，你为什么要把我包起来呢？不过随便你怎么说吧，我已经不记得了。回到你那夜间的坟墓里去吧，那里的人都像你这样躺在裹尸袋里，最后把你也塞进去拉倒。下去吧，狗东西，到你的狗窝里去！"[赏析解读：此处对亚哈语言的描写，非常明了地写出了他的愤怒与不满，不由得让人为先开腔的斯德布担心。]

没想到这老头猛然之间盛气凌人地说出了那些侮辱人的话，斯德布被气得半天说不出话来。随后他怒气冲冲地说道："我不习惯有人跟我这样说话，请你尊重他人，先生。"

"住口！"亚哈紧咬着牙，猛地抬脚就要离开这里，好像是怕一时控制不住自己做出什么不该做的事情来。

"不行，先生，还没说完，"斯德布鼓起勇气说，"别以为我好说话就可以随便叫我狗东西，先生。"

"那就多叫你几遍驴、骡子、蠢驴，滚开，要不然我就宰了你！"[赏析解读：此处语言的描写，淋漓尽致地凸显出了亚哈船长的愤怒与暴躁，与前文他人说他脾气古怪相呼应。]

亚哈一边说一边走到他跟前，他脸上的神情十分可怕，看起来马上就要动手了。斯德布被吓得直往后退。

"以前从来没有谁这样对待我，却没有被狠狠教训的。"斯德布一边走进船舱，一边喃喃自语道，"真是怪事。停下来，斯德布，这次我还真不知道要不要回去揍他一顿，还是，还是说现在跪下来为他祈祷？[赏析解读：此处的语言描写，表达出了斯德布内心的愤怒和不满，同时还带有不能发泄出来的委屈。]是的，我当时就是这样想的。不过这还是我有生以来第一次真的祈祷。太奇怪了，非常奇怪，他也很古怪；不管怎么说，他可能算是在斯德布的航海生涯里碰到的最古怪的老头了！他向我发了那么大的火！——他的眼睛都快要喷出火来了！难道他疯了吗？无论如何，他心里一定有事，这跟一块甲板折了那必然是因为有重物压在它上面是一样的道理。"

现在一天二十四个小时中，亚哈船长躺在床上的时间不超过三个小时，即使躺在床上也没有好好睡觉。那个外号"汤圆"的管事早就和我说过，他发现那个老头的睡衣每天早上都被揉成一团扔在床上，被子和床单也都被堆在床脚；床罩被打成了结，枕头热得吓人，就像枕在上

面的不是人的脑袋，而是一块烧得滚烫的砖头似的。一个火爆的老头！我看他准是有了岸上那些人所说的病，据说那是一种比脸部神经病、牙痛还要厉害的病。好了，好了，反正我也说不上那是什么病，但愿上帝保佑我别跟它有任何关系。这个人完全就是一团谜。那个"汤圆"告诉我，他怀疑老头每天夜里都要到后舱去，不知道他到那里去干什么。我倒是想知道他去那里是为了什么？有人在那里跟他约会吗？你不觉得这很怪吗？不过，不知道事情如何，可能还是老花样——还是在这打个盹儿吧！

　　"该死的，一个人出生来到这个世界上哪怕只为了睡觉，那也值得。而且，想想看，人生下来做的第一件事就是睡觉，这也有点儿怪。该死的，不过细想一下，世界上没有什么事情不奇怪的。不过考虑事情是违背我的原则的。不动脑子，这是我的第十一诫。能睡便睡，这是我的第十二诫。啊哈，又转回来了。不过那又是什么情况呢？他不是叫我'狗东西'吗？让他见鬼去吧！他骂了我十句'驴'，又接着又一个劲儿地骂我'蠢驴'！他还不如索性踢我几脚呢。也许他真的踢了我，只是我没有感觉到而已。但是不管怎么说，他当时那副想要宰了我的模样吓坏我了。他的那条鲸骨腿活像一根白骨。我究竟是怎么了？连站也站不稳了。惹怒了那个老头简直太吓人了。苍天啊，我一定是在做梦——怎么回事呢？怎么回事呢？——不过现在唯一的办法就是躲开他。还是躺回吊床上去吧。到明天早上，再来想想今天这件事有什么奇怪的地方。"[赏析解读：一方面写出了亚哈的威严震慑住了斯德布；另一方面也反映出了斯德布内心的忐忑不安。]

第二十六章　烟斗

[名师导读]

　　亚哈辱骂一番斯德布后，便在甲板上抽起了烟斗。浓浓的烟雾被风吹在他的脸上，他感到万分难受，觉得抽烟不再是一种享受，于是将烟斗扔进了海里。扔烟斗之前，他有什么样的思想斗争呢？

　　斯德布离开后，亚哈靠着船舷又站了一会儿。然后，像近来他常做的那样，喊过来一名值班水手，让他到下面的船长舱里去把他的鲸骨小凳和烟斗拿来。他用罗盘（航海罗盘是中国古代劳动人民的重要发明之一。世界上最早利用指南针进行海上导航的是11—12世纪之交的北宋海船）柜上的灯点着了烟斗，又把小凳放在迎风那一边的甲板上，之后就坐下抽起烟来。

在古斯堪的纳维亚时期，相传丹麦那些爱航海的国王（大多都是维京海盗首领）的宝座都是用北极鲸（指弓头鲸，名字得自于巨大而独特的弓状头颅，体长21米，体重可达190吨，雌性比雄性大。有长达3米的鲸须，是同类动物中最长的）的牙齿做成的。而此刻亚哈就坐在他那条三脚骨凳上，此时谁都会把他和那些国王联系起来。要知道亚哈就是船上的可汗、海上的王以及那些大海怪的主子。

浓浓的烟雾接连不断地从他的嘴里急匆匆地跑出来，被风一吹又扑到了他的脸上，这样的情况持续了一段时间。

"这是怎么了？如今抽烟也不能为我排忧解难了。"他拿开烟斗，自言自语道，"我的烟斗啊！要是连你都不起作用了，那我的日子肯定不会好过了！我这是在无意识地受罪，而不是享受。我一直愚蠢地顶着风抽烟，而且还一口接一口地猛抽，就像那头垂死的鲸，它临死前喷出的水最猛也最易伤人，我喷的烟也一样。我还要这烟斗有什么用？这东西本来就是为清闲安适的人准备的，是为了让白烟缭绕在柔和的白发上，而不是在像我的这样蓬乱的灰色头发上。我再也不抽烟了——"

他随手把还燃烧着的烟斗扔到海里。烟斗里的火在碰到海浪时"嗤"的一声熄灭了，与此同时，烟斗沉没时冒起的水泡也被压在了快速驶过的船身下面。亚哈戴上那顶边沿下垂的帽子后，摇摇晃晃地在甲板上走来走去。

第二十七章　关于一个怪梦

[名师导读]

由于前一天与亚哈船长发生了不愉快，让斯德布一晚上都没有睡好。第二天一早，他将自己做的那个关于船长那条鲸骨腿的怪梦说给了弗兰斯克听，就在他想要听听弗兰斯克的意见时，突然听到亚哈船长发出要追捕一头白鲸的命令，这让他觉得有大事要发生了。

第二天早晨，斯德布对弗兰斯克说：

"我从来没有做过这样的怪梦，伙计。老头的那条鲸骨腿你是知道的。嘿，我做梦梦到他用他的那条腿踢我，我当然也想回敬他了——说起来你可能不信，我的腿一下子被踢飞了！亚哈好像变成了一座金字塔，而我呢，就像个傻子一样对着他踢个不停。但是，弗兰斯克，更加奇怪的是——你知道所有的梦都很奇怪——就在我生气的时候，也不知道为什么，我似乎在对自己说，让亚哈踢一脚，也算不上是什么大侮辱。'嗨，有什么好吵的呢！'我心想，'那又不是条真腿，只不过让条假腿踢了一下而已。'"

"同样是被踢了一下，真腿和假腿之间的差别还是很大的。弗兰斯克，这就和被手打一下比被手杖打要难受数十倍是同样的道理。被真腿踢一下才是真正的侮辱，我的小兄弟。请注意，我一直在对自己说：当我傻乎乎地一个劲用脚尖踢向那该死的'金字塔'时，我一直在对自己说：'他那哪是腿啊，不过是一根手杖罢了——一根鲸骨手杖。你看，这真的是极大的矛盾。不错，'我心里想，'只不过是闹着玩被踢了一脚——实际上，他不过是打了我一鲸骨——而不是凶狠地踢了我一脚。再说，你看看，接触到我身上的那一部分——就是所谓的脚——他的脚能有多大。如果是一个大脚的农民踢了我一脚，那就是一个极大的侮辱。可是我这次受到的侮辱只不过是假脚末梢那一小点而已。'"

"不过，弗兰斯克，我接下来就要说到这个梦最可笑的地方了。当我一个劲地猛踢那'金字塔'时，一条浑身长着獾毛的雄性老人鱼（传说中的海洋种族。有个别研究认为人鱼可能是在古猿进化成早期人类的过程中，在水中生活的一个分支。在进化过程中人类已经遗忘了他们，而只以神话的形式留存了下来。目前也有科学家主张人鱼是古代水手们误认儒艮而来的幻想生物），驼着背，一把抓住我的肩膀，把我转了一圈。'你在干什么？'他说。真见鬼！老兄，我真的被吓坏了。这么一副面孔！不过，不知道为什么，我很快就不害怕了。'我在干什么？'我终于开口说道，'这关你什么事，我倒是想要知道，驼背先生？你想要被我踢上一脚吗？'老天爷作证，弗兰斯克，我的话刚说出口，他马上就转过身来，弯下腰用屁股朝着我，提起当布片用的一团海藻（是海带、紫菜、裙带菜、石花菜等海洋藻类的总称，是生长在海中的藻类，是植物界的隐花植物，藻类包括数种不同类以光合作用产生能量的生物。它们一般被认为是简单的植物）——你猜我看到了什么？——我的天，老兄，他屁眼上插满了解缆（是指解去系船的缆绳。指开船）针，而且针尖都是朝外的。"

"我转念一想又说，'老伙计，我不想踢你了。''聪明的斯德布，聪明的斯德布，'他咕咕哝哝念叨个没完，就像一个从烟囱里爬出来的女巫在咬着自己的嘴唇似的。我看到他没完没了地念着'聪明的斯德布，聪明的斯德布'，完全没有停下来的意思，心想不如再继续踢那'金字塔'几脚。可是当我刚刚抬起脚，他就大吼起来："别踢！'"喂，又怎么了，老伙计？'我说道。'你听我说，'他说，'咱们就这个侮辱的问题辩论一番吧，亚哈船长踢了你，是不是？''是啊，他踢了我。'我说，'就踢在这里了。''好的，'他说，'他是用的鲸骨腿踢的你，对吗？''是的，是鲸骨腿。'我说。'那好，'他说，'聪明的斯德布，你有什么可抱怨的呢？他不是出于一番好意才踢的你吗？他不是用一般的松木腿踢的你，对不对？没错，你是被一个大人物踢了，而且他用的是一条漂亮的鲸骨腿，斯德布。那是一种至高无上的荣耀啊。听我说，聪明的斯德布。在古代的英格兰，那些最尊贵的王公认为，被王后打个耳光，并因此被授予最高爵位的骑士是最光荣的，而你也可以把自己大大地夸耀一番，说你被亚哈踢了几脚，斯德布，你因此成了智者。"[赏析解读：此处的叙述，看似是斯德布怪梦中荒诞的一幕，但也说明了他对被踢这件事情耿耿于怀以及潜意识里对亚哈船长的敬畏之情。]

"记住我说的话，让他踢你几脚，你要把那几脚看作一种光荣，而且千万不要回敬他。因为你会无意识地回踢，聪明的斯德布。你没有看到那座'金字塔'？话一说完，他就阴阳怪气地像游泳一样地游进空中。我打起鼾来，翻了个身，发现自己躺在吊床上！你怎么看这个梦，弗兰斯克？"

"我也不知道，但是我觉得它有点儿荒谬。"

"可能，可能，可是因为他，我成了智者，弗兰斯克。你有没有看到亚哈站在那里，正斜眼望着船尾前边？你知道的，弗兰斯克，你最好让那个老头一个人待着，千万别跟他说话。不管他说什么，都不要反驳他。嘿！他在嚷嚷什么？听！"

"桅顶上的人！睁大眼睛注意观察！附近有鲸！如果看到一头白鲸，就给我拼命追！"[赏析解读：此处亚哈特别强调出的"白鲸"是整个故事的另一位主角，说明了他们此行的航海目标就是那头白鲸，作者在此设下了悬念，吸引读者读下去。]

"对于这样的命令你怎么看，弗兰斯克？不觉得很奇怪吗，我的兄弟，呃？一头白鲸——你有没有注意到，老兄？你瞧——风里都透着些古怪。你就做好准备吧，弗兰斯克。亚哈心里有件要见血的大事。不过，别说了，他往这边来了。"

第二十八章　船长的餐桌

[名师导读]

　　"我"之前已经提到过，船长的三位副手以及标枪手是可以与船长一同用餐的，这就是他们优于其他船员的待遇。中午时分，三位船副与两个标枪手一起坐到了船长的餐桌旁，然而他们几人的表现简直令人无法言喻。

　　到了中午，那个叫"汤圆"的管事从船长舱门口探出他那张苍白的长面包似的脸，通知大家晚饭已经准备好了，可以开饭了。这时他的主人正坐在船尾背风处的一艘小艇上，刚刚观测完太阳，正在一张光滑的小桌子上默默地计算经纬度，而那个小桌子就立在他的那条鲸骨腿的上半部，这张小桌子是他的专属工作台。从他那不理不睬的神态来看，你或许会以为阴晴不定的亚哈并没有听到他仆人的话。可是他随即猛地抓住后樯索翻身上了甲板，操着一种平淡、死板且兴致不高的语调叫道："吃饭了，斯塔勃克先生。"[赏析解读：此处的动作描写，写出了亚哈船长虽然少了一条腿，但却丝毫没有影响到他矫健灵敏的身手。]然后便从舱房里消失了。

　　首席埃米尔（其词来源于阿拉伯语，原意为"受命的人""掌权者"，原为阿拉伯统帅的称谓，现为某些君主世袭制国家元首的称谓。这里指大副）斯塔勃克，等到他那位苏丹的脚步回声终于一点儿也听不到了后，他或许可以断定那位苏丹已经在餐桌前落座了。于是斯塔勃克打破了静止的状态，在甲板上先是走了几圈，然后又郑重地瞧了瞧罗盘，带着几分喜悦说道，"吃饭了，斯德布先生，"随即也下了船长舱。第二埃米尔在索具旁边转悠了一会儿，然后又轻轻摇了摇主帆索，检查了一下这根至关重要的绳索是否正常，接着便把这重复过无数遍的老调又照样唱了一遍，他迅速地说了句："吃饭了，弗兰斯克先生。"随后便和前面的那两位一样也下了船长舱。[赏析解读：从首席、第二以及下文中提到的第三这样的排序中可以看出，船上等级分明，同时也从侧面体现出了等级越低的船员的日子越艰辛。]

　　然而当第三埃米尔看到只有他还独自在后甲板上之后，似乎摆脱了某种无法言喻的约束，浑身都觉得轻松了。因为他先是前后左右地观察了一番，然后踢掉了鞋子，突然就在土耳其大王的头顶上（指奥斯曼帝国苏丹，这里意指亚哈船长，头顶上是指船长舱房顶上的后甲板）跳起疾风般却又悄无声息的水手舞来，之后又把后樯烂醉如泥的水手当成帽架，巧妙地把自己的帽子扔了过去。他在走下船长舱门的时候还在扭动着身体，直到他的身影消失在甲板上。与其他程序截然相反的是，他是以音乐殿后的。但是一到要进入船长舱口前，他便收住了脚步，换了另一副面孔。于是，无拘无束、兴高采烈的小弗兰斯克，变成了一个贱民或奴隶的模样来到了亚哈国王面前。[赏析解读：这里将弗兰斯克比作贱民或奴隶，将亚哈船长比作国王，以此凸显亚哈在船上的权威地位。]

有些船长的领头人在众目睽睽之下站在甲板上，遇到与自己面子有关的事情时就会直言不讳、无所畏惧地与他们的上级争辩；但是他们这些领头人在进入船长舱与上级进行例行的午餐时，看到上级坐在餐桌上首，十有八九就会低眉顺眼。[赏析解读：此处的描写，体现出了在船上虽然有着明显的等级压迫，但是相对和谐。等级阶层之间的矛盾也处于可控制范围，侧面反映出他们对亚哈的惧怕与臣服。] 这样的变化不能不令人感叹，有时还会让人觉得滑稽可笑。这种情况在海上那种最矫揉造作的生活氛围所形成的怪事中，算不上是最奇怪的。亚哈此刻就像是在白色的珊瑚滩上的那头一声不吭、长有鬃毛的海狮（分为5属7种，分布在北半球。其体型较小，体长一般不超过2米，北海狮为海狮科中最大的一种。虽然身披短毛，看上去却光溜溜的，颈部有明显的鬃毛。可以直立行走，但速度较慢；视觉较差，听觉和嗅觉灵敏），盘踞在他镶着牙骨的餐桌边，周围是他那些好斗但仍充满敌意的小海狮。[赏析解读：此处将亚哈比作一头雄踞在岸边的沉默海狮，将他的副手比作"好斗"且"充满敌意"的小海狮，比喻生动而形象，意在表达幼狮虽勇猛，却仍对首领满怀敬畏。]

每个领头人都在等着自己的饭菜摆上桌。在亚哈面前，他们就是一群小孩子，然而在亚哈的身上却丝毫也看不到一点儿骄横的气势。他们全神贯注地盯着老头子的刀，看着他切割面前的主菜，全都一声不吭，即使连谈论天气这般再寻常的话都不会说。绝对的安静！等到亚哈用刀叉夹着片牛肉伸出去，示意斯塔勃克把他的盘子拿过来时，大副就像接受施舍般地接过那片牛肉，然后尽可能优雅地将其切成小块。如果偶尔餐刀碰到了盘子发出声音，他会被吓得浑身一震。咀嚼时也尽量不发出一点声响，然后再小心翼翼地咽下去。[赏析解读：作者在这里通过描写斯塔勃克过于小心谨慎的举动，让读者看到在"披谷德"号捕鲸船上实则就是一个讲究上下尊卑的等级社会。]

这情景就如同德国皇帝在法兰克福的加冕宴会上谦恭地与七位选帝侯（即德意志诸侯中有权选举神圣罗马皇帝的诸侯，包括三个教会选侯的科隆大主教、美因茨大主教、特里尔大主教，四个世俗选侯——莱茵的普法尔茨伯爵、萨克森的维腾堡公爵、勃兰登堡藩侯与波希米亚国王。这是德国历史上的一种特殊现象,从13世纪中期实行,一直到1806年帝国灭亡为止)共进晚餐一样。因此,不知道为什么,在船长舱里吃饭通常是件庄严的事情,整个用餐的过程都很安静。但是亚哈并没有禁止吃饭时说话,只不过他自己不作声而已。如果有一只老鼠突然在货舱里做出一番动静,那就可以说是救了快要被噎住的领头人们的命了。至于可怜的弗兰斯克,这个年纪最小的家伙,他是这个乏味的家庭宴席上的娃娃。他分到的是腌牛肉里的小腿骨,而他应该得到的是鸡爪子。对弗兰斯克来说,如果他敢随意去挑菜,那么必然会受到与头等窃贼一样的惩罚。如果他在这张餐桌上随意挑菜的话,毋庸置疑,他再也别想在这个规行矩步的世界上抬起头来了。[赏析解读:通过此处的叙述,可以看出等级分化的鲜明,虽然这只是一艘捕鲸船上的现象,但是从侧面也体现出了当时的社会现状。]

尽管如此,说来也奇怪,亚哈从来没有禁止过他。而弗兰斯克要是真的这样做了,亚哈大概也不会注意到。也不知道弗兰斯克认为船东不给他黄油吃,是怕那东西会让他那张开朗乐观的脸上长满痘,还是航行太久,黄油会变得十分珍贵,不是他这种下等人能够享用的食物。反正不管是哪一种情况,唉,弗兰斯克,他是吃不到黄油的!

另外,弗兰斯克是最后一个下来用餐的,但却是第一个起身离开餐桌的。想想看,弗兰斯克用餐的时间太短暂了。斯塔勃克和斯德布有比他先吃并比他后离开的特权。就拿斯德布来说,他的级别与弗兰斯克比起来也不过是高了那么一点,而他却有慢悠悠地在弗兰斯克之后离开餐桌的特权。要是偏又赶上斯德布(他的级别比弗兰斯克也不过就高那么一点)今天胃口欠佳,吃不了几口就有了要放下刀叉的迹象,那么弗兰斯克吃完第三口饭就要站起来了。因为让斯德布比弗兰斯克先回到甲板上去,那简直是罪无可恕。[赏析解读:由此处的描写可以看出,在船上,不仅吃饭地点,就连吃饭的时间长短都是级别高低的标志。]

弗兰斯克有次私下里承认,从被提升为三副的那天起,他就或多或少地与吃饱肚子绝缘了。因为他从那时起就再也没有吃过一顿饱饭,一天到晚地饿肚子。弗兰斯克心想,我的肚子永远不会有平安和满足的时候了。我是一个领头人,但是我多么想念当初在桅杆前当水手、在船首楼里大嚼老牛肉的日子呀。现在就是升官的报应,名声虽好听,但是却过得痛苦,这生活多荒唐!再说,如果"披谷德"号上有任何一名普通的水手对弗兰斯克怀恨在心的话,那么,他只需要在吃饭的时候走到船尾,从船长舱的天窗上偷偷地看一眼弗兰斯克,看他是如何在令人敬畏的亚哈面前呆愣地坐着的,心情就会好很多了。

亚哈和他的三位副手组成了"披谷德"号船长舱里的第一桌。等到他们按照与进舱时完全相反的顺序离开后，那面色苍白的管事将餐桌收拾了一下，或者说急匆匆地恢复成原样。然后，三个标枪手便被叫来用餐，他们是这桌残羹剩饭的承袭人。他们的到来一下子就让这显赫的船长舱变成了下人的食堂。

船长坐在餐桌旁时，总是带着一种令人难以忍受的拘束和无形的压抑气氛，而这些下等人则无拘无束、自由自在且彼此之间毫无顾忌——二者之间形成了一种奇怪的对比。他们的上司——三位船副——在吃饭的时候生怕弄出一点动静，而这些标枪手则嚼得津津有味，大老远都能听到。[赏析解读：标枪手吃饭的情形与之前三位船副和亚哈船长吃饭时的情形形成了鲜明的对比，一方面写出了三位船副对于最高指挥官的敬畏；另一方面也凸显出了作为下等人的标枪手的粗俗无礼。]

他们吃饭的时候像爵爷们那样旁若无人，肚子被撑得就像整天往船上装着香料的印度货船一般。季奎格和塔希特戈的食量大得惊人，吃完残羹剩饭后，他们的肚子仍然没有填满，我们那位脸色苍白叫"汤圆"的管事，这时就不得不端上像是从一整头牛身上切割下来的腌脊肉。如果"汤圆"的反应不够快，没有连蹦带跳地赶紧走开去张罗这些，那么塔希特戈就会用一种很欠缺绅士风度的方法催他赶快行动——像使标枪那样用叉子在"汤圆"背上捅一下。有一次，达果心血来潮，要帮助"汤圆"长记性，便把他整个拎起来，将他的头按进一个大空盆里。塔希特戈则拿着餐刀，在他的头上比画着画了一个圆圈，一副好像要剥他头皮的架势。这个脸像面包的管事，是一个破产银行家与医院护士的后代，天生胆小怕事，动辄就浑身哆嗦。由于他一天到晚都得看着亚哈那张又黑又阴沉的脸，还要应付这三个野蛮人，每天都过得提心吊胆的。通常情况下，他把三个标枪手所需要的一切都拿来之后，便会躲到隔壁的食物储藏室去，离他们的魔爪远远的，并心有余悸地从储藏室的百叶窗偷偷地观察着他们，直到他们吃完饭离开后才敢出来。[赏析解读：此处对于汤圆一系列的动作描写，生动地刻画出了他"胆小怕事"的性格特征，也写出了这群人的野蛮。]

看着季奎格坐在塔希特戈的对面，他那锉得尖尖的牙齿与那位印第安人的牙齿相对，还真是件趣事。达果坐在地板上，与他们成品字形。他如果坐在凳子上的话，他那如同戴着灵车上装饰的羽毛的头便会碰着低矮的短纵梁（通常为平板支承梁，从船首到船尾方向焊接在甲板横梁之间，以防止甲板变形）。他那无比巨大的四肢只要动一动，那低矮的舱身就会随之晃动，就像船上装运了一头非洲大象似的。虽说如此，但是像他这样一个庞然大物，吃饭时却举止优雅且非常有节制。他吃饭时细嚼慢咽，然而那样魁梧、宽厚、伟岸的身体却能保持旺盛的精力，这太令人费解了。不过，毫无疑问，这个高贵的野蛮人很强壮，他饱餐痛饮了天地间取之不尽的精气，他那翕张的鼻孔吸足了世界上无与伦比的生命力。牛肉或面包是无法造就或哺育出巨人来的。让我们再来看看季奎格，他吃饭时嘴里会发出极大、极不文雅的"吧唧吧唧"声，难听极了，吓得浑身颤抖的"汤圆"几乎要看看自己瘦弱的胳膊上是不是也留下了咀嚼的齿印。[赏析解读：虽然季奎格与达果都是所谓的野蛮人，但是两人却有着完全不同的性格特征，从上述的描述中可以看出达果的稳重以及自律，而季奎格与之相比就更加随性、鲜活。]

而每逢塔希特戈大声喊他出去听取某些建议时，这傻乎乎的管事就会突然被吓得浑身颤抖，几乎要把储藏室中的陶器都给打碎了。这些标枪手都会随身带着细磨石，那是用来打磨标枪头和其他武器的，在吃饭时，他们会故意拿出细磨石磨他们的餐刀。可怜的"汤圆"在那刺耳的磨刀声中得不到片刻的安宁。他无法忘记：就像季奎格，当初他还住在家乡的岛上时，肯定也在休闲娱乐时轻率地夺取过人命。唉，"汤圆"啊！一个白人管事却要伺候食人生番，这也太难为你了。要知道搭在他胳膊上的不是餐巾，而是圆盾。不过令他庆幸的是，这三位海上武士会按时离开这里。在"汤圆"听起来，他们走出去的每一步都会带动着他们那无所畏惧的四肢发出骇人的声响，听起来就像是摩尔人（指中世纪时期在伊比利亚半岛的伊斯兰征服者，主要由埃塞俄比亚人、撒哈拉人、阿拉伯人和柏柏尔人组成，也有伊比利亚半岛出身的穆拉迪人）刀鞘里的弯刀一般。

然而，虽然这些野蛮人在船长舱里吃饭，名义上也住在那里，但由于他们坐不住，所以除了吃饭的时间，很少会安静地待在船长舱里，只到临睡前才会经过那里去往各自的住处。

在这件事情上，亚哈似乎与大多美国捕鲸船的船长一样。他们作为同一个阶层的人会理所当然地认为船长舱本就属于船长，仅仅是出于礼貌才准许其他人在任何时候都可以进来。[赏析解读：大多船长作为船上最高指挥官或多或少地都带有一些优越感，由此可以看出，船长实行独裁是航海的必然产物。]所以，实际上，"披谷德"号上的三位船副和标枪手与其说是住在船长舱里，倒不如说是住在船长舱外的舱房更合适。因为即使他们进入船长舱，也就不过是从一扇临街的门进到了屋中，进屋时门被向里推，松手后就又弹回了原处。这种情况对他们来说并没有很大的损失。在船长舱里没有友情，在人际关系上，亚哈拒人于千里之外。虽然在名义上来说，他算是个基督徒，但是实际上他是个局外人。他生活在这个世界上，就像是定居在密苏里州（位于美国中部，是美国的第 24 个州，昵称为"索证之州"。密苏里来自苏族印第安语，意思是"独木舟"，这里也是美国著名作家马克·吐温的故乡）的最后一头灰熊。待春天和夏天过去后，这个林子里的野洛甘（印第安人的一位酋长，一直与他领地殖民的白人友好相处，后来因全家被白人所杀，愤而反抗。他曾发表过一篇关于为什么会拒绝签署条约以结束战争的演说。这篇演说被收在美国中学教科书中）就会钻进一个树洞里，舔着自己的脚掌熬过冬天。亚哈也一样，在他凄凉的晚年，把自己的灵魂封闭在空洞的身体里，气愤地在郁郁寡欢中打发日子！

第二十九章　后甲板上

[名师导读]

一天，亚哈在甲板上散步时，突然说起了那头与他有着不共戴天之仇的白鲸莫比·迪克，他此次出行的目的就是要捕杀莫比·迪克。在一番慷慨激昂的言论后，水手们的情绪都被他调动了起来，他们对那头白鲸产生了无比强烈的兴趣。然而只有一个人对此隐隐担忧，那就是大副斯塔勃克。

在烟斗事件后不久的一天早上，吃完早饭没多久，亚哈像往常一样，从船长舱的舱口舷梯登上甲板。大多数船长都习惯于在这个时间到甲板上散散步，如同乡绅们喜欢在吃过早饭后到花园里走上几圈一样。

没过多久，甲板上就响起了鲸骨腿发出的从容的脚步声。他依照平时的习惯来回走了几趟。即使那些甲板在他脚下被无数次的踩踏，你还是会在那里看到更奇特的脚印。但是那一天，那些脚印似乎更深了。亚哈沉浸在自己的世界里浑然不觉，以至于他精准地从主桅或罗盘柜边每转过一个弯，几乎就能够看到他的思想也跟着转了一个弯；他每走一步，他脑中的思想也跟着走一步；他已经被自己的思想完全支配了，他外在的行为举止似乎只不过是其内心的翻版而已。[赏析解读：此处的描述，凸显出亚哈重重心事，引起读者的好奇，同时也为下文故事的展开埋下了伏笔。]

"弗兰斯克，你注意到什么没有？"斯德布小声地说，"他心里的小鸡正在啄破它的壳呢。它马上就要破壳而出了。"

时间在一分一秒地过去。亚哈或是独自待在船长舱，或是在甲板上走动，脸上仍然是那副不达目的誓不罢休的神色。

在天快要黑了时，他突然在船舷边站住，将他的鲸骨腿插在钻孔里，一只手抓着一根护桅索，随即命令斯塔勃克把全体人员都叫到船尾来。

"先生！"大副惊叫道，之所以这样是因为在船上除了特殊紧急的情况，他很少甚至从来不会下达这样的命令。[赏析解读：由大副的反应中可以看出，亚哈下达的命令是多么反常，同时在此处也设下了悬念。]

"把全体人员都叫到船尾这里来，"亚哈又重复了一遍，"桅顶上的人，下来！"

全体人员到齐后，都带着一种好奇且不安的神色瞧着他，因为他的脸色看上去就像是那暴风雨降临前的天空的颜色。亚哈迅速地瞧了一眼船舷外面，又将目光放在了水手们身上，然后他离开刚才站着的地方，旁若无人地迈着沉重的脚步在甲板上来回走动。他低着头，半压着帽子，不停地走来走去，丝毫不去理会水手们在那里小声地议论。最终斯德布小心翼翼地低声对弗兰斯克说，亚哈一定是因为想让他们来见识一下他走路的本事才把大家召集过来的。不过这种情况没有持续太久，亚哈猛地停住了脚步，大声说道：

"你们如果看到鲸，会怎么办？"[赏析解读：此处的语言描写，显示了亚哈船长的锐气与威风，丝毫没有因为年纪的问题而打折扣。]

"喊大家一起去追捕它！"约有二十个人冲动地回答了这个问题。

"好！"亚哈叫道，他的语调里流露出极端的赞赏，没想到他突如其来的问题这么有吸引力，能够让他们如此兴奋。[赏析解读：此处的描写，与之前清冷孤傲、脾气暴躁的亚哈船长形成了鲜明的对比，体现出了他富有生气的一面。]

"那下一步要怎么做呢，伙计们？"

"放下小艇追呀！"

"到那时你们应该拿出什么劲头呢，伙计们？"

"不是鲸死就是艇破。"

亚哈脸上的神色随着大家的吼叫声变得越来越古怪，也越来越强烈，那透露出来的明显是一种喜悦和赞许的神色。与此同时，水手们开始好奇地互相看着彼此，好像觉得这事太不可思议了：为什么自己听到这些毫无意义的问题会变得如此激动？

但是亚哈在那个钻孔里半转过身子，一只手举得高高地，牢牢地抓着护桅索，几乎使出了全身的力气，对所有人说出了下面一番话：

"你们所有爬上桅顶的人之前都听我下过关于一头白鲸的命令吧。你们注意听着！看到这枚一两重的西班牙金币了吗？"说话的同时，他朝着太阳举起了一枚光灿灿的金币，"这是枚西班牙金币，一枚就值十六美元，伙计们。你们看到了吗？斯塔勃克先生，请把那边那把大铁锤递给我。"[赏析解读：亚哈清楚地知道这些水手们上船就是为了谋生赚钱，所以拿出金币鼓动人心，让人们为捕获白鲸竭尽全力。]这番话让大家变得更加迫不及待，跃跃欲试。

在大副去拿大铁锤时，亚哈默不作声，他只是慢慢地用外套的下摆擦着那枚金币，好像要把它擦得更亮些，同时自顾自地低声哼唱着听不出字音的不知名的曲子，那声音听起来格外沉闷奇怪，就像是他体内的生命之轮转动的嗡嗡声。

他从斯塔勃克手里接过大铁锤，向着主桅走去，他一只手举着大铁锤，一只手亮着金币，高声说道："我的孩子们，你们之中无论是谁，只要给我打到一头长着白色脑袋、皱额、歪下巴的鲸，给我捕住这头右尾处有三个枪眼的白鲸——注意啦，无论是谁打到这头鲸，他就可以得到这枚金币！"[赏析解读：此处对于白鲸的特征描写，说明了亚哈船长此次航海的目的就是捕杀大白鲸，同时侧面突出了这头大白鲸的凶猛。]

"好的！好的！"水手们挥舞着雨帽，为亚哈把金币钉在桅杆上这一举动而欢呼雀跃。

"听好了，我说的是头白鲸，"亚哈把大铁锤扔下后接着说道，"一头白鲸。你们要把眼睛擦亮了，伙计们，要特别注意看哪里的海水发白。哪怕只看到一个水泡泡，也要大声叫喊。"

在这期间，塔希特戈、达果和季奎格一直比其他人更感兴趣、更好奇地在一旁观看，当听到提及皱额、歪下巴时都大吃一惊，好像各自想起了什么难以忘怀的往事一样。[赏析解读：作者在这里特别对三个标枪手的神情进行了描写，也写出了这头白鲸与其他鲸的不同之处。]

"亚哈船长，"塔希特戈说，"你说的那头白鲸肯定就是那些人所提到的莫比·迪克。"

"莫比·迪克？"亚哈喊道，"这么说，你也知道这头白鲸了，塔希特戈？"

"它下潜的时候，是不是尾巴摆动得总是有点儿特别，先生？"这个盖海德人慎重地问道。

"它喷出的水柱也很奇怪，又浓又密还很急，即使在抹香鲸里也是鲜少见到的，是不是，亚哈船长？"达果说道。

"它还有一、二、双（三）——啊！好几支铁枪在它的身上，船长，"季奎格磕磕绊绊地嚷嚷着，"都拧成——扭——曲，像他——他"，他找了半天也没有找到想说的那个词，就把手转了转，做出了一个像是拧开瓶子软木塞的动作——"像他——他——"

"螺丝锥！"亚哈叫道，"是呀，季奎格，好多标枪都被拧弯了留在它的身上；对，达果，它喷出的水柱很大，就像一整捆麦子，也很白，就像我们南塔克特一年一度的剪羊毛季后被剪下的一大堆羊毛一样；是的，塔希特戈，它那尾巴扇动起来就像是被狂风撕破的三角帆。你们说的一点也不错，伙计们！你们看到的就是莫比·迪克——莫比·迪克——莫比·迪克！"

"亚哈船长，"斯塔勃克说，他、斯德布及弗兰斯克一样，从始至终都在用一种越来越惊奇的眼光瞧着他们的顶头上司，不过最终似乎想到了什么才把心里的疑团解开，"亚哈船长，我听说过莫比·迪克——但是咬掉你的腿的并不是莫比·迪克吧？"

"谁跟你说的？"亚哈叫道，然后他停顿了下，"是的，斯塔勃克，是的，伙计们，是莫比·迪克弄断了我的这根桅杆。是莫比·迪克搞得我如今一条腿只剩下一截断头地站在这里。是的，是的！"他发出了一声响亮且凄厉的呜咽，就像一只被击中心脏的大角鹿发出的。

"是的，是的！是那头该死的白鲸让我变成了残疾，让我成了一名装着假腿的可怜的水手！"然后他两臂一甩，痛心疾首地喊道，"是的，是的！我要追到好望角，追到合恩角，追到挪威海大漩涡（指莫斯科埃大漩涡，位于沃尔和莫斯科埃两岛周围，那里波涛汹涌，形成成千个顺时针的漩涡，最后形成一个直径两千米以上的大漩涡。在《海底两万里》中，尼摩艇长的潜水艇就消失在这个漩涡中），甚至追到地狱之火那里，不逮住它我绝不罢休。雇用你们到这船上来干活就是为了这事，伙计们！无论它是在东西两个大洋中，还是在什么地方，都要对它穷追不舍，直到它生命的最后一刻。你们怎么想的，你们愿意去干吗，伙计们？我看你们都是好样儿的。"[赏析解读：此处对于亚哈船长神情及语言的描写，写出了此时亚哈船长的痛苦和白鲸对他的人生带来的巨大伤痛，同时也预示着一场恶斗即将开始了。]

"愿意，愿意！"标枪手和水手们边大声叫喊着，边向着这个激动的老头靠了过来，"擦亮眼睛寻找那头白鲸，握紧标枪对准莫比·迪克！"[赏析解读：此处的描写，写出了水手们高涨的士气以及他们此刻受到鼓舞后的激动心情。]

"愿上帝保佑你们，"他说话的时候已经是一边呜咽一边叫喊了，"愿上帝保佑你们。管事！多拿点酒来。你怎么板着个脸呢，斯塔勃克先生，你不想追捕那头白鲸吗？你对它不感兴趣吗？"

"我对它的歪下巴及死神般的血盆大口有兴趣，只要它恰好出现在我们这次航行的途中，亚哈船长。但是，话又说回来，我到这里来是捕鲸的，不是来为我的指挥官报私仇的。亚哈船长，就算你捕获到它，报了仇，你又能得到多少桶油呢？那些油不能让你在我们南塔克特市场上赚到很多钱。"[赏析解读：此处斯塔勃克的话无疑是一个转折点，利用一个不认同的声音，将水手们从高涨的情绪中瞬间拉回到了冷静的思考里，显示了斯塔勃克的理性。]

"南塔克特市场！让它见鬼去吧！不过你走过来一点，斯塔勃克。你是想要一份低一点的份子了。如果要用金钱作为量具的话，如果那些会计已经清点了地球这个大账房（他们依次用一镑重的金币把地球围起来，每一枚金币有四分之三英寸大），那么我就可以告诉你，如果我大仇得报，就会让你们得到巨大的利益！"

"他在捶打自己的胸膛呢，"斯德布小声说道，"那是为了什么？据我看，那有点虚张声势的意思。"

"找一头没有灵性的畜生报仇！"斯塔勃克大声说道，"它袭击你纯粹是出于本能！简直太疯狂了！跟一头没有灵性的畜生发这么大的火。这恐怕有违天理吧，亚哈船长。"

"你给我听着——我看你是真的想要一份低一点的份子了。一切看得见的东西，伙计，都只不过是硬纸板做的面具。但是在每一件事中——在鲜活的行动中，在不容置疑的行为中——在那里，某种尚未发现但仍可以推断出来的事物在不通情理的面具后面显露出了它的本来面目。如果有人能捅破，那就捅破面具吧！囚犯不冲破牢笼怎么能够逃到外面去？对我来说，那头白鲸就是那道逼近我的墙。有时我觉得外面什么也没有。可是这就够了。它催促着我劳作，拼命地让我干活。我看到它力大无比，而且还隐藏着一种令人费解的歹毒意图。这令人费解的东西就是我憎恨的源头。无论那头白鲸是执行者还是主谋，我都要把我的憎恨算在它的身上。不要跟我说什么有违天理，伙计。即使是太阳侮辱了我，我照样会对它不客气。"

"自从世界上有了所谓的公平以来，世间万物都被嫉妒所主宰着。但是，即使是公平也不能支配我，伙计。谁能支配我？真理没有疆界。别这么瞧着我！让一个傻瓜看着我比恶棍瞪着我还要让我难受。好吧，好吧，你脸红也好，脸白也罢，我说的话已经把你惹怒了。不过，你听我说，斯塔勃克，你在气头上说的话，过去就过去了。有些人说的那些温情的话，才是种侮辱。我并不想惹你生气。算了吧。看！看那边那个土耳其人的脸，带着茶色的斑点——那是由太阳绘成的朝气蓬勃的图画。那些异教的豹子——任何人都不在乎、没有信仰的家伙，它们有生命、有追求，但是却无法解释你们所感知到的狂热的生活！这就是水手，伙计，水手就是这样的！"

"在这头鲸的问题上，难道他们不应该和亚哈达成一致吗？看看斯德布！他在笑！再看看那个智利人！他一想到它就会轻蔑地笑。你这没有根的小树想要在那世俗的风暴中站稳脚跟，那是完全办不到的。斯塔勃克，这是什么？你好好考虑考虑吧。只不过是要你帮着向鲸尾投一枪而已；对斯塔勃克来说，这是举手之劳。还能有什么呢？整个南塔克特最棒的标枪手，当所有水手都拿着磨刀石时，他肯定不会在这场微不足道的狩猎面前退缩的吧？唉！我知道了，你是被束缚住了！大浪抬着你！说呀，说出来就好了！——唉，唉！这样，你的沉默就是回答了。斯塔勃克是我的人了，除非他要背叛自己，否则就不会反对我。"

"愿上帝保护我！——保护我们大家！"斯塔勃克喃喃道。[赏析解读：斯塔勃克的妥协体现出了生活的无奈以及等级制度的残酷，同时写出了斯塔勃克内心深深的忧虑。]

但是，亚哈看到大副被他的话说服后，十分高兴，根本没有听到他那带有预兆性的祈祷，没有听到底舱里传来的低沉的笑声，没有听到狂风吹动索具发出的带有不祥预兆的振动声，更没有听到篷帆中心被吹得鼓起来时发出的空洞的拍打桅杆声。[赏析解读：此处的描写，突出了亚哈船长此时欣慰愉悦的心情，同时暗示了他的虚荣心得到了满足，从侧面写出了他这个决定是欠缺理性思考的，他已经被仇恨冲击得失去了理智。]斯塔勃克下垂的眼睛里再次浮现出顽强的生命力的光彩，于是底舱的笑声消失了。风还在不停地吹着帆，将它吹得鼓了起来，船仍如先前那样颠簸着前进。

"拿酒壶来！拿酒壶来！"亚哈叫道。

他拿着装满了酒的酒壶，转过身面对着标枪手们，命令他们拿出武器。然后让他们手拿标枪靠着绞盘，在他面前站成一排，他的三位副手则拿着标枪站在他身边，其余的水手将他们围在中间。他站在那里，用锐利的目光打量着每一名水手，而那些水手回敬他以狂热的目光，就像是草原上的狼群用血红的眼睛与它们的首领相对视，之后首领就会带着它们朝野牛走过的路一路追击。唉！但是它们没有想到接下来就会掉进印第安人暗设的陷阱里。

"轮流喝！"他大声叫喊着，把那个装得满满的、沉甸甸的大肚子酒壶递给了离他最近的水手。"现在让水手们喝。挨个儿传下去，传！伙计们，小口喝、大口灌都行。这酒就像魔鬼的蹄子，凶着呢。对，对，传下去。它能让你站不稳脚，也能让你看不清东西。做得好，就快喝光了。这边传过来，那边递回去。把它给我——空了！伙计们，你们就像是无情的岁月，这么满溢的生命就这样被一口口地喝光了。管事，过来，再装满！"

"注意啦，我的勇士们。我把你们全部召集到这绞盘跟前，你们三位船副，拿着标枪站在我身旁。你们几个标枪手拿着武器站在那里。而你们，我健壮的水手们，把我围在中间，以便于让我可以在一定程度上恢复我们祖辈捕鲸人的一个高贵的习俗。弟兄们啊，你们还会看到——哎！管事，你回来啦？来得还真快。给我吧。好吧，这酒壶现在又被灌满了，你不会是圣·维杜舞（是一种痉挛性的病症。因为亚哈的断腿根部常常会发生剧痛，损害了他的神经系统，所以他说话走路都常常伴有神经质的表现）这小鬼吧——滚开，你这打冷战的家伙！"

"靠过来，三位副手！把你们的标枪交叉在我的面前。好极了！让我摸一下那交叉的地方。"他一边说，一边伸出胳臂抓住了平伸的成辐射状的三支标枪的交叉点。与此同时又猛然莫名其妙地拉扯它们，然后专注地从斯塔勃克望向斯德布，又从斯德布望向弗兰斯克。看起来就像是他想凭借着一种无以名状的内在冲动，把他那极具吸引力的生命的蓄电池中累积起来的能量火一般地传递给他们。他的三位船副在他那坚韧、神秘莫测、一如既往的神情面前退缩了。斯德布和弗兰斯克掉转头将视线移开，而斯塔勃克则垂下了他那正直的眼睛。

"白费力气！"亚哈喊道，"不过，也许，这样也可以。因为你们一旦接受了这样强烈的电击，我自己身上的电源可能就会全部放出去，没准还能把你们电死。你们或许并不需要它。把标枪放下吧！现在你们这三位副手，我指派你们去做我那三位异教徒——三位最可敬的绅士和贵族，我勇猛的标枪手——的执杯人。[赏析解读：在前文中亚哈船长宣称遵循平等的原则，而在这里又以等级制度去指挥三位副手去给下属执杯，实在是有违公平一说。] 有失身份？伟大的罗马教皇把自己的三重冕当大口水罐拿来给乞丐洗脚，又该怎么说呢？啊，我亲爱的大主教们！你们会出于谦逊去做这些的。我不命令你们，你们会心甘情愿地去做。你们这些标枪手，把绳子割断，把枪杆拔掉！"

三个标枪手一声不吭地执行了命令后站好，这时每个人面前各拿着约有三英尺长且倒钩朝上的铁枪头。

"别让那锋利的铁枪头戳到我！把它们斜着拿，斜过来！你们不知道那高脚杯哪边是脚吗？把枪头的插枪标上的接头朝上！对，对。现在，你们几位执杯人走上前去。那几个铁枪头，拿好啦！我斟酒时要拿好！"随即他慢慢地从一位副手旁走到另一位副手的面前，拿着酒壶往标枪接头里注满了烈酒。

"现在你们站好，三对三。将那凶险的圣餐杯举起来！你们这些人现在已经加入这个永不分离的同盟了，用那些杯子吧。唉，斯塔勃克！生米已经煮成熟饭了！那边表示许可的太阳在等着最后的批准。喝吧，发誓吧，你们这些站在捕鲸小艇上作战的家伙们——宰了莫比·迪克！要是我们不捕获莫比·迪克，不把它宰了，那么上帝就要来捕获我们了！"[赏析解读：语言的描写，凸显出了亚哈船长对于捕获白鲸的决心以及他对白鲸无比的愤恨。]三只装着倒钩的长长的钢杯被举了起来。在一片呐喊、诅咒声中，杯中的烈酒被同时一饮而尽。斯塔勃克脸色发白，转过身子，浑身颤抖。[赏析解读：动作描写，斯塔勃克十分清楚捕获那头恶名昭彰的白鲸是件极其危险的事情，他为此感到惊恐，说明了他是现在船上唯一一个理智、清醒的人。]再一次也是最后一次，那灌满烈酒的酒壶又重新被疯狂的水手们传来递去。亚哈用那只闲着的手朝他们一挥手致意，大家就都散了，紧接着也回到了自己的舱里。

第三十章　日落

[名师导读]

"我"是亚哈船长，刚才发生在甲板上的一切，让"我"有感而发。虽然像"我"这样的人已经遭受了天谴，验证了预言并成了失去一条腿的人。但是"我"势必要让那个咬掉"我"一条腿的家伙付出代价，而且为了达到这个目的，"我"会不择手段。

傍晚，亚哈船长独自一人坐在船长舱的后窗边。

这白色的水迹是"我"最忠实的信徒。无论"我"走到哪里，都会留下一道又白又浑的痕迹；苍白的海水啊，比其更苍白的是脸颊。包含着嫉妒的大浪从两边涌过来，想要淹没"我"的航道；随它们想要干什么，前提是"我"要先过去。

远处，那永远满溢的高脚酒杯边，暖浪红波似葡萄酒。[赏析解读：此处的景色描写，凸显出了夕阳西下时，海面上的美丽景色。与下文亚哈船长沉重的心情形成了鲜明的对比。]金色的夕阳即将要被蓝色的大海吞噬——它从中午就慢慢向西沉下——这时已经沉下去了，"我"的灵魂却在上升！它已经对攀越那无尽的山峦感到厌倦了。难道是"我"戴的皇冠太重了吗？这顶伦巴第（位于意大利半岛北部，与瑞士接壤，首府为米兰）的铁制皇冠（据说是教皇康斯坦丁的皇冠，其金冠里有一内衬，是由钉死耶稣的一枚铁钉制成的。神圣罗马帝国皇帝查理曼和查理五世都曾用它来加冕，现皇冠被保存在意大利伦巴第区的蒙扎大教堂内），上面镶满的珠宝将它打扮得璀璨耀眼，而"我"戴着它却看不到它四射的光芒，反而隐约不安地觉得戴着这个令人眼花缭乱的东西并不是什么好事。它是铁的（这一点我很清楚），不是金的，而且它裂开了——这"我"能感觉到，那锯齿状的边缘磨得"我"很疼，只要一动，"我"的脑袋好像就与这硬邦邦的金属相撞。是的，"我"的头是用钢铁做成的。这种头即使在最伤脑子的恶战中也不需要戴上钢盔！

"我"的额头是发烧了吗？啊！通常情况下，日出会让"我"热情高涨，日落则会让"我"恢复平静。现如今却再也不能这样了。阳光很可爱，但是它却无法照亮"我"；一切可爱的事物对"我"都是痛苦的，因为"我"再也不能享受它们了。[赏析解读：从对亚哈内心活动的描写中可以看出，曾经的失败带给他的是巨大的痛苦和磨难，使他对生活丧失了热情。]"我"空有最高的理解力，却缺少最基本的能力去享受这一切，因为"我"遭到了既极为微妙又极其恶毒的天谴！在天堂中遭到了天谴！晚安——晚安！（他挥挥手，离开了窗边。）

这并不算是件难事。"我"以为最起码会遇到一个执拗的人，可是"我"这个只有一个齿轮的圆环能够跟他们那些各种不同的轮子组装在一起，而且还能运转。或者，你不介意的话，可以换种说法，他们就像是许多蚁冢（是指土栖蚁在地面下的土中筑巢，或巢高出地面成塔状，形似冢，故称为蚁冢）大小的火药堆放在"我"的面前，而"我"就是他们的火柴。啊，真难啊！因为要点燃别人，火柴必须要先牺牲自己！凡是"我"敢做的事情，"我"就要去做；而"我"要做的事情，"我"会去做！他们都觉得"我"疯了——最起码斯塔勃克是这么想的。事实上"我"就是个恶魔，比疯还要疯！在这种看似荒诞的疯狂下才能平心静气地了解自我！曾有预言说"我"会成为残疾，那么，预言得到了验证——"我"丢了一条腿。现在"我"预言，"我"要让那个咬断"我"的腿的家伙也成为残疾。就让"我"做那个预言的执行者吧。
[赏析解读：一系列的描写，写出了亚哈船长此时激动、愤怒以及急于去报仇的心理。]

第三十一章　夜色降临

[名师导读]

今天"我"遇到了一个疯子，亚哈船长无疑就是个疯子！他的目的简直太疯狂了，而

"我"斯塔勃克却妥协了。看那些还在狂欢的异教徒们，他们还不清楚即将要面对怎样的状况。生活虽然无奈，但是"我"还是要与它斗一斗。

斯塔勃克靠着主桅，沉思着。

"我"的灵魂遇到了比它更强大的对手，它被一个疯子支配了！[赏析解读：这里斯塔勃克将亚哈船长比作"疯子"，由此体现出了他内心的不满与愤怒以及亚哈船长现在想要复仇时的疯狂。]这真是一个令人难以忍受的打击，一个身心健康的人竟然在这样一个战场上放下了武器！不过他钻到了"我"的内心深处，"我"的理智被消除得干干净净！"我"自认为看清了他那不能向上帝挑明的目的，但是出于感情的原因，"我"却一定要帮助他实现这个目的。

无论"我"愿不愿意，一种莫测高深的东西将"我"和他捆在了一起，"我"被一根无法割断的索子牵着。这可怕的老头！他大喊大叫，谁在控制着他。——哼，对所有在他之上的那些人，他主张民主；可是你看看，对所有在他之下的那些人，他又是多么盛气凌人啊！唉！"我"对自己这个可悲的职务看得很清楚——心里想反抗，行动上却只能服从。更糟糕的是，对他既恨又同情！因为"我"在他的眼神里看到了一种骇人的痛苦，如果"我"承受着这样的痛苦，那么"我"的生命就会因此而消逝。不过话说回来，还是有希望的。时间如此宽裕。那头可恨的鲸有着如此辽阔的海洋供它遨游，犹如小小的金鱼有属于它自己的玻璃缸一样。他那个有违天理的意图，上帝或许会把它放在一边。[赏析解读：此处的描写，写出了斯塔勃克不愿与白鲸进行正面交锋的想法，说明他心里还存有一丝侥幸，认为不会在如此广阔的海洋里碰巧就遇到它。]"我"那颗本该高飞的心，却沉重得像铅块。然而"我"这口钟已经停止了，"我"的心就是那控制一切的钟摆，但是现在却失去了上发条的钥匙。

船首楼传来一阵狂欢声。

天啊！跟这样一群没有教养的异教徒水手一起出海航行！这群生在优胜劣汰的海上某些地方的人。那头白鲸是他们的德莫高贡（早期神祇）。听！那把酒言欢的声音是多么罪恶！他们在船头纵情欢乐，然而船尾却鸦雀无声！"我"觉得这种现象如实地反映出生活的真实面貌。那劈开海浪欢快地摆好阵势、一马当先地穿过晶亮海面的船头，仅仅是为了拖着那位阴沉的亚哈船长与它同行，此刻他正靠在船长舱里想着心事。他的船长舱位于船尾，再往后便是那如豺狼般奔腾的水声。那久久的嚎叫声令"我"脊背发冷！安静下来！你们这些吵闹着狂欢的人，快去值班守望！啊，生活！在这样的时刻，灵魂被打倒，受到了知识的约束——犹如被硬往嘴里塞一些粗野、原始的东西让人吃下去——啊，生活！到了现在这一刻，"我"才感受到了你的狰狞！可这不是"我"！威胁对"我"早就不起作用了！虽然"我"怀着人的柔情，但还是要与你斗一斗，你这无情的邪恶的未来！啊，你们这些天佑的力量，和"我"站到一起，抓住"我"，保护"我"吧！[赏析解读：虽然生活的无奈让斯塔勃克不得不低头，但是他却没有因此而退缩，体现出了海洋人坚韧、顽强的冒险精神。]

第三十二章　夜间第一班

[名师导读]

"我"是斯德布，"我"一直认为无论发生什么事都是命中注定。今天在后甲板上时，亚哈与斯塔勃克的谈话，"我"虽然没有听得很全，但还是看出，当时斯塔勃克的脸色差极了，不用说那个老头又训他了。

斯德布在前桅楼独自修理转帆索。

咳！咳！咳！咳！哈！清清"我"的嗓子！——有一件事"我"一直在思考，而这几声咳咳便是"我"思考的最终结果。为什么这样？因为大笑是对一切令人费解的事物最聪明也最容易的回答。不管以后发生什么事，有种安慰却始终存在——这种万无一失的安慰就是：一切都是命中注定。[赏析解读：几句简单的描述，写出了斯德布的睿智，同时也体现出了他随遇而安的生活态度。]他和斯塔勃克的谈话，"我"没有听全。但是，即使"我"的眼神不好，"我"还是看出来了，斯塔勃克当时的脸色跟"我"那天黄昏时的没有什么区别。不用说，那个老头把他收拾得服服帖帖。"我"看出来了，"我"知道，只要动动脑子，就可以很容易地预先说出来——因为"我"一看到他的头就发现了。没错，斯德布，聪明的斯德布——这是"我"的头衔——没错，斯德布，可那又怎么样呢，斯德布？眼前就是这么一个臭皮囊。"我"无法知道将来的一切是什么样的，但是不管发生什么，"我"都会笑着去面对的。在你所有令人感到害怕的嘴脸中都隐藏着这样一种看似玩笑的蔑视！"我"觉得荒唐。法拉！替拉，索替拉！这时"我"的小心肝在家里干什么呢？又在痛哭吗？——"我"敢保证，她正在招待最后上岸的标枪手，花枝招展的就像快速帆船（帆船的巅峰之作，是一种速度极快的帆船，时速可达每小时 20 海里，因此又被称为"英里的剪短者"，第一艘真正的快速帆船是 1845 年由美国造船师约翰·W.格里菲斯建造的"彩虹"号。当时用于运输体积小、价格昂贵的货物，比如中国的茶叶）上的三角旗，"我"也一样快活——法拉！替拉，索替拉！啊——

今晚我们心情愉悦地为爱情干杯，

那短暂快乐的爱情，

就像酒杯边上浮起的泡沫一般，

刚一碰触到嘴唇就破灭了。

多洪亮的声音——谁在叫"我"？斯塔勃克先生吗？是，是，先生——（旁白）他是"我"的上司，他也有他的上司，如果"我"没有弄错的话。——是，是，先生，"我"手上的活儿干完了就来。

第三十三章　午夜的船首楼

[名师导读]

午夜的船首楼，那些喝了酒的水手姿态各异地做着自己的事情。他们或唱歌，或跳舞，或抽着烟，或自言自语……怎么还有要打架的？值得庆幸的是，那场暴风的到来结束了这场即将开始的战争。

标枪手和水手们

（前帆升起，值班的人或站着，或闲逛，或倚靠着，或躺着，姿态各异，大家齐声合唱。）

再见，再见，那些西班牙姑娘们！

再见，再见，那些西班牙姑娘们！

我们的船长已经下达了命令——[赏析解读：此处以水手们齐声歌唱的形式，绘声绘色地刻画出深夜前甲板上水手们饮酒作乐的情景。]

南塔克特水手甲

哎，伙伴们，别自作多情啦，那会影响消化的！打起精神，跟我唱！

（他开始唱起来，众人跟上）

我们的船长站在甲板上，

望远镜拿在手里，

眺望着那些巨大的鲸，

到处在浅海喷水。

哎，伙伴们，小桶在你们的艇里，

站到转帆索旁边去，

我们即将去捕捉一头美丽的鲸，

左手右手一起上，伙伴们！

好，要高高兴兴地，我亲爱的伙伴们，永远不要灰心，我们的勇士们正在向鲸投出标枪！[赏析解读：从简单的歌词里，生动地为读者刻画出了捕鲸的过程，增添了画面感，渲染了气氛。]

后甲板传来大副的声音

打八下钟，前边的！

南塔克特水手乙

别唱啦！打八下钟啦！打钟的你听到了吗？快去敲八下，你，比普，你这黑小子！我来喊人换班。我的大嗓门最适合干这个——一张大桶一般大的嘴。把头伸向小舱口里，右舷值——班——了——！打八下钟啦！下边的听到了吗！快上来吧！

荷兰水手

今晚睡得真香啊，伙伴们，这一晚睡得真好。我看这是因为老头的酒起了作用；有的醉死了，有的又像受了刺激。我们唱歌，他们睡觉——嘿，躺在那里，就像躺在底层的大桶。现在又该喊醒他们啦！看，用这个铜唧筒来叫醒他们。告诉他们别跟他们的姑娘在梦里私会了。告诉他们该复活啦。他们该吻别了，来接受末日的审判。[赏析解读：此处的描述，凸显出了海上生活的单调乏味以及几乎与世隔绝的特点。]就是这么回事——就是这样。你们的喉咙不会因为吃了阿姆斯特丹（荷兰首都及最大城市，人们曾在附近阿姆斯特尔河上建筑水坝，阿姆斯特丹就得名于此）的黄油就坏掉的。

法国水手

哎，伙伴们，趁着还没有在布兰克特湾停靠之前，咱们再来跳一两支舞吧。你们觉得怎么样？换班的人来了。大家都准备好！比普，小比普！敲起你的手鼓吧！

比普

（板着脸，还没睡醒）

手鼓不知道在哪儿。

法国水手

那你就敲自己的肚皮，摇自己的耳朵吧。我说，跳吧，弟兄们，寻快活才是正事！该死，你为什么还不跳？现在排成一路纵队。马上就跳双拖步？痛快地跳吧！来吧！来吧！

冰岛水手

我不喜欢你们的舞池，朋友，它的弹性太大了，我跳惯了冰舞池。对不起，给你们泼了冷水，请原谅我并不想跳。

马耳他水手

我也得要请你们原谅，你们的姑娘在哪里？除了傻瓜还有谁会用自己的左手搀着自己的右手，再跟自己说"你好吗"，没有舞伴吗？我必须要有舞伴！ [赏析解读：从马耳他水手的语言描写中，一方面说明了船上没有女性；另一方面说明了他率真的性格特征。]

西西里水手

对，要有舞伴和草坪！——有这两样了，我才跟你们一起跳，像蚱蜢那样跳！

长岛水手

好啦，好啦，你们别愁眉不展的，愿意跳的人有的是。要我说，到什么山上唱什么歌，唱得好自然有人会来听。啊！音乐响起来了，跳起来吧！

亚速尔群岛水手

（敲着手鼓，登上了小舱口）

给你，比普你的手鼓在这里，还有系绞车的柱子，爬上来吧！伙伴们，大家来吧！

（一半人随着手鼓起舞，有的人到舱里去了，有的人在一卷卷索具中间或躺或睡。咒骂声不断地传出来，热闹得很。）[赏析解读：从一艘小小的捕鲸船上，写出了人生百态，引起读者的兴趣。]

另一个亚速尔群岛水手

（在跳舞）

使劲敲呀，比普！使劲敲呀，打钟的！用力敲，使劲敲，拼命敲，用上吃奶的劲儿敲，打钟的！敲出火星来，把鼓敲碎吧！

比普

你是说钟？——又有一个坏了，完了，我把它敲碎了。

中国水手

那你就咬紧牙齿不要命地敲吧，把自己变成一座宝塔（宝塔通常每层四角都有风铃。这里所说的"变成宝塔"或许是指变出许多铃铛的意思）。

法国水手

狂——欢吧！举起你的大铁圈，比普，等我穿过去再放下来！把那三角帆扯破！把你自己也撕碎吧！

塔希特戈

（静静地抽烟）

那是个白人，他认为这样好玩：哼！我才不费这个劲儿呢。

曼克斯老水手

我不知道那些寻快活的小伙子有没有想到他们是在什么上面跳舞。我要在你们的坟墓上跳舞，我真的会——那是你们的情妇在最厉害的时候用来诅咒你的最恶毒的话，那可是比拐弯处的顶头风还要厉害。基督啊！想想那初出茅庐的海军，那乳臭未干的水手吧！好啦，好啦，这个或许真的像你们学者说的那样，只是一场舞会，所以把它当作一个舞厅也没有什么不对。[赏析解读：从曼克斯老水手的话中，可以感觉到他对于那些年轻人在甲板上跳舞的做法虽然十分不满，但也表示出理解与包容。]小伙子们，跳吧，你们还年轻，我也曾年轻过。

南塔克特水手丙

歇会儿吧！——嘘！这比在无风的海上拉一头鲸还要费劲——让我抽一口吧,塔希特戈。

（他们停了下来，三五成群地聚在一起。这时天空变了——起风了。）

东印度水手

天啊！伙伴们，得赶快收帆了。天上来的恒河涨水变成风啦！你板起了你的黑脸啦，湿婆大神！

马耳他水手

（半躺着，挥着自己的帽子）

现在请海浪——轮到雪帽子跳舞了。它们的帽缨子很快就会抖动起来。如果这些海浪都是女人的话，那我愿意下去与海浪跳个够！跳起舞来，偷瞄几眼那暖烘烘、狂野的胸脯，她们那粗壮的双臂下藏着熟得快要裂开的葡萄，世上还有什么比这件事更美好——即使在天堂也比不上！

西西里水手

（半卧着）

别跟我说那个！你听着，小伙子——四肢像闪电般地交错——腰肢如水蛇般柔软地扭动——或是卖弄风情——或是方寸大乱！嘴唇！心！屁股！全都接触到了；不断地摩擦又分开！你啊，要注意点，可别去试那个味儿，要不然你会吃不消的。唉，不会是些异教徒吧？
（用胳膊肘捅了捅他）

塔希提水手

（斜躺在席子上）

好呀，我们舞女那神圣的裸体！——她们跳着希瓦（应该指的是草裙舞，此种舞蹈形式较为激烈、狂野，以自然的方式展现女性身体的美丽，律动感十足，简单、质朴。传说中第一个跳草裙舞的是舞神拉卡。她跳起草裙舞招待她的火神姐姐佩莱）——希瓦舞呀！啊！低低的帐篷和高高的棕榈树的塔希提（是法属波利尼西亚向风群岛中的最大岛屿，位于南太平洋。是著名旅游胜地，被认为是"最接近天堂的地方"）！如今我仍然躺在你的席子上，只是下面不再是柔软的泥土！我的席子啊，我曾看到别人在林子里把你编好！第一天我把你从林子里拿出来时你还是翠绿的，现如今已经破旧不堪了。哎！——你我都是不堪回首！如果有一天我被移植到天上，那又会怎么样呢？当泉水从山势高峻的岩壁上跃下、淹没村庄时，我在皮罗希提的顶峰能不能听到它的咆哮声？——那洪水，汹涌澎湃的洪水！挺直腰杆，去迎接它吧！（一跃而起）

葡萄牙水手

汹涌的海水是如此凶猛地冲击着船身啊！准备收好帆吧，伙伴们！风像刀枪剑戟在交锋一般地乱刮着，马上它就要开始混战了。

丹麦水手

噼啪，噼啪，老船呀！只要你还能噼啪，那你就还能挺得住！好样的！大副在那里让你和风抗争。他的恐惧不亚于卡特加特（是大西洋北海的一个海峡，位于丹麦的日德兰半岛和瑞典的西海岸之间，主要港口有瑞典的哥德堡和丹麦的奥胡斯）小岛上的要塞，要塞在那里是为了让被风雨摧残的大炮与波罗的海相对抗；而大炮上的海盐都快要结成硬块了！

南塔克特水手丁

提醒你一声，他是接到了上面的命令。我听见亚哈那个老头对他说，不论什么时候都一定要顶住狂风，这有点像用一支手枪打开一个水槽口——带着船直冲过去。

英国水手

该死！不过这个老头确实很了不起！我们是他手下的小兵，去逮他要逮住的那头鲸。

全体水手

对！对！

曼克斯老水手

那三根松木桅抖得好厉害啊！松树是最难成活的树了，不能随便移栽、换土壤，而这里除了水手们身上那见鬼的泥土外没有其他泥土。稳住，掌舵的！今天这种天气，无所畏惧的心在岸上都会发抖，航行在海上那装了龙骨的船身也会裂开。[赏析解读：此处的叙述，写出了当时他们所面临的恶劣天气以及凶险，从侧面体现出航海生活的无比艰辛。]我们的船长有胎记；伙伴们，看看那边，天空上也有块胎记，你们看，那样子多可怕，除了那之外，到处都是黑漆漆的。

达果

那又怎么了？谁怕黑就是怕我！我是从漆黑一片里挖出来的！

西班牙水手

（旁白）他想吓唬我们，哼！——旧恨让我容易忽略新仇。（挺身至前）标枪手啊，你们这样的人无可否认是人类黑暗的那一面——而且是黑到极点的那一面。不要介意。

达果

（凶狠地）

不介意。

圣·约哥水手

那个西班牙人不是疯了就是喝醉了。不过看样子不可能是喝醉了，除非咱们老头的酒的后劲儿只在他一个人身上持续的时间长。

南塔克特水手戊

我看见什么啦——闪电？是的。

西班牙水手

不是闪电，是达果在龇牙。

达果

（跳起来）

闭上你的嘴，矮子！白皮白心肝！

西班牙水手

（迎上去）

一刀捅死你这个家伙！大个子，胆小鬼！

大家

打架啦！打架啦！打架啦！[赏析解读：此处的描述，体现出了大家看热闹的心态，也反映出他们海上生活的枯燥乏味。]

塔希特戈

（吐了口烟）

地上在打架，天上也在打架——天上的神和地上的人——都爱打架！哼！

贝尔法斯特水手

打架啦！太好了！感谢圣母，打架啦！一起吵吧！

英国水手

打架也要公平！夺掉那西班牙人的刀子！赛拳吧！赛拳！

曼克斯老水手

各就各位，预备！按照拳击比赛的标准要求。该就是在这样的场子里打倒了亚伯。干得漂亮，干得好！不是吗？那么，请问上帝，你为什么要创造出这样的拳击场子来？

从后甲板传来大副的声音

扬帆索旁边的人！扯住上桅帆！准备收中桅帆！

大家

风暴来啦！风暴来啦！赶快，伙伴们！（全都散开）

比普

（缩到绞车下面）

伙伴们？愿上帝怜悯一下这样的伙伴们吧！喀哩，喀喇！三角帆架倒了！砰嘭——嘣！

天啊！趴得再低点，比普，顶桅帆也掉下来了！[赏析解读：从比普的语言描述中可以看出这场风暴的猛烈以及他所处环境的凶险。] 这比在刮旋风的树林里还要糟糕！简直是末日！现在还有谁会爬上树去摘栗子？但是他们还是骂骂咧咧地上去了，而我还待在这里。他们正走在通往天堂的路上，前程似锦。天啊，挺住，好大的风啊！但是那边的那些家伙比这风还要恐怖——他们是你的白毛风。白风暴？是白鲸，嘘！嘘！他们说的话我刚才在这里全都听到了；还有那头白鲸——嘘！嘘！不过他们只提到一次！而且只是在今天黄昏——它吓得我像我的手鼓一般浑身乱响——那个蟒蛇般的老头，要他们宣誓去追捕那头白鲸！啊，你这伟大的白人上帝，高高在上边的某个地方，在那片黑暗中，可怜可怜这个趴在地上的小黑人吧；保佑他离那些没心没肺、什么也不怕的人远些吧！

第三十四章　莫比·迪克

[名师导读]

那头叫莫比·迪克的白鲸好像有很多秘密。人们提起它来无不觉得毛骨悚然。然而即使它非常凶猛，"我"知道这其中必然有一些夸大的成分在里面。毕竟见过它的人很少，与它真正打过交道的人更是少之又少。

我，以实玛利，是这群水手中的一员，我和他们一起大声喊叫，我们的誓言融合在了一起，内心的恐惧使我喊得比谁都响亮，然而我喊得越响，我的誓言就越坚定。我心里有一种狂野且神秘的同情感，亚哈那难以抑制的仇恨就像是我的仇恨一样。我在强大的好奇心的驱使下，恨不得多长两只耳朵，将那头恶贯满盈的杀人海怪所做过的事情都听清楚。我和其他人都发了誓，要让这头海怪付出巨大的代价。过去很长一段时间里，这头独来独往的白鲸虽然只是隔三岔五地出没在捕抹香鲸人最常去的那些偏远的海域里，但并不是所有捕鲸人都知道这头白鲸的存在。只有极少数的人见过它，能够认出它来，至于那些能够认出它又真正与它打过交道的人就没几个了。[赏析解读：此处的叙述，突出了白鲸喜欢单独行动的生活习性，同时也为下文的展开埋下了伏笔。] 因为捕鲸船数量巨大，它们散布在整个海面上，其中有许多会长途跋涉去冒险搜寻，所以导致长期无法与其他的船互通消息，而且每艘船的航期与出航次数都没有标准及规律等。这些直接或间接的原因，使关于莫比·迪克的消息不能及时被分散在全球海域的捕鲸船获得。不过，话说回来，据说有好几艘船曾在某时某地与一头特别大又特别凶的抹香鲸碰上了，那头鲸在给它的攻击者造成了极大的损失后便逃走了。这种事完全是有可能发生的。

在有些人心目中那头鲸一定就是莫比·迪克。这种猜测并不是空穴来风。近来捕鲸船被以极其凶恶、狡猾、恶毒的方式攻击的事件屡屡发生。[赏析解读：此处的描述，一方面体现出了抹香鲸的凶猛，另一方面说明了捕鲸业存在着高度风险。]那些遭遇莫比·迪克的捕鲸人都是在不知情的情况下败在它手下的，因此他们或许宁愿把它所造成的异于寻常的恐惧更多地归于捕鲸业通常所面临的危险，而不愿归于其他原因。大家在听到亚哈与那头鲸的那场灾难性的遭遇后基本上也是这样认为的。

至于那些之前就听说过这头白鲸，后来又偶然遇到过它的人，最初几乎没有一个不是勇敢、毫无畏惧地放下小艇展开追捕，就像追捕其他鲸一样。但是最终伴随着这些攻击给他们带来的是巨大的痛苦，他们不仅拧了手腕子或脚脖子，断了胳臂缺了腿，甚至还有人把命都搭上了。长此以往，人们把这些灾难性的攻击都归于莫比·迪克，它使许多勇猛的捕鲸人的意志都发生了巨变，而关于白鲸的故事也流传开来。[赏析解读：作者在此处对场景进行了详细地描述，意在突出这头白鲸的凶猛，反衬出在这头巨大的海洋生物面前人类的脆弱与渺小。]

关于白鲸的那些被过分夸大了的谣言不足为奇，由于是在辽阔的海洋上散布开的，声势也就愈发浩大，而且最后竟然和各种各样遮遮掩掩、可怕的谣言及一些超自然力的说法结合了起来，这样的产物最终赋予了莫比·迪克独特的恐怖因素。所以在许多情况下它引起了莫大的恐慌，使得那些听说过关于白鲸故事或一小部分谣言的人以及捕鲸人，都不愿意去冒被它一口吞掉的风险。[赏析解读：由此处的叙述可以看出，虽然那头叫莫比·迪克的白鲸十分凶猛，然而导致捕鲸人对它闻风丧胆的主要原因还是在于那些被无限夸大了的谣言，真是人言可畏。]

许多捕鲸人都被有关莫比·迪克的种种谣言和不幸的消息吓坏了，一提起它便会想起早期捕鲸业的情况，那时候很难劝动长年捕猎露脊鲸的捕鲸人投入到一场新的、风险更大的战斗中。这些人认为追捕其他鲸或许还有希望，但是要去追捕抹香鲸这样的鬼怪，用标枪瞄准它，却不是凡人力所能及的。[赏析解读：此处用"鬼怪"指代抹香鲸，形象地说明了捕鲸人对它既憎恨又害怕的心理。]如果谁非要去尝试，那无异于活得不耐烦了。在这一点上，有一些值得注意的文献都可供考证。

尽管如此，还是有少数人置这一切于不顾，仍然想要追捕莫比·迪克。更有许多人只是偶然听到关于它的一些不清不楚的故事，既没有获悉任何一次灾难的具体细节，也没有因此而产生某些神乎其神的说法，他们仍然勇气十足，只要遇上它就决不退缩。

凭借着这头海怪的身躯以及那确信无疑的性格中的那些东西，也足以用异常的力量激发出人的想象力了。因为与其说出乎寻常的庞大身躯使它与其他抹香鲸有着巨大的差别，倒不如说那与众不同的雪白的皱额以及一个高如金字塔般的白色背峰，才是它引人注目的特征，也是它即使是在无边无际的海洋上，也能在很远的地方就被人辨认出来的标志。

除背脊以外，莫比·迪克身体的其余部分密布着的条纹、斑点，如颜色均匀的大理石花纹，让它后来获得了"白鲸"这样独特的称号。如果在正午时分看到它在深蓝色的大海中游动，一道酷似银河的泡沫路迹被它留在身后，在强烈的阳光下闪耀着金色的光辉，此刻你就会觉得"白鲸"这个称号，不仅印证了它那鲜活生动的形象，也确实是名副其实。[赏析解读：此处对于莫比·迪克的外形特征进行了详细地描述，凸显出了它的与众不同。]

不过使人们对这头鲸心生畏惧的主要原因，与其说在于它超乎寻常的庞大身躯、那显眼的颜色和畸形的下巴，倒不如说在于它那同类难以企及的既温顺又恶毒的心计，这是确有其事的。特别是那种暗藏杀机的退却最可恨，这种退却凌驾于一切之上，也更为可怕。因为在捕鲸人欣喜若狂地追击它，眼看着它就要逃走时，它不止一次地调转过头，向着捕鲸人冲了过去，要么是把他们的小艇弄得粉碎，要么就是把他们心有不甘地赶回大船上去。

已经有好几个人为了追捕它而丧生了。虽然类似的惨剧很少在岸上传开，但是在捕鲸业中却绝非罕见。然而在大多数情况下，在它咬断了别人的四肢或是让他人失去了性命后，人们却并不认为这是一种粗暴的打击，这也正是白鲸的可怕之处。

所以，当那些幸存者从小艇的碎片和被撕裂的伙伴们正在下沉的肢体中，从鲸在暴怒下喷出的白色浆液之中奋力游出，来到那仿佛在笑迎新生婴儿或新娘的宁静的阳光下时——那是一种几乎令人疯狂的对比。那些本来火气就比其他人大的捕鲸人此刻心头的怒火被激发到了什么程度，就请你自己去判断吧。

鲸周围的三艘小艇正在来回地冲击，桨和人都掉在漩涡中打转。只有一位船长从被撞碎的小艇首上抓起一把刀子，就像一个阿肯色州（是美国南部的一个州，位于密西西比河中下游，其首府是小石城）人在决斗中扑向对手那样，向着鲸冲了过去，他想用那把六英寸长的刀子杀死水下那六英尺长的鲸，这无疑是个盲目的行为。那位船长便是亚哈。这时莫比·迪克那镰刀状的下巴猛地转了过来，就像刈草机在草地里割掉一片草叶一样，对准了亚哈的下身，将他的一条腿咬掉了。

就是缠着头巾的土耳其人、被雇来的威尼斯人或马来人，也不会用如此狠毒的手段对他下手。所以，在这次几乎丧命的遭遇之后，亚哈便对那头鲸怀有一种疯狂的复仇心理，这是毋庸置疑的。之后，他终于产生了一种近乎发疯的病态心理，使他不仅认为其所有肉体上的痛苦与它分不开，而且把他心智与精神上所受的刺激一并算在了它的身上。这样一来，他的复仇之心就越来越强烈了。白鲸就是所有心怀恶念的力量的化身，那些深沉的人感觉到这种力量一直在腐蚀着他们，直到他们只能苟延残喘地活着。

那种难以捉摸的恶意从一开始就存在了，即使是现代基督徒也把阴阳两界的一半都归于这种恶意掌管着。古代东方的拜蛇教（又称欧菲斯派，把蛇当作理性的使者崇拜，是基督教初期东欧的一个异端教派，罗马帝国分裂成东西两个帝国时，因受到正统派的压制而消亡）徒敬畏膜拜魔鬼的铸像——亚哈却不像他们那样对它顶礼膜拜，而是把恶意这一概念错乱地转移到可恶的白鲸身上。他誓死以自己的残破之躯与它对抗。那一切最能激怒、折磨人的事物，那一切能够引发困境、凶险的东西，那一切带有恶意的真实，那一切足以瓦解人的东西，在生活中和思想上所有隐藏着的对魔鬼的信仰，一切邪恶，在发了疯的亚哈看来都准确无误地体现在了莫比·迪克的身上，所以对它的攻击也就变得理所当然了。他把自从亚当以来所有人类感到的愤怒和憎恨都堆积在那头鲸白色的背峰上，他的胸腔就像是一尊迫击炮，他沸腾的心就如同一颗炮弹，就这样被发射出去了。

要把这种偏执精确到他刚失去一条腿的那一瞬间，那也不太可能。[赏析解读：亚哈对白鲸那强烈的甚至于偏执的仇恨并不是一朝一夕而产生的，这是一个日积月累的过程。此处总结性的叙述，为下文的展开作铺垫。] 在他拿着刀子冲向那头怪物时，他只不过是想发泄一下他那突如其来的狂热仇恨；而当他被咬掉大腿时，他能感到的可能只有从肢体上传来的被撕裂的、难以忍受的痛楚，再无其他。然而，由于这次的冲突，亚哈只能被迫返航，他在家里待了一天又一天，一个星期又一个星期，一个月又一个月，这段时间里他一直和疼痛共用一张吊床，在仲冬时节，绕过那偏僻、寒风呼啸的巴塔哥尼亚海岬。在这时，他那残缺的身体和被刀割的灵魂才能完全融合在一起，使他变得疯狂。

之所以说在那次冲突之后的返航途中他最终成了一个偏执狂，可以从以下事实中得到验证，那就是：在返航途中，他成了一个精神错乱的疯子。虽然他失去了一条腿，但是在他犹如埃及人一般的身体里仍然蕴藏着牛一般的蛮力，而且这种力量在他昏迷的时候得到了更好的发挥，以至于他的三位副手在他昏迷说胡话的时候，不得不将他与吊床牢牢地绑在一起。他穿着紧身衣，身体随着船在狂风中的剧烈晃动而来回摆动。等船扬起辅助帆，驶过平静的热带海域，老头的昏迷状态也随着波涛汹涌的合恩角一起被扔到后面，他走出那间阴暗的小房间，来到明亮舒适的甲板上。尽管他的脸色还很苍白，却露出一副坚定泰然的神色，他再次用平静的声调发号施令。他的副手们感谢上帝，他那可怕的精神错乱总算是过去了；但即使是在这时，亚哈内心深处依旧在胡言乱语。

　　人的疯狂通常都表现得十分狡猾阴险。有时你以为它已经痊愈了，然而它却可能只是改形易貌，变成了一种更加难以辨认的形态。亚哈那十足的疯狂并未消逝，只不过是隐藏在内心深处了。就像那条哈得孙河（是美国纽约州的一条河流，长 507 千米，发源于阿迪朗达克山脉的云泪湖。1524 年由意大利探险家乔瓦尼·达韦拉扎诺发现，1609 年英国探险家亨利·哈得孙首先渡过此河，后来就以他的名字来命名），正流过高地峡（位于纽约州东南部的卡茨基尔山脉，北边以哈得孙河为界），水势却并未减退。正如他将偏执隐藏了起来，但是他的精神错乱却是丝毫没有减轻，他出众的智力也一点儿没有受损。这个以前起作用的力量，现在转换成了起作用的工具。如果这样一个荒唐的比喻都能够成立，他那特殊的疯狂压倒了他往日敏锐的头脑并占有了他，然后又将全部火力集中于那使其变得疯狂的目标；所以按照这样的情况来讲，亚哈的力量非但丝毫没有丧失，反而比他以往大脑清醒时为达到一个合理目的所需的力量大一千倍。

　　亚哈是带着满腔怒火和疯狂念头踏上这次航程的，一心要逮住那头白鲸才是让他竭尽全力的最终目的。他岸上的那些老伙伴如果有谁对他的想法稍有觉察，一定会因此心惊胆战，凭着他的良心也会想方设法、毫不犹豫地从这个恶魔手里把船夺过来！他们起航是为了寻求利益，而这利益指的是那白花花的银币，而他则是誓死要进行这难以想象的复仇。[赏析解读：此处的叙述，还原出出海捕鲸的真正目的是让投资者获利，而并非像亚哈这样只是为了复仇，这两者之间存在冲突。]

　　就是这个满头白发、不信神的老头一路上咒骂着带着一船水手跑遍全世界去追捕一头与吞食约伯的那头鲸差不多的白鲸。他所率领的水手主要是由混血的叛教者、流浪的光棍和食人生番组成。这伙人的道德观念淡薄，这是因为斯塔勃克虽然具有独善其身的美德或正义感，然而能力却不足；而斯德布整天漠不关心，鲁莽成性，嬉皮笑脸；弗兰斯克则太平庸，完全没有可取之处。这样的一船水手，又由这样几个领头人带领着，就像是冥冥中的命运特意挑选出来协助他完成那过于偏执的复仇大业。事情为什么会变成这样，他们竟然会毫无保留地回应那个老头的愤怒——他们究竟是受到了什么蛊惑，以至于他们把他的仇恨当成了自己的仇恨，把他的死敌白鲸同样当成了自己的死敌。这一切究竟是怎么发生的呢——在他们心中那头白鲸到底是什么呢，或者说，他们不知不觉地认为它或许就是海中魔头——想要完全弄清这一切，那就需要以实玛利对此进行更深一层的探讨了。那个在心里劳作的地下矿工，从他东一镐西一镐的沉闷的镐声中又怎么能听清楚他挖的坑道通往什么地方呢？又有谁没有感觉到有一只难以抗拒的胳膊在拽他呢？有哪一艘小艇不能被大船拖动呢？对我来说，我决心听从命运的安排。就在大家蜂拥着要上前与那头鲸战斗时，我在那畜生的身上却只看到了致命的灾难。

第三十五章　听，那是什么

[名师导读]

值中班的卡巴科、阿契与其他水手正在一起传递着木桶将饮水桶装满。他们小心翼翼地尽量不发出一点动静，突然阿契对卡巴科说："你听到什么声音了吗？那种类似于有人咳嗽的声音？"

"喂！你听见那声音了吗，卡巴科？"

那是值中班时分，月色很好，水手们站成一条线，从中甲板的一只淡水桶一直延伸到船尾的饮水桶处。他们就这样传递着一只只木桶把饮水桶装满。他们大多站在后甲板的禁区里，一个个小心翼翼，不说话，脚步悄然无声。小木桶被默默地在手间传递着，只有风帆偶尔发出的拍击声和船在行驶中船骨发出的枯燥的哼声打破了这深沉的寂静。

就是在这一片静谧之中，那个站得靠近后舱口的名叫阿契的水手对身边的一个卓洛人（西班牙人与秘鲁印第安人的混血后代）悄悄说了上面那句话。

"哎！你听到那声音了吗，卡巴科？"

"接桶好吗，阿契？你说的是什么声音？"

"又响了——就在舱底下——你没听见了吗——一声咳嗽——听起来像是一声咳嗽。"

"见鬼的咳嗽声！把那只桶快递过来吧。"

"又响了——你听！——这一次听起来好像是两三个人在熟睡的时候同时翻身！" [赏析解读：此处通过阿契和卡巴科对话的描述，为故事增添了神秘的气氛，渲染了紧张的气氛，同时也为下文埋下了悬念。]

"得了吧！伙计，你别说个没完了，行不行？那是你晚饭吃下去的三个面饼在你肚子里发胀翻身——不是什么别的。瞧着点儿桶吧！"

"你想说什么就说什么，伙计。要知道我的耳朵可尖得很呢。"

"没错，哪怕在离南南塔克特五十海里（计量海洋上距离的长度单位，1海里等于1.852千米）远的海上，你连老教堂里教女教友织毛衣的声音都听得见。你就是那样的人，对吧？"

"你就嬉皮笑脸地乐吧，我们就走着瞧看会出什么事。你听，卡巴科，后舱里一定躲着什么人，而且是至今还没有在甲板上露过面的，我觉得咱们那个老头也或多或少地知道点什么。有一天上早班时，我听到斯德布跟弗兰斯克说会出些类似的事情。"

"嘿！接桶！"

第三十六章　亚哈的航海图

[名师导读]

亚哈并非一时兴起才决定猎杀白鲸的，几乎每天晚上他都会对着航海图进行研究。"我"知道他在为捕杀那头白鲸做准备。

在水手们狂热地赞同亚哈船长的意图之后的第二天晚上便刮起了狂风。如果在风停了之后你跟着亚哈走进船长舱，就会看到他走到船尾横木上的一个柜子前，从里面拿出一大卷起皱发黄的航海图（是海洋地图的一种，是海上安全航行的指南，世界上最早的海洋地图是14—17世纪出现的波特兰海图），他将它们摊开在那张用螺丝固定在地板上的桌子上。然后他会在你的视线中对着那些图坐下来，全神贯注地研究起航海图上的航线和被标记出来的海域，用铅笔缓慢坚定地在空白处加上几条新的航线。他不时地翻阅身边成堆的旧航海日志，那里记载着不同的船只在以往多次的航行中曾捕获或者发现抹香鲸的季节和地点。[赏析解读：航海图上的标记及成堆的旧航海日志，都表现出了亚哈船长为了寻找白鲸所做出的努力。]

不过，亚哈并不是只有这天晚上才独自待在舱里对着航海图深思，差不多每天晚上他都

会把航海图拿出来，擦掉一些铅笔标记，再重新画上一些新的。因为他要依照四大洋的全部航海图，穿过一座由潮水和涡流交织成的迷宫，以便更加有把握地实现他内心深处那个偏执的念头。

在一个不熟悉这种大海怪生活习性的人眼中，要在这个星球无边无际的海洋中去寻找这样一头特别的鲸，简直就是天方夜谭。但是亚哈却不这样看。他熟悉所有潮汐水流的组合，据此可以推算出抹香鲸的食物的移动情况；还能够想起被记录在案的在某些纬度捕猎它的正常季节，根据这些他能够作出合理且几乎是万无一失的预测：什么时候到达什么地点是捕猎它最合适的时机。[赏析解读：此处的叙述表明亚哈为了捕获白鲸进行了有根据的推算，为他能找到白鲸增加了胜算。]

由于抹香鲸出现的海域与季节都是有规律可循的，大多数捕鲸人对这一点还是十分有信心的，以至于他们认为可以在全世界对其进行观察和研究；如果整个捕鲸船队的每一次航行都能安排得无一疏漏、彼此呼应，那么就会发现抹香鲸的洄游（鱼类运动的一种特殊形式，是一些鱼类的主动、定期、定向、集群、具有种的特点的水平移动）就像成群的鲱鱼和燕子的迁徙一样。基于这一提示，一直有人想要绘制出关于抹香鲸详细的洄游路线图。

另外，抹香鲸从一个就食场转移到另一个就食场时，凭着一种准确无误的本能，或者说是凭着上天赋予它的一种神秘的智慧，基本上都能够沿着人们所说的路线游动，它自始至终都在沿着一条既定的大洋航线游动，而船只的准确性与抹香鲸那奇妙的准确性相比，还不及其十分之一。虽然在这些情况下，任何一头鲸游动的方向都像测绘员笔下的平行线一般精确，然而在它洄游的那段时期内，那条有着一定规律的路线一般有几海里宽。不过它在这片神奇的海域游动时都会格外谨慎小心，从来没有超出捕鲸船桅顶瞭望人的视野。总的来说，在特定季节，在那个宽度内，沿着那条航线，可以信心十足地寻到迁徙的抹香鲸。[赏析解读：此处的叙述，将抹香鲸的生活习性进行了详细的说明，以此来体现出其踪迹是有规律可循的，同时为下文作铺垫。]

因此，亚哈不仅可以指望在具体的时间到各个有名的就食场去追捕他的猎物，而且还可能在横跨过就食场之间辽阔的海域时，凭借着自己的经验，在航行中对追捕猎物的地点和时间都进行周密的计划，这样的话，即使狭路相逢也是完全有可能的。

有种情况乍看之下似乎会使他那疯狂却仍然有条不紊的计划受到影响，事实上也许并非如此。虽然群居的抹香鲸有在特定的季节奔赴特定的就食场的习惯，然而通常来讲，你不能据此就断定今年出没在某一海域的鲸群与上一年同一时间出现在那里的鲸群是同一个。虽然这种情况也出现过，一般来说，这种说法只是在较小的范围内适用于那些成熟的、老龄的抹香鲸中的离群者与隐士。所以举例来说，即使莫比·迪克上一年在塞舌尔群岛（位于东部非洲的印度洋上，由92个岛屿组成，一年只有热季和凉季两个季节，没有冬天。最早记载于1502年达·伽马的航海日志中）附近的就食场或者在日本海沿岸的火山湾被发现，却并不能由此就断定，在以后任何一年相应的季节里，只要"披谷德"号赶到上述两个地点中的任何一个，就必然能够在那里碰上它。[赏析解读：此处的描写，凸显出了猎捕莫比·迪克的困难程度。] 这个道理在其他莫比·迪克可能出现的就食场一样适用。所有这些地方似乎都只不过是它短暂停留的休息区，而不是它的永居之地。

之前已经说到关于亚哈能够发现他的目标的可能性有多大，顺便提到了他在到达一个特定的时间及地点前会有什么分外的碰巧的前景，而且亚哈按照自己单方面的愿望认为，所有的可能性都会成为必然性。"披谷德"号是在暖季开始时从南塔克特起航的，不管怎样急切也不可能让他完成向南行驶的艰巨航程，即绕过合恩角，再向南行驶至南纬六十度，及时抵达赤道附近的太平洋那一带的海域进行巡航。他必须等待来年的暖季。然而"披谷德"号的提前起航也许正是亚哈暗中就已经决定的，也就有了如今的这个局面。

因为这样的话，他就可以自由支配那多出来的三百六十五个日夜，这段时间与其在岸上焦灼地等待着，不如游弋在海上搜捕。如果碰巧白鲸就在远离它定期前往的就食场度假呢？万一在波斯湾（是阿拉伯海西北伸入亚洲大陆的一个海湾，位于伊朗高原和阿拉伯半岛之间）或孟加拉湾（位于印度洋北部，面积217万平方千米，是世界上最大的海湾），或中国海，又或是它的族类常去的其他海域，露出它那满是皱纹的前额呢？所以除了地中海上强烈的东风和非洲以及阿拉伯地区的干热风外，其他任何风，如季节风、南美的草原风、强烈的西北风、非洲西部的干燥风、贸易风（指信风，指的是在低空从副热带高压带吹向赤道低气压带的风，北半球吹东北风，南半球吹东南风，方向很少改变。西方古代商人们常借助信风吹送，往来于海上进行贸易，因此信风也常被称为贸易风）等，都可能把莫比·迪克刮到"披谷德"号环航世界的航行范围中来。

即便这一切都有可能，然而经过慎重冷静地考虑，不得不让人觉得这是一个疯狂的念头。难道你真的认为在辽阔无垠的海洋中，追捕那头孤独的鲸的人即使碰上了它，就一定能将其辨认出来，就像在君士坦丁堡（今伊斯坦布尔。现指伊斯坦布尔金角湾与马尔马拉海之间的地区。曾经是东罗马帝国和奥斯曼帝国的首都，公元330年5月11日，罗马皇帝君士坦丁一世在拜占庭建立新都，命名为新罗马，后来被称为君士坦丁堡，是公元4世纪中期到公元13世纪初期时全欧洲规模最大且最繁华的城市）熙熙攘攘的大街上认出一位白须垂胸、身着便装的伊斯兰教法典说明官那样容易吗？当然，莫比·迪克那与众不同的雪白的前额以及雪白的背峰，是它独有的标志，而且亚哈还会喃喃自语：我难道没有在脑海里描绘出那头鲸，难道没有常常在细看航海图到半夜后，在陷入梦想中再次把它描绘出来吗，它跑得了吗？它那宽阔的鳍已经被打穿，看起来像把扇子，一只迷途羔羊的耳朵也就那个样子！这时他那疯狂的念头转个不停，让他气喘吁吁，直到他筋疲力尽、头脑发昏。于是他走上甲板，在露天的地方努力使精力得以恢复。啊，上帝！那个一心只为实现复仇大业而费尽心血的人在遭受着怎样精神恍惚的折磨啊。他在睡着的时候依然握紧了拳头，醒来时发现抠进掌心的指甲上都带着鲜血。[赏析解读：通过对亚哈动作的一系列描写，写出他对白鲸的无比愤恨之情，同时也预示着亚哈与这头白鲸之间必将有一场恶战。]

　　他的脑子里白天被复仇的念头占据着，到了晚上又会被那异常逼真的噩梦搞得疲惫不堪，他常常从吊床上惊起，这些相互矛盾的念头以各种疯狂的状态在他那炙热的脑海中转个不停，直到他连心脏的跳动都觉得是一种无法忍受的痛苦。有时候，这种精神上的折磨让他的身体像是被抛到了空中，体内仿佛裂开了一道口子，从那里能喷出叉状火焰和闪电，而下面那些令人憎恶的魔鬼则向他招手让他跳下去。他体内的这个地狱在他脚下张开了大嘴，这时船上就能听到一声狂叫，紧接着亚哈便会瞪着眼睛，从他的舱房里冲出来，就像是他床铺着了火一样。我们看到那个从舱房里冲出来的亚哈，其实不过是个躯壳，一个没有灵魂的梦游者。的确，他只是一道自然光，没有加任何色彩，所以它本身是无色的；而在这时，从那双眼中射出的骇人的光芒中可以看到他那备受折磨的灵魂。愿上帝保佑你，老头，你的欲望让你的身体里又生出了另一个生物，这个有着炙热欲望的人将自己变成了普罗米修斯（希腊神话中最具智慧的神明之一，名字有"先见之明"的意思。传说他设法窃走了天火，偷偷地把它带给人类，火使人成为万物之灵，这使宙斯大怒，将他用锁链缚在高加索山脉的一块岩石上。一只饥饿的兀鹰天天来啄食他的肝脏，而他的肝脏又总是重新长出来，他的痛苦要持续三万年），一只兀鹰（大型鸟类，以腐肉为食，飞行不用拍动翅膀，而是利用气流扶摇直上）终日在啄食他的心脏，而那只兀鹰就是他自己创造的。

第三十七章　推测

[名师导读]

亚哈整个人被追捕莫比·迪克的欲望所支配，他的理智被仇恨控制，如果能够宰了那个家伙，他愿意付出一切，其中甚至包括"披谷德"号上所有人的性命。当然他很懂得伪装，将自己的目的藏于寻常事务之中。

亚哈的全部思想和行动始终以捕获莫比·迪克为最终目标，这一目标就像一把烈火烧得他心劳神疲，他似乎准备为这一目标牺牲一切利益，然而出于天性和长期的习惯，捕鲸人那种好勇斗狠的习性已经根深蒂固，他也不可能完全放弃此次出海的附带任务。为了达到他的最终目的，亚哈必须借助各种工具。而世间所有可供使用的工具中，人是最容易失控的。尽管在某些方面他对斯塔勃克来说是很有威信的，然而那种威信并不足以完全控制这个人，就好像单纯肉体上的优势并不代表在心智上就高人一等，因为对纯粹精神方面来说，心智只不过是一种肉体上的联系罢了。所以亚哈只要继续对斯塔勃克的头脑保持控制，那么斯塔勃克就会完全听命于他。但是尽管如此，他心里十分清楚这位大副的内心其实是憎恶他搜捕白鲸的计划的，而且只要他有能力，他就会乐于使自己与这个计划划清界限，甚至破坏它。[赏析解读：从亚哈的心理活动中可以看出，他知道斯塔勃克很清楚自己此次航行的真正目的是捕捉白鲸复仇，说明了他的理智与清醒。]

可能要花费很长一段时间才能等到那头白鲸。在这段时间里，斯塔勃克随时可能会爆发，公开反抗他，除非在日常事务上谨慎小心、随机应变地向他施加一些压力。除此之外，亚哈对于报复莫比·迪克的那种疯狂的心态也自有他的判断力，而这种判断力如今表现得最别有深义的地方在于他超乎寻常的见识上。他预见到，眼前应该设法把这次追捕白鲸的那种怪异邪恶外衣去掉，并且务必把这次航行的恐怖意义掩盖起来（因为人旺盛的气势很少能受得住难以付诸行动以求解脱的无尽冥想的消磨）。[赏析解读：此处的描写，写出了亚哈心思的缜密，同时也从侧面体现出了人性中的自私，他为了私人的恩怨，将全船人的性命置于危险之中。]

当他的三位船副和水手们在漫漫长夜里值班时，他们总得想些眼前的事情而不是去想莫比·迪克。因为无论这些野蛮的水手在他宣布追捕白鲸的计划时的欢呼有多么热烈和激动，这些脾性各异的水手，或多或少都有些反复无常，让人难以信赖——他们的生活环境是变化的，也沾染上了它多变的气息——一旦让他们为了任何一个渺茫而很难实现的目标行动，不管你怎么祈祷，这场行动如何激烈，当务之急还是要让他们劳逸结合，使他们的身心保持健康，等待那最后的时刻。

亚哈也没有忽略另外一件事。人们在情绪激昂的时候，往往把一切私心杂念都抛之脑后，但是这种情况又会转瞬即逝。亚哈认为人性本恶，即便是这头白鲸能让那些野蛮的水手凭借着一时冲动而跃跃欲试，甚至在其自身野性澎湃时，还保有慷慨的侠义心，虽然他们是出于天性自愿去追捕，但是同时必须要让他们的日常口腹之欲得以满足。如果将他们严格约束在那个富有浪漫色彩的最终目标上，不知道有多少人会咒骂着转身离去。亚哈心想，我不能阻止这些人去赚钱——哎，赚钱的希望。他们现在也许不会把赚钱当回事，可是过几个月后，等到他们看到赚不到钱的时候，这种处于休眠状态的欲望马上就会煽动他们去造反，而会把亚哈从船长这个位子上赶下去的正是钱。[赏析解读：从亚哈的心理活动中，说明了谋生赚钱才是水手们此次航行的真正目的。]

除了上述的原因，亚哈还有一个预防性的动机。他或许是一时冲动，过早地把"披谷德"号此次出海的首要却又纯属他个人的目的公之于众，现在他完全意识到了，这样就等于间接地把自己暴露在不容狡辩的假公济私的指控之下。他的水手们完全有资格不听从他的命令。只要他们愿意，即使强行剥夺他的指挥权，也没有人能阻止得了。无论是从道义或法律上来说，他们都能够站得住脚。哪怕是对于他假公济私略有微词的谣言，哪怕是这种情况处于一种敢怒而不敢言的状态却日渐加强，都会使亚哈功亏一篑。只不过这种保护只能依靠他的头脑、心和手，再加上小心提防、密切注视他的水手们可能会受到的任何细微影响。

在所有的这些考虑中，有一些可能过于微妙，不是在这里靠三言两语就能说得清的，亚哈心里很清楚：他依旧必须在很大程度上忠于"披谷德"号此次航行那名义上的目的，遵守一切惯例；不仅如此，在外人面前，他还必须强迫自己在从事这一行业的日常事务中表现出极大的兴趣。

因此，现在经常能听到他高声提醒那三个在桅顶上的值班人，嘱咐他们要小心瞭望，哪怕发现一只海豚都要立即报告，这种高度警惕不久就有了效果。

第三十八章　初见抹香鲸

[名师导读]

在一个多云闷热的下午，正当"我"和季奎格一起忙着编剑缠时，突然听到了一声奇怪且悠长的巨响。在"我"还没有反应过来是怎么回事时，桅顶上传来了塔希特戈急促的喊叫声："它在喷水！"抹香鲸出现了！一时间甲板上乱成一团，紧接着大家都做好安排，等待着放下小艇去捕捉那个大家伙。

那是一个多云闷热的下午，水手们或是懒洋洋地在甲板上到处溜达，或是出神地凝望着铅灰色的海面。[赏析解读：此处环境的描写，写出了海上天气的变化莫测，同时也说明了水手们单调乏味的生活状态。]季奎格和我在不紧不慢地编织着一种所谓的剑缠（缠子，用麦秆等编成的辫状窄带子，可用来做草帽等），以便为船上的小艇添加一根捆绑用的绳子。此刻整个场景寂静而压抑，好像要发生什么事情似的，空气中似乎弥漫着一种让人想入非非的魔力，使每名默不作声的水手都沉浸在自己的小世界里。

在忙着编织剑缠的时候，我是季奎格的随从或管事。我以手为梭，在一长排的竖线中不停地来回穿织横线；而季奎格则横站着，用他结实的橡木剑在几股线之间滑动，漫不经心、不假思索地把几股线绞在一起，然后懒洋洋地望一眼大海。这时，我只觉得整艘船和大海都进入了一种如梦似幻的境界（只有那时不时传出的沉重橡木剑的声音打破了这份寂静），好像这就是时间的织机，而我自己则是一只梭子，机械地在命运之神手下织呀织。眼前那一股股固定的竖线往返不变地摆动，而这种摆动仅能够让一些横穿进来的线与竖线混在一起绞成一股。我想，自己的梭把自己的命运织进这些不能变更的竖线中。此时，季奎格根据不同的情况，或斜或弯或重或轻地敲击着竖线。不同的敲击会使编好的剑缠呈现出相应的变化。就在我们干活的时候，我突然听到一声喊叫，着实吓了我一跳。那个声音很怪，拖得很长，带着一种非人般的狂野乐感。线团从手里落了下来，我仰望云端，那声音宛如鲣鸟从空中冲刺下来。原来在那桅顶横木上站着发狂的塔希特戈，他的身子朝前探出，一只手像指挥棒似的伸了出去，不停地高声叫喊。相信此刻整艘船上的人都能听到他的声音，那声音简直就像是几百个登上捕鲸船桅顶的瞭望者同时发出来的，将这听惯了的叫喊声叫得富有抑扬顿挫的韵味。

他高高地站在大家的头顶上，身子半悬在空中，狂热而急切地望着远方，让人以为他是个预言家或先知，看到了命运之神的影子，狂热的叫喊声正是它到来的信号。

"瞧，它在喷水！瞧呀！瞧呀！瞧呀！它在喷水！它在喷水！"[赏析解读：此处对于塔希特戈语言的描写，生动地表达出了他在看到鲸群后抑制不住的激动。]

"在哪个方向？"

"在背风处，大约两海里外！有一大群啊！"

船上的水手们都躁动了起来。

抹香鲸喷出的水柱就像时钟一样的准确、呆板。捕鲸人就是凭此区别它们与其他的鲸。

"它甩尾巴啦！"这时塔希特戈再次叫了起来，但紧接着鲸群就不见了。

"快，汤圆！"亚哈喊道，"看时间！看时间！"[赏析解读：对于亚哈语言的描写，写出了他此时此刻急切的心情，渲染出紧张的气氛。]

汤圆赶紧跑下去，瞧了一下表，就把准确的时间报告给了亚哈。

这时船顺风缓缓起伏行驶。塔希特戈报告说鲸群已经沉入水中，向着下风头游去了，我们很有信心能够再在船头前方看到它们。要知道，抹香鲸很狡猾，它们的头会朝着某个方向试探后下潜，在潜至水下后再掉转身，迅速朝着相反的方向游走——但是它们这套骗人的把戏现在行不通了。因为没有人相信塔希特戈在发现鲸的时候让它们受到了任何惊吓，而且它们完全不知道我们在附近。瞭望者——就是没有被扔到小艇上的人——这时已经把桅顶上的塔希特戈替换下来。船前船后的水手都下来了，索桶被放在了合适的地方，吊钩探了出去，主桅下桁被卸下，三艘捕鲸艇被悬挂在大船外面，就像三只草篮子挂在高高的悬崖上。那些水手迫不及待地翻身站在舷墙外边，一手抓住栏杆，一只脚踏在舷墙上，看上去就像战舰上一长排水兵正准备跳上敌舰去战斗一样。

但是就在这个蓄势待发的节骨眼上，猛然听见一声大喊，大家的目光顿时从鲸的身上收回来，全都吃惊地瞪着眼看向脸色阴沉的亚哈，只见他被五个好像是凭空冒出来的幽灵团团围住。[赏析解读：五个凭空出现的人，增加了故事的神秘性，一层又一层的悬念，引起读者的好奇。]

第三十九章　第一次放艇

[名师导读]

在发现鲸的同时，"我"发现船上多了五个从来没有见过的人，但是亚哈丝毫没有理会大家异样的眼光，自顾自地做好了安排，放下了四艘小艇，分别由大副斯塔勃克、二副斯德布、三副弗兰斯克以及船长亚哈带领着，向着鲸出没的海域驶去。

那些幽灵（之所以这样叫是因为当时看上去他们确实像幽灵）正在甲板的另一边飞快地走动，却没有发出一点儿声音。他们解开那艘吊着的小艇的绳索带子，那艘小艇一直被视为船上的备用艇之一，名义上被叫作船长用艇，因为它吊在右舷后部。此时站在小艇艇首的汉子又高又黑，白牙齿令人生寒地突出在两片钢铁似的嘴唇外面。他穿着一件黯沉发皱的中国黑棉布外套和一条同样布料的大脚裤。但是很奇怪，高踞在这片黑色之上的是一块白得发亮的包头布，它将那人一圈圈盘在头上的辫子牢牢地包在里面。这个人的同伴们的面孔不像他这样黑，是马尼拉（菲律宾首都和最大的港口，位于吕宋岛东岸的马尼拉湾，也称小吕宋）土著人特有的那种灵动的虎黄色——这个种族以狡猾而恶名远扬，据一些正直的白人水手说，这些人是他们的主子——一个魔鬼雇来的海上奸细和密使。那位主子的账房则设在别处。

然而正当水手们匪夷所思地望着这几个陌生人时，亚哈对着那个头缠白布的领头老人喊道：“都准备好了吗，费达拉？”

“准备好了。”那个叫费达拉的答道，他说话的时候有种咝咝声。

“那就把艇子放下去，听见了吗？”他朝对面甲板大喊，“我说，把艇子放下去。”

他说话的声音就像打雷一般，水手们顾不得惊骇，翻身跃过栏杆；滑轮在滑车里转得飞快，三艘捕鲸艇都下到了海里，激起了大片浪花。水手们以其他行业所没有的那种熟练且无所畏惧的勇猛，像山羊一般，从起伏的船边跳到下面摇摆着的小艇上。[赏析解读：此处的叙述，一方面表现出了大家对待工作的认真态度；另一方面也写出了大家内心的紧张。]

他们刚刚划出大船的遮蔽处，第四艘小艇就已经绕过船尾，从上风头驶过来了，那五个陌生人在为亚哈划桨。亚哈笔直地站在艇尾，向着斯塔勃克、斯德布和弗兰斯克大声命令，要他们拉开距离，以便把大片海面包围起来。可是那三艘小艇上的人全都盯着那个黝黑的费达拉和他的水手们，谁也没有听从命令。

“亚哈船长？”斯塔勃克问道。

“你们散开，”亚哈喊道，“用力划，四艘小艇都用力划。你，弗兰斯克，再向下风头去一些。”

“是，是，先生，”小艇领头人应着，把手中的大舵桨转了一个圈，“使劲向后扳！”他对水手们说，“扳啊！——扳啊！——使劲扳！它就在正前方喷水，伙计们！使劲扳！——别理那边的那些黄家伙，阿契。"[赏析解读：对于弗兰斯克的语言进行描写，表达出了他看到鲸群后难以言表的激动心情。]

"哦，我才不在乎他们呢，先生。"阿契说，"我早就知道了。我早就在舱里听到过他们，而且我跟卡巴科也说过。是不是，卡巴科？他们是些偷渡客，弗兰斯克先生。"[赏析解读：从阿契的言语描写中写出了那五个神秘人的身份，同时也从侧面暗示着这五个神秘人的登船是亚哈默许的。]

"划呀，划呀，好汉们。划呀，我的孩子们。划呀，我的小宝贝们，"斯德布拉着长腔调哄着他的水手们，他们中有些人为此表现出很不自在的样子，"你们为什么不使劲呀，伙计们？在瞧什么？是在瞧那边小艇里的那些家伙吗？嗨！他们不过是增派过来帮助我们的人——别管他们是从哪里来的——人手越多越好。喂，划吧，使劲划。别理那些魔鬼——魔鬼也是好伙伴呀。哦，哦，你这样划就对了。这一下到手可就是一千英镑，这一下可是通吃呀！我的英雄们，好啊，为争取一金杯抹香鲸油欢呼吧！欢呼三声吧，伙计们！——大家心里真舒坦！悠着点儿，悠着点儿，别急——别急。你们这些坏蛋，为什么不使劲呀？咬吧，你们这些狗东西！好，好，好，悠着点，悠着点！对啦！——对啦！桨入水要既长又有劲。用力划呀，用力划！该死的家伙们，你们这些臭无赖，让魔鬼把你们都带走吧，你们都睡着了。别打呼噜，你们这些睡不够的家伙，划呀。划呀，划不划？划呀，你划不划？划呀，你到底划不划？看在左鱼右钩和姜汁饼的分上，你划不划？——划呀，使劲划啊！划呀，哪怕眼珠子都突出来！看看这个！"他随手拔出腰带上的尖刀，"有种的都把刀拔出来，咬着刀子使劲划。对，就是这样——就是这样。喂，你们动起来。这才像个样子，我的钢嚼子，让鱼吃上一惊，我的银匙子！让它吃上一惊，鱼头钉！"[赏析解读：斯德布对他手下的水手们说的话，看起来十分滑稽且"无厘头"，使文章富有幽默色彩，同时写出了他无比激动的心情。]

这时，斯塔勃克按照亚哈的手势从斯德布的船头斜着掠过，在两艇靠得很近的那一两分钟里，斯德布借机向他的大副打招呼。

"斯塔勃克先生！左舷的小艇。喂！跟你说句话可以吗？"

"好的！"斯塔勃克应道，说话时身体却纹丝不动，而且还在低声坚定地督促着他的水手们。他的脸色铁青，与斯德布形成了鲜明的对比。

"那些黄皮脸的家伙是怎么回事，先生？"

"是他在开船之前想方设法让他们溜上来的。"（他小声地对他的水手们说：使劲，使劲，伙计们！）然后又大声说道："真不让人省心啊，斯德布先生！（冲过去，冲过去，我的孩子们！）不过不要紧，斯德布先生！会有好结果的。无论怎样，叫你的那些水手使劲划吧。（冲啊，冲啊，伙伴们！）前面就是大桶大桶的鲸油，斯德布先生，你就是为那个来的呀。（划呀，伙计们！）抹香鲸油，我们这么拼命为的就是抹香鲸油！最起码这是我们的职责所在，职责和获利是一体的呀！"［赏析解读：斯塔勃克的话说明了他们此行原本的目的就是为了获利，虽然现在目的已不再纯粹，但是作为捕鲸人捕鲸仍是他们的职责。］

"是呀，是呀，我也是这么想，"两艘小艇在分开时，斯德布喃喃自语道，"我那天一瞧见他们，心里就是这么想的。是呀，难怪他老往后舱去，原来是因为这个。汤圆早就怀疑了。他们就藏在那下面。说到底都是白鲸在作祟。［赏析解读：简单的一句话，突出了此次航行另外的目的，同时也从侧面点明了亚哈的私心。］好啦，好啦，随便吧！好！用力划吧，伙计们！今天还不是和白鲸打交道的时候！用力划吧！"

那天就在大家把小艇从甲板上放下去的节骨眼上，那些奇怪的陌生人就出现了，这使得一些水手的心里产生了一种莫名的恐惧，也不能说毫无道理可言。好在阿契当时模模糊糊地有所察觉，尽管当时他们并不相信那是真的，但是毕竟对此事有了些心理准备，这大大减轻了他们心中的惊骇。如今看到了这一切，再加上斯德布在说到这些陌生人时那种沉着自信的态度，让他们暂时顾不上疑神疑鬼。对于阴沉的亚哈在这件事情上的真正意图是什么，从这些人一露面便大有让人进行各种漫无边际猜想的余地。我则默默地回忆起了在南塔克特那天天还未亮时看到的悄悄登上"披谷德"号的那些神秘的影子以及那个莫名其妙的以利亚所讲的那些像谜一般的话。［赏析解读：此处提到以实玛利在"披谷德"号起航前看到的人影及以利亚的话，解答了前文留下的谜团，让真相露出水面，起着解惑的作用。］

此时，亚哈的小艇处于他的三位船副听力所及的范围之外，已经顶风划到较远的地方，一直保持在其他小艇的前面，这样的情况足以说明他那艘小艇上的水手们多么有力。他那些有着黄色皮肤的帮手看起来似乎有着钢筋铁骨，他们就像五个杵锤正一起一落、有规律地用力划船，每一个起落都使小艇冲出去一段距离，就像一艘密西西比河（美国最大的河流，是世界第四长河，通常以发源于美国西部落基山脉的密苏里河支流红石溪为河源，全长为 6021 千米）上的轮船依靠着一只卧式锅炉的冲力行驶一样。［赏析解读：此处对于那五个神秘人的描写，写出了他们的威猛与健壮，而且从动作上可以看出，他们富有航海经验。］而那个费达拉负责划标枪手的桨，他的黑外套已经被扔到一旁，打着赤膊，上半身露在船舷上面，衬着远处起伏的水面，使得轮廓格外鲜明。亚哈则坐在小艇的另一头，像个击剑家要在冲劲下保持平衡一样，一只胳膊稍向后。他沉稳地掌着舵桨，就像白鲸在让他失去一条腿前无数次放下小艇时一模一样。突然他那只向后伸的胳膊做了一个奇怪的动作，然后便停住了，而那艘小艇上的五支桨也同时竖了起来。人和小艇就这样被定在了海面上。随即后面散开的三艘小艇也都停了下来。原来是鲸纷纷下潜了，这样一来在远处就看不到它们游动的迹象了，但是亚哈靠得比较近，还是让他看到了。

"各人注意各人的桨！"斯塔勃克大声说道，"你，季奎格，站起来！"

这个野蛮人一跃而起，异常灵活地跳到了艇首，笔直地站在那三角形的座位上，聚精会神地盯着最后发现鲸的地方。在艇尾也有个高度与船沿相同的高台，斯塔勃克也同样站在那里，随着那一叶小舟的剧烈抖动而沉着熟练地保持平衡，默不作声地注视着那片广阔的蔚蓝色海面。[赏析解读：*此处的描写，写出了季奎格的灵敏矫健，同时也凸显出了斯塔勃克的沉稳。*]

弗兰斯克的小艇就停在不远处，它也一动不动地待在原地，指挥官弗兰斯克满不在乎地站在艇尾的木柱顶上。那是一根固定在龙骨里、高出艇尾平台约两英尺的大粗木头，是用来卷索子用的。木柱顶的面积约等同于一个人的手掌。弗兰斯克站在那里，就像是站在一艘露出桅顶的沉船上。但是这个小个子虽然又矮又小，却充满了雄心壮志，他对于脚下所站的这个木柱顶不太满意。

"我要看到远处。给我倒竖起一支桨，让我上去看看。"

达果一听，两手一撑扶住艇舷保持平衡，迅速地来到艇尾，然后挺直身子，献出高高的双肩给弗兰斯克作高台。[赏析解读：*此处一系列的动作描写，写出了达果的高大魁梧、身手矫健。*]

"好得就和桅顶一个样，先生。你愿意上去吗？"

"当然非常乐意，我的好朋友，谢谢你。只是我觉得你再高五十英尺就更好了。"

于是这个巨人似的黑人两脚稳稳地抵住两边的平行木板，稍稍弯下腰来，用一只手掌托起弗兰斯克的脚，然后把弗兰斯克的一只手放到他那扎着羽毛的头上，并让弗兰斯克纵身向上跳，再加上他巧妙地向上一送，这小个子便搭着达果的肩站到顶端。弗兰斯克就这样站在上面，达果则举起一只胳臂挡在他的胸前，以便他能有个依靠借以稳住自己。

一个捕鲸人甚至在小艇被海上最凶险的风浪、潮流任性胡来互相冲击得颠簸不已的时候，也能站得笔直，而且那种漫不经心、习以为常的姿态，实在令人叹服。这在一个新手眼中是一大奇观，更不要说在这种波涛汹涌的情况下还能在令人头晕目眩的木柱顶上站稳，那就更为稀奇了。然而看到小个子弗兰斯克站在巨人达果的肩头，那就更是奇中之奇了。这个高贵的黑人正在以一种意想不到的沉着从容、毫不在意以及野蛮中不失威严的神态让自己的身躯随着波浪的起伏节奏晃动着。长着浅黄色头发的弗兰斯克在他那宽阔的肩上，就像是一朵雪花。他虽然骑在达果的肩上，但是达果却比他更显得高贵。虽然活泼好动、容易激动又爱表现的小个子弗兰斯克，总是时不时在上面急得直跺脚，但是无论他做什么，这个昂然挺起的胸膛连气都没有多喘一下。与此同时，我好像看到了激情和虚荣在鲜活的宽宏大量的大地上践踏，而大地却没有因此而使它的潮汐与四季交替受到影响。

此刻，二副斯德布觉得从远处眺望鲸的踪迹索然无味。鲸群也许是进行一次例行的试水，并不是纯粹因为受到惊吓才紧急下潜的。如果事情真的像他想的这样，那么斯德布就会按他的老习惯行事，决定用烟斗来打发这磨人的等待时间。他从帽箍上把烟斗拿下来（他总是像插羽毛似的把它斜插在那里），装上烟丝，用拇指尖按实。但是他刚刚在他那如粗砂纸般的手掌上擦着火柴，他的标枪手塔希特戈猛地从原来站得笔直的姿态如闪电般地一屁股坐到座位上，两眼像两颗一动不动的星星直盯着上风头，焦急万分地喊道，"坐下，都坐下，使劲划！——它们都在那里！"

那里别说是鲸，就是连条鲱鱼的影子也没有，只是青白色的海水里有了些骚动，水面上零散地浮出了些气泡，向着下风头弥漫开去，就像翻滚的白浪里轰然激起的飞沫。不久，四周的空气好像受到了某种刺激变得沸腾起来，仿佛烧得通红的铁板上的空气一样。鲸的身躯有一部分出现在这起伏翻滚的空气之下，还有一部分则在浅浅的水层下洄游。在其他迹象暂时还没有表露出来时，鲸喷出的这些气泡就像是它们先行的信使和派出的斥候。

这时四艘小艇向着骚动的气流下那一团沸腾的水急驰而去。看起来捕鲸艇要追上它们并不太容易；它们不停地飞速前进，就像是一团随着激流下山的泡沫。[赏析解读：虽然鲸的身体庞大，但是从此处的描写可以看出它们的游动速度还是非常快的，从而表明捕鲸的不易。]

"划呀，划呀，我的好伙计们。"斯塔勃克用一种尽可能低但异常有力的声音对他的水手们说，与此同时，他的目光死死地盯着艇首正前方，几乎就像是精准的罗盘上的两根指针。斯塔勃克说话简短，他的水手们也一声不吭。只有他那低语声，或是严厉的命令或是柔声的恳求，隔三岔五地就会令人诧异地打破笼罩着小艇的寂静。

大叫大嚷的小个子弗兰斯克可就大不一样了。“放开嗓子说点儿什么啊，弟兄们。喊啦，划呀，我的好小伙儿们！把我送到它们的黑脊背上去，伙计们。只要你们做到这一点，我就把我在马萨葡萄园岛上的农庄送给你们，伙计们，还搭上老婆和孩子。使劲把我送上去啊——送到那鱼背上去！哎呀，天啊，天啊！我可真要急得发疯啦。瞧，瞧那片白色的海水！”他一路上这么喊个不停，同时把帽子摘下来扔在地上，又用脚肆意地踩着，然后再把它捡起来，远远地扔了出去。最后他竟然跳上了艇尾，就像来自大草原的一匹发狂的马驹，蹦起落下，一刻不停歇。

“看看那个家伙，”斯德布像个哲学家似的缓缓地说道，他就在弗兰斯克的小艇后面不远处，他将那没点着的烟斗随意地叼在嘴里，“他的毛病又发作了，那个弗兰斯克。发作？的确，就让他发作——那样最好——就是要让他们发作。就让他们得意，得意个够。晚饭让他们吃布丁，没错。——得意这词多好啊。划呀，孩子们——划呀，小伙子们——大家都划啊。可是你们横冲直撞个什么劲儿啊？悠着点，悠着点，沉住气，伙计们。只管划，不停地划就行了。让你们的脊背断掉，把你们嘴里的刀咬成两截——这样就行了。不要紧张——喂，我说你们为什么这么着急，会把肝肺都绷炸的！”[赏析解读：通过对三位船副在追赶鲸群时的不同表达方式，分别表达出了他们谨慎、易激动、漫不经心的性格特征。]

至于那个让人猜不透的亚哈和他的那些水手都说了些什么——在这里最好不多说，因为你们毕竟是生活在《福音书》那圣光普照的世界里。而拧着眉毛、血红的两眼凶光毕露、嘴边冒着白沫的亚哈，在扑向猎物时说的那些话，只有在邪恶的大海里那些没有信仰的鲨鱼才爱听。[赏析解读：作者虽然在这里并没有对亚哈具体说出的话多作叙述，但是读者从他对鲸的仇恨也可以想象到，那些话一定十分恶毒。]

此时，四艘小艇都在飞速前行。弗兰斯克一再地提到“那头鲸”（他说有头巨怪不断地用尾巴扫过他的船头戏弄他，他称这头巨怪叫“那头鲸”）。有时他绘声绘色地讲得那么逼真，引得他手下的一两名水手胆战心惊地回过头去看。可是这么做是严格禁止的。因为桨手必须闭着眼睛，脖子不许扭动。在这种关键时刻，通常只允许桨手五官中只留着耳朵，四肢中只留着胳膊工作。

那真是一场变幻莫测、让人荡气回肠的奇观！大海中滔天的波浪一望无际，就像巨大的木球滚过广阔的草地木球场一样，在越过四艘小艇的八面船舷时发出空洞的轰鸣。小艇被颠上浪尖的那一刻，短暂悬在半空中的痛苦像是在告诉你：下一秒就会把小艇砍成两段。接着瞬间又把你跌落在浪谷，然后半推半送地让你登上对面山头，翻过山头便像乘坐雪橇般的一头急滑下坡——所有这一切再加上小艇上的头领和标枪手的喊叫声、桨手们浑身发抖的喘气声以及"披谷德"号张着满帆，犹如一只疯狂的母鸡在追着被它吓得咯咯尖叫的鸡雏似的，高高在上地跟在它的小艇后面，这简直就是奇观——这一切都那样让人荡气回肠。哪怕是一个离开了妻子的怀抱、首次投入激烈战斗的新兵，或刚到另一个世界的鬼魂迎面碰到了第一个陌生的幽灵——以上两者当时各自的感受都远远比不上首次围捕抹香鲸却被它掀起的那石破天惊、鬼哭狼嚎的气势震惊到的感受。

这时，追捕激起的沸腾的白色浪花也越来越清楚了，那是由于投在海面上的云影越来越暗的缘故。鲸喷出的水雾不再混成一团，而是忽左忽右到处都是。鲸群似乎正在分散开来。四艘小艇也随之拉开了距离。斯塔勃克在追赶着三头向下风头游去的鲸。此时我们的小艇扬起了帆，乘着越来越大的风飞速行驶。小艇像发了疯似的掠过水面，而背风面的桨手只有拼命加快划动，才勉强使桨不至于脱出桨架。

很快，我们就驶进了一大片弥漫的水雾之中，什么也看不见了。

"使劲啊，伙计们。"斯塔勃克一边低声说道，一边把布帆往后拽了拽，"在刮起大风之前，还来得及捕获一头鲸。看，白色水花又出现了！——靠过去！使劲儿划！"

没过多久，就听到我们小艇的两边发出两声大喊，一声接着一声，看来其他小艇已经在加速前进了。听到那两声喊叫后，斯塔勃克就闪电般地低声命令："站起来！"随即季奎格手握标枪腾空而起。

当时，虽然所有的桨手还不知道将要面对生死关头，但是当他们将目光都定在位于艇尾处的大副那张表情极其紧张的脸上时，心里就明白了。他们还听到了巨大的翻滚声，就像是五十头大象在打滚。与此同时，我们的小艇仍在隆隆地穿过水雾，波浪在我们四周翻腾，发出一种咝咝声，就像是被激怒的蛇群一齐抬起了头。[赏析解读：对于环境的描写，渲染出了命悬一线的紧张气氛，埋下伏笔，引起读者的兴趣。]

"那是它的背峰。看，看，瞄准它投过去！"斯塔勃克低声说。

只听到从小艇里传出"呼"的一声促响，那是季奎格投出的标枪发出的声音。紧接着艇尾似乎猛地向前一蹿，艇首像是触了礁，一时间一切都乱了套。帆绷破了掉了下来，一股滚烫的水雾在附近直冲上天。海水在剧烈翻滚，小艇上的人被胡乱地扔进了由狂风掀起的凝结的水雾中，闷得几乎透不上来气。狂风、鲸和标枪全都搅成了一团，最终那头只被标枪擦伤的鲸逃掉了。[赏析解读：此处对于环境的描写，写出了当时场面的混乱与惊险，同时也反衬出在巨大的鲸面前人类的渺小。]

小艇整个被淹没了，不过几乎没有什么损坏。我们围着它来回游动，拾起漂浮在水面上的桨，把它们绑在舷上，狼狈不堪地翻身上艇，回到各自的位置上。我们坐了下来，水已经到了我们的膝盖。船肋和船板全都泡在水里，以至于低头看时，这艘被淹没却没有沉的小艇就像是从海底长出来的珊瑚一样托着我们。

风越来越大，已经怒吼起来。波涛汹涌，推出一个接一个的"圆盾"。狂风呼啸着分成两股，在我们周围"噼里啪啦"地响着，就像是大草原上那一片白色的烈焰。我们被这场大火卷了进去，却没有被烧死，成为死神嘴中的幸存者！我们呼唤着其他小艇，但是在大风暴中呼唤那些小艇，与通过烟道快要落进熊熊烈焰的炉子里的煤块没什么两样。随着夜幕的降临，大船的踪影无处可寻，我觉得小艇得到救援的希望很渺茫。桨都派不上用场，此时它们只能作为救命的工具。斯塔勃克割断了防水火柴箱上的绳子，经过多次努力总算把灯点着了，然后把它绑在一个标杆（一根有三角旗的木杆，原来是用来插在死去的鲸身上的，一方面是为了标记鲸的位置，另一方面是为了告诉别人这头鲸已经有主人了）上，交给了季奎格，让他守着这绝望中的一丝希望。于是季奎格就坐在那里，在无计可施、听天由命的境地里举着希望之火，看上去像一个失去信念的人的标志和象征，在绝望中聊尽人事。[赏析解读：此处的叙述，将当时人们心中的绝望放至最大，从而反映出航海的艰险。]

到曙光初露时，我们个个浑身湿透，冻得发抖，对大船已不再抱有任何希望，大家举目四顾，海面仍然弥漫着水雾，熄灭了的灯死气沉沉地躺在艇底。突然季奎格一跃而起，把手放到耳边仔细听着什么。[赏析解读：此处的叙述是一个转折点，一方面渲染出紧张的气氛，另一方面引出下文。] 我们都隐约地听到了一阵"吱嘎"声，那是绳索帆桁的声音（在这之前，我们只能听到风暴声）。那声音越来越近，浓重的晨雾中出现一个轮廓模糊的巨型物体。我们大为吃惊，纷纷往海里跳，等到我们能够仰望着看清大船时，它已近在眼前。

我们漂浮在波浪上时，看到那艘被抛弃了的小艇，它在大船船头底下起伏翻腾，就像垂直而下的山泉底下的一叶小舟，瞬间就被压在了巨大的船体下，消失了踪迹，等到它从船尾挣扎出来才重见天日。我们又向着它游去，波浪把我们冲到艇边。最后我们被安全吊上了船。大风刮过来之前，其他小艇都放弃了追击，及时返回。大船原本已经对我们不抱有任何希望了，不过还在继续巡游，看看能不能碰巧发现一些标志着我们遇难的东西——一支桨或者一根标枪杆。

第四十章　狠毒的人

[名师导读]

被鲸掀翻后，斯塔勃克这艘小艇的全体水手在生死之间游荡后回到了船上。"我"对这次追捕鲸的做法产生了质疑。当然这也怪不得"我"，毕竟"我"把自己的一切都交到了那个最为谨慎的斯塔勃克手里，而此时"我"刚从死亡的边缘捡回了一条命。

我是最后一个被拉上甲板的。我一边抖掉外套上的水，一边向季奎格问道，"季奎格，我的好朋友，这种事会经常发生吗？"他虽然也跟我一样浑身湿透，却十分平淡地告诉我，这种事确实经常发生。

"斯德布先生，"我转过身来对这位贵人说，只见他的油布上衣被扣得严严的，此时正在雨中若无其事地抽着烟斗，"我记得您说过您见过的所有捕鲸人中，就数我们的大副斯塔勃克先生最小心谨慎了。那么我想，在暴风、大雾的时候张起满帆全力去追捕一头游得飞快的鲸，这能算小心谨慎吗？"[赏析解读：从此处以实玛利对于此次追捕安排的质疑，暗示了当时处境的凶险，同时也表达出了他对斯塔勃克的不满。]

"毫无疑问。我就曾经在合恩角附近的海面上，下令一艘漏了水的大船放下小艇去追击鲸。"

"弗兰斯克先生！"我又转过身朝着站在身旁的小个子说，"对于这些事情你很有经验了，可我还是个新手。可不可以请你告诉我，一个桨手背对着鲸、拼了命地向前划船往鲸嘴里送，这是不是我们这一行的规矩呢？"

"你有点反应过度了！"弗兰斯克说，"不错，那是规矩。我倒真想看到整艘小艇的水手们背对着鲸划到鲸跟前去会怎样。哈，哈！要是那样的话，鲸也会对他们另眼相看的，记住这一点！"

我从三个有过亲身经历的可靠人士那里得到了郑重的回答。因此考虑到狂风、翻船以及随后的露宿海上是捕鲸业中经常发生的事情；考虑到在追击鲸的生死关头我必须把自己的性命交到指挥小艇的掌舵人手里，而这个人在关键时刻又常常是个只知道拼命跺脚、恨不能把艇底跺穿了的急躁冒失的家伙；再考虑到我们这艘小艇所受的一切灾难都是由于斯塔勃克正值狂风大作之时，拼命要追捕鲸，而斯塔勃克在业内以小心谨慎而著称；最后考虑到我竟然卷进了这场涉及大白鲸的那见鬼的追捕中，在脑海中把所有的一切想了一番后，我觉得还是下舱去为自己拟个遗嘱草稿比较好。[赏析解读：上述叙述，表达出了以实玛利对斯塔勃克的不满，同时也说明了航海的艰险，很可能有去无回。]"季奎格，"我说，"过来一下，我指定你做我的律师、遗嘱执行人和遗产继承人。"

与其他人相比，水手竟然想要立遗嘱、留遗言，说来也许有点奇怪，但是世界上其实没有谁比水手更喜欢这项"娱乐"了。在我的航海生涯中这已经是第四次了。在所有流程完成后，我觉得浑身轻松，一块压在心上的大石头也被挪开了。再说，我今后所过的每一天像拉撒路（是《圣经·约翰福音》中记载的人物，他病危时没等到耶稣的救治就死了，但耶稣断定他将复活，四天后拉撒路果然从山洞里走出来，证明了耶稣的神迹）复活以后的日子一样好。今后不管能再多活多少个星期、多少个月，那都是白赚的。我本来该死却没有死，我把我的死亡和丧葬都装进了我的箱子里。我惬意地举目四顾，内心平静且满足，就像一个安静的鬼魂正坐在自己家族的墓地中。

行了，我无意识地卷起了长工装的袖子，心想，这下我就可以将一切置之度外，向着死亡和毁灭冲过去了，落在后面的家伙会留给魔鬼解决的。

第四十一章　亚哈的小艇和水手——费达拉

[名师导读]

和亚哈同在一艘小艇上的那五个突然从天而降的人，一定是他暗中就布置好的，这件事情也从卡巴科的嘴里得到了证实。那五个怪人很快就与其他水手打成了一片，而那个名叫费达拉的水手引起了"我"的兴趣。

"谁会想到竟然有这种事啊，弗兰斯克！"斯德布大声说道，"我要是只有一条腿，就决不会上任何小艇，除非一定要用我的木脚去堵锚链（是指连接锚和船体并传递锚抓力的专用链条）孔。啊！他真是个了不起的老头！"

"我倒不觉得这有什么好奇怪的，"弗兰斯克说，"如果他那条腿是齐根断掉的话，那自然是另外一回事了。那样的话他就是个废人了。可是你是知道的，他的膝盖以上还在，另一条腿基本也是好的。"

　　"这我可不知道，我的小兄弟。但是我还从来没有看见他跪倒过。"

　　在捕鲸这一行中常常会因为这样一个问题而争论，那就是作为一艘捕鲸船的船长，冒着生命危险亲自追捕鲸的做法是不是欠缺考虑？因为船长的生命对于航行的成败起着决定性的作用。帖木儿（1336—1405 年，出身突厥化的蒙古贵族，帖木儿帝国创建者。曾征服波斯、东征印度、生擒奥斯曼帝国苏丹巴耶塞特一世，建立起一个东起北印度，西达小亚细亚，南濒阿拉伯海和波斯湾，北抵里海、咸海的大帝国）的士兵们经常会热泪盈眶地去争论：他是不是该置自己的生死于不顾而冒失地参与战斗。[赏析解读：从此处的叙述中可以看出，船长对于整艘捕鲸船的重要性，同时也暗示亚哈为了杀死白鲸而失去了理智]

　　但是就亚哈来说，这个问题不能一概而论。试想下，一个四肢健全的人在危急情况下都不能保持行走平稳，再想到，在追捕鲸时时刻都会遇到极其异常的困难，可以说每分每秒都处于危机四伏的状态中。在这种情况下，让任何一个残疾人登上小艇参与追捕中，这是理智的行为吗？通常来讲，"披谷德"号的合伙船东们肯定会清楚地认识到这一点。

　　亚哈十分清楚，虽然他家乡的那些朋友不大在乎他是不是在危险的情况下亲自参与追捕鲸，但是如果他们知道亚哈竟然有一艘专用的小艇，并且有额外的五名水手来驾驶，那些"披谷德"号的船东肯定不会允许的。亚哈也清楚地知道，所以他没有向他们开口要求增加五名水手，即使连一点暗示都没有。

　　然而他却在私下里做了布置。这样的情况水手们很少会想到，直到阿契把他发现的秘密告诉了大家，他们才有所察觉。虽然在船离港后没多久，水手们就已经把几艘小艇收拾妥当，用具配备齐全，以便随时可以投入使用。可是就在收拾好后的一段时间里，他们有人就经常看到亚哈亲自为一艘备用的小艇做桨架栓，甚至还很细心地削小木扦子，就是为了鲸中枪之后在曳鲸索被拖出时把绳索固定在船头槽里。[赏析解读：此处的叙述，解开了之前为什么神秘人会出现在船上的疑团，同时也说明亚哈此次航行是有预谋的。]

　　这一切都被大家看在眼里，特别是他特意让人在那艘小艇的艇底额外增加了一层护垫，好像是为了让它能更好地承受他那条鲸骨假腿尖端的压力。大家经常看到他站在那艘小艇里，他那只完好的膝盖顶着系缆角半圆形的孔，拿起一支木匠用的凿子这里挖进去一点，那里弄得平一点。我确定，他所有这些举动在当时就让大伙产生了浓厚的兴趣。不过几乎每个人都以为亚哈这些细致周密的前期准备工作只是为了最终逮住莫比·迪克，因为他早已透露了要亲自去猎捕那头恶贯满盈的巨兽。虽然只是这样猜想，但是他们根本没有想到哪些水手会被分派到那艘小艇上去。

如今随着那几名幽灵般的水手的出现，大伙心中仅剩的那点儿疑团也消失了，因为在捕鲸人的心中，新鲜事很快就会变得不新鲜了，而且经常会有一些从不知道什么角落和垃圾坑里钻出来的身份不明、来自异国他乡的家伙，跑到行踪不定的捕鲸船上来当水手，而捕鲸船本身也经常从漂流在海上的船板、沉船碎片或船桨以及捕鲸艇、独木舟、迷失了方向的日本渔船上面收留一些无处可依的遇难者，甚至连魔王本人都可能爬上船沿，走到船长舱里去和船长聊聊，而这种情况也不会在船首楼里引起什么了不得的骚动。

不管怎样，那几名幽灵般的水手很快就和其他人打成了一片，但是看到他们仍会让人感觉与众不同。特别是那个扎白头巾的费达拉，则始终是个未解的谜团。他来自何方？他究竟有什么不可思议的关系，让他很快就和亚哈特殊的命运联系在了一起，甚至还受到某种影响？说不定还能够决定他的命运？所有的这一切，没人知道。

但是，对于费达拉有一点能够肯定，谁也不能对他视而不见。他这样的一个人，生活在温带地区的文明人只有在梦里才会看到，而且即使在梦里也看不真切。但是他这样的人常常会在不变的亚洲社会中见到，特别是在亚洲东边的那些东方人聚集的小岛上——那些与世隔绝、非常古老、停滞不前的地方，那里甚至到今天还保留了不少远古时代的原始性，好像他们对始祖的所作所为仍记忆犹新，而所有人都是他的后裔，可是谁也不知道他是从哪来的，在他们彼此的眼中对方都是真正的魔鬼，于是仰问上天，为什么要造出他们来，要达到什么样的目的，然而根据《创世纪》（是基督教经典《圣经》第一卷书，开篇之作，介绍了宇宙的起源、人类的起源和犹太民族的起源，以及犹太民族祖先的生活足迹）的记载，当时天使们确实曾经娶妻；非正统的犹太教（是世界三大一神信仰中最古老的宗教，由犹太人创立，不主动到外族人中传教）拉比也说，魔鬼也会沉迷于世俗的情欲。

第四十二章　奇特的水柱

[名师导读]

　　"披谷德"号在缓慢地巡游中又度过了许多天，在一个寂静的夜晚，费达拉在月色的照耀下远远地看到了一股银色的水柱。亚哈听到费达拉的叫喊声后迅速来到了甲板上，让船扬帆前进，但是那股银色的水柱在那晚后再也没有出现过。直到几天后，人们又再次看到了那股令人难忘的水柱。

　　一天天过去了，一周周过去了，"披谷德"号已经一帆风顺地慢慢巡游了四个水域，而每个水域又包含着两个巡游场：亚速尔群岛（位于北大西洋东中部，由9个火山岛组成，15世纪时葡萄牙航海家迪奥戈·德锡尔维什发现了这里，此后成为葡萄牙的海外领地）海面；佛得角海面；因为在普拉特河（美国内布拉斯加州主要河流，向东注入密苏里河）河口处，所以被称为普拉特的水域；卡罗尔群岛海面，那是一个位于圣赫勒拿岛（南大西洋中的一个火山岛，离非洲西岸1950千米，离南美洲东岸3400千米，隶属英国，拿破仑就被流放在这里直到去世）南边却没有归属的水域。

　　就在巡游到后面的这些水域时，在一个明朗、宁静的月夜，波涛像银轴滚滚而过，轻柔的月光洒满海面，宛如洒下一片银色的寂静，却并不让人觉得冷清：就在这样一个寂静的夜晚，在船头前很远的白色泡沫中出现了一股喷出的银色水柱。水柱在月光的映照下显得超凡脱俗，好像有一个插着羽毛、浑身发着耀眼光芒的神从海中冉冉升起。第一个发现这股水柱的人是费达拉。因为他喜欢在这种月色皎洁的夜晚攀到主桅顶上去值班瞭望，和白天一样守时。然而即使夜晚发现了成群的鲸，敢放下小艇去追捕的捕鲸人一百人中也难挑出一个。这时不难想象，当水手们看到这个上了年纪的东方人在这种不寻常的时刻高栖在桅顶上，头上的白色头巾与明月在同一片天空中交映成一对伴侣，心里会是什么滋味。

　　但是他好几个夜晚都花费了同样长的时间进行瞭望而没喊过一声，在保持长时间的沉寂之后，每一名躺下的水手因为听到他那令人毛骨悚然的声音——"报告，月光下有一股喷出的银色的水柱"时——全都惊得跳了起来，就像有个长翅膀的精灵飞到了索具上，正在招呼这些水手。"它在那里喷水啦！"这个声音让他们浑身剧烈地颤抖，比听到末日审判的号角声有过之而无不及。然而，与其说他们是害怕，倒不如说是喜悦。因为这个时刻虽然很不寻常，但那一声喊叫却如此惊心动魄，让人兴奋不已，几乎令船上的每个人都跃跃欲试，想放下小艇去大干一场。

亚哈在甲板上快步走动，他下令拉起上桅和最上桅帆，张开所有的翼帆，让最好的水手去掌舵。[赏析解读：对亚哈船长一系列的动作描写，表现出了他此刻急切的心情，同时也暗示出了他对白鲸的愤恨。]在每个桅顶都安排了人负责瞭望之后，这艘安排妥当的船就顺风急驰而去。从船尾吹过来的那股奇怪的往上翻腾的和风，把所有的帆都吹得鼓鼓的，让人觉得脚下随波起伏、轻快的甲板似乎在腾云驾雾。在船全速前进的同时，好像有两股力量在角力——一股要拉它直飞冲天，另一股却要拖着它向海上的目标驶去。

那天晚上，如果你注意到了亚哈的脸色，就会看出在他的身上也有两种不同的东西在交锋。他的那条好腿走在甲板上发出的声音生机勃勃，而那条鲸骨假腿每在甲板上敲一下就像在棺材板上钉上了一颗钉子。这老头就在生与死的路上不停地走动着。虽然船速很快，每个人的目光又紧盯着前方，可是那股银色的水柱从那晚之后却再也没有出现过。每名水手都发誓说看到了一次喷水，却再也没有看到第二次。[赏析解读：此处的描写渲染了气氛，与之前那种剑拔弩张的紧张气氛形成了鲜明的对比，使故事增添了神秘感。]

就在大伙对这次半夜出现的水柱差不多要淡忘了的时候，突然有一天夜间，嘿！又在那同一个寂静的时刻，桅顶传来了叫喊声，大伙又看到了那股水柱。但是，等到张起帆去追赶它时却又不见了，好像根本就不存在似的。[赏析解读：作者描写出水柱反复出现的情景，使故事跌宕起伏，引起读者的兴趣。]这样的情况持续了一晚又一晚，直到后来再也没人理睬了，只是在心里觉得纳闷。在皓月当空或是星斗满天（根据当晚的情况而定）的时候神秘喷水，然后消失一整天，或者在两三天之后又出现，而且不知怎么回事，下一次出现的水柱距离我们越来越远。这头孤零零的鲸似乎要以喷水的方式一直引诱我们往前走。"披谷德"号上的有些水手发誓说，那股可望而不可及的水柱，无论何时何地出现，不论时间间隔多久，也不管两次之间相隔的地点有多远，都是由同一头鲸喷出来的，而那头鲸就是莫比·迪克。这种说法倒也符合流传于水手中间的古老迷信，而且与"披谷德"号在许多事情上有着令人不可思议的神秘感相符。有一阵子，大家对这头行踪不定的怪物有一种特殊的恐惧感，好像它是在心怀叵测地引诱我们一直前行，以便有一天在最荒芜的海面上，那头巨怪猛地转身扑过来，最终让我们葬身海底。[赏析解读：神秘水柱的出现让大家与那头邪恶的白鲸联系到了一起，由此说明了水手们对它既恨又怕的心理。]

这为时不长的惶恐不安非常模糊却又令人震撼，通过与当时晴朗天气的对比，产生了一种奇妙的效应，有人会觉得在这片蔚蓝平和的海面之下，潜伏着一种魔力。就这样，日复一日，我们继续在这温和得乏味、孤寂的海面上航行，好像所有的空间都对我们这次的复仇使命感到厌恶，所有生机在遇到我们这骨灰罐般的船时都流逝了。

然而最终当我们转向东行时，从好望角吹来的风开始围着我们怒吼起来，我们的船在那一片辽阔、波涛汹涌的海面上被高高地掀起，又狠狠地摔下。镶着鲸骨尖牙的"披谷德"号的船头也被迎面而来的狂风吹低了头，疯狂地冲进那黑色的波浪中，直到浪沫像雪花般飞进船舷。海面上之前那种了无生气的凄凉感顿时一扫而空，取而代之的却是较之前更为沉闷的景色。[赏析解读：环境的描写，突出了海上天气的多变以及航海环境的恶劣，同时凸显出了捕鲸人生活的艰苦。]

一些奇形怪状的东西在我们的船头窜来窜去，而密密麻麻的古怪的海上大乌鸦则跟在我们后面飞着。每天早晨，它们一排排地栖息在我们的支索上，不管我们怎么驱赶，它们都不肯离去，在它们眼里我们这艘船就是一艘随处漂流的空船，注定是要被遗弃的，因此正好可供它们栖息。黝黑的大海仍不停地起起伏伏，好像那浩瀚的浪潮就是它的良心。它那伟大的世俗的灵魂在为它长年累月酿成的罪恶和苦难而感到痛苦和悔恨。

好望角，人们是这样称呼你的吗？事实上，还不如像过去那样称你为"风暴角"。因为人们以前一直把那虚假的静默信以为真，等到发现时却已经身陷于这沸腾的凶险万分的海洋之中。在这里，有罪的人变成了那些鱼儿，它们似乎受到了天谴，注定要终生在这里游来游去，找不到安身之所；或者变成那些鸟儿，要在这黑色的夜空里鼓翼奋飞，永远找不到陆地落脚。但是那股被喷出的时不时就可以见到的孤零零的水柱，平静、雪白、一成不变，它那宛如羽毛般的水沫的喷泉垂直地射向空中，依旧在前面招呼我们向前。

在这种昏暗的险恶处境下，几乎时刻都能看到亚哈站在湿漉漉的、危险的甲板上指挥着这艘船，他的神情阴郁沉默，与他三位副手基本没有什么沟通。在这种风急浪高的时刻，船上的所有东西都被牢牢地绑住，大家除了消极地等着狂风的来临，就再没有什么可干的了。这时，无论是船长还是水手，实际上都成了宿命论者。亚哈习惯性地把他的鲸骨假腿的头部插在钻孔里，一只手紧紧抓住一支护桅索，一连站上好几个小时，眼睛片刻不移地盯着上风头。这时偶尔一阵夹着雹霰或雪的大风迎面扑来，几乎把他的睫毛给冻住。

澎湃的恶浪不时地扑上船头，将重心不稳的水手们从船的前面赶到船腰处，使他们只能沿着舷墙站成一排。为了防止被冲上来的波浪带走,每人都用一个一头固定在栏杆上、一头固定在自己腰间的单套结圈绑住自己,看起来就像是在一根松了的腰带中左摇右晃。几乎没有人说话。这艘沉默之船的掌控者,好像全是些彩绘蜡塑的水手,他们日复一日地在喜怒无常、肆意横行的巨浪中飞速行驶。到了夜里,全船仍然鸦雀无声,耳边传来的只有大海的呼啸声。水手们默默地东摇西晃,一声不吭的亚哈仍然挺立在风浪之中,而且看起来即使是体力不支,需要休息时,他也不会去吊床上休息一下。

斯塔勃克永远也忘不了有一天晚上他到船长舱里去瞧晴雨表(晴雨表有五种含义,其中最普遍的意思就是气压计。气压计是气象学中用来测量大气压力的科学仪器。压力变化趋势能预测天气的短期变化)时见到的这位老人的神色:只见他闭着眼睛,笔直地坐在他那张被螺丝固定在地板上的椅子上。他刚从暴风雨的洗礼中退回到他的小房间,半融的雹霰和雨水慢慢地从他那尚未脱下的衣帽上往下流。在他身旁的桌子上放着一幅之前所提到的潮流海图。风雨灯(即风灯,也称马灯。一种手提的煤油灯。因有特别设计,可在风雨中使用)在他握紧的一只手里摇晃着。他身子虽然笔直地挺着,头却向后仰去,使他那闭着的眼睛正好对着挂在屋顶一根横梁上荡来荡去的舵位指示器(是指舱房里的罗盘针,这样一来船长不用去到甲板上就能知道航向是否正确)。真是位可怕的老人!斯塔勃克浑身一颤,心里暗暗想道:在这狂风里就算睡着了,也要紧盯着目标不放。

第四十三章　偶遇"信天翁"号

[名师导读]

在我们来到克罗泽群岛海域时,偶遇了一艘名叫"信天翁"号的帆船,它也是一艘捕鲸船。当那艘船与"披谷德"号擦身而过时,后甲板上传来的那句"看到白鲸了吗?"好像使对方那位陌生的船长受到了极度的惊吓,连手里的喇叭都掉进了海里。

好望角的东南方,遥远的克罗泽群岛(印度洋南部的岛群,由5个火山岛组成,1772年被法国探险家马可·约瑟夫·马里翁·迪弗伦发现并以他副手的名字命名,为法属南方和南极领地的一部分)海域,那是露脊鲸经常出没的海域,这里常有捕鲸船"守株待兔"。前面出现一张孤零零的帆,它属于一艘名叫"信天翁"号的船。它慢慢地向我们驶近,当时我正守在前桅顶上值班瞭望，把来船看得清清楚楚。对我这个远洋捕鲸业的新手，而且是久离家乡漂泊在海上的捕鲸人来说，那样的景象还是头一次看到。

波涛好像是漂染一样，使"信天翁"号变得像一副被搁浅在海滩上的海象的骨架一样白。这艘外形似鬼怪的船，船体的下部到处都是铁锈红色的长沟痕，船上的桅桁和索具就像是挂满了白霜的粗树枝。整艘船只张了底下的帆。守在桅顶上的那三个瞭望者留着长长的胡子，看了真叫人心里难受。他们穿的好像是兽皮，经过了近四年的海上航行，早已经破得不成样子，补丁一个压着一个。他们站在钉在桅杆上的铁箍里，随着大海的起伏颠荡摇晃。
[赏析解读：此处对于返航的"信天翁"号的描写，反映出了漫长的航行带给船上的水手们的艰苦与疲惫。] 当他们的船慢慢接近我们的船尾时，两艘船上的六个瞭望者靠得很近，几乎可以从各自船上的桅顶跳到对方的桅顶上去。然而，当那三名神色悲戚的水手从我们身边驶过去时，只亲切地看着我们，却一句话也没有跟我们说。就在这时，下面后甲板上倒是有水手先开口了：

"喂！兄弟们！你们看到白鲸没有？"

那位靠在灰白色的船舷上，正准备把喇叭举到嘴边去说话的陌生船长，不知道发生了什么，却失手把它掉进了海里。偏偏这时风又刮得很猛，没有了喇叭，他即使是放开嗓子喊，我们也听不见他在说什么，而且他的船仍在继续前进，两艘船的距离被拉得越来越大。"信天翁"号上的水手们因为头一次听到有关白鲸的消息，哪怕只是提到了它的名字，便千方百计地用各种无声的方式，表示他们都看到喷水这个不祥的小事件。亚哈微微一怔，如果不是因为风大浪急、条件不允许的话，他几乎要放下小艇去找那位陌生的船长问个明白。不过，好在他现在占了上风头的光，又通过这艘陌生的船的外观看出来，这是一艘南塔克特的船，并且不久后它就会驶回家乡去。于是他拿起喇叭高声喊道："喂！我是'披谷德'号，现在正准备绕游地球！告诉他们将来把信都捎到太平洋去！三年后的今天，我们要是还没有到家的话，就要他们把信捎到——"[赏析解读：此处亚哈的话听起来好像是胡言乱语，但是却显示出了他追捕白鲸的决心，透露出了一种悲壮的英雄主义。]

此时，两艘船的航道又有了交集，于是几天来一直在我们船边安静地游着的鱼群跑到了那艘陌生的船的前后左右，它们好像抖动着鳍，聚集在那里。虽然在出航过程中，亚哈肯定见过无数次类似的现象，然而对一个性格偏执的人来说，最微不足道的小事都可以被他随心所欲地赋予各种深意。

"你们也想要躲开我，是吗？"亚哈遥望海水自言自语。虽然只是平平淡淡的几个字，但是他的语气里却流露出前所未有的、深深的、无可奈何的悲哀。不过他这时突然转过身，对着一直尽量使船顶风行驶以减低速度的掌舵人，像头老狮子般吼道："转舵迎风开！我们环游世界去！"

环游世界去！这句话里包含着一种激发人自豪感的力量。可是环游世界的目的是什么呢？只不过是经历无数艰难险阻之后再次回到我们的起点，那里有我们留下的亲人，他们时刻会出现在我们面前。

如果这个世界是一片没有尽头的平原，我们一直向东前行，一路上都是新的远方，看到的也尽是基克拉泽斯群岛（是爱琴海南部一个群岛，包括约 220 个岛屿，属于希腊，位于希腊本土东南方。其名字源于这些岛屿环绕着提洛岛排列的形状）或所罗门群岛（位于太平洋西南部，1568 年被西班牙航海家阿尔瓦罗·德门达纳发现并命名。其名源于《圣经》中的故事，相传所罗门王在大海中有个黄金宝库，德门达纳发现这里的土著居民身上都佩戴着黄金饰物，以为找到了所罗门王的宝库，便把这里命名为所罗门群岛）更美妙、更奇幻的景色，那么，这样的航行还有个盼头。可是如今我们寻求的是梦想中玄而又玄的东西，或者不辞劳苦地追捕那个恶魔，只是因为它经常浮现在人们心中，就环游世界追下去，为了这样的目的，最终不是在迷宫中一无所获地瞎转，就是在途中船毁人亡。

第四十四章　联欢会

[名师导读]

通常在海上遇到同为捕鲸的船时，两艘船不但会互相打招呼，甚至还会有更加亲密的接触。这样做一方面是因为能够在广阔的海上遇到同行并不是件容易的事，另一方面两艘船之间还可以交换信息或是信件，用一个恰当的词来概括，那应该是"联欢会"吧！在偶遇到"信天翁"号不久，我们又遇到了另外一艘返航的船——"汤—霍"号。

从表面的原因来看，当时风浪的势头表明即将有暴风雨，这才使亚哈没有登上那艘捕鲸船。但是即使不是这种情况，他大约也不会到那艘船上去，当然这是根据他日后在类似场合中所做出的反应而判定的。如果这种猜测没有错的话，在打招呼的过程中，他已经就他所提出的问题得到了否定的答复。因为，他并不喜欢跟一位陌生的船长有什么过多的交往,哪怕是五分钟都不想,除非对方能提供一些他梦寐以求的信息。[赏析解读: *此处的描写,* *显示出了亚哈船长脾气的古怪,而"梦寐以求"足以说明他的所有心思都在那头白鲸身上。*]当然,这一点是我后来才想明白的。但是,在这里不得不说一说捕鲸船在外洋,特别是在同一个巡游海域相遇时的特殊习俗,否则上面所说的这一切都很不恰当。

如果两艘捕鲸船在那犹如无边无际的松树沙堆或索尔兹伯里平原(是一个位于英格兰南部的白垩高原,主要位于威尔特郡内,这里有英格兰著名的地标——史前巨石柱)这样的天涯海角——比如说,荒凉的范宁岛(塔布阿埃兰环礁的旧称,是一个位于太平洋中部莱恩群岛中的珊瑚礁,盛产水果)或是遥远的国王的磨坊岛(吉尔伯特群岛中的一个岛屿)周围——望见了对方,那么,我认为在那样的情况下,两艘船不仅会相互打招呼,还会有更密切、更友好、更亲切的接触,这接触要比在陆地上相遇的两个行人之间的交往自然不少。如果两艘船同属于一个港口,船上的船长、船副们以及不少水手之间彼此都很熟悉,那么他们之间就会有说不完的家常话,这样自然的接触也是顺理成章的事情。

更不要说那艘外航的船上或许还有信件要带给离家已久的船上人员,再不济也肯定可以给它一些报纸,那些报纸总比船上卷宗里原有的那些被翻得又脏又破的老报纸要新一两年吧。[赏析解读: *此处的叙述,写出了捕鲸期的漫长以及与世隔绝,从侧面凸显出了航* *海生活的艰辛与水手们对家乡的思念之情。*]反过来说,作为一种礼节,这艘外航的船会得到一些关于它正要前往的渔场的最新情报,这个信息对它来说无疑是最重要的。即使是两艘同样离家许久的捕鲸船在渔场相遇了,情况也大致是这样的。因为其中一艘船上可能有距离当前位置已经很远的第三艘船上一些有待转交的信件,而其中有些信件的收件人大概就在现在与它相遇的这艘船上。除此之外,这两艘船上的人还可以交换一下关于捕鲸的见闻,随心所欲地聊一聊。因为他们不仅有同为水手相逢时的亲切感,而且既然从事同样的职业、有过同样的经历、吃着同样的苦,那么他们的脾气秉性自然也是相通的。

在一切单独出海的船只中,捕鲸船是最有理由重视交际的——而它们也确实是这样做的。现在还是好好看看那虔诚、正派、不讲究排场、好客、乐于交往、坦诚自在的捕鲸人吧!两艘捕鲸船在天气晴朗的情况下相逢会做些什么呢?它们会举办个联欢会,对其他船来说,这是个听都没有听过的名称,就是它们碰巧听到了,也只会加以嘲笑,重复地说些诸如"喷水的""熬油的"无伤大雅的外号而已。为什么所有的商船、战舰以及贩奴船,甚至海盗船上的水手都瞧不起捕鲸人?这是个难以回答的问题。因为就海盗而言,我倒是很想知道,他们所做的那类营生究竟有什么特别光彩之处。的确，他们那种营生有时会得到高于常人的"回报"，那是因为他们将被吊在绞架上。再说，当一个人以这样独特的方式拔高了，那么他那崇高的地位就没有什么与之相称的基础了。因此，我敢断定，一个海盗在自吹比捕鲸人了不起时，他那种自信其实并没有什么依据。

可联欢会究竟是怎么回事呢？联欢会是指两艘（或两艘以上）捕鲸船之间的联谊性的活动，一般在巡游的渔场上举行。两艘相遇的捕鲸船在彼此打过招呼后，就会派出小艇进行互访。两位船长在这段时间内会暂时待在一艘船上，两位大副则待在另一艘船上。

好望角和它四周的水域很像是一个著名的四通八达的十字路口，你在那里能够见到的旅客行人比其他任何一个地方都要多。[赏析解读：此处的叙述，写出了好望角航线的重要性，并为下文"汤—霍"号的出现作铺垫。]

我们在招呼过"信天翁"号后不久，又碰上了另一艘返航的捕鲸船"汤—霍"（早年捕鲸船上的瞭望者在初次发现鲸后会发出这样的呐喊声）号。这艘船上的水手几乎全是波利尼西亚人（波利尼西亚群岛是太平洋上的三大岛群之一，大约位于美国夏威夷州以南，新西兰以北，复活节岛以西。波利尼西亚人身材高大，有着深褐色皮肤，头发呈直线形或波浪形，是新西兰土著毛利人的祖先），随后两船举行了简短的联欢会。

第四十五章　浮游生物是鲸的食料

[名师导读]

在海洋面前，人类是渺小的。海洋会蔑视人类，弄碎他们建造的最宏伟、最结实的战舰。任何力量都控制不了它，它在地球上为所欲为。

从克罗泽群岛往东北方向驶去，我们遇上了大片大片聚成草原般的浮游生物（泛指生活于水中而缺乏有效移动能力的漂流生物，分为浮游植物及浮游动物）——种微小的黄色物质——那是露脊鲸的主要食物。这种生物不知绵延了多少海里，在我们周围随波起伏着，我们就像是航行在无边无际的成熟金色麦田中。[赏析解读：这里将大片的浮游生物比作金色麦田，可见数量之多，同时也凸显出了海洋生物种类的繁多。]

第二天，我们看到了大批的露脊鲸。它们不用担心遭到像"披谷德"号这样的捕猎抹香鲸的捕鲸船的攻击，正张着大嘴在那些浮游生物中懒洋洋地游动。那些浮游生物一黏在它们嘴里那奇妙的、如同威尼斯式软百叶帘的边须上，就和从唇边流出的水分开了。

这些鲸像早晨的刈草人那样，并排慢慢地一起一落挥动镰刀，在那长长的长满青草的沼泽地上推进。恰好它们在游动时也发出一种割草似的怪声。在黄色的海面上，所过之处留下刈过草后的蓝色长条。

不过，纯粹是因为它们在吸食浮游生物时所发出的声音才让人联想到刈草人。要是从桅顶上望过去，特别是当它们暂停进食、静止不动的时候，它们那巨大的黑黝黝的身体看上去就像是一堆堆没有生命的岩石。正如在印度的大狩猎区，一个外地人在大草原上远远地瞧见横躺着的大象，有时会以为是光秃秃的黑土堆，而不知道是大象。同样，初次看到这种大海怪的人也往往如此。即使终于认出来了，它们那庞大的身躯也很难让人真的相信，长得这样臃肿的一大团肉会像狗或马一样活动自如。

确实，在其他方面，你很难以对待陆上动物一样的感情对待海中动物。一些博物学家认为陆上所有的动物跟海中动物都是一样的，虽然从大的方面着眼，也很可能是这样。但是一涉及各自的特点，比如说海洋中有哪种鱼在秉性上能赶得上聪明恋主的狗？一般来说，只有可恶的鲨鱼还有点类似。

虽然人们一般认为海洋生物极其孤僻、极不友好，我们知道海洋永远是个未知的领域，所以哥伦布（克里斯托弗·哥伦布，1452—1506年，生于中世纪的热那亚共和国，是意大利探险家、航海家，大航海时代的主要人物之一和地理大发现的先驱，1492年发现美洲大陆）才航遍无数未知的世界去寻找他那一知半解的东方。虽然肯定无疑，人类最可怕的灾难自古以来就不加区别地降临在千千万万到海上讨生活的人身上；虽然只需稍稍动动脑子就会知道，不管幼稚的人类怎样夸耀自己的科学和技术，不管在金色的未来，科学和技术会有多大的进展，但直到世界的末日，海洋都会蔑视人类，加害人类，把他们造的最宏伟、最结实的战舰都弄得粉碎。人类正因为对这些感觉已习以为常，所以失去了原先对海洋所怀有的充分的敬畏感。[赏析解读：从此处的叙述中可以看出，当人类面对浩瀚的海洋时，自身是多么的渺小。同时人类凭借着自身的科技不再像以前那样敬畏海洋，从某种意义来说就是与自然形成了一种对抗关系。]

但是，海洋不仅对与自己漠不相关的人类是这样，对自己的子孙来说也是个魔鬼，比谋害自己客人的波斯主人还要坏，连它自己繁殖的生物都不放过。就像是野性发作的母老虎在丛林中瞎折腾一气，把自己的幼仔都压死了一般，海洋也甚至把最大的鲸冲向礁石撞死，和破船的碎片陈尸一处。它毫无怜悯之心，除了它自己，任何力量都控制不了它。这唯我独尊的海洋，就像一匹失去了骑手的发狂战马，一边喷沫，一边打着响鼻，在地球上为所欲为。

[赏析解读：作者在这里把海洋比作"魔鬼"，凸显出了海洋的无情与可怕，同时从侧面体现出了海洋人所要面临的巨大挑战。]

第四十六章　大鱿鱼

[名师导读]

在"披谷德"号向东北方向的爪哇岛继续航行的某一天中，达果突然看到远方的海面上有只雪白的生物在水面浮潜。等它再次露出水面时，达果激动地喊出了"白鲸"。但是真的是那个恶魔出现了吗？

"披谷德"号艰难缓慢地驶过那片布满浮游生物的海域后，一直保持着向东北方向行驶，那是爪哇岛（印度尼西亚的第五大岛，也是世界上人口最多、人口密度最高的岛屿之一，南临印度洋，北面爪哇海，印度尼西亚首都雅加达就位于爪哇岛西北）的方向。它在轻柔的和风推动下前行着，四周静悄悄的，三根高耸的尖细的桅杆随着慵懒的微风轻晃着，就像是平原上的三棵柔软的棕榈树。在这个月色皎洁的夜晚，每隔上一段时间，就会看到那孤独的诱人的喷水。

在一个万里无云的早晨，海面上近乎异常的安静。阳光照在水面上，碎金一片，就像是一根金手指在水面上平摊着在交代着某个秘密；荡漾的微波小声地说着话，缓缓地向前涌动。就在这分外寂静、目力所及的范围内，在主桅顶上负责瞭望的达果看到了一只奇特的生物。

远处，懒洋洋地冒出一大团白色的东西，那个东西越升越高，跃出了蔚蓝的海面，最后就像因雪崩而刚从山上滑落下来的雪块一样，在我们船头前闪着光泽。它维持了这样的状态有一会儿后，开始慢慢下沉，最后整个都沉了下去。之后又冒出来，在阳光下散发着光芒。

[赏析解读：作者在这里采用了比喻的修辞手法，把那只白色的未知生物的若隐若现生动地刻画出来，凸显出了它的神秘。] 它看上去不像是鲸，可说不定是莫比·迪克？达果这样猜想着。这时，这头怪物又沉了下去，等它再次冒出来时，这个大块头黑人高声叫了起来，那

尖锐的声音就像短剑一般，划破了所有人的梦——"快看，又出来啦！它窜出了水面！就在正前方！是白鲸，是白鲸！"

水手们听到这喊声，赶紧向桁臂两端跑去，像分群时的蜜蜂一样，争先恐后地往树枝上冲。亚哈顾不得那酷热的阳光，站在舷樯上，一只手伸在背后，随时准备用手势向舵手下达指令，他的目光急切地朝桅杆上达果那一动不动伸得直直的胳臂所指示的方向望去。[赏析解读：达果在喊出"白鲸"后，作者用一连串的动作描写，体现出了全船人此时既激动又紧张的心情，对亚哈来说更是如此。]

不知是不是那股时隐时现的喷水起了作用，亚哈第一眼就认定是他追捕的那头鲸；还是因为他那急切的心情让他上了当？不管是哪种情况，总之他一看清确实有一团白色的东西在那里，便立即下令放下小艇。

四艘小艇很快就被放了下去，亚哈的小艇一马当先，领着其他小艇快速地朝着猎物划去。那个白色的东西随即又沉了下去，正当我们架着桨等它再度出现时，嗨！它又在沉下去的地方缓缓地冒了出来。这会儿我们几乎已经把莫比·迪克抛之脑后了，全都聚精会神地盯着神秘的海洋以前从未向人类展示过的这最大的奇观。那是一大团柔软的东西，长和宽都有好几百米以上，全身闪耀着奶油色光芒，它瘫浮在水面上，数不清有多少长长的胳臂从它的身体中心向四面八方伸出去，蜷曲扭结就像是南美蟒蛇（是公认的体重最大的蛇，体重可达200千克，长可达10米，长时间生活在水中，属于半水生蛇类。体型大的南美蟒蛇敢于攻击大型猎物，如美洲豹和凯门鳄等），好像在盲目地要抓住一切能够得着的倒霉的东西。我们看不到它长什么样，或是正面是怎样的，也无法想象它有什么感觉或者本能，只能看到一个令人恐惧的、多变的、难得一见的活幽灵在波涛中起伏。

在它发出一种低低的吮吸声后又慢慢消失了的时候，斯塔勃克依然在盯着它沉下去时被搅动的水面看，突然间，他狂叫道："我宁愿看到莫比·迪克，跟它大干一场，也不愿意看到你，你这白色的魔鬼！"

"那是什么东西，先生？"弗兰斯克问道。

"活的大鱿鱼（应该是大王乌贼，是大王乌贼科、大王乌贼属头足类软体动物，长可达13米，最大体重达275千克，常有其与抹香鲸搏斗的报道），据说凡是看到它的捕鲸船，没有几艘能安全地回到港口向他人提及它。"[赏析解读：此处的解释为大家揭开了白色生物的真实身份，同时也说出了大鱿鱼给人类带来的危险。]

亚哈什么也没说，掉转小艇返回了大船，其他的小艇也都随后默默地回来了。

捕猎抹香鲸的人看见大鱿鱼通常都有些迷信想法，因为这东西非常罕见，所以一看到它，竟然会认为是一种不祥的预兆。正因为它非常罕见，所以虽然大家都异口同声地说它是海洋中最大的生物，然而很少人了解它的真实本性和形状，哪怕对它具有最模糊的概念的人恐怕也是寥寥无几。尽管如此，人们还是认为它是抹香鲸唯一的食物。因为其他的鲸都在水面上找食物，人们也能看到它们进食，却没人知道抹香鲸是在哪里捕食。人们只能根据推论来猜测它的食物是什么。有时候，它被逼急了，会吐出一些看起来像是鱿鱼的断臂一样的东西，其中有些断臂可长达二三十英尺。人们认为，这些长着长臂的怪物通常就是用它们来紧紧抠住海底不放的，而抹香鲸不同于其他种类的鲸，它长有牙齿，可以攻击这种大鱿鱼并撕裂它。[赏析解读：虽然大鱿鱼是一种凶猛的海洋生物，但是它却沦为抹香鲸的食物，由此可以看出抹香鲸才是海中的王者，也暗示了"披谷德"号即将面临的严峻考验。]

这样看来，我们有理由认为庞托毕丹主教（18 世纪挪威卑尔根的一位主教，他在 1752 年著作的《挪威博物学》中曾描述"挪威海怪"）所说的克拉肯（又称北海巨妖，指的是挪威民间海上传说中的一种巨型海怪，其形象通常被描述为章鱼或乌贼的模样。克拉肯生活在挪威和格陵兰岛海岸附近，平时伏于深海水底，偶尔会浮上水面，甚至攻击过往的船只、捕食鲸类等大型海洋动物）原来就是指大鱿鱼。这位主教描述克拉肯时而浮起，时而沉下，其他种种细节都和大鱿鱼的情况基本相同。但是他说克拉肯的躯体大得令人难以置信，这一点必须得大打折扣。

关于在这里提到的这种神秘的生物，某些博物学家根据一些含糊其词的传说，把它归于乌贼（是软体动物门、头足纲、乌贼目的动物。乌贼遇到强敌时会以"喷墨"作为逃生的方法并伺机离开，因而有"乌贼""墨鱼"等名称。大王乌贼不属于乌贼目，而是属于枪形目，这里应该是当时的科学认识不足所致）一类，实际上，就其外表的某些特征来说，倒也没有什么不对。只不过它可以称得上是这一族类中的亚衲巨人（《创世纪》中传说的神的儿子们和人类的女儿们产生的后代，身体强壮高大，在亚伯拉罕时代生活在迦南，相传约书亚占领迦南时将其消灭殆尽）。

第四十七章　斯德布杀死了一头鲸

[名师导读]

在遇到大鱿鱼后的第二天，季奎格的话应验了。"我"值班负责瞭望的时候看到了一头抹香鲸。它的出现给昏昏欲睡的水手们打了一针强心剂。亚哈马上做出安排，放下小艇去追捕那头巨兽。最终不负众望，斯德布成功地为他们此次航行猎杀了第一头鲸。

如果说在斯塔勃克看来，这个妖怪般的大鱿鱼是个不祥之物，在季奎格的眼中却完全是另外一回事。

"看到那大鱿鱼后，"这野蛮人一边说，一边在他那吊起的小艇的艇首磨着标枪，"就代表着很快就能看到抹香鲸了。"[赏析解读：一句简单的话，推动了下文故事情节的展开。]

第二天的天气宁静且闷热，空气中感觉不到一丝风。"披谷德"号的水手们因为没有什么事情，在这辽阔单调的大海上完全抵挡不住睡意。我们当时航行的这片印度洋海域并不是捕鲸人口中有活可干的地方，也就是说在这一带看到小鲸、海豚（是海豚科的一类水生哺乳动物的统称，为小型或中型齿鲸，广泛生活于世界各大洋）、飞鱼（银汉鱼目、飞鱼科约40种海洋鱼类的统称，以"能飞"而著名，故而得名。飞鱼长相奇特，长长的胸鳍像鸟类的翅膀一样，一直延伸到尾部，它能够跃出水面十几米高，能在空中停留40多秒，飞行的最远距离可达400多米）的机会比起拉普拉塔河或秘鲁附近海域要少得多。

轮到我去前桅顶上瞭望了，我倚在最上面松弛的护桅索上，懒洋洋地来回摆动。那种如同身处云端的梦幻般感觉令人无法抗拒。虽然我的躯体还在像钟摆一样来回摆动，但最初使它摆动起来的那股力量却消失了。

我在神志完全模糊之前，注意到主桅和后桅顶上的两名水手都已经进入了一种忘我的状态中。就这样，我们都无精打采地靠在桅顶上无意识地晃动。我们在上面晃一下，下面那个打盹的舵手就点一下头。波浪也懒洋洋的，整个海面都波澜不惊地由东向西一直点着头，就连挂在空中的太阳也一样。[赏析解读：此处将海浪的起伏比喻成打瞌睡的人，渲染出一种轻松、慵懒的氛围。]

突然，我微闭的眼皮底下似乎冒出了无数的泡沫，我的双手像老虎钳一般抓住了护桅索，冥冥之中好像有股仁慈的力量保佑了我。我的心里猛地一惊，完全清醒了。嘿！就在我们的下风头，离船不到二百四十英尺的地方，一头巨大的抹香鲸在海水里滚动，就像是一艘底朝天的快速帆船一样，它那阔大的黑色脊背油光锃亮，在阳光下像是一面镜子发着光。只见它把大海当成了一个池塘，懒洋洋地起伏着，还不时悠闲地喷出一股股水雾，看上去就像是个大腹便便的乡绅在暖和的午后抽着烟斗。这时，好像是被魔术师的短杖敲了一下似的，这艘昏昏欲睡的船以及上面每一个睡着了的人猛地醒了过来。就在这头鲸从容不迫、有规律地把闪亮的海水喷向空中时，分布在船上各处的二十多个人和桅顶上的那三个人不约而同地高声喊起了那常用的呼号。[赏析解读：从此处的叙述中可以看出，大家在看到鲸出现后的激动心情，同时也意味着一场战斗即将打响。]

"把小艇放下去！贴风行驶！"亚哈喊道，接着抢在舵手前面，转动舵轮柄放下了舵。

水手们突如其来的叫声一定惊动了那头鲸，在小艇还没有放下去时，它已优哉游哉地转过身朝着下风头游去，连游动时搅起的水波都很少，以至于让人们认为它或许对我们浑然不觉。亚哈下令不许划桨，不许大声说话。我们就像安大略的印第安人那样坐在艇舷边上，迅速、不声不响地用手划水前进，并默默地扯起了帆，生怕一有动作就打破了这份寂静。[赏析解读：一连串的动作描写，写出了众人的小心翼翼，同时也表现出了水手们想要捕捉猎物的急切心情。]没想到，就在我们这样悄无声息地顺水跟踪它时，那头鲸却把尾巴垂直地翘向空中足有四十英尺高，然后猛地就像一座被吞没的宝塔那样，扎入水中不见了。

"它跑掉啦！"水手们大声喊着，紧跟着斯德布就掏出了火柴把他的烟斗点着，因为现在大家可以喘口气了。那头鲸在水下待到憋不住时又浮到了水面上来，这次刚好出现在抽着烟的斯德布的小艇前面。斯德布有希望大显身手了。这时，很明显那头鲸终于感觉到有人在追击它了，所以一直小心翼翼保持的寂静被打破。大家不再用手划水，而是迅猛地划起桨来。斯德布则一边抽着烟斗，一边鼓舞着他的水手们发动进攻。

不错，那头鲸此时完全换了另一种态度。它已经意识到自己的危险处境，开始露出了头，其露出水面的嘴角喷出一大堆散乱的泡沫。[赏析解读：抹香鲸那硕大的头部其实是它全身中最轻的部分，它可以不费力气地把头伸向空中，而且在它游速最快的时候，总是会把脑袋斜探到空中，以加快游速。]

"追着它，追着它，伙计们！别着急，我们还有时间——不过要追着它，像电闪雷鸣那样地追着它，这样就行了。"斯德布大声叫道，嘴里的烟不停地向外喷着，"追着它，扳桨的时间要长些。使劲儿。塔希特戈，追着它，塔希特戈，我的好小伙子——大家一起追着它，不过要稳住，要稳住，要像一条黄瓜（这是英语中"冷静得像根黄瓜"的说法）。别急，只要拼命地追着它，伙计们；要叫死尸从坟墓里笔直地竖起来那样追着它，伙计们——只要追着它就行了！"

"哦——嗬！哎——嗨！"那个从盖海德来的家伙用尖叫声作为回答，他把印第安人从前打仗时的口号喊得震耳欲聋。于是，在那股气势的带动下，这个印第安人猛地一划，这艘紧绷着的小艇里的每个桨手都不由自主地往前一扑。

虽然他的尖叫声气势很足，其他小艇上的尖叫声也并不比他弱。"嗨——嘻！嗨——嘻！"达果大声叫道，身子在座位上前俯后仰地拼命划着桨，就像一只被关在笼子里的老虎在踱来踱去。

"卡——啦！咕——噜！"季奎格也在吼叫着，嘴里好像咬着一大块鱼排似的哑巴着。就这样，小艇在划桨声和喊叫声中破浪前进。同时，斯德布仍待在艇首的位置上一动不动，在给他的水手们打气，他嘴里的烟一直喷个不停。大家就像一伙亡命徒，拼命地划着桨，丝毫不敢松懈。最后，终于听到一声如蒙大赦的口令："站起来，塔希特戈！——投枪！"标枪应声飞出去。"所有人退后！"桨手们倒划起来。这时，每个人都觉得好像有什么东西热烘烘、咝咝作响地掠过了手腕，原来是那有魔力的曳鲸索。在这一瞬间之前，斯德布已经不失时机地飞速将曳鲸索在木柱上又多绕了两圈。由于曳鲸索转得越来越快，此时木柱上冒起了青烟，和他烟斗里不断冒出的烟交织在一起。曳鲸索一圈圈地绕过木柱，在它松到最后之前，不断地擦过斯德布的双手，让他觉得手火辣辣的痛。他的手上原本垫着两块填了棉絮的方帆布，通常在这种时候会用上，此时一不留神竟掉了下来。这样一来，他就像赤手空拳抓着敌人的刀刃，刀锋割着肉，而敌人一直在极力要从他紧握的手中把刀抽出来。

"把索子打湿！把索子打湿！"斯德布朝着负责索桶的桨手喊道，那桨手一把抓下帽子，打了一帽子海水。索子又绕了几圈之后，曳鲸索就转到尽头了。这时，小艇就像一条鲨鱼劈开翻腾的海水飞速地前进。斯德布和塔希特戈这时也调换了位置——两人位置互换——在颠簸得如此厉害的情况下能做到这一点，确实很让人觉得不可思议。[赏析解读：此处的叙述说明，一方面表现出了斯德布与塔希特戈配合的默契，另一方面说明了他们丰富的航海经验。]

整个小艇上部都成了颤动的曳鲸索的延长部分，曳鲸索现在绷得比大提琴弦还要紧——你一定会认为这艘小艇有两道龙骨——一道在劈波斩浪，另一道则在腾空跃起。小艇正同时向着

空中和水面两个空间猛冲，一道小小的瀑布正川流不息地从艇首流下，艇首后是个不停旋转着的漩涡。现在只要有人稍微动一动，哪怕只是动了动小指头，这艘浑身颤动的、噼啪作响的小艇便会倾斜，让它那抽风似的艇舷翻身掉入海中。他们就这样一直向前冲。每个人都死命地贴在自己的座位上，以防被抛入奔腾的海水中。掌舵桨的高个子塔希特戈几乎把身子折叠起来，以便使自己的重心降低。他们像箭一样地射出去，整个海洋都好像要被他们扔在身后了，一直追到那头鲸松了力气，放慢了逃跑的速度为止。

"收绳子！收绳子！"斯德布朝着前桨手大声喊道。大家转过身看了看那头鲸，开始向它划过去，而此时小艇还在被它拖着走。很快小艇就靠到了鲸的侧腹，斯德布用一个膝头牢牢地顶住粗陋的系缆角，一枪又一枪地把标枪向着那头飞奔的鲸投去。小艇则听从命令，时而后退，躲开鲸可怕的翻滚，时而又靠上去，进行新一轮的投射。

这时，鲸的全身各处涌出像潮水一般的鲜血，犹如溪水奔下山冈。它痛苦的身躯看起来并不是在海水中而是在血水中不停地滚动，红色的海水像煮沸了一样泛起沫子，流出去了好几海里。斜阳照着这片殷红的血水，反射到大家的脸上，所有人的面孔都被染成了红色，看上去就像红种人一样。[赏析解读：通过此处的描写，写出了捕杀鲸时的惨烈场面，体现了猎捕鲸的残忍和血腥，令读者深思。]与此同时，一股股白烟不断地从痛苦的鲸的喷水孔里喷射出来，而大口大口的烟雾则从小艇兴奋的首领的嘴里吐了出来，因为他每投出去一枪，就会拉着枪杆上的绳子把枪收回来，枪杆此时都弯了。斯德布每次都在投出去之前在艇舷上迅速地敲几下将它弄直，再投到鲸身上去，如此循环。

"往回拉——往回拉！"这时，眼看鲸没了力气，翻腾得已经不那么厉害了，斯德布就朝前桨手喊道。"往回拉！——向它靠近！"于是，小艇来到了鲸的身边。斯德布从艇首探出身去，把锋利的标枪慢慢地插进鲸体内，不拔出来，只是细心地翻来覆去地在鲸身体里搅动着，好像是在小心地摸索，看看能不能找到鲸吞下去的金表，生怕在把它钩出来之前戳坏了。不过，他要找的金表却是鲸的性命。如今它已经危在旦夕了。因为鲸从最初的昏迷状态进入了那种难以言传的所谓"垂死挣扎"的状态中，它在自己的鲜血中翻滚着，浑身裹在一片密不透风的汹涌浪花中。处境危险的小艇赶紧往后退，分不清方向地盲目挣扎了好大一会儿，耗费了不少气力才从那昏暗的疯狂境地中来到明朗的晴空之下。

这时，鲸已经抽搐得不那么厉害了，它翻滚着出了水面，出现在大家面前。它左翻右滚，喷水孔痉挛地时而扩张，时而收缩，发出尖利的咯咯作响的呼吸声。最后，一股股凝结的血，像红葡萄酒的紫红的渣滓一般，射向天空，又落了下来，沿着它不再动弹的身躯两侧流进了大海里。它的心脏崩裂了。[赏析解读：通过对抹香鲸死亡场面的细致描写，一方面说明了此次追捕以成功结束，另一方面通过对抹香鲸痛苦挣扎的描写，渲染出了死亡的悲壮。]

"它死啦，斯德布先生。"塔希特戈说。

"死啦，两只烟斗都灭了！"斯德布随手把嘴里的烟斗拿下来，把烟灰磕在海里，然后看着那具硕大的尸体，沉思着。

第四十八章　斯德布的晚餐

[名师导读]

斯德布在猎杀了那头鲸之后的当天晚上非常兴奋，此时他浑身充满了力量，斯塔勃克索性把日常需要处理的事务交由他负责。斯德布如此兴奋的原因是他对于鲸肉的热爱。

斯德布是在距离大船相当远的海域杀死这头鲸的。那天风平浪静，我们把三艘小艇串联成一列，慢慢地把这战利品拖回到"披谷德"号上。这时，我们十八个人，三十六只胳臂，一百八十根手指，就这样在海上因这具尸体而忙碌起来，要好久才能挪动一点点。[赏析解读：此处用"十八""三十六""一百八十"等具体的数字以及"挪动一点点"等词汇来凸显鲸的庞大。]这足以证明我们拖的这具尸体有多么大了。因为，在中国那条大运河上（不管被叫作什么运河），四五个纤夫（是指那些专以纤绳帮人拉船为生的人）在羊肠小道上拖一艘重载的大船，一个钟头还能走上一英里（英制长度单位，1英里约为1.6093千米）。可是我们在拖这艘大"商船"时却举步维艰，好像船上装的全是大块的生铅一样。

天黑了，"披谷德"号的主桅索上下错落地挂起了三盏灯，微弱昏黄的灯光为我们指明了方向。我们在快靠近大船时，看到亚哈从好几盏灯中拿了一盏从舷边放了下来。他茫然地看了好一会儿那头被拖着的鲸，然后像往常那样下令将它绑牢，系在船边，等天亮了再说。他把手中的灯交给一名水手，就径自回船长舱去了，直到第二天早上才露面。

虽然在指挥追击这头鲸的时候，还能够看出亚哈那一如往日的热情，然而在看到这个已经死掉的大家伙时，他的心里隐约有些不快，或烦躁、或失望、或绝望的情绪袭上了心头，仿佛一看到这具尸体，就提醒他莫比·迪克现在还活着。哪怕有一千头鲸被系在他的船边，而他那伟大的、偏执的计划却仍然毫无进展。过了一会儿，从"披谷德"号的甲板上传来的响声，让你一定认为水手们准备在海上抛锚。沉重的铁链被拖在甲板上，发出了叮叮当当的响声，被水手们朝着舷窗孔往外抛。事实上，那叮当作响的铁链是用来固定巨大的鲸尸的，而并非船。鲸的头被绑在船尾，尾巴被绑在船首，黑色的身躯紧贴着船体。从昏暗的夜色里望去，船上面的桅桁和索具已经看不到了，船和鲸好像是驾在辕上的两头巨大无比的公牛，一头躺下了，而另一头仍然站着。

如果说阴晴不定的亚哈此时一声不吭，那么至少在甲板上他的二副斯德布是首战告捷，流露出一种罕见但不失温和的兴奋。[赏析解读：通过对亚哈表情的描写，凸显出了他的冷漠，这与斯德布那兴奋激动的心情形成了鲜明的对比，从而反衬出了他的郁郁寡欢。] 他难得像这样兴高采烈地忙个不停，连他的上司，那个沉着稳重的斯塔勃克见了都不声不响地退到了一边，索性暂时把大小事务都交给他去处理。他之所以表现得这么活跃，是因为对鲸肉有一种偏爱，把它当作美味佳肴来品尝。

"来块鲸肉排，来块鲸肉排，在睡觉之前我要来一块！达果，你下水去，从腰部那里割一块来！"

到了半夜时分，割下来的鲸肉排也已经做好了。斯德布在两盏鲸油灯下，站在绞盘旁大口大口地吃着他的鲸肉晚餐，好像绞盘就是餐具柜一样。那天晚上享用鲸肉的并不只有斯德布一个，跟着他一起大嚼的还有成千上万条鲨鱼，它们围在死鲸四围啧啧有声地饱餐这头大海怪的肥肉。[赏析解读：此处情景的描写，一方面写出了鲨鱼的数量之多，另一方面显示出了鲨鱼嗜血的习性，同时也为下文作铺垫。] 少数几个在舱里的床铺上睡觉的人经常会被它们那尾巴敲打船体的刺耳声惊醒。要知道这些人和它们仅一板之隔，离它们的胸脯也才几英寸远。如果现在贴紧舷侧去看的话，正好能看到（就像刚刚它们的声音传来的那样清晰）它们在阴森漆黑的海水里翻滚。它们一个翻身仰面朝天，就能咬下来一块球形的、和人头一样大小的鲸肉。鲨鱼这种奇特的本领简直令人不可思议。它们是怎么从看起来根本无法下嘴的鲸身上咬下去，而且咬出来的肉还很均匀？这始终是世界上普遍存在的无法解释的问题之一。它们留在鲸身上的创口，比木匠为钉螺丝而先打下的埋头孔都还要合适。

虽然在这场烟雾弥漫、充满恐怖与暴行的海战中，总能看到鲨鱼以一种渴望的目光仰望着船甲板，就像一群饿狗围着正在桌子旁分切红肉（欧美人把牛肉、羊肉、猪肉统称为红肉，把鸡肉、鱼肉都称为白肉）的人一样，企盼着能得到一点。虽然当那些勇敢的屠夫围在甲板上的餐桌周围，手中拿着镀金的带流苏的切肉刀互相切分切桌上的肉时，那些鲨鱼也在桌子底下张着它们如同镶着珠宝的大嘴，争相撕咬着桌下的死肉。即使你把整个场面倒过来看，也不会有任何改变，无论从哪一方面来看，桌上桌下都是吓人的鲨鱼式的勾当。虽然鲨鱼通常是所有横渡大西洋的贩奴船忠实的随从，总是紧紧地跟在船后，赶上有个包裹要送到什么地方去，或者有个奴隶死了要举行体面的海葬，它们会随时效劳。虽然还可以举出一两个类似的例子，有详细规定、地点和场合，鲨鱼进行社交聚会和联欢聚餐，但就是想象不出在什么时间或场合会有这么多鲨鱼聚在一起，这么快活、热闹，能和夜里围绕系在一艘捕鲸船边的死鲸这样的场合相比。不过，斯德布眼下顾不上他身旁正狼吞虎咽的咀嚼声，而那些鲨鱼也没有注意到他那大快朵颐的咂舌声。

"厨子，厨子！——那个弗利斯老头哪儿去了？"斯德布终于喊了起来，两条腿叉得更开了，好像要为自己享用这顿晚餐的架势巩固基础，同时像用标枪刺鲸一样将叉子朝着盘子戳过去，"厨子，喂，厨子！——你过来，厨子！"

这个黑人老头，因为三更半夜被人从暖和的吊床上叫起来而十分郁闷，他高一脚低一脚地从厨房里走了出来。与许多上了年纪的黑人一样，他的膝盖有点毛病，没有像擦洗锅碗瓢盆那样把它保养好。这个被大家称为弗利斯老头的黑人，拄着拐杖，一步一跛地走了过来。那根拐杖是用两根铁箍凑合锤直了的钳子做成的。为了表示他的顺从，他一动不动地立在斯德布的餐桌对面，双臂交叉在胸前，拄他那根双腿拐杖，本来已经弯了的背更向前倾，同时歪着头，好让他的那只好耳朵能够听得更清楚些。

"厨子，"斯德布一边说着，一边叉起一块红色的鲸肉往嘴边送去，"你不觉得这鲸肉排做得老了一点吗？你煎之前敲得太久了，吃起来口感不好。我不是说过鲸肉排要做得好吃点，就得有点嚼劲儿吗？看看那边的鲨鱼，它们不都是喜欢吃烤得嫩的肉吗？它们吵得好凶啊！厨子，你去告诉它们，就说欢迎它们来吃，不过要克制斯文一点，主要是别这么吵。真该死，吵得我连自己的声音都听不见。[赏析解读：在此处，斯德布把那些鲨鱼当作人，这一种诙谐、幽默的语气显示出了他此时的愉悦心情。]去吧，厨子，把我的话传达给它们。嗳，拿着这盏灯去，"他随手从他的"餐具柜"上拿起一盏灯，"去吧，去跟它们布道！"

弗利斯满脸不快地拿着灯，一瘸一拐地走过甲板来到舷墙边，然后他一只手把灯低垂到水面，以便自己能够看清他的听众，另一只手则有模有样地挥舞着拐杖，身子从舷墙上探出来，开始对鲨鱼含含糊糊地说起话来。[赏析解读：碍于等级制度的压迫，虽然弗利斯并不想去做这件看起来十分荒谬的事,但还是照着斯德布的话去做了。] 斯德布悄悄地溜到他背后,偷听他在说什么。

"同胞们,我奉命来跟你们说,你们必须立刻停止大声喧哗。你们听见没有?吃东西时嘴巴不要总是吧唧吧唧的!斯德布大人说,你们可以随便吃,直到吃撑了为止,但是看在上帝的面子上,请你们停止这该死的吵闹!"

"厨子,"这时,斯德布突然说话了了,他猛地一拍老头的肩膀,"厨子,见鬼了,布道的时候怎么能满嘴粗话呢?那样怎么能让对方信服呢,厨子?"

"谁在说话?那你自己去给它们布道吧,好吗?"老头一肚子不痛快,转过身就想走。

"别,别,厨子,你继续说,继续说。"

"好吧。亲爱的同胞们……"

"对!"斯德布赞许地大声说道,"先给它们说些好听的试试。"

于是弗利斯就接着说下去:

"没错,你们这些鲨鱼,虽然生性贪吃,不过我要和你们说,同胞们,贪吃可以——但是你们的尾巴别见鬼地总是这么拍打行不行!你们既要这么见鬼地拍打着尾巴,嘴巴里又要发出吧唧吧唧的咀嚼声,你们想想,怎么能听到我说的话?"

"厨子,"斯德布猛地揪住他的脖领,大声说,"不要总是说粗话,跟它们好好地说。"

于是,厨子又继续正儿八经地说下去:

"对于你们的贪嘴,我也不想过于责怪,那是你们的天性,没有办法阻止。不过要克制下你们的坏脾气,那才是最重要的。你们是鲨鱼,是魔鬼。不过如果你们管住了自己,那你们就是天使了。因为天使无非就是能够管得住自己的鲨鱼。[赏析解读:作者在这里用"魔鬼"和"天使"来形容鲨鱼,两个极端产生了鲜明的对比,从而暗示了鲨鱼的凶残。] 现在听我一句,兄弟们,我说你们吃鲸肉的时候,能不能斯文一点,吃鲸肉的时候别去抢走你们同伴嘴里的。你们谁对那鲸有享用的权利呢?上帝作证,你们谁都没有权利来享用它。那头鲸是别人的。我知道你们中间有的嘴非常之大,大于其他鲨鱼的。不过,嘴大的肚子并不一定大,所以那些大嘴巴就不该大口吞食,应该给那些小鲨鱼咬下点鲸肉。它们夹在你们中间抢来抢去,就是弄不到吃的。"

"说得没错,弗老头!"斯德布大声叫道,"这才符合基督教教义,讲下去。"

"跟它们说破了嘴皮子也没有用,斯德布大人,这些该死的坏家伙一样会抢来抢去,拍打着彼此，它们一个字也听不进去。你管它们叫馋鬼，跟这些馋鬼布道根本不起作用。它们不填满肚子是不会停下来的，然而它们的肚子就是个无底洞。就算它们把肚子填满了，它们依然不会听你的。因为它们就会潜到海底，到珊瑚礁上睡大觉去了，它们什么都听不见，永远也不会再来听了。"

"说真的，我觉得也是这样。那就算了，为它们祈祷吧，弗利斯。我也要去吃我的晚餐了。"

听到这样的话，弗利斯向着那群暴戾的鲨鱼们伸出双手，提高了他的尖嗓门，高声说道："见鬼的同胞们！你们愿意吵就去使劲地吵吧。你们只管去把你们那见鬼的肚子填满吧，直到炸开了——死了正好。"

"好啦，厨子，"斯德布说，此时他又在绞盘旁吃上了他的晚餐，"你还站到原来的地方去，在那里面对着我，留神听我说。"

"我在注意听。"弗利斯站在原来那个位置上回答道，他的身子依旧伏在那根双腿拐杖上。

"好的，"斯德布一边说，一边悠闲地吃着，"我们现在还是回到这块鲸肉排上来。我先问你个问题，你多大年纪了，厨子？"

"这个问题跟鲸肉排有什么关系吗？"这老黑人显得有些不耐烦。

"闭嘴！你多大了，厨子？"

"其他人都说我约有九十岁了吧。"他沉着脸嘀咕道。

"那你在这世上快活了一百年了，厨子，竟然还不知道怎么做鲸肉排？"［赏析解读：虽然老弗利斯的年纪很大，但是在这样一艘等级制度分明的捕鲸船上，他在斯德布面前也只是一个手下，并未得到他的尊重。］

说完这句话，他飞快地往嘴里塞了一块肉，而这块肉似乎成了下面对话的延续，"你是哪里人，厨子？"

"在去罗阿诺克河（发源于美国弗吉尼亚州西南部的阿巴拉契亚山谷，在北卡罗来纳州注入大西洋）的渡船上，生在舱口后面。"

"在渡船上出生的，那真不常见。不过我是问你的老家在哪里，厨子？"

"我不是说了在罗阿诺克河那里吗？"空气中微微弥漫着一股火药味儿。

"你没有回答我，厨子。不过我可以告诉你我为什么要问这个问题，厨子。看起来你得回老家，重新投胎了，你连鲸肉排都还不会做呢。"［赏析解读：斯德布宰杀了航行以来的第一头鲸，这使得他无比得意，再加上捕鲸船上的等级制度，让他看起来格外的目中无人。]

　　"别指望我会再做这个了。"老头显得十分生气，恶狠狠地说道，并转过身准备离开这里。

　　"回来，厨子——嗳，把那个夹子递给我。你现在尝尝那块鲸肉排，再告诉我你认为的鲸肉排就是这样做的吗？嗨，吃吧，"斯德布把夹子向他一伸，"吃吧，试试看。"

　　这个年迈的黑人用他干瘪的嘴轻轻把它咀嚼了一下，嘟囔着说，"这是我尝过的最美味的鲸肉排了，嫩得都能嚼出汁来，我说真的。"

　　"厨子，"斯德布又摆起了架子，"你经常去教堂吗？"

　　"在开普敦（南非第二大城市，也是南非的立法首都，因其美丽的自然与地理环境而被称为"世界上最美丽的城市"之一）曾经从一座教堂前走过。"老头不高兴地答道。

　　"你这辈子还曾从开普敦的那神圣的教堂前走过一次，那想必你常常能听到有个神圣的牧师把他的听众称为他的亲爱的同胞，对吧，厨子！可是你却在这里，像刚才那样向我说着这样恐怖的谎话，呢？"斯德布说，"你想去哪里，厨子？"

　　"我想马上回到床上去。"他咕哝道，边说边侧过了身子。

　　"站住！不要动！我说的是你死后想去哪里，厨子。这可是个举足轻重的问题。好吧，告诉我你的回答。"

　　"等这个黑老头死后，"黑人老头慢慢地说，此刻他的神情举止完全变了一个样子，"他自己不会去哪儿，上天会派天使来接他的。"

　　"来接他？怎么来接？来一辆由四匹马拉的大马车，像接以利亚（《圣经》故事中以利亚被耶和华派马车接上天）那样吗？而且，会接他到哪里去呢？"

　　"接到那上面去。"弗利斯把他的铁拐杖笔直地高举过头，一脸严肃地说道。

　　"那么就是说，你死后想爬上我们的大桅楼了，是吗，厨子？可是，难道你不知道爬得越高就越冷吗？想爬到大桅楼上去，呢？"

　　"我根本就没说要爬那么高。"弗利斯的怒火再次被点燃了。

　　"你说的不就是那里吗，难道不是吗？你看看自己，看看你那铁拐杖指的是什么地方。不过，也许你是想钻过大桅楼的升降口到天堂去吧，厨子。不过，那行不通的，行不通的，厨子，你是到不了那里的，除非你按惯例顺着索具一圈圈地往上爬。那可不是件容易的事，可是非那样做不可，要不然你是去不成的。还好我们现在谁都不在天堂里。放下你的铁拐杖吧，厨子，注意听我的命令。你在听吗？我对你下令的时候，厨子，你要一只手拿好帽子，一只手放在心口的位置。什么，那是你的心吗，那个地方？——那是你的胃！往上！往上！——就是那儿——现在你放对了。就放在那里别动，注意听着。"

"注意听着呢。"老黑人应道，两只手也按他的要求放在了心口上，满是花白头发的脑袋漫无目的地扭动着，好像要把两只耳朵同时挪到前面来似的，但是却无法做到。[赏析解读：老黑人弗利斯的无条件服从，让人感受到了在等级制度压迫下下等人的无奈。]

"好啦，厨子，你看你做的这块鲸肉排实在太糟糕了，我只能赶快把它消灭了。这是你亲眼看到的，对吧？至于下次，你再为我在绞盘旁独自一人吃的饭桌上端上鲸肉排时，我告诉你该怎样煎才最美味。你一只手端着鲸肉排，另一只手夹起一块烧得通红的炭去烤它，烤好后就放在盘子里，听清楚了吗？我们再说明天，厨子，在我们割取鲸膘时，你一定要守在旁边，把那些鲸鳍都拿走，浸在泡菜汁里去。至于尾巴尖就腌起来，就这样，厨子，你现在可以走了。"

但是，弗利斯刚走出三步，又被叫住了。

"厨子，明天晚上我值中班的时候，晚餐我要吃炸肉片，听到了吗？好了，你走吧——喂，站住！鞠个躬再走。再等等！明天早餐来个鲸肉丸子——别忘了。"

"上帝啊，但愿是鲸吃了他，而不是他吃了鲸。他要是不比鲨鱼更像鲨鱼，那我就走运了。"老头嘴里嘀咕着，一跛一跛地离开了。在说完这句话后，他就回到了他的吊床上。[赏析解读：从老弗利斯的语言描写里，显示出了他对斯德布的不满以及不能发泄出来的愤怒。]

第四十九章　关于一场对鲨鱼的大屠杀

[名师导读]

为了防止捕获的鲸被贪婪的鲨鱼啃得只剩下一副骨架，斯德布在吃完晚饭后就派季奎格和另外一名桅楼水手对鲨鱼进行一场大屠杀，但是没想到垂死的鲨鱼竟然还咬了季奎格一口。

在南大洋渔场，捕鲸人通常要花费不少时间，艰难地把一头捕获的鲸在深夜里拖回到船边。通常来说，他们并不会马上就动手割取鲸膘。因为这活十分繁重，不是一时半会就能搞定的，需要大家一齐动手。因此，按照惯例会先把所有的帆都收了，转舵航行到背风处后就把舵固定住，然后打发所有人下舱回各自的吊床上去睡觉，等到天亮以后再说。天亮之前的这段时间，只留下几个值锚更的人，也就是说，四个人值两个小时，两人值一个小时。全体水手轮流上甲板察看是否有异常情况。

可是有时候，特别是处于太平洋赤道海域时，这种安排还是有些不足。因为会有不计其数的鲨鱼围着这头被系在船边的死鲸，如果一连六个小时都不去理会它们，那么第二天一早大概只能看到一具骨架了。[赏析解读：从此处的描述中可以看出鲨鱼嗜血以及贪吃的本性，同时也显示出了太平洋中鲨鱼的数量之多。] 在太平洋的大部分海域，鲨鱼并没有那么多，只要拿几把锋利的捕鲸铲使劲驱赶那些聚集来的鲨鱼，它们那种与众不同的贪婪就会有所收敛。不过这样的做法也有不管用的时候，反而会使它们变得更活跃。幸好聚集在"披谷德"号周围的鲨鱼现在还没有出现这样的情况。当然，话说回来，没有见过这种情景的人，如果在那天晚上靠着船边看到了这一幕，恐怕会以为整个大海就是一块大奶酪，而那些鲨鱼就是奶酪中的蛆。

尽管如此，斯德布在吃完了晚餐后就安排好值夜班的人。季奎格和一名桅楼水手来到了甲板上，自从做出暂时不用在船边切割鲸的决定后，他们就放下了三盏灯，长长的灯光投射在浑浊的海面上，这两名水手马上拿起他们的捕鲸铲，朝着鲨鱼群一顿猛戳。他们把锋利的钢刃狠狠地戳在鲨鱼的脑袋上，那里看起来是它们唯一的要害所在。不过，在它们极力挣扎乱成一团所搅起的无数浪沫中，这两名水手并不能让每一铲都击中目标。这样一来，这些敌人异常凶残的另一面就被激发了出来，它们不仅凶狠地咬着彼此，直到肠子都漏了出来，还像可以扳弯的弓一样，弯过身子来咬自己。

不过，要离这些家伙的尸体和阴魂远远的。因为在那种可以称为特殊的生命离开了它们的躯体之后，它们的骨骼和关节里似乎还潜伏着一种神秘的活力。为了剥它们的皮，一头鲨鱼死后被吊到了甲板上，正当可怜的季奎格准备伸手去把它那凶残的嘴合上时，竟然差点儿被咬掉一只手。

"我季奎格才不在乎是哪个神造出鲨鱼这种东西，"那个野蛮人痛得直甩手，"无论是斐济（位于西南太平洋中心，由332个岛屿组成，其中106个有人居住，多为珊瑚礁环绕的火山岛。早在1500年就有人居住，1643年到达这里的荷兰航海家斯塔曼是最早来到这里的欧洲人）的神也好，还是南塔克特的神也罢，反正造出鲨鱼的那个神肯定是个印第安人。"

第五十章　割取鲸䐁

[名师导读]

　　第二天是安息日，"披谷德"号上却俨然成了一个屠宰场，我们这些屠夫此刻正在割取那头鲸身上的鲸䐁。如果这样壮观、血腥的场景被不知情的人看到，大概会瞠目结舌吧。

　　鲸被捕的时候是星期六的晚上，而第二天大家面对的竟然是这样一个安息日！所有的捕鲸人都是不遵守安息日的大师。[赏析解读：安息日是不允许工作的，但是对捕鲸船上的人来说，他们并没有休息日，由此体现出了水手们日常工作的繁重与辛苦。] 镶着牙骨的"披谷德"号变成了一个屠宰场，所有的水手都成了屠夫。那种血淋淋的场景猛地看去，你准会认为我们杀了一万头牛在祭祀海神。

　　首先看到的就是那巨大的滑车。那是一件由一串通常漆成绿色的、一个人举不起来的轱辘组成的笨重东西——这一大串葡萄似的轱辘吊在主桅楼上，牢牢地捆住下桅顶。这是甲板上最牢固的地方。一根大缆绳似的索子一端曲折地穿过那复杂的滑车，通到绞车上。滑车最下面的那个大轱辘兜着鲸。这个轱辘上有个吊鲸䐁用的约一百磅重的大钩。这时，大副斯塔勃克和二副斯德布在船边的吊梯上错落地站着，他们手执长铲，开始靠近鲸两侧的鳍，其中一个挖着窟窿，以便于把钩子伸进去。窟窿挖好后，他们又在周围割了一道半圆形的口子，钩子便插了进去，接着水手们就兴奋地唱起了大合唱，围在绞车边，开始干起来。

　　一时间，整个船身向一边倾斜了过去。船上的每一根螺钉就像霜冻天气里的老房子里的钉子头那样一惊一乍的：它们浑身发抖，不停地颤动，受惊的桅顶也一直在向天空点着头。船身越来越向鲸那侧倾斜，绞车费劲地每转动一下，波浪就会推波助澜似的搭一把手。终于，传来一阵令人惊恐的、清脆的断裂声，啪嗒一声，船与鲸脱离了，船身向上一跳又往后一退，得逞后的滑车连同一片半圆形的鲸䐁出现在了人们的眼前。

　　原来鲸䐁裹住鲸就像橘皮包着橘子一般，所以剥离鲸䐁时就像我们有时转着圈剥橘子皮一样。绞车不停地使劲绞着，鲸不断地翻滚，一片片的鲸䐁便整整齐齐地沿着斯塔勃克和斯德布这两位副手同时切开的那道"口子"的纹路剥离下来。鲸也随着鲸䐁的迅速剥离（其实也是借力）而被吊得越来越高，直到最后它的头部都挨到了主桅顶。这时，绞车旁的水手也停了下来。有好大一会儿，那滴着血的巨大身体在空中荡来荡去，好像是从天而降似的。它摇摆的时候，周围的人都必须小心地避开，不然的话，它就会赏人一个耳光，可能还会把人扫到海里去。

这时，站在一旁的一个标枪手，拿着一把被称作"攻船刀"的长且锋利的武器走上前来，看准时机，熟练地在那来回摇摆的鲸身下端捅出了一个大洞。另一部交替使用的大滑车的钩子伸进了那个洞，钩住了鲸膘，为下一步的操作做好准备。这个本领过人的刀客让大家站开，对着鲸身再次进行了攻击，看起来颇合理，他用刀斜着狠狠地砍了几下，把鲸身整个儿分成了两半，短的下半部分依然被固定在钩子上，长的被叫作"包被"的上半部分却已毫无牵连地在晃动着，随时可以被放在甲板上。

这时，站在绞车旁的水手们又唱起了歌来。当这部滑车在剥离并扯起了第二块鲸膘时，之前的那部滑车就会慢慢地松开了，此时第一块鲸膘就正好被降到了主舱口下，放进了那间空空的被称为"鲸膘房"的房间里。在这间昏暗的房子里，一双双灵敏的手不断地把"包被"卷起来，仿佛它是一条交织在一起的蟒蛇。工作就这样进行着，两部滑车一起一落交替作业，鲸和绞盘都在转动，转绞车的水手不停地唱着歌，鲸膘房里的人们不停地卷着鲸膘，三位副手割着鲸膘，大船也在如此大的压力下起伏着，大伙则偶尔咒骂一声，以此来缓和一下紧张的情绪。

第五十一章　葬礼

[名师导读]

被剥得只剩下一具骨架的无头鲸尸被留在了海上，离我们的船越来越远。无数的鲨鱼与鸟群围绕在它的尸体周围，在它的葬礼宴席上表达了它们的贪婪。这真是一场别开生面的葬礼啊！

"把链子收上来！让尸体往后漂走！"

巨大的滑车现在已经完成了任务。这被剥去了鲸膘又去了头的雪白鲸尸，就像座大理石墓似的泛着光泽。虽然它的颜色变了，但是从体积上看，与原来没有多大差别。它仍然大得出奇，慢慢地越漂越远，周围的海水在贪婪的鲨鱼的冲击下不停地翻腾着，尖叫的水鸟群用匕首般的尖嘴刺向鲸尸，看起来是对鲸尸的侮辱。这丢失了脑袋的白色大海怪逐渐远离了大船，每漂上一段距离，就会多一平方丈的鲨鱼和一立方丈的水鸟闻讯而来，凑热闹做着歹事。[赏析解读：此处的描写，渲染出了一种悲壮的氛围，值得引人深思。] 从几乎纹丝未动的大船上，一连好几个小时都能看到这丑恶的场景。在晴朗柔和的蓝天下，在秀色可餐的海面上，愉快的和风推送着那巨大的死尸漂呀漂，最终消失在我们的视线之外。

这是一场格外凄凉又极具嘲讽意味的葬礼！海上的兀鹰全都假模假样地进行哀悼。这些空中的鲨鱼全都一丝不苟地穿着黑色或带有斑点的丧服。我可以十分确定地说，这头鲸如果生前真的需要帮助，只怕能够帮它的没有几位；可是在为鲸举行葬礼的宴席上，它们准会虔诚地一拥而上叮上几口。啊，世上那可怕的贪婪啊！即使最有威力的鲸也无法幸免。[赏析解读：作者在这里采用了拟人的修辞手法，表达出了其嘲讽之意，将鲨鱼和兀鹫的贪婪表现得淋漓尽致。]

可是这还没有结束。尽管它的身躯遭到了亵渎，但是它的冤魂一直盘旋于尸体之上，其威势足以令生者止步。如果它在很远的地方偶然被一艘过于谨慎的战舰或惶然的探险船发现，因为距离太远看不清那成群的鸟，却只看到那雪白的庞然大物在阳光下漂浮，海浪拍在它身上溅起的白色浪花却被看得十分清楚，于是人们会用颤抖的手指把这已经没有威胁的鲸尸记载在航海日志上：这一带发现岩石、暗礁和其他危险物，一定要留神！也许多年后，所有的船只都会躲着这里走，就像傻乎乎的绵羊来到这里时会猛地跃起，只因为它们的领头羊曾经在这里跳了过去。只不过当初这里架着一根杆子，而此时什么都没有。这就是你们以先例为依据的法律！这就是你们一切照旧的法则！这就是你们遵循传统的结果！这就是你们从来不脚踏实地，现如今甚至不着天的陈旧信念仍然顽固地存在的故事！这就是正统！

由此可见，鲸生前那庞大的身躯也许曾真的让它的敌人感到恐惧，但是死后，它的鬼魂即使失去了原有的威力，却仍然能在人间引起无休止的惊恐。

第五十二章　狮身人面怪

[名师导读]

把鲸的头切下来后，分割鲸尸的工作就算完成了。此时正值中午时分，水手们也都到舱下吃饭了，亚哈悄无声息地来到了甲板上，对着那个鲸头在说着些什么。突然从主桅顶上传来了一声喊叫，有船出现了！

"披谷德"号捕获的这头鲸的脑袋被切下来后就吊在了船的一侧，约有一半露出水面，这样一来它就可以借助海水的浮力浮起来，而吃力的大船由于主桅顶上那股巨大的下拉力，变得有些倾斜。倾斜的那边的每一根桁臂都像一架吊车探到了海面上。血淋淋的鲸头被吊在"披谷德"号的腰部，就像是巨人荷罗孚尼的脑袋挂在犹滴的腰带（《圣经·犹滴传》中的故事。犹滴是一位富有、年轻的犹太寡妇，住在伯修利亚，有一天荷罗孚尼率领的亚述军队包围了伯修利亚，犹滴挺身而出，设计深入敌军军营，以美貌迷住了荷罗孚尼，趁其大醉，果断割下其头颅，使敌军群龙无首，不攻自破。卡拉马乔曾根据这个故事绘制了名画《砍下荷罗孚尼头颅的犹滴》）上一样。

　　等干完最后这件活的时候已经是中午了，水手们都到舱下吃中午饭了。刚才还忙碌嘈杂的甲板上，此时已经空无一人，一片寂静。这样的悄然无息，就像是一株普度众生的忘忧树（希腊神话中食忘忧树的果实者会酣然入梦，忘却人世一切愁苦）那悄然生长的叶子，此时正张开覆盖在海面上，并且越张越大。

　　不久后，亚哈从船长舱走了出来，独自来到了这悄无声息的世界。他先在后甲板上走了几圈，站住了脚，望向了舷外下面，然后走到那一盘绳索旁，拿起斯德布用的那把长铲（砍掉鲸头的长铲仍放在那里），捅进那半悬空吊着的鲸头中，把铲子的另一头像支拐杖似的抵在胳肢窝下面，就这么将上半身探出船外，聚精会神地望着鲸头。

　　这个黑色的脑袋，被吊在那里，四周一片极其深沉的寂静，看上去就像是沙漠里的狮身人面怪。"说话吧，你这颗又大又老的令人敬佩的脑袋，"亚哈小声地说道，"这个脑袋虽然没有长着胡须，可到处都黏着苔藓，看上去一片灰白。说话吧，伟大的脑袋，把藏在这里的秘密告诉我们。在所有的潜水动物中，就数你潜得最深。天上的太阳正照在脑袋上，而这颗脑袋曾经一直生活在海底。有多少未经记录的人和舰船在那里生了锈，有多少没来得及吐露的希望和锚都一起在那里腐烂。"

　　"这个世界就是一艘舰船，千千万万溺死者的尸体都变成了压舱物。那悲凉的水底王国却是你最亲切的故乡。你到过潜水钟或潜水者从来没到达过的地方。你曾经躺在许多水手身旁，那是彻夜难眠的母亲情愿舍身代之的地方。你曾看到过紧抱着的情侣从燃着熊熊大火的船上跳进大海，心贴着心地淹没在奔腾的波涛中；在老天爷似乎抛弃了他们的时候，他们却至死不渝。你也曾看到过被杀害的大副被海盗半夜从甲板上扔进大海，他掉进那有如午夜漆黑的贪得无厌的大嘴里好几个小时，那艘杀人越货的海盗船却仍然悠然自得地继续航行——与此同时突如其来的电闪雷鸣使邻船毛骨悚然，它本来可以把一位正直的丈夫送到盼望的亲人那张开的双臂中去的。唉，脑袋啊！你见多识广，足以判清天上的行星，足能使亚伯拉罕（原名亚伯兰，是传说中古希伯来民族和阿拉伯民族的共同祖先）变成个异教徒，可你一句话也不说！"

"有船过来了！"从主桅上突然传来一阵欣喜欲狂的喊声。

"是吗？好哇，这真是个令人高兴的消息。"亚哈大声说道，他猛地挺直了身子，眉眼间的愁云一扫而空，"在这种死气沉沉的寂静里听到这样的叫喊声，真是振奋人心啊——它在哪里？"

"右舷船头三个方位的地方，先生，它带着一阵轻风驶过来了！"

"那就更好了，伙计。但愿圣保罗（5—67年，是基督教早期发展中的重要人物，早期参与了对基督徒的迫害，后来在前往大马士革的路上皈依了基督教，是历史上最著名的皈依者。他的著作和书信构成了《新约》的重要部分）也会跟着从那里过来，给我阴沉的心情带来一股春风！大自然啊，人的灵魂啊！你们彼此间的联系真是难以言喻！虽然丝毫不为外物所左右，但却在精神上有它精致的复制品。"

第五十三章 "耶罗波安"号的故事

[名师导读]

"披谷德"在航行的过程中遇到了"耶罗波安"号。"耶罗波安"号上发生过一场恶性传染病，由于担心传染问题，两艘船上的人并没有直接接触。"耶罗波安"号的小艇和"披谷德"号之间保持着平行距离，亚哈向他们打听有关莫比·迪克的消息。

那艘船与轻风齐头并进，只是风的速度更快些，没用多长时间"披谷德"号就开始轻轻地摇晃起来了。

不一会儿，从望远镜里就看到了那艘陌生船上的小艇和安排了水手值班的桅顶，原来它也是艘捕鲸船。可是它远在上风处，航速很快，显然是赶向另一个渔场，"披谷德"号没有赶上它的希望。于是打出信号，看会有什么反应。

在这里要单独说明下，美国捕鲸船队的船与海军的舰艇一样，都有着自己独特的信号。这些信号被汇印成书，信号底下附有各船的船名，每位船长人手一本。因此，捕鲸船船长在海洋上与其他捕鲸船相遇，哪怕隔得相当远，也能很容易地认出对方。

在"披谷德"号打出信号后，那艘陌生船终于也打出了自己的信号作为回应，原来那艘船是南塔克特的"耶罗波安"（这艘船是以《圣经·旧约·列王纪》中以色列的十个部落的第一个统治者耶罗波安命名的。这些部落在所罗门国王死后便脱离了大卫家族的控制）号。它把帆桁调整成直角后，就向着"披谷德"号疾驶过来，靠近了"披谷德"号后，在其背风一侧，放下一艘小艇。小艇很快就靠过来了。但是就在水手们按照斯德布的命令把舷侧的绳梯放下去，以便来访的船长上船时，只看到小艇上的陌生人却在他的艇尾处冲他们摆着手，表示不用这样做。原来"耶罗波安"号上发生过一场恶性传染病，那位叫作梅休的船长怕把病传染给"披谷德"号上的人。虽然他和小艇上的水手没有感染那种病，而且他的大船还在半个步枪射程之外，中间隔着不会污染的滚滚波涛和流动的清风，但他还是认真地遵守本国严谨的检疫规定，谢绝与"披谷德"号有直接接触。

不过，这并不会阻止双方的联系。"耶罗波安"号的小艇和"披谷德"号之间保持着好几码的距离，由于此时风刮得有些急，小艇的主桅中帆被吹得向后鼓了起来，以至于小艇每隔一段时间就得划上几桨，以便跟"披谷德"号保持平行。实际上，偶尔有个大浪猛地涌来，小艇就会被带着向前冲去，但是小艇上的人很快会熟练地让它回到跟大船平行的位置上。船、艇之间的对话就在这种不时会发生干扰的情况下持续进行着。不过时不时地还是会有另外一种不同性质的干扰。

"耶罗波安"号的小艇上的一个桨手的样子十分奇怪，虽然在捕鲸业这个充满野性的营生中，那些形形色色、稀奇古怪的人正好组成了这个营生中的整体形象。他的身材短小，年纪并不大，满脸雀斑，一头黄发，身穿一件褪了色的胡桃色的老式长外套，剪裁得与犹太教士的服饰很像，过长的袖子被卷到了手腕处。他的眼睛里流露出一种阴沉、呆滞、疯狂而又错乱的神情。

斯德布一看到这个人，便大喊道："他就是那个'汤一霍'号上的人告诉我们的那个只会吹牛的胆小鬼！"斯德布这里所说的是在前些时候，"披谷德"号和"汤一霍"号对话时谈到的"耶罗波安"号以及它的水手中的一个奇怪的故事。根据当时所讲的，以及后来得知的，那个胆小鬼好像摔了一跤，正好掉到了青云里，变得比"耶罗波安"号上的任何一个人都神气。他的故事是这样的：

他本来是怪诞的震教派（最初称作"震颤贵格会"，源于18世纪中叶的英格兰，其名称源自敬拜时的颤抖和痉挛，后改良为舞蹈和跨步。这个教派的正式名称为基督二次现身信徒联合会）里的红人，是一个伟大的预言家。在他们那些精神失常者的秘密会议上，他有好几次通过一道从天而降的活门板，声称自己马上就要打开第七只碗（《圣经·新约·启示录》第16章："我听见有大声音从殿中出来，向那七位天使说，你们去，把盛上帝大怒的七碗倒在地上……第七位天使把碗倒在了空中……又有闪电、声音、雷轰、大地震。自从地上有人以来，没有这样大这样厉害的地震"），而那只碗就放在他胸口的口袋里。但是，据说那只碗里装的并不是火药，而是鸦片酊（医药上用酒精和药物配制而成的液剂）。他曾突发奇想，以使徒自居离开了奈斯古威纳，来到了南塔克特。在那里，他凭借着那个疯癫的计谋，装出一副稳重的寻常模样，自愿做个新手，跟着"耶罗波安"号出海捕鲸。他被雇用了，但是等船出海后刚刚看不到陆地时，他的疯病突然就发作了。他宣称自己是天使长加百列，并命令船长到海里去。他发表了宣言，称自己是海上诸岛的拯救者，是整个大洋洲的代理监督（英国国教在诉讼事务上协助大主教或主教的代理监督）。他宣布这些事情时的神态非常坚定、一本正经——他肆无忌惮地发挥着想象力，再加上那来自真正的、疯狂的、莫名其妙的恐惧感，两者加在一起，使这位"加百列"在大多数无知的水手心中成了一个带有浓厚神圣色彩的人物。

他们对他心生畏惧。然而实际上，这样的人在船上并不起什么大作用，心情不好的时候什么活都不肯干。那位心存疑虑的船长虽然恨不得让他马上走人，但还是告诉他，说准备在一个方便的港口让他上岸。这位"天使长"马上把所有的盆和碗倒扣着，说如果将这话付诸实现，那么他就听任这船和全体水手毁灭。水手中有不少他的信徒，他煽动他们去船长那里为他说情，他的那些信徒抱团去告诉船长，说如果把"加百列"赶走，那么他们也会跟着他离开。船长只好放弃了自己的打算。他们还要求无论他说什么做什么，都不能虐待他。这样一来，"加百列"就可以在船上为所欲为了。结果，这位"天使长"根本就不把船长和三位船副放在眼里。船上发生传染病之后，他更是目中无人，声称这场瘟疫是受他的控制，能不能停止就要看他的心情了。

那些水手大多是些可怜虫，对他卑躬屈膝，有的还曲意逢迎；他们对他俯首帖耳，有时还对他顶礼膜拜，就像对待神明那样。这些事说起来很难让人相信，但是不管它们有多荒诞，却是事实。不过，还是让我们回到"披谷德"号上来吧。

"我不怕你们的传染病，朋友，"亚哈从船舷处站着对站在艇尾的梅休船长说，"上船来吧。"

但就在这时，加百列跳了起来。

"你想想，那热病会让人肤色变黄，肝火旺盛！当心这可怕的瘟疫！"

"'加百列'，'加百列'！"梅休船长大声说道，"你应该——"可在这时，一个迎面打来的巨浪，把小艇冲出去老远，汹涌波涛声淹没了他的声音。

"你见过白鲸吗？"等小艇荡回来后，亚哈问道。

"想想你的捕鲸艇吧，会给撞碎下沉的！当心那可怕的鲸尾巴！"

"我再跟你说一遍，'加百列'——"可是这时小艇被冲到了前面，仿佛有魔鬼正在拖着它一样。有好长一段时间大家都沉默不语，等着翻腾的波涛翻卷过去。这时的大船不再起伏不定，而是翻滚向前冲，大海有时候就是这样任性胡来。同时，那颗挂在船边的抹香鲸脑袋也在剧烈地摇摆。人们看到"加百列"以一种惊恐的眼神看着它，那副胆怯的神情完全不是"天使长"该有的样子。

在干扰过去之后，梅休船长就讲起了有关于莫比·迪克的一个可怕的故事。然而，在他讲述的过程中，只要一提到那个名字，"加百列"就会时不时地从中打岔，而那疯狂的大海好像也与他站在了同一战线上，为他推波助澜。

"耶罗波安"号在出航不久和遇到的一艘捕鲸船交谈时，从对方那里得到了关于莫比·迪克以及它毁船伤人的可靠消息。"加百列"对于这种消息百听不厌，他十分严肃地警告船长，说万一碰到这头大海怪，千万不要对它发起攻击。他疯疯癫癫地乱说一气，宣称白鲸正是震教上帝的化身，震教徒已经收到了《圣经》的启示等。但是一两年后，桅顶上的瞭望者清清楚楚地看见了莫比·迪克，大副梅赛急不可待地要跟它去干一仗。船长不顾这位"天使长"的警告和恐吓，十分乐意让大副去一展身手。梅赛说服了五名水手登上他的小艇，领着他们离开了大船。在经过多次危险、徒劳的攻击之后，他终于把一支标枪扎进了鲸的身体。同时，"加百列"爬到主桅顶上，使劲挥舞着胳臂，高声预言，说那些攻击他的天神、罪孽深重的人马上就会大祸临头的。

这时，梅赛大副站在艇首，不管不顾地以他那个部族所特有的蛮力，冲着鲸不断地咒骂。他举起了标枪，想伺机投出，嘿！海里突然窜出一个巨大的白影。它的身子飞快地扫过，登时那几个桨手全都被吓呆了。一瞬间，刚才还生龙活虎的大副，身子被扫到了半空中，划出了一道弧线，掉在了约五十码外的海里。[赏析解读：此处的描写，写出了白鲸的凶猛与人类的渺小，同时也验证了"加百列"的胡言乱语。]小艇丝毫无损，桨手们连一根头发都没有掉，可是那位大副却再也没有上来。

在这里顺便说明一下，在捕抹香鲸业发生的那些严重的意外事故中，这种情况可谓是家常便饭。有时，除了那个因此丧命的人以外，其余人都会毫无损伤。但更为常见的是艇首被砸掉或指挥者站的那块用来顶住膝盖的船板被扫下去了。但是最奇怪的是这种情况：打捞到的遇难者的尸体上面竟看不到半点伤痕，但是人却已经死透了。

整场灾难，以及梅赛是如何掉下海去的，大船上的人看得清清楚楚。"加百列"发出了一声凄厉的尖叫，"是上帝让碗倒了！是上帝让碗倒了！"这样的叫声使那些被吓破了胆的水手停止了追击。这个可怕的事故扩大了这位"天使长"的影响力。因为他的那些无知的信徒认为他早就对此做出了预言，虽然预言谁都会做，但是说上许多次也未必能说中一回。从此他让人感到一种说不出来的恐怖。

梅休刚把故事讲完，亚哈就开始向他打听白鲸的事，这位陌生的船长不由自主地反问他是不是打算去追捕白鲸。亚哈回答道："是的。"话音刚落，"加百列"马上又再次跳起来，瞪着这个老头，一根手指朝下指着，情绪激动地大声说道："你想想那个亵渎神明的人——他死了，就在底下！小心你也会有同样的下场！"

亚哈漠然地转过脸去，对梅休说："船长，如果我没记错的话，我刚想起了我的信袋里有一封信是给你手下一位副手的。斯塔勃克，去信袋里找一找。"

每艘捕鲸船出航时都捎着好些给别的船的信件，能不能交到收信人的手中，那就要看是不是能碰巧在海上遇到他们。因此，大部分的信件从来都到不了收信人的手中，有一些甚至要经过两三年或更长的时间才能送达。[赏析解读：由此处可以看出，在辽阔的大海上，捕鲸船相互碰到的概率很小，同时也说明了航海生涯的漫长与信息的闭塞。]

很快斯塔勃克就拿着一封信回来了。那信由于长时间被放在舱里一个阴暗的橱柜里，变得皱巴巴的，还有股潮气，上面覆盖着一层暗绿色的霉斑。负责送这样一封信的信差，大概是死神本人吧。

"看不出来吗？"亚哈喊道，"给我，朋友。嗯，嗯，字迹确实不清楚了——这是什么？"在他仔细辨认的时候，斯塔勃克已经拿来了一把切割用的铲子的长柄，用小刀子把柄的一头稍稍割开些，把信夹在缝隙里，打算就这样送到小艇上去。这样一来，小艇就不必再向大船靠近了。

这时，亚哈拿着信，喃喃自语道："哈——先生，对，哈瑞——先生（是女人纤细的笔迹——我敢确定这准是收信人的老婆）——啊——是哈瑞·梅赛先生，'耶罗波安'号船——嘿！是写给梅赛的，可他已经死啦！"

"可怜的家伙！可怜的家伙！信还是他老婆写来的呢。"梅休叹息道，"不过还是给我吧。"

"哼，你自己留着吧。""加百列"朝着亚哈叫喊道，"反正你很快也会和他一样的。"[赏析解读：此处对于"加百列"语言的描写，写出了他疯癫的状态，同时也为故事的发展埋下了伏笔，设下了悬念。]

"让这些诅咒的话噎死你！"亚哈大喊，"梅休船长，你把信拿走吧。"他从斯塔勃克手里把那封信拿过来，放在桨柄一头的缝隙里，朝小艇伸了过去。可是，那些桨手都期待地停下了手里划桨的动作，小艇稍稍向着大船的船尾漂去，这样一来，就像鬼使神差般，那封信竟然伸到了"加百列"面前。他一把抓住，拿起小艇上的刀子，戳穿了那封信，连刀带信扔回了大船。刀和信正好掉在亚哈脚边。然后，"加百列"尖声命令他的伙伴使劲划桨。就这样，那违抗命令的小艇飞快地驶离了"披谷德"号。

在这段插曲过去之后，水手们又继续处理起了鲸尸，可是这件荒唐事却为以后许多怪事的发生埋下了导火索。[赏析解读：此处的叙述，一方面对上文进行了总结，另一方面展开了新的悬念，吸引着读者的注意力。]

第五十四章　猴索

[名师导读]

在处理鲸尸这项工作中，首先需要有人到那头巨兽的背上去把钩子钩到由两位副手用铲子切开的窟窿里。作为标枪手，这是季奎格分内的事。而作为他的前桨手，"我"的任务就是在他爬上鲸背的时候看护好他，而"我"手里的工具就是那根所谓的猴索。

在割鲸脬和处理鲸尸的过程中，水手们跑前跑后忙个不停。一会儿这里需要人手，一会儿那里又需要人帮忙。谁也不能长时间待在一个地方，因为事情都是同时进行的。这样的场景与努力描绘这一场景的人的处境十分相似。现在我们要倒回去说一下。在前面我们已经提到，在鲸背上切割之前，要先把鲸脬大钩送进原先由两位副手用铲子切开的窟窿里。要怎么把那么笨重的钩子钩到鲸背上的窟窿里呢？这个工作由我的好友季奎格来负责。作为标枪手，那是他职责内的事情，他要下到那头大海怪的背上去执行这一特殊任务。而且，他要一直待在那里，直到割鲸脬的整个工作结束为止。大家要知道，除了要进行操作的部位之外，鲸的其他部位几乎都泡在水里。因此,这个可怜的标枪手要在低于甲板约十英尺处,一半身子趴在鲸背上,一半身子在水里挣扎工作,而他脚下的巨大鲸身则像水车似的一直在滚动。[赏析解读:此处的描写,写出了季奎格所要从事的这项工作的危险性,同时渲染出紧张的氛围,引起大家的好奇。] 每到这时,季奎格总是一身苏格兰高地人(苏格兰按照地形可以划分为两个区域,即北边的高地区和南边的非高地区,高地人是现在生活在欧洲的最古老的居民。直到 19 世纪前,高地人还保留着原始的凯尔特生活方式以及部落联盟制度,这使他们成为蛮横彪悍的战士)的装束——一件衬衣,一双长袜——这样的打扮至少在我眼中显得格外威风。很快大家就会明白,在这时观察他,谁的机会都比不上我。

作为这个野蛮人的前桨手——也就是说,在他的小艇里划前桨的(从前面数第二个位置上)——让我感到高兴的是,我的职责是在他极其艰难地爬上死鲸的背时,照顾好他。你们一定见过意大利的风琴手,他们会用一根长绳牵着一只蹦蹦跳跳的猴儿到处卖艺。从船上往下看,我现在也正在用一根被捕鲸人称为猴索的长绳,牵着海里的季奎格,猴索的一头拴在他腰部一根结实的帆布带子上。

这个任务虽然看起来十分有趣,但对我们两人来说都很危险。在往下接着讲之前,我必须要说明的一点是:这猴索的两头都拴得死死的,一头拴在季奎格的宽帆布腰带上,一头拴在我的窄皮带上。不管是祸是福,我们俩都要一起承受,如果可怜的季奎格沉了下去再也上不来,那么不管是按照惯例还是出于道义,我都不能割断猴索,只能任他把我一起拉下去。这样一来,我们就变成了被一根麻绳连在一起的一对暹罗孪生子(这里提到的暹罗孪生子是指一对 1811 年在泰国暹罗出生的中国血统的连体双胞胎章和炎。他们以展览自己为生,最后在美国定居)。季奎格和我无法分开,我无论如何都不能摆脱由这根麻绳结成的同生共死的情谊。

我常常要把季奎格从死鲸和大船之间扯出来——因为两者都在不停地滚动摇摆,他随时有可能会掉到那个夹缝里去,可是他所面临的危险不仅仅是那个夹缝。那些鲨鱼根本没有被夜里的大屠杀吓退,反而因为鲸血流得比原来湍急而又被吸引了过来,变得更加放肆活跃——这些疯狂的家伙就像蜂窝里的蜜蜂似的,将死鲸团团围住。

季奎格就处在这些鲨鱼的包围圈中,他要时不时地挣扎着把它们赶开。[赏析解读:此处对于环境的描写,凸显出了季奎格当时处境的危险以及他的勇猛。] 如果不是它们都被死鲸吸引住了,这简直令人难以置信。从不挑食的鲨鱼,只要有别的肉可吃,是极少会吃人的。

不过话说回来，即使它们从死鲸那里尝到了美味，还是要小心谨慎些为妙。因此，我除了可以用这根猴索时不时地扯一下那个可怜的家伙，以免他离那头看起来特别凶狠的鲨鱼的嘴巴太近，船上还为他提供了另一重保护，塔希特戈和达果吊在船边的绳梯上，不停地挥舞两把锋利的长铲，把凡是他们能够打得着的鲨鱼全都干掉。他们这种做法自然是出于好意。我承认他们是为了季奎格好，可是在他们这种急于想保护季奎格的热情中，却没有顾及他与鲨鱼都泡在浑浊的血水中，以至于那两把长铲更有可能剁掉一条人腿而不是一头鲨鱼的尾巴。然而可怜的季奎格，我想他只是在气喘吁吁、吃力地对付那大铁钩——可怜的季奎格，他只有向他的天神祈祷，把自己的生命交给他的天神处置了。

我随着波浪的起伏收放猴索时，心想：好吧，好吧，我亲爱的伙伴和孪生兄弟——说到最后，那又有什么要紧的呢？你代表的不是我们捕鲸业所有人的宝贵形象吗？让你在其中累得喘不过气来的、深不可测的海洋就是生活。那些鲨鱼是你的敌人，而那些长铲则是你的朋友。可是它们同样使你陷入万分危险之中，可怜的人啊。[赏析解读：此处对以实玛利内心活动的描写，暗示出了水手们航海生活的艰苦与无奈。]

不过，还是拿出勇气来吧！好运在等着你呢，季奎格。因为这时，那个精疲力尽的野蛮人嘴唇发青，两眼布满了血丝，他终于攀着锚链，翻过船舷，站在甲板上，全身淌着水，不由自主地颤抖。管事走上前来，带着怜惜和安慰的眼神递给他一杯——那是什么？热白兰地吗？不是！天哪！是一杯温热的姜汤！

"是姜吗？我是不是闻到了姜的味道？"斯德布心怀疑虑地问道，他走上前来，"没错，这一定是姜。"他盯着那还没有动过的杯子，好像难以置信地站了一会儿。他阴沉着脸走到那个惊诧的管事面前，慢吞吞地说道，"姜？姜？能不能请你告诉我，汤圆先生，姜水的功用是什么？汤圆，你就打算用这种东西给这个冷得全身打战的野蛮人带来温暖吗？姜！——姜究竟是什么东西？——是海煤？——是木柴？——是火柴？——是火绒？——是火药？——我说，姜究竟是什么东西？你竟端了一杯这样的东西到这里来，给我们可怜的季奎格喝？"[赏析解读：此处对于斯德布语言及神情的描写，凸显出了他的不满与愤怒。]

"是戒酒协会在暗地里搞鬼吗？"他突然又补上一句。这时，斯塔勃克走过来，斯德布迎上前去，"请您看看那杯东西，先生。如果您想闻的话，请您闻一闻。"然后，他看了看大副脸上的神色说，"斯塔勃克先生，这管事竟敢把那种甘汞和泻药拿来给季奎格喝，他刚从鲸身上爬上来。难道这管事是药剂师吗，先生？我能不能问问他，他是不是打算用这种辛辣的东西来恢复这个淹得半死的人的元气呢？"

"我觉得那行不通。"斯塔勃克说，"这东西没什么用。"

"喂，喂，管事的，"斯德布大声说道，"让我们来教教圆舞曲怎么把一个标枪手救活了。不要用你药房里的那些药，你是想毒死我们吗？你给我们都办了保险，现在想把我们都害死，好独吞保险金，是不是？"

"这可不是我的主意，"管事叫道，"是查利丹姑妈把姜带到船上的，她吩咐我千万不要给标枪手喝烈酒，只给他姜汤喝，她就是这么交代的。"

"姜汤！让你的姜见鬼去吧！拿走，赶紧到橱柜里拿点好东西来。我想我没有做错，斯塔勃克先生。这是船长的命令——拿掺水的烈酒给从鲸身上下来的标枪手喝。"

"好啦，"斯塔勃克回答道，"别再打他了，不过——"

"我就是打他也决不会伤害他，除非是打鲸或者那一类的东西。这个家伙太卑鄙了。你刚才想说什么，先生？"

"只有一句话，你跟他一块儿下去，想要什么，自己拿就是了。"

斯德布再次出现在甲板上时，他的一只手里拿着个深色瓶子，另一只手拿着个茶叶罐似的东西。前者装的是烈酒，他递给了季奎格；后者是查利丹姑妈的礼物，他随手就扔到了大海里。

第五十五章　斯德布和弗兰斯克杀死了一头露脊鲸，而后关于它的对话

[名师导读]

在"披谷德"号猎杀了一头抹香鲸后不久，船长下令要求捕杀一头露脊鲸，这着实让大家感到惊奇。就在斯德布和弗兰斯克杀死了一头露脊鲸后，他们对亚哈下达的命令产生了质疑，并觉得这一切都与那个费达拉有脱不掉的关系。

我们一定不能忘了，这一段时间，"披谷德"号的一侧一直挂着个巨大的抹香鲸头，务必要记住这一点。但我们只能让它继续吊在那里，等以后有时间再处理。因为现在

还有许多事亟须处理，目前我们对那个头能做的只有求上天保佑让那部滑车多挺一些时间。

经过一个晚上和一个上午的时间，"披谷德"号慢慢航行到一处水域，那里偶尔会出现一片片黄色的浮游生物，这是一个奇特的现象，说明附近有露脊鲸。这种大海怪会在这种季节潜伏在这一带倒是很稀奇。虽然说水手们一般都不屑于捕捉这种二等货色，"披谷德"号根本就不是为它们而来的，上次在克罗泽群岛附近碰见过好多头，却连小艇都没有放下去过。然而使大家大为惊奇的是，在捕获一头抹香鲸且将之砍头之后，船长竟下达了命令，要是有机会的话，当天就要捕到一头露脊鲸。

这倒没有等多久。在下风处就看到了高高的喷水，斯德布和弗兰斯克奉命分别率领两艘小艇去追击。小艇划出了老远，最后连大船桅顶上的人都几乎看不见它们了。但是，突然远远地，他们看到一大堆翻腾的白浪。随后他们报告说，有一艘或者两艘小艇把鲸拴住了。过了一阵，两艘小艇都看得很清楚了，它们正被那拴住了的鲸拖着直奔大船而来。眼看这巨兽就到了跟前，开头还以为它要对大船行凶。但突然在离船不到二十米处，它一个猛子，搅起了一个大漩涡，就消失得无影无踪了，好像是钻到船底下去了。

"快割，快割！"大船上的人对着小艇直喊，而小艇在那一瞬间好像会被拖得狠狠地撞碎在大船身上似的。但是，索桶里还有好长的索子，而这鲸又下潜得并不算太快，他们就尽量把索子放出去，又拼命划桨，好抢到大船前边去。有那么几分钟的工夫，形势万分紧急。因为就在他们朝一个方向放松那绷紧的曳鲸索，又朝另一个方向拼命划桨时，这两股紧张对峙的力量随时都会把他们拖下水。不过，他们只需争取到几英尺的优势就行。他们硬是坚持下来，并赢得了那几英尺。于是，陡然之间，一阵震动如闪电似的掠过龙骨，那根绷得紧紧的曳鲸索擦过船底，猛地从船头弹出，震颤有声。曳鲸索上的水珠跟着四射开去，点点滴滴像碎玻璃片似的落在水面上。那头鲸也在老远的地方冒了出来。两艘小艇再次毫无阻碍地如飞赶去。但游累了的鲸这时已降低了速度，并盲目地改变方向，迂回到大船船尾去了，拖着那两艘小艇也跟着绕了一个整圈。

这时，两艘小艇把曳鲸索收了又收，最后逼近到了鲸的两侧。斯德布和弗兰斯克紧密配合，你一枪我一枪地捅过去。战斗就这样围着"披谷德"号在进行着，而原先聚集在抹香鲸尸体周围的鲨鱼则都蜂拥到这头有着新伤口的鲸跟前来了，它们聚集在鲜血的周围痛饮，就像迫不及待的以色列人痛饮从敲开的岩石中新涌出的泉水（《出埃及记》中以色列人击石获水的故事）一般。[赏析解读：此处细微描写，凸显出了当时捕杀鲸场面的惨烈与血腥。]

终于，它的喷水浑浊了，一阵猛滚猛喷之后，肚皮朝天，死了。

两个指挥者一边忙着往死鲸尾上拴绳，准备拖走，一边在交谈：

"我真不懂老头子要这堆废油脂干什么。"斯德布说，他一想到要和这头大海怪打交道就有点恶心。

"干什么？"弗兰斯克一边说，一边把艇首多余的曳鲸索绕起来，"难道你从来没听说过，船上右舷挂上了一头抹香鲸的头，左舷就得挂上一头露脊鲸的头，这样往后就绝不会翻船？斯德布，难道你从来没听说过？"[赏析解读：此处的语言叙述，一方面解释了捕杀露脊鲸的目的，另一方面引出了下文。]

"为什么就不会翻船？"

"我也不知道，我是听那黄皮肤的费达拉这样说的。他似乎知道有关船的一切邪魔外道。可我有时觉得这种邪魔外道最终会把船断送的。我一点儿也不喜欢那家伙。斯德布，你有没有注意到他的一颗牙仿佛被雕刻成了一个蛇头的形状？"

"那该死的家伙！我根本都不看他。要是我碰巧在哪天夜里赶上他正紧靠舷墙站着，旁边又没有人，你看看那下边，弗兰斯克，——（他一边双手做了个动作，指着海里）对啦，我会干得出来的！弗兰斯克，我认为那个费达拉是个幻化为人的魔鬼。你相信他是给偷偷弄上船来的那种无稽之谈吗？他就是个魔鬼。之所以看不到他的尾巴，是因为他把它卷起来了。他把它盘好藏在口袋里，我想。该死的东西！我也想起来了，他老找棉絮塞进他的靴尖。"

"那他穿着靴子睡觉,是不是？他又没有吊床。不过我看到他晚上经常躺在一盘索具上。"

"没错,那就是因为他那该死的尾巴。你可知道,他把它卷起来,放在索具中间的孔眼里。"

"老头子为什么跟他这么密切？"

"是在搞什么交易或者买卖，我想。"

"买卖？——什么买卖？"

"啊，你不知道吗，老头子一心一意只想追捕白鲸，这恶魔就利用这一点跟他套近乎，做交易，要老头子把银表，或者灵魂，或者什么东西给他，然后他把莫比·迪克交给老头子。"

"呸！斯德布，你是在寻开心呢。费达拉怎么办得到？"

"我也不知道，弗兰斯克。不过，这恶魔是个怪家伙，而且坏透了，真的。咳，据说有一次他逛到一艘老旗舰（指载有海军将官的舰队、分舰队司令官并悬挂其旗帜的军舰）上去了，大摇大摆，非常潇洒地摇着尾巴，问老总督可在家。老总督刚好在家，就问这恶魔有什么事。这恶魔就拱拱蹄子，起身说，'我找约翰。''找他干什么？'老总督说。'关你什么事，'这恶魔说，一下子来了气，'找他办事儿。''把他带走。'老总督说。老天在上，弗兰斯克，要是这恶魔不是先让约翰得上亚洲霍乱，再把他制服，我就一口把这头鲸吞下去。可是，注意——你那儿是不是都弄好了？那好，往前划吧，把它弄到船边去。"

"我想我记起你刚才提到的故事来了。"弗兰斯克说。这时，两艘小艇终于拖着死鲸慢慢朝大船划去，"不过，我记不起是在什么地方了。"

"在三个西班牙人那里吗？那三个残忍的士兵的奇遇？你是从那里看到的吧，弗兰斯克？我想你一定看过那本书吧？"

"没有。我从没有看过这样一本书，只是听说过。不过，斯德布，老实告诉我，你认为你刚才说的那个恶魔就是咱们船上的这一个？"

"现在的我不就是刚才和你一起杀死这鲸的我吗？恶魔不是永生的吗？谁曾听说过恶魔死了的？你什么时候见过牧师给恶魔做法事？再说要是那恶魔有总督舱室的钥匙，你以为他就爬不进舷窗吗？你倒说说看，弗兰斯克先生？"

"你觉得费达拉有多大岁数了，斯德布？"

"你看到那边那根主桅了吗？"他指着大船，"好，那就算数字'1'；你再把'披谷德'号舱里所有的铁箍都拿出来，把它们当'0'，在那根桅杆边排成一排也弄不清；那样形成的一个数字，也远远赶不上费达拉的岁数。哪怕普天之下所有的桶匠把他们的铁箍都拿出来当'0'也不够。"

"不过，斯德布，你刚才还说，要有机会，一定把费达拉扔到海里去，我看你有点儿吹牛。按你说的，要是他真有把你所有的铁箍排成一长行那么大的岁数，要是他长生不死，那把他推下海去又有什么用——你倒说说看？"

"不管怎么着，泡也要好好泡他一下。"

"可他又会爬上来。"

"再泡，没完没了地泡。"

"不过，如果他也想起泡你一下——是呀，甚至把你淹死——那又会怎样呢？"

"我倒要看看他敢不敢，我会揍得他鼻青脸肿，叫他不敢再在老总督的舱室里露面，更不要说敢在他栖身的底层甲板上露面，或者像他经常干的那样，再偷偷摸摸溜到上层甲板附近来。老天收了这恶魔去才好，弗兰斯克。你以为我怕他？谁都不怕他，怕他的只有那老总督。他不但不把他抓起来，戴上他罪有应得的手铐，反而听任他四处绑架人。对啦，还跟他订有合同，凡是这恶魔绑架来的人，他都帮着烤熟。真是个好总督！"

"你以为费达拉想绑架亚哈？"

"我以为？你很快就会知道的，弗兰斯克。不过，今后我会死死盯住他。只要我看出什么事情苗头不对，我就会一把揪住他的后颈皮，对他说：'喂，你听着，恶魔，这可不行！'要是他撒泼耍赖，老天在上，我就会到他口袋里一抓，攥住他的尾巴，把他拎到绞盘跟前，狠狠地绞一番，把他的尾巴绞下来，只给他剩个尾茬儿——你明白吧。我看，他发现自己的尾巴给截成了那么个怪模样，准会悄悄溜掉，再也臭美不起来了。"

"那你拿那截尾巴干什么去，斯德布？"

"干什么去？等我们一到家，就把它当牛的鞭子卖给人家。——还能干什么？"

"那么，你所说的，你这一路上所说的，是当真的吗，斯德布？"

"当真也好，不当真也好，我们已经到船跟前啦。"

这时，船上招呼小艇把死鲸拖到左舷去。在那边，用来缚住它的尾链和其他必需品都已经准备好了。

"我不是跟你说过吗？"弗兰斯克说，"一点都不错，你马上就会看到这头露脊鲸的头挂在了那颗抹香鲸的头的对面。"

弗兰斯克的话得到了证实。原先，"披谷德"号朝挂抹香鲸头的那一边倾斜得很厉害，现在两个头一平衡，船身就又摆正了。当然，船很吃力，那是可想而知的。正如你在一边挂起洛克（约翰·洛克，1632—1704 年，英国哲学家和医生，被认为是最有影响力的启蒙思想家和"自由主义"之父，也是英国最早的经验主义者之一，主要著作有《论宗教宽容》《政府论》等）的头，你就倒向那一边；你在另一边挂起康德（伊曼努尔·康德，1724—1804 年，德国古典哲学创始人，被认为是继苏格拉底、柏拉图和亚里士多德后，西方最具影响力的思想家之一）的头，你就恢复正常了。只是你的处境十分尴尬。有些人就老是这样来调整船身的平衡。哦，你们这些傻瓜！把这些挺唬人的头全扔到海里去，不就能轻松地扬帆起航啦。

把一头露脊鲸的尸体弄到船边进行处理时，一般说来，最初的程序跟处理一头抹香鲸一模一样。只是抹香鲸的头是整个儿砍下来的，而露脊鲸呢，则是把它的双唇和舌头分别割下来之后，连同那紧附在所谓"天灵盖"上有名的黑骨头一起吊到甲板上来。但是，这一次，这一套一概没搞。两头鲸的尸体都甩在船后。这艘挂着两个头的船就像是一头驮着两个异常沉重货筐的骡子。

此时费达拉若无其事地望着露脊鲸的头，不时看看那头上深深的皱纹，又低头看看自己手上的纹路。亚哈也刚好站得那么巧，影子正好落在这个异教徒身上。如果这个异教徒真有影子的话，好像也只是和亚哈的混在一起，把亚哈的影子延长了而已。[赏析解读：此处的叙述，将费达拉与亚哈之间的联系渲染出了神秘的色彩，从而引起读者的好奇。]那些水手一边忙着干活，一边就眼前发生的事漫无边际地议论开了。

第五十六章　海德堡大桶

[名师导读]

塔希特戈负责拿着长竿子在鲸脑中掏鲸油，看似一切都在有条不紊地进行着时，突然发生了一场意外事故：塔希特戈失足掉进了抹香鲸的头里，而那个巨大的鲸头又掉进了海里……

现在要谈论掏鲸脑了。鲸脑里装的也一直是它所有的油中最珍贵的，也就是最名贵的油脂，它格外纯净，透明，且芳香扑鼻。鲸脑油在鲸活着的时候是液体的，但鲸死后，鲸脑油暴露在空气中，会很快凝固，长出美丽透明的嫩芽，犹如初冬水面上刚刚出现的悦目的薄冰一般。一头鲸的脑中一般大约能出五百加仑（一种容积单位，分为英制加仑和美制加仑。1英制加仑等于 4.546 升，1 美制加仑等于 3.785 升）鲸脑油，水手们都亲切地称它为海德堡大桶——其称谓来自德国巴登州那个莱茵河畔盛产好酒的地方。 也许意思是说鲸脑油和好酒一样珍贵吧，或者还有一层意思是鲸脑油只有用海德堡大桶才装得下——不过，由于一些难以避免的情况，相当一部分溢出来漏掉了；也可能是水手们一心想多弄到点鲸脑油，而造成其他状态下无法挽救的损失。

从鲸脑中取油的过程是非常奇妙的，但对这次来说，这个过程是要命的。

塔希特戈灵活得像猫一般地向上爬，连腰都不弯，直接跑着跳上船身的主桅桁臂，正好来到吊着那鲸脑的部位。他随身带着一件仅由两个部件组成、叫作小滑车的轻便器械，靠一部单轮滑车来移动。他把单轮滑车绑好，让它从桁臂上垂下。接着，他把绳子的一头一甩，甲板上一个人接过，牢牢抓住。然后，这个印第安人就双手交替地沿着绳子从空中下来，熟练地降落在鲸头顶上。他待在那里仍然比船上众人要高出好多，快活地朝他们大喊，就像土耳其清真寺的报时人站在宣礼塔上召唤信徒们去做祷告。[赏析解读：此处一连串的动作及神情描写，表现出了塔希特戈敏捷的身手、丰富的经验以及他难以掩饰的兴奋之情。]

下面的人给塔希特戈送上去了一把锋利的短柄铲子。他不厌其烦地仔细寻找一个合适的地方来动手打开鲸脑。这活他干得非常小心，就像一个寻宝人在一所老宅子里敲遍一道道墙壁，看看哪里可能藏有金子。等到这细致的查找工作告一段落时，下面的人给小滑车的一端挂上了一个挺结实的箍了铁箍的桶，样子跟井边吊水的桶一模一样，另一端则伸过甲板，由两三名机灵的水手控制。这几个人把桶吊到塔希特戈伸手可及的地方，另一个人则递给他一根很长的竿子。塔希特戈便用竿子顶着桶往鲸脑里送，直到没进去为止，然后发令给那几个把住小滑车的人，把桶吊上来。桶里装满了油，泡沫翻滚，就像奶场女工刚刚挤出的新鲜牛奶。这盛得满满的桶被小心翼翼地从高处放了下来，由专人接住，马上倒进一个大木桶里。然后又把桶吊上去，就这样来来回回，一直到这深深的油池被掏光为止。[赏析解读：此处的叙述，表现出了塔希特戈取油工作的辛苦，并为下文中意外事故的发生作铺垫。] 快到底的时候，塔希特戈得使劲把竿子往下顶，到后来竿子进去有二十多英尺了。

这时候，"披谷德"号上的人已经这样掏了好一阵了。芳香的鲸脑油装满了几个大木桶。[赏析解读：此处的描写，凸显出了鲸脑油的珍贵以及抹香鲸的油量之多，同时芬芳的香气也为水手们的成功增添了一丝色彩。] 突然之间，发生了一件很奇怪的事故。究竟是塔希特戈过于粗心，不知道是松了一下那只抓住悬在他头上的滑车大缆的手，还是他脚下太湿太滑，或是魔鬼捉弄，故意捣乱，现在也说不清楚。总之，就在掏了十八桶或十九桶的时候——天哪，可怜的塔希特戈——就像一口水井中交替上下的其中的一只吊桶，一头栽进了海德堡大桶。只听到里面的油发出一阵可怕的声响，人顿时无影无踪！

"人掉下去啦！"达果大喊道，他是头一个清醒过来的。"把桶甩到这边来！"随后他便把一只脚伸进桶里，以便他那滑溜的手能更好地抓牢小滑车，那些拽绳的人随即把他扯上了鲸头顶。这时塔希特戈大概还没有沉到鲸脑底部。可这时又是一阵大乱。原来船上的人看到船舷外边那原先了无生气的鲸头正贴在水面下一个劲地动弹，好像这会儿它又想起了什么大事似的，其实那只不过是塔希特戈掉下那可怕的深渊时的挣扎罢了。

当达果站在鲸头顶上解开小滑车时，不知怎的它跟那部巨大的切割滑车缠在一起了，接着便传来了一阵刺耳的断裂声。把大家吓得面如土色的是，吊着鲸头的两个大钩子有一个脱钩了，这巨大的鲸头便一阵大震，往斜里晃荡，弄得大船像喝醉了似的摇摆震动，像撞上了一座冰山。[赏析解读：把大船的剧烈摇晃比作喝醉了酒，由此可以想象得出当时情况的紧急与危险。]剩下的那个钩子承受着鲸头的全部重量，似乎下一刻就要脱钩，而从鲸头剧烈的摆动来看，这是一件随时都可能发生的事。

"下来，下来！"水手们都对达果高声大喊，不过他一只手抓住了那沉重的滑车，即使鲸头掉下去了，他还是会悬空吊着。达果把纠缠在一起的索子解开后，就把桶塞进那已经塌陷下去的井里，心想那陷在里面的标枪手要是能抓住的话，就可以把他吊上来。[赏析解读：一连串的动作描写，表明了达果想要救塔希特戈的急切心情以及奋不顾身的行为。]

"怎么回事，"斯德布大声说道，"你是在那里装子弹吗？——住手！把那只铁箍桶在他头顶上堵得严严的，怎么救得了他？住手，好不好！"

"躲开那滑车！"大家猛地听到像炸雷似的一声大喝。

话音刚落，就听到"轰"的一声巨响，那巨大的鲸头掉到海里去了，就像尼亚加拉瀑布（与伊瓜苏大瀑布、维多利亚瀑布并称为世界三大跨国瀑布。位于加拿大安大略省和美国纽约州的交界处，瀑布源头为尼亚加拉河，是马蹄瀑布、美国瀑布和新娘面纱瀑布三座瀑布的组合，全世界有五分之一的淡水在尼亚加拉瀑布上流下）上的大石板掉进了漩涡中一般。顿时卸去重负的船一阵摇晃后离开了那颗鲸头，把那闪光的印第安人扔得远远的。大家都屏住了呼吸，隐隐约约瞧见达果在浓雾般的浪花中，抱住那不断摆动的滑车，高高地荡来荡去，一会儿到了水手们的头上，一会儿又到了水面上，而可怜的遭活埋的塔希特戈则一个劲地直往海底沉去！但是，那模糊视线的浪花刚刚散开，就看到一个人光着身子，手握"攻船刀"，一眨眼间便飞过了舷墙。接着"扑通"一声大响，勇敢的季奎格已经跳水救人去了。[赏析解读：相比起其他水手的不知所措，季奎格的行为反映出他的冷静、沉着以及果敢。]大家不约而同地冲到船边，所有的眼睛盯住了每一道微波，时间一分一秒地过去，既看不见下沉者的踪影，也看不到跳水者的踪影。这时有几名水手跳进了靠在船边的小艇，撑着离开了大船一点儿远。

"哈！哈！"达果突然从荡来荡去的高空栖身处喊了起来。我们应声从船边向远处瞧去，只见碧波中笔直地伸出了一只胳臂，那景象格外奇特，就像是从青草覆盖的坟墓中伸出来似的。

"两个！两个！是两个！"达果狂喜地大声说道。转眼之间就看到季奎格勇猛地一只手奋力划水，另一只手揪住那印第安人的长发。水手们把他俩拖上正在等着的小艇后，立即抬上大船。但塔希特戈过了好久才苏醒过来，季奎格也累得够呛。

那么，这个了不起的营救工作是怎样完成的呢？季奎格手持长刀，泗水紧跟着那慢慢下沉的鲸头，在靠近最下面的部位从侧面猛捅了几刀，捅开了一个大洞，然后扔掉刀，把他长长的胳臂尽量伸到洞里，上下一摸，抓住可怜的塔希特戈的头发，就把他硬拽出来了。他说，开始伸手进去摸时，只摸到一条腿。但是他很清楚，拽的不应该是腿，那可能会误大事，于是他又把腿推回去，很熟练地连举带抛，把那印第安人翻了个筋斗。这样，他第二次往外拽时，那印第安人就按照真正古老的方式，头先脚后地出来了。[赏析解读：这里对季奎格救人的过程做了详细的解释，从他的动作和小心可以看出，他在救人时的细心、冷静以及思虑周全。]至于那鲸头，则反正已经掏得差不多了。

第五十七章　"披谷德"号遇到了"处女"号

[名师导读]

在命中注定的日子里，我们遇上了同为捕鲸船的"处女"号，在那位德里克船长借到灯油火急火燎地准备回到"处女"号时，两艘捕鲸船上负责瞭望的人同时发现了鲸，于是一场突如其来的争夺赛就这样悄无声息地打响了。

那个早被安排好的日子终于到来了，我们遇上了"处女"号，它的船长是德里克·德·第尔，他是不来梅（德国北部城市，是德国不来梅州的州府、第二大港口城市、第五大工业城市和西北部的中心，公元8世纪建城）人。[赏析解读：此处的叙述，指出了本章故事的另一位主角，并对他的身份信息做了交代，同时为故事的展开作铺垫。]

在全世界的捕鲸队伍中，荷兰人和德国人曾经显赫一时，如今却落寞了。但是，零零落落地，还能偶尔在太平洋上看到他们的旗帜。

不知什么缘故，"处女"号似乎急于拜访"披谷德"号。在它离"披谷德"号还相当远时，就掉头迎风停下，放下一艘小艇，船长焦急地站在艇首，而不是艇尾。

"他手里拿的是什么？"斯塔勃克大声说道，一边指着那德国船长拿在手里挥舞的东西，"不可能！——一把灯油壶！"

"不是灯油壶。"斯德布说，"不是，不是，是把咖啡壶，斯塔勃克先生。他是来给我们煮咖啡的，这德国佬。你没看到他旁边那个大铁壶吗？——那里头盛的是开水。哦！没有错，这德国佬。"

"去你的，"弗兰斯克大声说道，"那是把灯油壶，旁边是个油罐。他没油了，来跟我们讨点儿。"

不管这事看起来多么稀奇，捕鲸船竟然缺油了，也不管这事跟"运煤去纽卡斯尔"（纽卡斯尔是英国英格兰东北部的港口城市，位于泰恩河下游北岸，历史上曾是著名的羊毛和煤炭出口港。英文中有句俚语"运煤去纽卡斯尔"，比喻办事的方法和目的南辕北辙）这句老谚语是多么违和，这样的事有时还真会发生。就拿眼前的事来说，"处女"号的船长还真像弗兰斯克说的那样拿了把灯油壶在手里。[赏析解读：产鲸油的船竟然需要借油，就好比把煤运到盛产煤的城市去一样，凸显出了"处女"号现状的窘迫。]

"处女"号的船长自我介绍叫德里克，他登上甲板后，没料到亚哈马上就跟他问这问那，根本没注意他手里拿的是什么。但是，从这德国人前言不搭后语的回答中，亚哈马上看出他对白鲸一无所知，紧接着这位德国船长便把话题转到他那把灯油壶上，说起他不得不摸黑上吊床去睡觉——他从不来梅带出来的最后一滴油都点光了，至今却还没逮着一条飞鱼来补充油料；最后他指出按捕鲸业的行号，他的船真的只能称为一艘"干净"船（就是说，一条空船），"处女"号这个名称还真是名副其实。

德里克在需求得到满足后，就告辞了。但是，还没等他回到他的大船边，两艘船的桅顶上几乎同时大喊起来，发现鲸了。德里克急于要去追捕，等不及把灯油壶和油罐送回大船，就掉过头去追那些巨兽去了。

这时，猎物已经在下风处出现。德里克的小艇和另外三艘随后跟上的德国小艇已经远远抢在"披谷德"号那些小艇的前头。被追击的鲸总共有八头，不大不小的一群。它们已经觉察到危险，全都靠成一排，身子贴着身子，就像套在一起的八匹马似的，顺风疾游，留下一路又大又阔的浪花，好像一卷又大又阔的羊皮纸在海面上不停地展开一般。[赏析解读：此处的描写，写出了鲸的聪明和灵性，它们能够感知到危险的来临，并且迅速地逃离。]

在这路翻滚的浪花当中，落后几十英尺的地方游着一头有巨大背峰的老雄鲸，从它那相当慢的游速和一身罕见的淡黄色外皮来看，它似乎得了黄疸（是常见症状与体征，其发生是由于胆红素代谢障碍而引起血清内胆红素浓度升高所致。临床上表现为巩膜、黏膜、皮肤及其他组织被染成黄色。疸，dǎn）症或什么别的病。这头鲸跟前面那一群是不是一伙的，似乎也是个问题；因为像这样年高德劭的巨兽照例是很不合群的。不过，它还是紧紧地跟着它们，虽然事实上，它们身后的湍流肯定会影响它的速度。它喷起水来慢而吃力，水柱也不高，好像哽住了似的，一喷出来，便四散纷飞，跟着体内涌起一阵奇怪的骚动，似乎隐在水中的身子另一端还有个出口，使它身后的水面咕咕地直冒泡。[赏析解读：对于鲸外形体态的描写，显示出了它年纪大的特点，而也正是这一点使它成了猎捕的目标，同时也为下文作铺垫。]

"谁有点止痛药？"斯德布说，"我看它是肚子痛。天哪，那么大的肚子痛起来，该多少药才止得住！逆风正在它肚子里过圣诞节狂欢呢，伙伴们。我倒是有生以来头一回见到风从后面吹过来。可你瞧，什么时候鲸游起来这么摇摇晃晃过？肯定是它把掌舵柄弄丢了。"

正如一艘超载顺风驶向印度海岸的东印度公司（这里指的是英国东印度公司，1600 年 12 月 31 日由英皇伊丽莎白一世授予该公司皇家许可状，给予它在印度贸易的特权。历史上法国、荷兰、瑞典等都组建过东印度公司）商船，甲板上满是受惊的马匹，一路上倾斜起伏摇摆翻滚一般，这头老鲸也拖着它那年迈的身躯，不时笨重地朝两侧半翻半滚。原来它的右鳍只剩下一截残鳍，所以游起来东倒西歪。那鳍究竟是在战斗中丢掉的，还是生来就没有，就很难说了。[赏析解读：此处的描写，凸显出了老鲸的老态与悲壮，令人不禁心生怜悯。]

"稍等一下，老伙计，我给你一条绷带把受伤的胳膊吊起来。"铁石心肠的弗兰斯克指着身旁的曳鲸索大声说道。

"当心它把你吊起来。"斯塔勃克喊道，"快划，要不那德国人就会把它弄走了。"

双方混在一起争相追逐的小艇都把注意力集中在这头鲸身上，因为它不仅最大、最值钱，而且也离他们最近，而其他的鲸不仅隔得远些，还游得飞快，一时半刻肯定追不上。在这个节骨眼上，"披谷德"号的小艇已经飞一般地抢在后来放下的三艘德国小艇前面。只有德里克的小艇因为先发，占了很大的优势。不过，他的外国竞争者正在逐步赶上。他们唯一担心的是德里克已经很接近目标，生怕他抢先投出标枪。至于德里克，他似乎信心十足，胜券在握，偶尔还做出嘲弄的样子，举起灯油壶，朝其他小艇摇晃两下。

"这条忘恩负义的狗!"斯塔勃克大声说道,"他竟不要脸地拿我刚刚给他灌满的灯油壶来嘲弄我,向我挑衅!"然后,他还像以往那样,用他那低沉有力的声音说,"快追,猎狗!撵上去!"

"老实跟你们说,伙计们,"斯德布朝他的水手们大声说道,"我这个人不爱发火,可是我真想吃了那个恶棍德国佬——划呀——好不好?你们真想让那恶棍抢在前头?你们不是爱喝白兰地吗?那么,最卖力的,我奖励他一大桶。喂,你们怎么没人气炸了血管?是谁把锚抛下去了——我们一点儿都没动——我们给风顶住了。喂,这艇底都长草啦——那边船上的桅杆都发芽啦。这样划不行,伙计们。看看那个德国佬!一句话,伙计们,你们是拼还是不拼?"

"啊!瞧它吹的那些泡沫!"弗兰斯克手舞足蹈地大声说道,"多大的背峰——啊,快冲到那块肉上去吧——像根木头那样躺着呢!啊!伙伴们,使劲冲呀——晚饭吃薄煎饼加圆蛤,你们也知道,伙伴们——薄煎饼和圆蛤——啊,加油,加油,冲呀——它是一百大桶呢——千万别错过了——千万别,啊,千万别!——瞧那德国佬——要吃布丁就赶紧划吧,伙伴们——这么一头鲸!这么大一头鲸!难道你们不喜欢鲸脑油?那值三千块呢,弟兄们!——一个银行!——整整一个银行呢!英格兰银行——啊,划呀,划呀,划呀!那德国佬在干什么?"

这时,德里克正准备把灯油壶和油罐朝冲上来的小艇扔过去。这样做也许有双重意图:一方面可以阻一阻对手的来势,另一方面可以用一种最经济的方式借助往后一掷短暂的冲力而加快自己的速度。[赏析解读:"披谷德"号给了德里克一些油,而他此时却把这些当作武器来对付"披谷德"号的水手们,由此可见在利益面前人的私欲是多么可怕。]

"这德国狗简直不像话!"斯德布大声说道,"划吧,伙伴们,像装有十万红毛鬼子的战舰一样冲上去。你说呢,塔希特戈?你不是为了盖海德的名誉连命都可以不要吗?你说呢?"

"我说,拼命划。"塔希特戈大声说道。

"披谷德"号的三艘小艇在那个德国人一个劲地嘲弄刺激之下,几乎在并排往前冲,并迅速向他逼近。就在那个指挥员快接近猎物并摆出一副优雅从容、骑士般的派头时,这三位副手毫不相让地站了起来,兴高采烈地为背后的桨手鼓劲,"喂,那艘小艇溜过去啦!白毛风万岁,正好划桨!打败德国佬!抢到他前头去!"

可是,德里克原先的优势实在太大了,他们再怎么鼓劲加油也白搭,要不是因为他小艇中部那个桨手一桨入水过深夹住了桨叶，从而突然对他作出了正义的裁决，他在这场竞赛中一定会胜出。这名笨手笨脚的水手极力拔桨，差一点把小艇都弄翻了，急得德里克大发雷霆。[赏析解读：突如其来的意外使情况急转直下，高潮跌宕起伏，吸引读者的注意力。] 这正是斯塔勃克、斯德布和弗兰斯克求之不得的良机。他们一声大喊，来了个全速冲刺，一下子就打斜跟德国人的艇尾并排了。片刻之后，四艘小艇并驾齐驱紧追在那头鲸后面了。在四艘小艇的后面和两边则是鲸搅起的泡沫四溅的浪花。

那真是一个非常可怕、可悲、使人发狂的场面。这头鲸这时头露出水面游着，不断以忍受折磨的样子朝前面喷水。那个可怜的残鳍则在身子一边拼命地划水。它一会儿偏向这边，一会儿偏向那边，摇摇晃晃地向前逃。每冲破一个巨浪，便抽搐地往下一沉；每划一下水，那半边身子就翻一下。我曾看见一只折翅的鸟儿惊慌地在空中乱飞，徒劳地极力想逃脱几只海盗似的鹰的魔爪。但是，鸟儿毕竟可以出声，还可以用哀鸣来表达恐惧，而这头大海怪的恐惧却被禁闭在体内。它发不出声来，只有那喷水孔里发出的断断续续的呼吸声，让人听了后感到格外凄惨。然而它那大得吓人的身躯、吊闸般的嘴和威力无穷的尾巴，让最强壮的人也为之胆寒。[赏析解读：此处的描写，将老鲸临死前的悲壮与其外表上的威严形成了鲜明的对比，既让人敬畏又让人怜悯。]

德里克这时看到再稍微捱一捱，"披谷德"号的小艇就会占上风，与其就此认输，还不如趁尚有一线希望的时候，冒险来一次对他来说远非寻常的长距离投掷。

可是，等他的标枪手刚刚站起来，准备投枪的时候，猛虎一般的季奎格、塔希特戈、达果便本能地一跃而起，斜站成一排，同时举起了带倒钩的标枪，三支南塔克特的标枪从那个德国标枪手头上飞过去，扎进了那头鲸的身躯，激起一股冲天怒火和令人眼花的浪花飞雾！[赏析解读：一系列的动作描写，显示出了季奎格、塔希特戈、达果三个标枪手的勇猛、沉着以及敏捷，同时也说明了他们的老练和经验丰富。] 三艘小艇在鲸头前方向前猛冲，把德国人的小艇狠狠地撞到了一边，德里克和那个措手不及的标枪手都落入水中，三艘小艇飞一般地掠过去了。

"别害怕，我的黄油盒子，"斯德布大声说道，在小艇飞驶而过时还瞟了他们一眼，"马上会有人把你们捞上来的——一点不假——我看到艇尾有几条鲨鱼——那是圣·伯纳的救援犬（是一种大型犬，重达 100 千克，肩高可达 1 米，是著名的高山、雪山搜救犬），你也知道——专门搭救遇难的旅客。太好了！这个快法才来劲。每艘艇就像一道光！太好了！——我们

现在就像一只发疯的美洲豹尾巴上拖着的三口铁锅！这让我想起有点像在平原上把一头象套在双轮马车里——这么一套，伙伴们，车轮便再也收不住；再说，从一座小山上冲下来的时候，就有摔出车来的危险。太好了！这就是到海底去见海魔时的感觉——朝一个无穷无尽的斜坡一直冲下去！太好了！这头鲸携带的是从地狱里寄出来的邮件！"

可是，这巨兽没跑多远就停下了。一阵急喘之后，便潜入水中。三根曳鲸索跟着嘎嘎作响地一冲，飞一般地在艇尾木柱上转，劲道奇大，竟在三根木柱上勒出了深槽。[赏析解读：此处的描写，写出了鲸的力大无比，同时也凸显出了老鲸在垂死前的奋力挣扎。] 标枪手们非常担心鲸这样迅速地下潜会很快把曳鲸索扯光，于是竭尽全力地把一圈圈摩擦得仿佛要冒烟的绳索拉住。最后，由于三根曳鲸索都是通过各自小艇上拴测锤绳的导缆钩（曳鲸索就是通过导缆钩笔直地伸进海中的）笔直入海从而产生的那股垂直的牵引力，三艘小艇的艇首船舷几乎都与水面平着了，艇尾则高高地翘起。

这头鲸很快停止了下潜。可他们还是抓紧绳索不敢松手，生怕又会被扯走一些，虽然这么待着不太好受。但是，尽管三艘小艇几乎要倾覆，他们却还是拼命拉扯，使锋利的倒钩钩住了鲸背上的肉，鲸经受不住，往往很快浮出水面，被迫面对敌手锐利的标枪。然而，且不说这样做是否危险，究竟这是不是最好的办法也存疑。因为这样的设想应该是很合乎情理的：一头受伤的鲸在水下待的时间越长，消耗的力气便越大。鲸的体表面积很大——一头成年的抹香鲸体表面积将近二千平方英尺（英制面积单位，1 平方英尺等于 0.0929 平方米）——水的压力相应地也必然很大。我们都知道，背上被压上一千二百英尺深的柱形海水，鲸的负担该有多大！那至少相当于五十倍的大气压力。一个捕鲸人曾估计过，那相当于二十艘包括全部大炮、给养和人员在内的战舰的重量。

当三艘小艇躺在微微起伏的海面上，俯视着中午永远的一片蔚蓝时；当大海深处没有透出任何呻吟或叫喊，甚至连一个微波、一个气泡都没有时。在这样的沉寂和宁静之下，那最大的海兽翻滚折腾的痛苦，陆上人又怎么能想到呢！[赏析解读：这里将鲸拟人化，显示出它会像人一样感觉到痛苦，表明了老鲸此时垂死的状态。] 在艇首垂下的绳索还不到八英寸长。看来这是可信的，三根这样的细绳索吊起了这头大海怪，就像一座钟吊着个大大的摆锤一般。吊起来？吊在什么上面？三块木板上面。难道这就是前人一度百般夸赞的生物——"你能用倒钩枪扎它的皮？能用鱼叉叉它的头吗？不论用刀，用枪，用标枪，用尖枪扎它，都是无用。它以铁为干草；箭不能恐吓它，使它逃避；它把棍棒当作禾秸；它嘲笑短枪飕飕的响声！"这就是这个生物吗？就是它吗？啊！先知的这些话肯定兑现不了，因为那大海怪虽说尾巴有千钧之力，却一头扎进浪涌如山的深海中，以躲避"披谷德"号的标枪！

在午后阳光的照耀中，这三艘小艇落在海面上的影子肯定又阔又长，足可以隐藏薛西斯（薛西斯一世，约公元前519—公元前465年，是波斯帝国的皇帝，曾发动第二次希波战争，入侵希腊，洗劫了雅典，但在萨拉米斯海战中被希腊联军打败）的半支军队。几个这么巨大的幽灵在这受伤的鲸头上游荡，谁知道它会怕到什么程度！

"做好准备，伙伴们，它开始了。"斯塔勃克大声说道，话音刚落，三根曳鲸索在水中突然抖动起来，仿佛磁导线一般，把这鲸临死前的抽搐清清楚楚地传达上来，连桨手都感觉到了。接着，那股把艇首往下拽的拉力便去了一大半，三艘小艇一下子就弹了起来，就像一片大浮冰上密密麻麻的一群白熊受惊纷纷窜入海中，大浮冰登时升了起来一样。[赏析解读：此处的描写，凸显出了鲸的力气之大，同时也说明了当时处境的凶险。]

"往里拉！往里拉！"斯塔勃克又喊道，"它浮起来了。"刚刚还连一掌宽都收不回的曳鲸索现在一圈圈地迅速地收了回来，水淋淋地扔回小艇，很快鲸就露出了水面，距离猎手们不到两艘船的长度那么远了。

它的动作清楚地表明已经筋疲力尽。大多数陆上动物的血管都有阀门或者闸门，一旦受伤，借助它，至少可以在一定程度遏制出血。鲸可不是这样。它的血管里根本就没有阀门这种结构，一旦被标枪尖这样小的东西扎了一下，整个动脉系统便立即会致命般流血不止。如果它再潜入深水中，那么加上海水超常的压力，血液会像溪水一样不停地往外流了。然而它有很多血，源泉又多，且深布体内，即使这样流个不停，也要流相当长的时间。这也是它的特点之一。甚至就像在干旱季节，河水照样会流一样，它的水源来自许多遥远而隐蔽的山泉。[赏析解读：此处的描写，一方面写出了鲸没有止血的功能，另一方面体现了当时现场的血腥。] 甚至就是现在，这三艘小艇都划到它身边，冒险地靠近它摇晃的尾巴，把标枪戳进它的身体时，也有血从这些新伤口里均匀地冒出来，流个不停。至于喷水孔还在不时地喷水，虽说每次都喷得很急，但还没有喷出血来，因为至今还没有击中它的要害。它的生命——正如他们耐人寻味地说的那样——还没有被触动。

这时，三艘小艇把它围得更紧。它的上半个身子平常大部分是隐在水下的，现在可以看得很清楚了。它的眼睛或者说那曾经是眼睛的地方也看得到了。正如高贵的橡树，一旦趴下，它的节孔里便反常地长出许多奇怪的疖疤。同样，那曾经是鲸的眼睛的地方，现在只鼓着两个不知道是什么东西的疱（皮肤上长的像水泡的小疙瘩，也指凸出皮肤表面的火疱或脓疱），看上去真是触目惊心的悲惨。但是，水手们却对它没有半点怜悯，尽管它年纪一大把，只剩下一只胳臂（一只鳍），眼睛又瞎了，却还非得被乱枪刺死不可，这样才好去照亮快活的婚礼和其他寻欢作乐的勾当，或者照亮庄严的教堂这宣扬无条件逆来顺受的地方。它在血泊里翻滚了一阵后，终于在侧腹部下端露出了一个奇怪的变了色的大约笆斗大小的瘤子。

"一个好地方，"弗兰斯克大声说道，"让我给那里扎一下。"

"住手！"斯塔勃克喝道，"没这个必要了！"

可是，于心不忍的斯塔勃克已经迟了一步。一枪接着一枪地扎下去，一股脓水从这残忍的伤口里应声喷出。鲸痛得要死，盛怒之下，喷出了浓稠的血水。它愤怒着向着三艘小艇猛冲过来，把急雨似的血块劈头盖脸地泼在三艘小艇和洋洋得意的全体水手们身上，冲翻了弗兰斯克的小艇，撞坏了艇首。这是它临死前的挣扎。因为，到了这个时候，它由于失血过多，非常衰弱，侧着身子喘个不停，残鳍无力地拍打着，然后慢慢地滚呀，滚呀，仿佛一个在逐渐消失的星球。后来，它白肚皮朝上，把最柔软的部位都露了出来，像根木头一动不动地漂浮着，死了。[赏析解读：此处的描写，写出了老鲸垂死挣扎的场面，表明了它此刻的痛苦，凸显出了弗兰斯克的残忍与当时场面的悲壮。] 它最后一次喷水的模样十分凄惨，就像有许多看不见的手在用力地把一个大水池里的水慢慢地压出来。水柱带着半哽住的哀伤的咯咯声越来越低，终于消失——这头鲸临死前最后一次长长的喷水就此结束。

就在水手们等着大船驶过来时，死鲸还没有等身上的财富被搜刮干净就有下沉的迹象。斯塔勃克下令用绳索把它不同的部位绑住，这样一来，三艘小艇登时就成了三个浮标（指浮于水面的一种航标，是锚定在指定位置，用以标示航道范围，指示浅滩、碍航物或表示专门用途的水面助航标志）。死鲸就靠这些绳索吊在小艇下面。等大船靠近过来后，这鲸就被小心翼翼地转移到舷边，用最结实的锚爪链把它紧紧绑住，因为很明显，如果不把它举起来，它马上就会沉到海底去。

紧接着，稀奇的事情就这样发生了：几乎就在割脂铲头一铲下去时，就发现它肉里嵌着一个锈蚀的长长的标枪头，位置就在前面提到的那个瘤子下部。在捕获的鲸尸上发现标枪头本是常有的事，周围的肉一般都完全长好了，也不会拱起一块，表明标枪头的所在。因此，非得有什么别的不为人所知的理由，才能充分解释出现在这头鲸身上的脓疱。但更奇怪的是在鲸体内竟发现一个石枪头，离那个嵌在肉里的铁枪头不远。石枪头周围的肉都长得很结实。那石标枪是什么人投的呢？又是什么时候投的呢？很可能还是在美洲被发现之前好久，西北部某个印第安人干的。[赏析解读：作者在此处的叙述说明采用了一种夸张的写作手法，意在凸显出这头鲸的生命力顽强。]

在这巨兽的体腔里还能否搜出别的宝贝来，那很难说。但是，进一步的搜查突然被迫中止了，由于死鲸下沉的势头大增，大船被拽得空前地向一边倾斜，负责全盘事务的斯塔勃克却坚持要船挺住。可如果仍旧死抱住鲸尸不放，船就会翻掉。他只好下令把鲸尸卸下来，但是船舷之上肋骨顶端上拴紧的锚爪链和缆绳绷得太紧，根本解不下来。这时，"披谷德"号都斜过来了。要横过甲板，就像是爬壁陡的斜屋顶一样。大船发出了呻吟声，透不过气来。镶嵌在舷墙上舱室里的牙骨物件，由于这超常的倾斜都脱落了。即使用杠子和撬棍来撬那些纹丝不动的锚爪链，把它们从肋骨顶端撬开，也是白费力气。这时，鲸尸已经沉下去好多，浸在水中的头尾都够不着了，这正在下沉的庞然大物的分量似乎每时每刻在成吨地往上涨，船也好像就要翻了。

"等一下，等一下，好吗？"斯德布朝鲸尸大声说道，"别这么奔丧似的急着下沉！真的，伙伴们，我们非得想点什么办法，或者拿个什么来不可了。撬不管用。喂，快停下推杆，哪一个赶紧去拿本祈祷书、一把小刀来，把大粗链子割断。"

"小刀？好的，好的，"季奎格大声说道，他抓起一把木匠用的沉重的斧子，从一个舷窗口探出身去，用钢来对付铁，对准那最粗的锚爪链一顿猛砍。开头几斧子下去，只砍得火星迸射。不过链索上那股极大的绷劲倒是给随后砍下去的斧子帮了大忙。只听到一阵可怕的啪嗒声，所有的链索一下子全散开了。船正过来了，尸体沉下去了。[赏析解读：前一刻还在准备从鲸身上得到点儿什么，下一刻就出现了危机，体现出了捕鲸工作的不稳定性、危险性、复杂性和多变性。]

说起来，这种在关键时刻不得不把刚杀死的抹香鲸沉掉的情况是很罕见的。至今还没有哪个捕鲸人对此作出过充分的解释。死抹香鲸可以毫不费力地浮着，或者侧躺着，或者肚皮朝上，有很大一部分露出在水面上。这么沉下去的只是那些又老又瘦、忧伤过度的鲸，脂肪层很薄，骨头重，还有风湿病。你还可能有理由认为这样的鲸之所以下沉是一种不常见的比重所致，是它体内缺少有浮力的物质。可是，事实并不是这样。因为有些身体非常健康、满怀雄心壮志、红光满面、正当盛年、胖得走路都喘气、不幸过早辞世的鲸，有时也照样下沉。

话是这么说，抹香鲸却远不如其他鲸那么容易发生这种意外。抹香鲸要沉下去一头，露脊鲸就会沉下去二十头。它们之间的这种差别，在很大程度上要归咎于露脊鲸的骨头多得多。单是它那像是栅栏的闸门似的牙骨有时就重达一吨多，抹香鲸就完全没有这个累赘。但是有这样的情况：沉下去的鲸尸，经过好多个钟头或者几天之后，又重新浮了上来，并且比活着时浮力更大。这原因非常明显，它体内产生了大量气体，胀得鼓鼓的，成了个气球似的，那时连一艘战舰也很难把它压下去。在新西兰的海湾之间，在测锤能够着的海滨捕鲸时，如果发现露脊鲸的尸体有下沉迹象，人们就给它系上好些浮标，留足绳子，这样尸体下沉以后，要再把它弄上来时就知道到哪儿去找它。

且说就在那抹香鲸沉下去不久，"披谷德"号桅顶上的水手又大喊起来，通知下面说"处女"号又在放下小艇。虽然极目所及只看到一头长须鲸（又名长簧鲸、鳍鲸、长绩鲸，是须鲸属中的一种水生哺乳动物，主要分布在南极海域。体型呈纺锤形，长约25米，最大体重约110吨。其游泳速度很快，时速可达37千米，最高纪录为时速40千米，有"深海格雷伊猎犬"之誉）在喷水。这种鲸很难追捕，因为它的速度快得不可思议。不过，它喷起水来很像抹香鲸，不老练的捕鲸人经常弄错。因此，德里克和他的小艇这时正铆足了劲在追这只无法追上的猛兽。[赏析解读：此处的叙述说明，暗示出了"处女"号船长德里克捕鲸经验的欠缺，也恰好说明了为何"处女"号至今还如此"干净"的原因。]"处女"号扯起满帆，紧跟在它那四艘小艇后面，就此远远地消失在下风头，仍然满怀希望的一个劲儿猛追。

啊！我的朋友，这世界上长须鲸多得很，德里克也多得很。

第五十八章　投枪

[名师导读]

快到中午时分，大家又发现了鲸。几艘小艇奋起直追，经过一番努力，斯德布的小艇上的塔希特戈投中了一枪。在被投中的鲸快要逃掉的紧要关头，斯德布冒险而镇定地拿起标枪，精准地刺中了鲸的要害。

要想让车轴转得又快又省力，就得给它们上点儿油。有些捕鲸人为了同样的目的，对他们的小艇采取了相似的措施，给艇底涂上油。油和水互不相融，油的润滑性能很好，而用意又在于使小艇滑行得更快，因此这种做法自然不用担心有任何坏处，很可能好处还大得很。季奎格就特别相信艇底抹油的好处。某一天上午，就在德国人的"处女"号消失不久，他比往常更用心地做这件事。小艇被吊在船舷上，他趴在艇底下使劲往上擦油，好像要极力做到让光秃秃的艇底长出头发来似的。他仿佛是在某种不祥的预感支使之下才这么干，而这种预感后来并不是没有得到证实。[赏析解读: 此处的叙述说明，引领下文，为下文得到"证实"的具体叙述作铺垫。作者在此设下了悬念。]

快到中午时，又发现了鲸。可是等大船朝它们驶过去时，它们立即掉过头去，慌慌张张地逃跑了，看起来就像克利奥帕特拉（约公元前70—公元前30年，又称埃及艳后，是古埃及托勒密王朝最后一任法老。她同恺撒、安东尼关系密切，并伴以种种传闻逸事，使她成为文学和艺术作品中的著名人物。屋大维征服埃及后，她自杀身亡，埃及成了罗马帝国的一部分，直到西罗马帝国灭亡）的彩船从亚克兴角（亚克兴角是指希腊阿卡纳尼亚北部海岬，现称为圣尼古拉奥斯角。公元前31年，安东尼和埃及艳后的联军与屋大维的军队在此爆发亚克兴海战，安东尼和埃及艳后的联军被击败）溃不成军地败退一般。

不过，几艘小艇照样追，斯德布的小艇一马当先。塔希特戈费了好大的劲，终于投中了一枪。可是那被击中的鲸非但没有下潜，反而加速继续逃窜。曳鲸索一直这样绷得紧紧的，那支插在它身上的标枪迟早免不了会拔出来。当务之急是在这头飞奔的鲸身上再戳上几枪，要不然就只好任凭它跑掉。可是又无法靠近它，它游得太快太猛。还有没有别的办法呢？

斯德布在最紧迫的关头仍能谈笑风生，从容不迫，沉着冷静，比任何人都适合于投枪。你瞧他在如飞的小艇颠簸的艇首上站得笔直，周身裹在毛绒般的泡沫里，那拖着小艇飞奔的鲸就在前方四十英尺处。他轻轻地摸了摸那长长的标枪，瞟了两三眼枪身，看它是不是挺得笔直，嗖嗖地把一卷曳鲸索收在一只手里，紧握住索尾，不让余索受到任何干扰。然后，他把标枪拎起到他裤腰带中部的正前方，对准鲸。瞄好之后，他便稳稳当当地放低枪尾，让前端翘起有十五英寸高，两头平衡地握在手掌心里。他看上去有点像个玩杂耍的，把一根长杆子竖起在下巴上。刹那间，他以难以形容的神色奋力一掷，那明晃晃的标枪高高地划了一个漂亮的弧，飞过那段泡沫弥漫的距离，颤悠悠地插进了鲸的要害。[赏析解读: 一连串的动作描写，写出了斯德布高超的技术及精准的投射，同时也体现出了在他嘻嘻哈哈的表面下隐藏的是颗沉稳的心。] 这时，它喷出的就不再是剔透的海水，而是鲜红的血了。

"这一下把它的身上的水龙头拧开了！"斯德布大声说道，"这是不朽的七月四日（美国的独立日，以纪念1776年7月4日大陆会议在费城正式通过《独立宣言》）。所有的泉眼今天都涌出了葡萄酒！但愿流出来的是奥尔良（法国中部城市，其所处的卢瓦尔河谷是法兰西皇室之源，墨洛温王朝时奥尔良曾一度成为法兰西首都。百年战争期间，圣女贞德领导当地人民在此打败英国占领军）或者俄亥俄州（位于美国中东部，是五大湖地区的组成部分，别称七叶树州，因俄亥俄河得名）的陈年威士忌，要是那妙不可言的莫农加希拉（是俄亥俄河的一条支流，也是宾夕法尼亚州的一座城市的名字）的陈酿，那就更好了！塔希特戈老弟呀，我会让你拿着罐儿站在喷泉边上，咱们围着它一醉方休。没错，就是要一醉方休。咱们就在它的泉眼旁边调制上等的五味酒。我们用那刚调制好的五味酒喝个痛快。"[赏析解读：作者在这里将从鲸身上流出的血比作酒，表达出了斯德布兴奋的心情以及他幽默的性格特征，同时也暗示了当时捕杀场面的血腥。]

他们就这样一边开心地胡扯，一边熟练地一支又一支地投个不停，标枪飞出去又飞回到了主人手中，就像是一条训练有素的猎犬被主人灵活地收紧皮带拉回身边一样。这头在痛苦中挣扎的鲸不停地翻滚，紧绷着的曳鲸索松了下来，这时投枪人退到艇尾坐下来，环抱着双臂，一声不吭地看着这头大海怪慢慢地咽气。

第五十九章　鲸鱼舰队

[名师导读]

在我们通过巽他海峡后，发现了抹香鲸群。这无疑是个重大的发现，就在"披谷德"号满帆追逐抹香鲸时，却听到了塔希特戈的喊叫声，原来他发现了马来海盗。于是便上演了我们在前面追鲸，海盗在后面追我们这样令人啼笑皆非的一幕。

狭长的马六甲半岛延伸到缅甸东南方，位于亚洲的正南端。从这个半岛出发，苏门答腊岛、爪哇岛、巴厘岛和帝汶岛，再加上其他的众多岛屿，组成了一条不连贯的线，伸展了出去，形成了一道巨大的防波堤，或者城墙，纵向连接亚洲和大洋洲，把长长的浑然一体的印度洋和东方星罗棋布的群岛分割开来。这道城墙为了使船只和鲸的出入更方便，便捅开了几道暗门，其中最显眼的要数巽他海峡（位于印度尼西亚苏门答腊岛和爪哇岛之间的狭窄水道，沟通太平洋的爪哇海与印度洋，也是北太平洋国家通往东非、西非或绕道好望角到欧洲航线上的航道之一。巽，xùn）与马六甲海峡（是位于马来半岛与印度尼西亚的苏门答腊岛之间的漫长海峡，也是连接沟通太平洋与印度洋的国际水道，由新加坡、马来西亚和印度尼西亚三国共同管辖）。从西方去中国的船只主要从巽他海峡进入中国海。[赏析解读：此处的描写，凸显出了巽他海峡的重要性，也为下文故事的展开作铺垫。]

　　狭窄的巽他海峡将苏门答腊岛和爪哇岛分隔开，位于那道由岛屿构成的巨大城墙的中部，依附在那个被水手们称为"爪哇头"的陡峭的绿色海岬上，倒是很像通向幅员辽阔的帝国的大门。考虑到东方大洋中那众多岛屿上取之不尽的香料、丝绸、珠宝、黄金和象牙，这种地理优势似乎是大自然具有深意的安排，这么多的财富，至少也要做出个样子来，于是东方人对贪婪的西方世界严加戒备，即使完全起不到作用。巽他海峡沿岸并没有构筑像是守护着地中海、波罗的海及马尔马拉海的入口那样的居高临下的要塞（这些要塞指的是直布罗陀之于地中海、卡特加特之于波罗的海和伊斯坦布尔之于黑海）。

　　这些东方人与丹麦人不一样，他们并不要求那些不断顺风而来的船队放下中桅帆，表示曲意逢迎的顺从，多少世纪以来，那些船队满载着从东方掠夺来的财宝，夜以继日地从苏门答腊岛与爪哇岛之间通过。不过，他们虽然在礼仪上像这样大方不予计较，但是对于更为实在的进贡却绝不放弃。

　　长久以来，马来海盗的快速帆船就潜伏在苏门答腊灌木丛荫蔽的浅湾小岛之间，他们袭击通过海峡的船只，拿着长矛，凶狠地勒索财物。虽然他们在欧洲人的巡洋舰下不断地遭到重挫，气焰也有所收敛，然而即使在今天，我们也偶尔会听到有关英美船只在那一带海域被强行登船、洗劫一空的消息。[赏析解读：此处的叙述，说明了这个海峡潜在的危险，为下文故事的展开埋下了伏笔，渲染紧张的气氛。]

　　"披谷德"号此时正在迅疾和风的吹送下，逐渐向着巽他海峡靠近，亚哈执意要从这里通过，进入爪哇海域，然后向北巡游去往那据说常有抹香鲸出没的海域，巡遍菲律宾诸岛附近的大海，直到遥远的日本沿海，以便能够及时赶上那里的捕鲸季节。这样一来，环游世界的"披谷德"号在到达太平洋的赤道海域之前，就几乎已经扫遍了抹香鲸在世界上所有已知的巡游渔场。即使在其他地方的追捕全都以失败而告终，也不必沮丧，因为太平洋赤道海域据说是莫比·迪克最常去的海面，亚哈算准了一定能与它正面交锋。

但是，现在该怎么做呢？在这种分区、分片的搜索中，亚哈就完全不靠岸吗？他的水手们都要喝空气吗？当然不，他会停船装淡水，但是他不会靠岸。在狂热的马戏场里转圈圈转了很长时间的太阳，靠的是它自身的热量，并不是其他的给养，对亚哈来说也是一样的。请记住，对于捕鲸船也是同样的情况。当其他船只装满了不属于自己的货物，准备运往外国的码头时，环游世界的捕鲸船却什么也没装，只是一艘空船装着全体水手，以及他们的武器和必需品。它装了整整一个湖的淡水，装在了瓶子里，然后放在宽敞的货舱中。它装了一些有用的东西作为压舱物，不全是那些没有用的铅锭和生铁，而供给他们几年的饮水是清澈、优质的南塔克特淡水。南塔克特人在太平洋上漂泊的三年期间宁愿喝这种水，也不喝从秘鲁或印第安溪流用木筏运来的装在大桶里还略带着咸味的水。

所以就出现了这种情况：当其他的船只从纽约出发到中国，走了一个来回，中间停靠过的港口有一二十个，而捕鲸船在这段时间里或许连一个都没有看到。水手们除了看到像他们一样漂泊在海上的其他水手之外，再也没有见过其他什么人。如果你给他们捎信说，又发第二次洪水了，他们的回答只会是："没事，伙伴们，这里就是方舟！"[赏析解读：从此处的叙述中能够看出，捕鲸船出海的航期是相当漫长的，水手们可以说是与世隔绝的，凸显出了水手们生活的艰辛。]

由于在爪哇岛西边靠近巽他海峡的地方，有人曾经捕获到许多抹香鲸，而且大多数渔场附近通常都被捕鲸人认为是最好的巡游场所，所以"披谷德"号在越来越靠近爪哇岛时，亚哈就叮嘱负责瞭望的人要格外留神。但是，虽然爪哇头那棕榈荫遮的绿色悬崖不久前便隐约地出现在船舷前方了，而且空气中也出现了香甜的肉桂（是樟科、樟属中等大乔木，树皮灰褐色，原产中国、印度、老挝、越南至印度尼西亚，树皮常被用作香料、烹饪材料及药材）气息，但是却连一个喷水的都没有见到。大家几乎都不再指望能在这一带碰到任何猎物了，船也即将进入巽他海峡。突然桅顶上发出了一阵久违的欢呼声，没过多久，一幅异常壮丽的画面便呈现在了我们面前。

不过，在这里还是要先提一下之所以欢呼的原因，由于最近抹香鲸在各大洋受到追捕而不停奔波，以至于它们已经不再像过去一样总是分成小分队活动，而是经常一大群出现，有时数量之大，就像是许多国家为互助互卫而庄严地立下誓约、结成联盟一样。抹香鲸集结成这样一支庞大的队伍，或许正好说明了这种情况：为什么如今在最有希望的巡游渔场上，连着转上几个星期、几个月，或许依然一无所获，然而突然之间却好像有成千上万道水柱呈现在眼前。[赏析解读：此处的叙述说明，解释了抹香鲸群出现的原因，同时总结了上文，引起下文。]

此时，位于船头前两侧大约两三海里的地方，有一大片白雾，形成了一个庞大的半圆形，占去了前方一半的水平面。连绵不断的水柱在正午的阳光下闪耀着光芒。抹香鲸喷起水来，与露脊鲸喷出的笔直的双股水柱不同：露脊鲸喷出的双股水柱在最高处分开落下来，就像是分叉下垂的杨柳枝；抹香鲸喷出的单股水柱则是斜着向前喷出的一片厚密如灌木丛般的白雾，不停地向上冒，然后朝着下风口飘落。[赏析解读：此处的描写，一方面写出了这次遇到的抹香鲸群的数量之多，另一方面说明了抹香鲸喷出的水柱与露脊鲸的不同之处。]

有时从被海浪托起的"披谷德"号的甲板上望去，那里好像是登上了海中的一座高山，一片朦胧的喷雾，一股股袅袅地升入空中。透过那融合成一片的浅蓝色的雾气看去，就像是在一个芬芳的秋晨，一位骑士站在山丘上，突然发现了一个人口众多的大城市里无数冒烟的烟囱一样。[赏析解读：此处环境的描写，生动地刻画出了当时水雾缭绕的场景，同时也从侧面凸显出了抹香鲸的数量众多。]

它们就像大部队靠近一个地势复杂的峡谷时加速行进，急于通过这个危机四伏的地方，好重新回到那安全的平原上那样，这个浩浩荡荡的鲸群此时也急于通过海峡；它们逐渐收拢那半圆形的两翼，彼此拥挤着，但仍然维持着新月形的阵型，向前游去。

"披谷德"号升起满帆，在后面紧追着。标枪手们一边摆弄着武器，一边在还没放下的小艇旁边大声喧嚣。他们都坚信，只要风势不减，一旦通过巽他海峡，这一大群鲸在东方海面上就会散开，到时就会有不少的收获。说不定莫比·迪克也会临时加入这支队伍中，跟它们一起游行，就像是暹罗人举行加冕典礼时，走在行列中的那头受人崇敬的白象一样呢！所以，我们所有的辅助帆全都升起，全速前进，紧追着就在我们前面的那些鲸。这时，突然传来了塔希特戈的声音，他高喊着要我们注意后面。

后面紧跟着另一弯新月，和我们前面那一弯新月遥遥相对。它好像由一股股分离的白色雾气组成的。那雾气上下起伏着，有点像鲸的喷雾。只是它们并不是露个头就不见了，而是一直在那里回旋，始终没有消失。亚哈拿起望远镜看了看，他那头鲸骨做成的假腿迅速在钻孔里转了一百八十度，掉过头来大声喊道："爬上去，装上小滑车和提桶，吊水打湿帆篷。——伙计，马来人在追着我们呢！"[赏析解读：从亚哈的语言描写中可以看出当时情况的急迫，渲染出紧张的氛围，吸引读者的注意力。]

这时，这些亚洲歹徒好像发现自己在海峡后面埋伏的时间太长了，"披谷德"号已经驶进海峡很长一段路了，于是他们便拼命地追上来，想要抢回因过分谨慎而耽误的时间。但是"披谷德"号本身也正在全速追赶，乘着这股顺风跑得飞快。这些黄皮肤的海盗在加快它自身追赶速度的同时又帮了一个大忙——他们毫无疑问起到了马鞭再加马刺的作用。这时，亚哈腋下夹着望远镜，在甲板上来回走动，身子向前时看到了他所追赶的大海怪们，转过身向后时就看到了正在追赶他的那些凶残的海盗。这时他的船正在水上的峡谷中疾驶，当他把目光投向两边的绿墙时，心想，只要通过这道关口，就走上了复仇之路，同时他也看到，正在通过这道关口时，他处于追击与被追击之间，现在的处境正把他往绝路上赶。不仅如此，那些凶残野蛮的海盗——冷酷无情又目无神明的魔鬼——还在穷凶极恶地咒骂着为他加油鼓劲。当这些想法出现在亚哈的脑子里时，他的眉头紧锁，面色阴沉，就像长时间在怒潮冲蚀下的沙滩，只剩下棱状起伏的黑色地面。

但是，满不在乎的水手们却没有几个因这样的念头而感到困扰。"披谷德"号将那些海盗远远甩开，终于飞快地掠过了苏门答腊这边青翠欲滴的科克多岬，出现在海峡外辽阔的海面上了。这时，标枪手们为没有追上奔驰的鲸群而感到惋惜，这种惋惜似乎还超越了顺利摆脱那些马来人所感到的愉快。不过，他们还继续跟在鲸群后面。终于，鲸群似乎也放慢了速度。船离它们越来越近了。这时风也渐渐停了下来。收到命令后，水手们马上跳上小艇。但是，这一大群鲸，或许是出于抹香鲸那种奇妙的本能，在一觉察到有三艘小艇在追击它们时——虽然距离它们还有一海里的距离——马上又重新集结起来，列成原来的队形，它们的喷雾看上去就像是一排排高举着的闪亮的刺刀，正在加速挺进。[赏析解读：此处将抹香鲸拟人化，想象它具有人的灵性，在危险到来时能够感知到，并迅速地做出反应来逃离。]

我们把外衣脱掉，只穿着衬衣和衬裤，跳上小艇冲了上去。在划了几个小时之后，感觉很难追上，便想要放弃。就在这时，鲸群中突然出现了一阵骚动，它们暂时停了下来，这足以表明它们现在正陷入前所未有的困境中而不知该怎么做。[赏析解读：精彩之外再次出现意外的转折，鲸群出现了意想不到的骚乱，把故事的气氛推向高潮，设下悬念，引发读者的好奇。]

捕鲸人一旦发现这种情况，就说是鲸被吓破了胆。那一直快速而且有条不紊地游在一起的战斗纵队，这时成了七零八落的乌合之众。它们就像是与亚历山大作战的印度波拉斯王的象队，看起来快要被吓疯了。它们散开成残缺不全的大圈，向着四处逃窜，盲目地东躲西藏，从它们那短促浓密的喷水上来看，很明显地暴露出了它们此时的惊惶。更让人觉得奇怪的是，有些鲸仿佛完全瘫痪了，就像是进了水、机器失灵的船只一样束手无策地漂浮在海面上。

就算这些鲸是一群微不足道的羊，在牧场上被三条恶狼追赶着，也不至于沮丧成这样。不过，这种偶尔表现出的胆怯几乎是所有成群动物的特征。虽然许多鲸，就像之前提到的那样，仍然在东跑西窜，不过可以看出，就整体而言，这一大群鲸既没有前进，也没有后退，它们始终是待在一起的。在这种情况下，按一贯的做法，小艇马上散开，分别盯上鲸群外围落单的鲸。过了大约三分钟的时间，季奎格的标枪就投了出去。那被击中的鲸胡乱地喷着水，弄得我们满脸都是水雾，然后它就快速得像是一道光一样拖着我们飞跑，径直地向着鲸群的中心奔去。虽然被击中的鲸在这种情况下会做出这样的举动并不是什么个例，而且事实上也几乎是在预料之中的，然而这却是变化莫测的捕鲸业中出现的一种十分危险的情况。因为当那飞奔的巨兽越来越深地把你拖入疯狂的鲸群中时，以后的每时每刻你都得提心吊胆。

就在那又聋又瞎的鲸一直向前冲，好像想单凭速度来甩掉那牢牢地黏在它身上的铁蚂蟥时；就在我们跟着它一起飞奔，前后左右都受到疯狂的鲸到处乱撞的威胁，在海上撕开了一道白色的口子时；我们那艘被包围的小艇，就像是暴风雨中被无数大块浮冰推搡着的船只，随时都可能被围住、挤碎，此时正在努力地通过它们之间错综复杂的大小水道。

可是，季奎格完全不受影响。他果断地掌着舵，时而绕过正好挡在我们前面的这头鲸，时而躲开巨大的尾巴高举在我们头上的那头鲸。斯塔勃克则一直站在艇首，手执着标枪，用短距离的投掷来对付他能够够到的鲸，以便能开出一条路来。这时候他没有工夫远距离投掷。桨手们也没有闲着，虽然他们的本职工作现在已经完全用不上了。此时他们主要负责叫喊。"躲开，指挥官！"一名水手朝着一个将整个身子突然冒出水面的庞然大物喊道，它看上去大有马上就把我们的小艇弄翻的架势。"哎，把你的尾巴快放下去！"又一名水手朝着另一头鲸大喊，那个庞然大物离我们的艇舷十分近，好像在从容地用它那扇子似的大尾巴给自己扇风。[赏析解读：此处的描写，凸显出了这艘小艇当时正处于异常凶险的处境中，对于水手们的语言描写，使故事蒙上了一层紧张不安的色彩，吸引读者注意力。]

所有的捕鲸小艇都携带着一种制作得很精巧的物件，叫作德勒格，那是南塔克特的印第安人发明的。是将两个同样大小的木头方子钉在一起，两个木头方子的纹理成十字交叉，然后把一根相当长的绳索系在这块组合木的中间，绳索的另一头打个活结，使用时可立即拴在标枪上。

这个德勒格主要是在被吓破了胆的鲸群中使用。因为那时紧紧围在你周围的鲸太多，不可能同时追击很多头。可是，抹香鲸又不是每天都能碰得到的。于是，你必须竭尽全力，把所能捕获的全部杀掉。如果你一下捕获不完，那么就必须想办法让它们游不动，等以后有时间再去杀掉，这时候就要使用德勒格了。我们的小艇上有三个德勒格，有两个很顺利地投出去了。我们看到有两头鲸被拖在后面的德勒格那股巨大的力量拖住了，它们在摇摇晃晃地跑着，就像是被套上了带铁球的脚镣的歹徒。但是，在投出第三个时，这块笨重的组合木挂住了小艇上的一个座位，登时就把那个座位掀起，一起带到海里去了。那个桨手摔到了艇底。海水从小艇两侧损坏了的船板处涌了进来。不过我们马上塞了两三件衬衣衬裤，暂时堵住了洞口。

如果不是因为我们已经到了鲸群中，和鲸的距离被很大程度地缩短了，这些带着德勒格的标枪就很难投出去。由于我们离那骚动的外圈越来越远了，那种可怕的混乱似乎有减弱的势头。当那颤巍巍的标枪最终飞出后，那中枪的鲸拖着绳索横着消失时，我们就趁着它那股渐衰的势头，慢慢地从两头鲸之间滑进了鲸群的核心，这样一来，仿佛从一道山洪急流突然掉入谷底一个宁静的湖泊里。在这里，外围的鲸群中那种有如峡谷山洪暴发似的奔腾喧嚣声虽然依然可以听到，但却感觉不到了。

在这个中心海域上，海面如缎子般光滑，就像是盖上了一层油膜。这来自鲸在比较平静的心境下喷出的那稀薄的水雾。的确，当时我们就置身于那样一种令人心醉神迷的宁静中。据说任何的骚乱深处都隐藏着宁静。

而在混乱的远处，我们看到最外围的同心圈仍然是一片喧嚣，八头一群、十头一伙的鲸不断迅速地绕来绕去，就像是无数对共轭的马在转圈一样。它们肩并着肩靠得很近，游在中间的鲸身上架起圆拱形，一个身材高大的马戏团骑手可以很轻易地在它们的背上转圈。[赏析解读：此处环境的描写，凸显出了鲸的数量之多，同时也为下文的猎捕埋下了伏笔。] 由于那些休息的鲸密密麻麻，紧紧围住那隐蔽在鲸群中的中心，我们如果想要突围的话，暂时是不可能的。我们必须等到那道把我们困在里面的活墙出现缺口时再行动。我们待在这"大湖"中心时，不时会有些温顺的"小母牛"和"牛犊"——它们相当于是这支溃败的军队里的妇女和儿童——来看望我们。

这时，如果把旋转不停的外圈之间偶尔出现的那些大空隙计算在内的话，再加上各个外圈鲸群之间的空隙，这些鲸所占的面积至少有两三平方英里（英制面积单位，1 平方英里约为 2.59 平方千米）。不管怎样——尽管在这时，作为这样一个目测结论确实可能有些不靠谱——从我们低矮的小艇里望去，那些喷雾简直就是铺天盖地。我之所以会提到这样的情况，是因为那些"母牛"和"牛犊"好像是被特意关在这个最靠里面的牛圈里一样，好像这个大范围的鲸围使它们完全无法了解鲸群之所以停滞不前的真正原因是什么。或许也可能是因为它们太年轻，不懂世故，各个方面都很幼稚，没有经验。但是不管是出于什么原因，这些小鲸——不时来探望我们这艘无法行进的小艇——却显露出令人诧异的无畏和信心，或许它们是被恐惧给弄迷糊了，这实在令人惊讶。它们就像家里养的狗那样围着我们闻，一直来到我们的艇舷边，不时地靠在这边或者那边，就像是有什么符咒把它们驯服了。季奎格还拍了拍它们的前额；斯塔勃克用标枪搔搔它们的背；他怕后果不堪设想，所以没有用标枪去戳它们。[赏析解读：此处环境的描写，写出了小抹香鲸的温顺，同时从侧面凸显出了善与恶、欲望与压抑之间的矛盾冲突。]

但是，当我们探身舷外，向下望去时，在这个奇妙的水上世界的水面深处，我们看到了另一个更为奇妙的世界。那里漂浮着许多正在哺乳的母鲸和从那巨大的腰围上看起来好像是即将做母亲的鲸的身影。这个"大湖"——就像我提到过的——深处还是非常清澈的，可以看到那些正在吮奶的小鲸像婴儿一般，眼睛没有看着母亲的胸脯，而总是安静而专注地凝望着其他地方，仿佛同时在过着两种不同的生活：一边在吸取肉体上必需的营养，一边却在享受着精神上神游的遐想。这些小家伙在进行神游时，眼睛也好像在向上看着我们，可是又对我们视而不见，仿佛在它们新生的眼中，我们与那些海藻无异。母亲们则侧浮着，好像也在静静地看着我们。一个小家伙——从一些难以言喻的迹象上来看——似乎生下来还不足一天，大约有 14 英尺长，腰围有 6 英尺左右。它很淘气，虽然身体似乎还没有完全摆脱前不久在母腹中的那个令人厌倦的姿势。在母腹中时，它像鞑靼人的一把弓一样，尾巴对着头部蜷着身子躺着，随时准备做最后一跃。它那娇嫩的边鳍和尾叶还保留着像从另外一个天地来到人世的婴儿的耳朵那种褶皱的形状。[赏析解读：此处的描写，写出了大自然的和谐之美，从而体现出以实玛利是一个热爱大自然的人，他尊重其他生物，并能发现其中的美好。]

"绳索！绳索！"季奎格望着艇舷外喊道，"它拴住了！它拴住了——谁拴上它了！谁来用绳索拴一下？——两头鲸，一头大的，一头小的！"

"你怎么啦，伙计？"斯塔勃克大声说道。

"你看看。"季奎格指着水里说。

那看起来像是一头被击中的鲸。索桶里的绳索已经被它带出去有几百英尺了。它下潜之后又浮了上来，使那松弛下来的绳索也跟着浮了上来，成螺旋状露在水面上。斯塔勃克这时也看到一头母鲸的一大卷脐带，似乎母鲸和幼鲸还被拴在一起。在追捕中情况多变，这种事也没有什么稀奇的，这根脱离母体的脐带和捕鲸绳缠在了一起，结果就把小鲸也给拴住了。海洋中一些最隐秘的秘密似乎也在这个令人陶醉的鱼塘里向我们展现出来了。[赏析解读：抹香鲸与其他鲸一样，不论什么季节都可以下崽，它们的怀胎期约为九个月，每次只能生下一胎，只有特殊的情况下它才会生下双胞胎。] 我们看到年轻的鲸在大海深处恋爱的场景。

就这样，这些在圈子中央令人无法看透的动物，虽然处在惊惶与恐惧的氛围下，却仍然自由自在、无所畏惧地过着太平的日子，真的是无忧无虑地尽情享乐。不过我也正是这样，虽然处于龙卷风肆虐的海洋中，内心却始终平静自适；虽然我时运不佳，命途多舛，我却仍然沉醉在欢乐的温柔乡里。[赏析解读：此处的描写，凸显出了以实玛利与众不同的心态，对他来说，海洋是个神秘的地方，能够使他放松身心，带他远离忧愁，享受它的美好。]

就在我们这样陶醉地待着时，远处不时会出现激动人心的场面，这说明其他小艇还在对鲸群边缘的鲸使用德勒格。或许是在第一个鲸圈里继续追击，他们在那里有回旋的余地，便于他们后退。但是，那些被德勒格拴住了的愤怒的鲸，在圈里盲目地来回冲撞的情景，和最终映入我们眼帘的景象比起来，根本没有可比性。有时，在拴住了一头力气特别大且机灵的鲸时，往往要想方设法割裂或伤残它那巨大的尾巴上的尾腱，像割断人的脚筋那样。这项工作是靠投出一把短柄的铲子来完成的，这把铲子上系着一根绳索，投出去后还可以收回来。有一头鲸的尾腱受了伤（我们后来才知道），但好像并不严重，拖着半截标枪绳，摆脱了小艇。但是由于伤处疼痛难忍，它便在那些转个不停的鲸圈里横冲直撞，就像是萨拉托加战役（开始于 1777 年 9 月 19 日，是世界史上著名的战役，也是北美英属殖民地十三州独立战争的转折点）中单枪匹马奋不顾身的阿诺德（贝内迪克特·阿诺德，1741—1801 年，是美国独立战争时期的重要军官。1777 年 10 月 17 日，在美国独立战争中具有决定意义的萨拉托加战役中，曾率军猛击弗吉尼亚和康涅狄格的英军，立下了大功。但他后来却变节投靠英国，在美国历史上颇具争议）那样，他冲到哪里，就会让哪里的敌人感到毛骨悚然。

不过，这头鲸虽然伤得很重，而且无论怎么说，它的样子都是够吓人的，但是它让整个鲸群感到异常恐惧——因为距离太远，我们开始并没有看清楚，后来终于看清了——由于捕鲸业中难以想象的意外事故，被它拖着的曳鲸索缠住了。它逃跑时把插在它身上的铲子也带走了，而系在铲子上的那根绳索没有固定的那一头，已经跟那卷缠在它尾巴上的标枪绳死死地缠在了一起，就这样，那把插在它身上的铲子滑脱出来了。因为疼痛，它在水中使劲儿地翻腾，拍打着它那柔软的尾巴，吊在尾巴上的那把锋利的铲子就跟着一起到处乱甩，把它周围的同伴都给砍伤了。

这个可怕的家伙好像把整个鲸群从麻木的恐惧中敲醒了。首先是"大湖"边缘的那些鲸开始变得拥挤起来，并且互相碰撞，仿佛被从远处冲来、力气消耗过半的巨浪抬起来了似的。然后，这"大湖"本身也微微起伏波动起来。水下的新人房和育儿室不见了。在最里面的圈里，那些鲸越来越密集，圈越来越小。是的，那种长时间的安静被打破了，很快就听到了一种低沉的逐渐增强的嗡嗡声。然后就像冰封的哈得孙河在春天解冻时喧嚣的大冰块那样，整个鲸群互相推搡着向内圈的中心涌来，好像要把自己堆成一座大山似的。斯塔勃克和季奎格马上调换了位置，斯塔勃克到艇尾去了。[赏析解读：此处的描写，凸显出了斯塔勃克与季奎格的默契配合，同时也预示着一场厮杀即将开始。]

"划呀！划呀！"他抓住舵柄，急切地小声说道，"握紧桨，使劲儿地划，喂！天啊，伙计们，准备好！把它推开，你季奎格——就是那头鲸！——戳它！——刺它！——站起来，别动！让船飞起来，伙计们——使劲儿，伙计们；不要管它们的背——擦过它们！——用力擦过去！"

这时，这艘小艇仿佛夹在两个黑乎乎的庞然大物之间，它们长长的身躯中间只留下了一道狭窄的"达达尼尔海峡"（是土耳其西北部连接爱琴海和马尔马拉海的要冲，也是亚洲和欧洲的分界线，同时是连接地中海及黑海的唯一航道）。拼命划了一阵后，我们总算冲进了一块暂时还是空着的地方。于是又拼命划了一阵，同时急切地寻觅下一个出口。在多次类似的侥幸脱险之后，我们终于迅速地驶进了刚刚还是个外圈、现在却成了鲸群奔赴内圈中心的必经之地的海域。这一次我们侥幸逃脱，并没有付出什么大的代价，季奎格只是损失了一顶帽子，因为当时他正站在艇首刺那些逃亡的鲸，旁边一对阔大的尾叶突然一甩，掀起了一股旋风，一下子就把他的帽子给卷走了。

这场混乱虽然乱哄哄的，毫无秩序可言，可它又很快变成了另一种有条不紊的行动。因为鲸群最终又结成了一个密集的整体，它们加快速度向前奔逃，这样一来，即使再追下去也没有什么用了。不过，这几艘小艇仍然跟在它们后面，去收拾那些被德勒格拴住了并有可能落在后面的鲸，同时还要把弗兰斯克杀死的那头鲸绑好，插上旗标。每艘小艇都配备了两三根旗标，每当手边还有其他的猎物需要追捕时，就会把一根旗标笔直地插在死鲸的尸体上，一方面用来标明它在海上的位置，另一方面是在万一有其他船的小艇靠近它时用来表示优先所有权。

这次猎捕的最终结果正好就像捕鲸业中的一句经验之谈：鲸多鱼少（意思就是说遇上的鲸越多，捕到的就越少）。在所有被德勒格拴住的鲸中，只逮住了一头，其余的暂时都逃掉了。不过正如以后看到的那样，它们会被其他的船只逮住。

第六十章　遇见“玫瑰花苞”号

[名师导读]

距上次捕鲸快半个月了，这天中午，我们正无精打采地打发时间时，突然有一股令人厌恶的气味飘了过来。没过多久，我们便遇到了富有浪漫情调名字的“玫瑰花苞”号以及那具在它船边散发着恶臭的鲸尸。不过，在斯德布眼里那可不只是具尸体。

“谁要想在这鲸肚子里找到龙涎香都是徒劳，因为难以忍受的恶臭会阻挡你寻宝的脚步。”

托马斯·布朗爵士：《粗俗的错误》

在上面细述的那次捕鲸场景之后一两个星期，一天中午，我们正缓缓地行驶在令人昏昏欲睡、雾气弥漫的海面上，甲板上的许多鼻子竟比桅顶上的三对眼睛还管事，闻到海里有一股很怪的不大好闻的气味。

“我敢打赌，”斯德布说，“附近什么地方有前些日子捕到我们的德勒格射中的鲸的船。我原先还以为那些鲸很快就会肚皮朝天的。”

不久，前方的雾气散了，露出远处停着的一艘船。从收拢的帆篷判断，它的船边一定拖着一头什么鲸。等我们逐渐驶近一些时，看到它的斜桁尖头上挂着一面法国旗。从那群秃鹫似的海鸟旋风般地围着它盘旋、飞翔、下扑来看，它船边拴着的那头鲸一定是捕鲸人所谓的“瘟鲸”，就是说没有受到任何伤害、自己死在海里的鲸，结果成了一具无主尸体在海上漂浮着。不难想象这样一个庞然大物会发出多么难闻的气味，甚至比遭瘟疫袭击过的亚述古城（位于伊拉克北部底格里斯河西岸萨拉赫丁省舍尔加特镇，公元前14—前9世纪为古代亚述帝国的首都，后来被巴比伦人攻占。在《旧约圣经》中有鼠疫侵袭亚述军的记载，说那里死掉的人多得都埋不过来）的气味还要难闻。有些人觉得这股臭味实在太难以忍受，连有横财可发都打动不了他们，硬是不肯靠近它停泊。不过，还是有愿意的。尽管从这种鲸身上得到的油质量很差，也绝没有玫瑰精油的香味。

在越来越小的微风的推送下，我们靠得更近了一些，原来这艘法国船的另一边还有一头鲸，这头鲸似乎比原先那头的气味还要浓郁得多。实际上，它只不过是一头出了毛病的鲸，有些鲸似乎是因为非常严重的消化不良或者积食症，逐渐干瘦而死，结果它们的尸体几乎没有脂肪。然而，我们将在合适的场合看到，一个老练的捕鲸人尽管对一般的瘟鲸唯恐避之不及，对这样一头鲸却不会置之不理。[赏析解读：有经验的捕鲸人之所以会对瘟鲸这样害怕，是因为他们认为瘟鲸会传播热病，但为何对这样的一头鲸不会置之不理呢？难道它身上有什么宝贝？]

"披谷德"号这时径直向前行驶，已经距离那艘船很近了。斯德布赌咒说他认出了他的铲子，就缠裹在其中一头鲸尾巴上缠绕的绳索中间。

"喂，一个挺不赖的家伙呢，"他站在船头，哈哈大笑地嘲笑道，"给你们准备了一条吃腐肉的野狗呢！我很清楚，这些癞蛤蟆似的法国人只不过是假充内行。有时他们把白浪当成抹香鲸在喷水，放下小艇去追。真的，有时他们离港出海，底舱里装满了整箱的牛油烛和成盒的烛花剪子，预先就料到了他们将来弄到的油连船长舱里的灯都不够用。是啊，这些事我们都一清二楚。你们瞧，这里就有只癞蛤蟆拿我们扔了不要的东西当宝贝，我说的是那边那头我们用德勒格铐住了的鲸。不错，他还心满意足地在刮他另一头宝贝鲸干巴巴的骨头呢。"

"可怜的家伙！喂，你们哪位出面做点好事，咱们送他一点儿油。因为他从那用德勒格铐住的鲸身上弄到的油，连拿到监狱里去点灯都不配。不，连到死囚牢里去点灯都不配。至于另一头，嘿，我看把咱们船上这三根桅杆劈碎来熬一熬，比他从那一大把鲸骨里熬出来的油还要多些。不过，我倒想起来了，那头鲸也许有什么比油值钱得多的东西。对啦，龙涎香（是由抹香鲸肠道内在吞食某些动物不能被消化部分时周围积聚的分泌物所形成的，是制造香料的贵重原料）。不知道咱们的老头这会儿想到这点没有。值得一试。对啦，我非得去试一下不可。"他一边说，一边朝后甲板的船长舱走去。

不久，那点儿微弱的风也已经停了。"披谷德"号完全被那股臭味包围了，除非再起风，否则根本无法摆脱。斯德布从船长舱里出来，招呼他的小艇成员，向那艘陌生的船划去。等划到那艘船的船头，斯德布看到那上头按照法国人奇特的口味雕着一枝耷拉着的巨大的绿色花梗，上面到处是突起的铜尖，算是茎上长的刺。花梗低垂的尽头是个对称收拢的花苞。船头舷板上写着几个挺大的镀金法文字："玫瑰花苞"或"玫瑰蕊"。这艘"芳香"扑鼻的船就取了这么个富有浪漫情调的名字。斯德布虽然不认识"花苞"这个词，但"玫瑰"这个词还是认识的，再加上那个蓓蕾形的头，整个船名的意思就一目了然了。[赏析解读：此处的描写，写出了"玫瑰花苞"号的特点，作为一艘捕鲸船，从船体的外观上显示出了法国人的浪漫情怀。]

"一朵木头的玫瑰花苞，是不是？"他掩着鼻子喊道，"太棒了。可是那股味道好呛人呀！"

这时，为了和船上的人直接交谈，他必须绕过船头，划到右舷边去，这样就跟那头瘟鲸靠得很近了。

划到地方之后，他仍然一手掩着鼻子大声喊道："'玫瑰花苞'号，喂！你们船上有人会讲英语吗？"

"有。"船舷边一个根西（是英国的王权属地之一，位于英吉利海峡靠近法国海岸线的海峡群岛之中，此岛上的居民以诺曼底人的后裔为主）人回答道，后来知道这人就是船上的大副。

"那好，'玫瑰花苞'，你们见到过白鲸吗？"

"什么鲸？"

"白鲸——一头抹香鲸——莫比·迪克，见过吗？"

"从来没听说过这么一头鲸。白鲸？白鲸——没见过。"

"好啦。再见，等会儿再来打扰。"

于是，他掉过头来飞快地朝"披谷德"号划去，看到亚哈还倚在后甲板栏杆上等着听回音，就两手圈成个喇叭大喊道："没见过，先生！他们没见过！"亚哈一听，就回到船长舱去了，而斯德布又回到了这艘法国船旁。

这时，他看到那个根西人钻在锚链里，拿着砍鲸尾的铲子在砍，其鼻子上还吊着个袋子样的东西。

"喂，你那鼻子怎么啦？"斯德布说，"断了吗？"

"我巴不得它破了，干脆没有鼻子才好！"那个根西人回答道，他似乎不太喜欢他正在干的活。[赏析解读：从这个根西人的言语中不难看出，那头瘟鲸的味道有多么难闻，同时也为下文作铺垫。]

"可是你为什么要捂着鼻子？哦，没事儿！那是只蜡鼻子。我得捂住它点儿。今天天气很好，是不是？空气也好，有点像在花园里一样；给我们扔一束花下来，好吗，'玫瑰花苞'？"

"你究竟来干什么？"那根西人大吼道，突然发火了。

"哦，冷静点——冷静？对，没错。你鼓捣这两头鲸的时候，为什么不用冰镇住？不过，笑话归笑话。想从这种鲸身上榨出油来，纯粹是白费力气，你知不知道，'玫瑰花苞'？至于那头干巴巴的，喂，它整具尸体上连块脂肪都找不出来吧？"

"我清楚得很。可是，你知道吗，我们的船长就是不相信。这是他头一次出海，以前他是个科隆（德国西部莱茵河畔历史文化名城和重工业城市，是德国的第四大城市）香水制造商。不过，请上船来。他虽然不相信我的话，也许你说的他会听。这样，我就可以甩掉这份肮脏的活啦。"

"愿意为您效劳，我亲爱的朋友。"斯德布回答道，随即他攀上了甲板。一个古怪的场面登时呈现在眼前。水手们都戴着带流苏的红绒线帽子，在操作那老沉的滑车，准备吊起这两头鲸。不过，他们干活拖拖拉拉，说话却急急忙忙，一个个都无精打采的样子。他们的鼻子全像第二斜桅似的朝上竖着。不时有两三个人扔下手里的活，迫不及待地爬上桅顶去吸几口新鲜空气。有些水手担心会染上瘟疫，把麻絮浸在煤焦油里，隔一会儿便拿到鼻孔跟前闻一闻；还有些水手则把烟斗柄去掉一截，让它尽可能地离烟斗近些，然后使劲地抽烟，这样一来鼻孔里就老是有烟熏着。

这时，从后甲板的船长舱里传来一阵叫嚷声和咒骂声，让斯德布吃了一惊。他朝船尾瞧去，看到那朝里半开着的门后面伸出一张气得通红的脸来。这就是那苦恼不堪的船医，他对眼前的做法百般抗议无效之后，只好躲到船长舱（他管它叫私房）里，以免染上瘟疫。然而，他还是禁不住不时地大喊大叫一阵，既是恳求，也是发泄一下愤怒。

斯德布把这一切都看在眼里，暗自打好了主意。他转过身来跟那个根西人聊了聊，了解到他非常厌恶他们的船长，认为他是个自高自大、不学无术的家伙，害得他们都陷在这么一个臭气熏天又无利可图的困境里。斯德布在仔细试探他之后，又进一步发现他根本不知道龙涎香是怎么来的。[赏析解读：斯德布早就发现了这头瘟鲸身体里的秘密，也就说明他所做的一切都有目的性，从侧面说明了他的经验丰富以及唯利是图。]于是，他对这方面绝口不提，在其他方面却非常坦诚，无所不谈。于是他们很快就炮制出一个小小的阴谋，让船长掉入圈套，捉弄他一番，还得让他做梦也想不到他们在搞鬼。这个小小的阴谋需要那个根西人以担任翻译为掩护，可以对船长想说什么就说什么，就当是斯德布说的。至于斯德布呢，在和船长的交谈中则随意胡扯，想到什么就说什么。

等他们商量好，那位注定要上当的船长也从船长舱里出来了。他是个黑皮肤的小个子，不过作为一个与大海搏斗的船长来说显得有些秀气，尽管他有一脸的络腮胡子，还有短髭。他穿一件红色平绒马甲，露出的印章和表垂在腰间。那个根西人很客气地把斯德布介绍给这位先生之后，马上端出一副得意傲慢的翻译官神态来。

"我先跟他说些什么好？"他说道。

"嗨，"斯德布说，眼睛瞧着那平绒马甲、印章和表说道，"你不妨先跟他说，我看他太嫩了点，像个小娃娃，即便是我不敢说自己是个法官，能随便下判断。"

"他说，先生，"那个根西人转过脸来用法语对船长说，"就是昨天，他的船和一艘船交谈过，那艘船就因为船边拖着一头瘟鲸，结果船长、大副和六名水手都死于瘟疫。"[赏析解读：此时这个根西人所说的话，虽然是骗船长的，但也说明了他对处理那头瘟鲸这项工作的厌恶。]

船长一听吓了一跳，急于想多了解一点情况。

"再说些什么呢？"那根西人对斯德布说。

"嗨，既然他这么容易就会上当，你就告诉他我已经仔细观察过他了，我可以肯定他跟圣·雅戈的猴子一样不适合当捕鲸船的船长。你就老实跟他说，我看他像只狒狒。"

"先生，他赌咒发誓说，另外那头鲸，就是那头干巴巴的，比起那头瘟鲸来更加要命。总之，先生，他一再劝我们，如果我们珍惜生命，就该赶紧把它们扔掉。"这位船长当即跑到船边，高声命令水手们把提升、切割鲸的滑车停下来，紧接着又把将那两头鲸捆在船边的缆索和锚链解开。

"现在说什么呢？"等船长一回来，那个根西人问道。

"嗨，我想想看。对啦，你现在不妨告诉他——就说——你就直截了当地跟他说，我骗了他（暗自喃喃自语），并且受骗的也许还不止他一个。"

"先生，他说，他非常高兴能为我们效劳。"

一听这话，船长非常热情地说，他们（指他自己和大副）才应该是表示感谢的一方，最后还邀请斯德布到船长舱去喝瓶波尔多（法国西南部城市，葡萄种植面积居法国三大葡萄酒产区之首，有超过9000多座酒园和酒堡，年产葡萄酒7亿瓶，被称为世界葡萄酒中心）白葡萄酒。[赏析解读：这位可怜的法国船长被骗走了珍贵的龙涎香，还对骗子斯德布充满感激之情，这是多么的讽刺。]

"他邀请你跟他喝一杯。"那位翻译说。

"非常感谢他。不过你跟他说，与一个被我骗的人喝酒有违我做人的原则。你直接告诉他，我得走啦。"

"先生，他说，根据他的原则，他还是不喝为好。不过，先生将来还想喝酒的话，那最好把四艘小艇都放下去，把船拖离那些鲸，因为现在风平浪静，它们漂不走的。"

这时，斯德布翻过了船舷，回到了自己的小艇上，他高声交代那个根西人，意思是说：他的小艇有根很长的曳鲸索，他愿意尽力帮助他们，把那头小点的鲸拖开。于是，在那艘法国船的四艘小艇忙着把大船往一边拖时，斯德布则"好心"地把那头小点的鲸往另一边拖，还故意引人注目地甩出一条非常长的曳鲸索。

没多久吹起了一阵微风，斯德布假装扔下那头鲸，把小艇吊上了"披谷德"号。而那艘法国船没过多久也驶远了，这时"披谷德"号也正好驶到了那法国船和斯德布的那头鲸之间。斯德布趁机放下小艇并划到那具鲸尸旁边，并高声招呼"披谷德"号，将他的意图告诉船上的人，并马上着手收获靠阴谋弄来的不义果实。他抓起一把锐利的铲子，在鲸尸侧鳍靠后一点的地方挖掘起来。乍一看，你几乎会以为他是在海里挖地窖。他一铲接着一铲，在撞上那些瘦削的肋骨时变得小心翼翼，就像是发掘深埋在英国肥沃的黏沙土里的古罗马砖瓦和瓷器一般。他的小艇上的成员全都非常兴奋，迫不及待地帮着他们的头儿，一个个像淘金人一般焦急。

这时，无数飞鸟一直围着他们俯冲、尖叫和争斗。斯德布开始露出失望的神情，特别是那股难闻的气味越来越浓。突然从浓厚的臭气中散发出一缕淡淡的清香，它从臭气的重围中涌出而没有被同化，泾渭分明。

"有啦，有啦，"斯德布高兴得大叫起来，他的铲子在鲸的腹部深处碰到了什么东西，"一个钱袋！一个钱袋！"[赏析解读：这里斯德布将龙涎香比作"钱袋"，足以说明它的珍贵，同时也表现出了斯德布的欣喜若狂。]

他扔下铲子，把两只手都插了进去，掏出一把把像红润饱满的温莎香皂或油腻斑驳的陈乳酪似的东西。这些东西既松软又芬芳，大拇指轻轻一捏就会凹进去，色泽介于黄灰之间。这就是尚未排出体外的龙涎香，随便哪个药房老板都愿意出一英镑的金币去购买它。他大约掏到了六大把，但不可避免地洒落了一些到海里。要不是亚哈等得不耐烦，高声命令斯德布停下来，快点上船，否则大船就会径自开走的话，他们也许还可以多弄一些。[赏析解读：从亚哈对待这珍贵的龙涎香的态度上可以看出，除了那头白鲸，他对什么都没有兴趣。]

第六十一章　被遗弃的比普

[名师导读]

在遇到"玫瑰花蕾"号后不久，"披谷德"号上发生了一件大事，而这件事的主角是那个小黑人比普，自此之后，比普就成了一个失去了灵魂的疯子。具体是怎么回事呢？事情还要从他顶替了斯德布那艘小艇的艇尾桨手后说起。

在遇到那艘法国船没几天之后，一件十分严重的事情落到了"披谷德"号上一名无足轻重的水手身上。那是一件非常悲惨的事。这件事还预示了这艘有时快活异常但是难逃宿命的船最后也会遭到粉身碎骨的下场。[赏析解读：总结性的开头，设下了悬念，渲染出神秘的色彩，同时为下文故事的进一步展开埋下了伏笔。]

说起来，在捕鲸船上并不是每个人都登上小艇，总要留下几个人守船，他们的职责就是在小艇追击鲸时驾驶好大船。通常这些守船的人跟小艇上的成员一样健壮结实，但是如果船上刚好有个身子单薄、笨拙又懦弱的人，那么这个人一定会被留下来守船。"披谷德"号上那个外号叫比平，简称比普的小黑人正是这样的人。[赏析解读：此处的描写，一方面写出了守船人员的职责，另一方面写出了比普单薄、笨拙又懦弱的个人特点。]可怜的小比普啊！你们已经听说过他了。你们一定还记得那个令人心绪难平的午夜，他是多么欢快地敲着他的小手鼓啊。

从外表上看，比普和汤圆刚好是一对，就像一匹小黑马和一匹小白马，身材相似，肤色却不同，是同行却又各怀心思地被套在一起拉车的两匹马。不过，倒霉的汤圆天生迟钝，而比普虽然心肠软，却格外的聪明，他具有他那个种族所特有的愉悦、亲切、爽朗的天性。这个种族的人每逢节日喜庆时，会比其他种族的人过得更开心、更热情。对黑人来说，一年三百六十五天就应该每天都是七月四日和圣诞节。所以我说这个小黑人是聪明的，因为即使是黑色的东西，也可以有它自身的光泽。[赏析解读：这里的"聪明"和"光泽"其实是同一个英文词，作者以此来凸显比普身上的优点，同时也为下文作铺垫。] 不然请您看看那镶嵌在国王家具上的光彩照人的黑檀木板就明白了。

比普热爱生活和一切使生活安稳可靠的东西，所以我不知道为什么他会莫名其妙地进入这个危险的行业，为他那快活爽朗的性格蒙上了一层可悲的阴影。虽然，就像不久后看到的那样，他心中暂时变得暗淡的一切，必然会被奇异的野火照得通亮，更好地展示出他原有的光彩。他曾经以此在康涅狄格州（美国东北部新英格兰地区 6 个州之一，也是新英格兰地区最偏南的一州，别称为"宪法之州""豆蔻之州"）托兰县（位于美国康涅狄格州北部，成立于 1785 年，名称来自英格兰萨莫塞特郡同名的地名）老家的草地上使许多提琴手的狂欢变得更加奔放热情，也曾经在充满诗情画意的黄昏，以他爽朗的大笑使周遭的一切化为一只声音清亮的铃鼓（又称"手鼓"，是一种色彩性很强的节奏打击乐器，可用作伴奏、伴舞和伴歌，节奏自由，任凭演奏者即兴发挥）。不过，我们还是言归正传吧。

事情是这样的：据说在取龙涎香时，斯德布的艇尾桨手正好扭伤了手，伤势严重，一时不能划桨，于是暂时由比普来顶替他。

斯德布第一次带他下艇时，比普非常紧张，好在那次并没有靠近鲸，总算还不是太丢人。不过，斯德布还是看出来了，他耐心地鼓励比普一定要拿出最大的勇气来，因为懦弱总归是不行的。

第二次下艇时，小艇靠到了鲸的眼前，那头鲸中了一枪，像往常一样尾巴急拍一通，而这次它正好在比普的座位下面。当时他惊慌失措，不禁握紧了桨窜出了小艇。这一窜，那根松弛的曳鲸索正好拦住了他的胸部，他跳出小艇的时候将绳索也带了出去，扑通一声掉到了海里，人和绳索搅到了一起。就在同时，那头中枪的鲸开始奔逃，曳鲸索很快就被绷紧了。一瞬间，可怜的小比普的脸和脖子被无情的曳鲸索绕了好几圈，被勒得满嘴吐出了泡沫，然后被拖到了系曳鲸索的木桩前。[赏析解读：对于细节的描写，凸显出了当时的紧张氛围，从侧面说明了捕鲸是一项集勇敢、沉着于一身的高危工作。]

塔希特戈站在艇首，正铆足劲准备出击。他十分生气地看着比普这个胆小鬼，从刀鞘里拔出短刀，锋利的刀刃放在曳鲸索上，转过身来向着斯德布问道："割不割？"这时，比普的脸被勒得发青，那一副就要窒息的样子清楚地表明：割吧，看在上帝的分上！这一切发生得太快，整件事情前后发生的时间连半分钟都不到。

"混账东西，快割！"斯德布大吼道。于是，鲸跑掉了，比普得救了。[赏析解读：此处对斯德布语言的描写，凸显出了他的愤怒以及对当时处境的无奈。]

等这可怜的小黑人醒来，水手们就一起咒骂他。斯德布一声不吭地等着这阵非同寻常的咒骂全都发泄完后，才既直接又讲究实效，还不乏幽默地训斥了他一顿。之后，又非正式地给了他诸多的忠告。大概是说：千万别离开小艇，除非——至于除非什么就不清楚了。其实最好的忠告也就这样了。总之，要寸步不离地待在小艇上，这是捕鲸业中应该遵守的座右铭。不过，偶尔也需要逃离小艇。换句话说，他仿佛预见到如果跟比普完全讲真话，那么将来比普能钻的空子就会太多。于是，斯德布突然把一切的忠告全都放到了一边，最后果断地命令道："一定要待在小艇上，比普。如果你再跳，我向上帝保证，绝不会再救你了。你要记牢。为了你这样的人，总是让鲸脱逃那可就不划算了。在亚拉巴马州（是美国东南部的一个州，州名来自印第安语，意为"我开辟了这一块荒林地区"），一头鲸的价钱要比你的身价高出三十倍，比普。记牢这一点，再也别跳了。"也许是斯德布借此暗示，人类虽然爱他的同类，但毕竟是一种唯利是图的动物，这种天性经常会打消他做好事的念头。[赏析解读：简单的一句话，说明了人性中的矛盾，同时也暗示了在捕鲸船上利益高于一切的原则。]

可是，我们全都被上帝控制着，很多事情身不由己，因此比普再次跳了出去。这一次的情况跟上一次十分相似。不过，这一次曳鲸索并没有兜住他的胸部。于是，等到鲸开始狂奔时，比普就被孤零零地扔在海面上了，就像是旅客在匆忙中落下的一个箱子。唉！斯德布也信守了上次的诺言。那一天阳光普照、天空湛蓝，风平浪静，大海就像金箔匠锤得最薄的金箔一样，平坦地从四处向着天边远远地伸展开。比普在海中上下起伏着，他那黑檀木似的头像是一头小鳞茎（在叶腋或花序处由腋芽或花芽形成，如卷丹腋芽形成小鳞茎。小鳞茎长大后脱落，在适合的条件下，发育成一新植株）。他飞快地从艇尾掉下去，这次没人举起短刀割断曳鲸索。斯德布无情地转过身去，背对着他，而那头鲸这时已经狂游起来了。才三分钟的时间，无边的大海就在比普和斯德布之间拉开足有一海里的距离。在大海的中央，可怜的比普把有着卷曲头发、黑乎乎的头转向了太阳。世间又多了一个惨遭遗弃的人，虽然这个人十分高尚和聪明。

话说回来，在风平浪静的天气里，对一个游泳老手来说，在辽阔的大海里游泳就像在岸上乘坐马车一样轻松。不过，那种可怕的孤独感却是常人忍受不了的。比普清楚地意识到自己孤零零地处于无情的汪洋大海中，天啊！那种滋味谁又能说得上来呢？你好好看看，在死寂的辽阔大海上，水手们是怎样洗澡的——请注意他们都是挨着大船，只在船边活动。[赏析解读：此处的描写，凸显出了当时比普的处境是多么无助和孤单，同时呼应前文的他"被遗弃"了。]

但是，斯德布真的扔下这个可怜的小黑人不管了吗？也没有，最起码他没有这么想。因为在他后面还有两艘小艇，毫无疑问，他认为后面的小艇肯定会尽快赶来，把比普救上来的。事实上，出于对这种胆怯而身处危险的桨手的照顾，水手们在所有相似的情况下并不会表现出来，而这种情况又常常会出现。在捕鲸业中，人们眼中的胆小鬼，如果在海、陆军中都会遭到特有的无情鄙视。

但是，偏偏那两艘小艇没有看到比普，却在小艇一侧发现了鲸群，于是掉转头追了过去。而此时斯德布的小艇已经离得很远了，他和小艇上的其他成员又都全神贯注地盯着那头鲸，于是便把比普孤身一人留在水面的景象无限地放大了。完全是出于偶然，大船最终把他救了起来。

可是，从那时起，这个小黑人就变成了个白痴，时常在甲板上转悠。至少他们是这么说的，大海嘲弄地放过了他的肉体，却淹死了他无限的灵魂，或者说是把他的灵魂活生生地带到了奇妙的深渊里。在那个原始世界中，各种奇形怪状的东西在他眼前掠过，他不得不看，别无选择。那守财奴一样的雄性人鱼，那智慧之神，向他展示了储藏的财富，而在快活、无情、永远年轻的一成不变的事物中，比普看到了到处可见的珊瑚虫（珊瑚纲中多类生物的统称。身体呈圆筒状，有八个或八个以上的触手，触手中央有口。多群居，结合成一个群体，是一种海生圆筒状腔肠动物，食物从口进入，食物残渣从口排出，以捕食海洋里细小的浮游生物为生），看到巨大的天体从海边升起。他看到上帝的脚踩在织布机的踏板上，还讲了出来。于是他的伙伴都叫他疯子。因此，人发疯是老天的意思。人一旦失去理性，终归会以天国为思想的归宿，这推究起来既荒谬又混乱；但是人一旦到了这般境地，也就顾不上是祸是福了，而是横下心，像他的上帝一样坚定、冷漠。

第六十二章　捏鲸油

[名师导读]

斯德布捕到的那头鲸很快被拉到了"披谷德"号的船边，而"我"和另外几名水手的工作就是将凝结起来的鲸膘再次捏碎让它变成液体。在一个风平浪静的日子里，"我"让自己沐浴在一个美妙的世界里。

　　斯德布花了很大工夫捕获的那头鲸被及时地拖到了"披谷德"号的边上，关于那些切割和吊拉等工作，甚至是挖鲸脑油，都已经正常地完成了。

　　有些人在忙着挖鲸脑油，有些人则把一个个装满鲸膘的大桶拖走。到适当的时候，这种鲸膘经过仔细地处理后，便会被送到炼油间里。等我和其他几个人在好似君士坦丁浴场（指公元 4 世纪时罗马皇帝君士坦丁一世在罗马建立的公共浴场，在 17 世纪被毁）的油舱跟前坐下来时，发现鲸膘已经冷却凝结成小球，在还没来得及凝固的油中滚动。[赏析解读：此处的描写，写出了油舱的巨大，同时从侧面说明了水手们工作的繁重。]我们的任务就是把这些小球再挤捏成液体。这倒是一项既芳香又油腻的工作！难怪鲸膘在过去是种格外受欢迎的化妆品。这是多棒的清洗剂！多棒的美容油！多棒的软化剂啊！又是多么奇妙的舒缓剂啊！我的手才放在里面几分钟，手指头就滑溜得像鳝鱼似的，而且能像蛇那样弯绕扭曲了。

　　我舒服地坐在那里，双腿交叉着放在甲板上。刚刚在绞车旁干得腰酸背痛，眼下头顶上是一片宁静蔚蓝的天空，船在悠哉安闲地滑行着。我把双手搁在那些差不多是在一个钟头之内形成的、渗透肌肤、滑腻轻柔、半液体的小球中，它们触手就碎了，释放出扑鼻的浓香和满手的油，就像熟透了的葡萄榨出的葡萄汁一样。[赏析解读：此处的描写，凸显出了鲸膘滑腻的触感与充满迷人芬芳的特点。]我闻着那股纯净的香气——那股真正的跟春天的紫罗兰一模一样的香气。这样和你说吧，那时我好像置身在芬芳馥郁的草原上。我忘了所有关于我们的恐怖的预言。在那难以言喻的鲸膘里，我洗净了双手，也洗净了心灵。我几乎也相信古代巴拉赛尔塞斯的那些迷信了，觉得鲸膘有祛心火的神奇功效。我的整个身子都像泡在那个大浴室里，心灵得到了净化，无论是怨恨、怒火，或是恶念，通通被洗得干干净净。

　　捏呀！捏呀！捏呀！整整一个上午我都捏个不停。捏来捏去，捏得我自己都要融化在鲸膘里了；捏来捏去，捏得我好像神思恍惚起来。我发现自己不知不觉地在油里捏起了同伴的手，以为是在捏那些轻柔的小球。捏下去，竟然感受到了一种充满友爱的感觉。于是，我索性继续捏下去，同时还充满感情地看着他们的眼睛，那种神情等于在说——亲爱的伙伴们，为什么我们之间总会有些不愉快，或是总有那么点儿不和或者妒忌呢？好了，让我们大家都捏捏手，让我们捏得再也不分彼此吧，让我们彼此捏得都融化在这体现友爱的乳状鲸膘中吧。

[赏析解读：此处的叙述，表现出了以实玛利热切渴望人与人之间朴素真挚的友情，同时作者在此借以实玛利之口宣扬了人类博爱与友谊的重要性。]

　　我要能在那鲸膘里捏上一辈子就好了！因为通过长期重复的经历，我现在终于看清，必须要放下人类那种觉得可以得到完美幸福的想法，最起码也要加以修正。不要把幸福寄托在智慧或幻想上，而要寄托在妻子、内心、床铺、饭桌、马鞍、炉边、家乡上。既然我已经看清了这一切，就只想永远这样捏下去。我想到在夜晚的幻影中，看到天堂里一排排的天使，他们全都把双手放在一个鲸膘罐子里。

　　在谈论鲸膘时，应该谈谈与它有关的其他事情，谈谈把抹香鲸送到炼油间的事情。

　　首先要说的是所谓的"白马"，那是鲸的后梢部分和尾巴上较厚的一部分。它有好些变硬了的筋腱——由层层肌肉交叠而成的，而且还有些油。把这被称为"白马"的东西从鲸的身上切下来后，先剁成便于搬运的长方形块，再用绞肉机处理。这些切成块的"白马"看上去很像是英国帕克郡的大理石。

　　鲸肉上某些零碎的部分叫作"葡萄干布丁"，它零零散散地黏附在鲸膘上，这在一定程度上增加了它的润滑性，让它看起来赏心悦目。顾名思义，它的色彩十分鲜艳，底层是金黄与雪白相间的条纹，五色斑斓的斑点星罗棋布。它就像是柠檬静物写生画上的红宝石般的葡萄干一样，让人忍不住想尝。我必须要说，有一次我躲在前桅后面偷尝过它的味道。根据我自己的想象，那块肉片的味道有些像胖子路易（指法国国王路易六世，1081—1137 年，卡佩王朝第六位国王，在其统治期间修建了枫丹白露宫）的大腿肉，如果是在鹿肉季节后的头一天就把他宰掉的话，而那个特定的鹿肉季节又正巧赶上是香槟（这里指的是法国历史上的一个省份，相当于今天法国马恩、奥布和埃讷诸省的一部分，是香槟酒的产地，根据法国法律，只有香槟地区出产的香槟酒才能称为香槟酒，其他地区出产的同类酒只能称为"发泡葡萄酒"）葡萄园最好的收获季节。

　　我在捏挤过程中还发现了另外一种非常奇特的东西，不过要恰当地描述它却很困难。它叫斯洛勃戈里翁，这是捕鲸人给它取的名字，而这到底是什么东西呢，大概只有捕鲸人知道吧。这是一种难以言喻的淤泥一般的黏稠东西，在经过长时间地捏挤后，把液体轻轻倒出，我们就会发现它被留在了鲸膘桶里。我认为它被用来修补鲸脑窝里那层非常薄的衬膜的破裂处。

所谓鲸的碎肉这个词，本来是露脊鲸的专用词，不过有时也偶尔用在抹香鲸身上。它指的是从格陵兰鲸（指的是弓头鲸）或露脊鲸背上刮下来的那种黏稠的黑东西。那些专门猎捕这种劣等鲸的没什么名气的船的甲板上有许多这种东西。

严格地来说，夹子这个词并不是捕鲸专用的术语。不过因为捕鲸人这么用，也就融入鲸的词汇中了。捕鲸人的夹子是从鲸尾尖细处割下来的一小块腱质物：通常有一英寸厚，其大小和形状跟锄头的锄板差不多。把它斜着放在多油的甲板上移动，就像是橡皮扫帚一样。它仿佛有魔法，带着一种无法言说的诱惑力，一路上把甲板上所有不干净的东西全都吸走了。

但是，如果想把这些深奥难懂的东西全都弄明白，最好的办法还是马上下到鲸膘间，与里面干活的人聊一聊。之前我们已经说过，鲸膘被一片片地剥离并吊走后，就送到了这个地方，也就是储藏鲸膘的仓库。等把这些鲸膘再切成小块时，特别是在夜里，这个房间对所有的新手来说无疑就是个充满恐怖的屠宰场。[赏析解读：这里把储藏鲸膘的仓库比作"屠宰场"，显示出了当时场景的残忍与血腥。] 房间的一边点着一盏昏暗的灯，给干活的人清出一块地方。一般是两个人配合工作，一个人拿着捕鲸枪和鱼钩，一个人拿着铲子。捕鲸枪很像以前的快速帆船攻击敌船时所用的武器，鱼钩则有点像小艇上用的钩子。那个拿捕鲸枪和鱼钩的人先用鱼钩死死钩住一块鲸膘，不让它滑落，因为船总是在颠簸摇晃。这时，那个拿铲子的人则站在那块鲸膘上，铲子垂直地上下摆动，把它剁成便于搬运的小块。这把铲子被磨得锋利无比。拿铲子的人光着脚，脚下的鲸膘有时又像雪橇一样滑。要是他剁掉了自己的一个脚趾，或者他助手的一个脚趾，你会感到奇怪吗？要知道鲸膘间里老手的脚趾都是不完整的。

第六十三章　臂和腿

[名师导读]

在半路上，我们遇到了一艘英国的捕鲸船，当那个偏执的老头向对方打听白鲸的消息时，发现了那艘船的船长与他一样，同样是白鲸的受害者，只不过与他稍显不同的是，那位叫作布默的船长失去的是一只胳臂。

"喂，船呀！你们看到过白鲸吗？"

亚哈看到后面驶过来了一艘船，那艘船上挂着英国国旗，他向它这样喊道。这老头把喇叭筒凑在嘴边，站在吊在后甲板边上的小艇上，他的那头鲸骨腿，让那位轻松地靠在自己小艇艇首的陌生船长看得清清楚楚。那位船长晒得很黑，个子很高，面貌和蔼，一脸正气，六十岁左右，穿着一件宽松的短上衣，蓝色粗呢的穗边荡来荡去，一只空袖筒随风向后面飘去，就好像中世纪（始于公元476年西罗马帝国的灭亡，终于公元1453年东罗马帝国的灭亡，最终融入文艺复兴运动和大航海时代中，是欧洲历史中古典时代、中世纪、近现代三大传统划分的一个中间时期）武士铠甲上披的外衣的绣花袖筒。

"见到过白鲸吗？"

"你看到这个了吗？"他把藏在上衣褶层下的手臂伸出来，然后高高举起。那是抹香鲸的一截鲸骨，末端是块木槌样的木头。

"把我的小艇准备好！"亚哈一边焦急地叫道，同时一边翻动手边的木桨——"准备下水！"[赏析解读：一连串的动作及语言描写，凸显出了亚哈船长在听到白鲸消息时的激动、欣喜若狂。]

紧接着他和他的小艇成员连人带艇一齐下到了海里，没用多久，就靠在了那艘陌生船的边上。不过，这时出现了一个很尴尬的场面。刚才亚哈由于过于激动，竟然忘了自从失去一条腿以来，在海上除了自己的船，他从未登上过别的船，而且即使上"披谷德"号，也要借助船上专门安装的装置，但是这种东西却不是一时半刻就能运送、安装到别的船上去的。说起来在茫茫的大海上，从小艇登上一艘大船，这对任何人来说——除了像捕鲸人这样一直在攀登且习以为常的人——都绝不是一件很容易的事。因为翻腾的海浪，时而把小艇高高地朝大船的船舷抛去，时而又突然在半路上把它抛下来，小艇就和大船的内龙骨一般平了。于是，像亚哈这样缺了一条腿，陌生船又不可能有供他方便行事的情况下，他就会沮丧地发现自己竟然成了一只笨拙的旱鸭子。他绝望地瞧着那高高的船，看来没有希望上去了。[赏析解读：从对亚哈神情的描写，凸显出他瞬间低落的心情，说明了他行动的不便，同时从侧面写出了失去的这条腿对他的人生带来了巨大的影响。]

前面或许提到过，亚哈一旦碰上因为他那不幸的灾难间接引起的不如意的事，就会变得非常激动，甚至非常生气。而这一回，当他看到陌生船上两位船副在钉牢的楔形垫木的直梯边探出身，扔给他一副装饰雅致的舷梯索时，就更生气了，因为他们开始似乎没有想到一个一条腿的人无法攀上他们的海上扶梯。不过，这种尴尬场面很快就过去了，因为那位陌生船长一眼就看出了是怎么回事，马上大声喊道："好了，好了！——别从那里上！快，伙计们，把那大滑车弄过来。"

正好在一两天前，他们在船边处理过一头鲸，大滑车还高高地挂着，巨大的鲸脂钩如今被洗得干干净净地吊在上面。那个大钩很快便朝着亚哈放了下来。他顿时就明白了，于是把那条好腿伸到钩弯里（就像坐在锚钩里或者苹果树杈上那样），抓稳后，便让他们开始吊起来，同时自己还双手交替着一下一下地拉着往上快速提升的滑车索，帮着他们向上吊。没过多久，他们就把他吊到了高高的船舷里，轻轻地放在了绞盘顶上。那位船长走来，真诚地伸出那只鲸骨臂以示欢迎，亚哈也伸出了那头鲸骨腿，和鲸骨臂交叉在一起，就像两条剑鱼（也称"箭鱼"，是世界上热带、亚热带海洋中一种常见鱼类，因其上颌向前延伸呈剑状而得名。其拥有典型的流线型身体，体表光滑，平均重量为 68 ～ 113 千克，平均长度 2.1 米，嘴占身长的 1/3。它是世界上游泳速度最快的鱼类之一，时速可达 130 千米）的尖嘴一般。他发出了一种海象式的叫声："哎呀，哎呀，老朋友！我们就握握骨头吧！——一只胳臂和一条腿！——这可是一只决不退缩的胳臂和一条决不逃跑的腿。你是在哪里看到白鲸的？——是在什么时候？"[赏析解读：一段发自亚哈的肺腑之言，说出了他内心长久以来的痛楚以及无法言说的苦闷，此时，他终于找到了一个能够惺惺相惜、互诉衷肠的人了。]

"白鲸，"那英国人用鲸骨做的手臂指向东方说，眼光也悲痛地顺着那个方向望去，仿佛那是望远镜，"我是在上个季度的赤道附近见到它的。"

"它让你丢了一只手臂，对吗？"亚哈问道，他一边搭着那个英国人的肩膀，一边从绞盘上滑了下来。

"没错，就是因为它。你的那条腿呢，也是因为它吗？"

"从头到尾给我好好说说，"亚哈道，"到底是怎么回事？"

"那是我有生以来第一次在赤道海域巡游，"那英国人开始讲道，"那时我还没听说过白鲸。直到有一天，我们放下小艇去追一个小鲸群，那个鲸群有四五头鲸，我的小艇已经拴住其中一头。那家伙真好像是正规的圆形马戏场里的马，它拼命地转圈，我小艇上的水手都快被甩到艇舷外边去了。也就一会儿的工夫，水里竟然蹿出一头鲸来，它有着乳白色的头和背峰，满头满脸都是皱纹。"[赏析解读：通过这位英国船长的叙述，将人们心中追寻已久的莫比·迪克的样子正面呈现在读者面前，为下文作铺垫。]

"就是它，就是它！"亚哈叫道，屏住的那口气一下子像开了闸一样。

"它的右鳍附近还插着两三支标枪。"

"没错，没错，那是我的——是我的标枪。"亚哈狂喜地喊道，"不过，请接着说！"

"那我就接着往下说，"这个英国人看起来很开心，"好吧，那位白脑袋白背峰的老先生冲进那群鲸中，恶狠狠地咬住了我的那根曳鲸索。"

"是的，我知道——它是去救那头鲸——这一招是它惯用的——我太了解它了。"

"我也不知道到底是怎么回事，"那位独臂船长继续说道，"不过，它在咬绳索时，绳索把它的牙缠住了，之后就卡在那里。这种情况我们当时并不知晓。所以后来我们一使劲拽绳索，就被反弹了过去，扑通扑通地都落到了它的背峰上，而不是落到我们拴住的那头鲸的背峰上。那头鲸侥幸朝着上风头逃掉了。我看到的就是这种情况，这的确是头既巨大又贵重的鲸——老兄，这是我有生以来看到的最大、最贵重的鲸了——于是，我对它当时怒火冲天的样子没在意，而是决定捕获它。考虑到那根碰巧拴上的绳索会滑脱，或者那颗让绳索缠住的牙会被拔出来（因为我小艇上的水手们都十分勇猛且力大无穷，我让他们使劲地拽着那根曳鲸索）。"

"看到这种情况，我当即跳到大副蒙托普先生的小艇里。蒙托普就在这里（顺便介绍一下，船长，这是蒙托普；蒙托普，这位是船长）。我刚才说我跳到大副的小艇里，那是因为当时我们两个人的小艇紧挨着。我一跳上去，就顺手抓起一支标枪，要给这位老先生点颜色看看。可是，天啊，老兄——千真万确——紧接着，一瞬间，我就像只蝙蝠似的——两只眼睛全看不到了——黑色的泡沫把四周弄得昏天黑地的——那头鲸的尾巴从泡沫中浮现出来，垂直地竖在空中，就像一座大理石尖塔。当时向后退已经来不及了。可是，当我在那样的白天里，在正午的阳光下，摸索到第二支标枪并将它投入海中时——那尾巴像利马宝塔一样砸了下来，把我的小艇劈成两半，变成了两摊碎片。然后，它尾巴朝前，白色的背峰从破艇下退出来，好像那是一堆木屑似的。我们手脚并用使劲划水。为了躲开它那尾巴接二连三恐怖地拍击，我紧紧地抓住了那根插在它身上的标枪杆，有一段时间里我就像鲫鱼（其体形最大特征是鱼背像一个大鞋印，这其实是它的背鳍变形而来的一个吸盘，鲫鱼就靠它吸附在船底或其他大鱼身上远游并索食。）似的吸附在上面。"[赏析解读：对于当时情景的描写，凸显出了白鲸的凶猛以及强悍的战斗力。]

"可是，一个大浪把我冲开了。就在这时，那头鲸向前猛地一冲，闪电般地潜到了海里。那该死的第二支标枪跟着被拖下去时，在我的身边掠过，倒钩挂住了我这里（他拍了拍他的胳臂紧靠肩膀的地方）。没错，正好挂住了我的这个地方。当时我想，我也许要被它拖到地狱里去了。可是，突然之间，感谢仁慈的上帝，那倒钩在我胳臂上撕开了一道口子——真的是顺着整个胳臂撕下来的——一直撕到手腕处才脱钩，我跟着就浮起来了。

[赏析解读：此处以英国船长的侥幸存活，说明了他的幸运，同时也通过此处的描写反衬出了莫比·迪克比一般鲸更凶猛强悍。]——其余的，那边那位先生会告诉你的（哦，顺便介绍一下，船长——这是船医朋求大夫。朋求，老朋友，这是船长）。好吧，朋求老兄，请你接着说跟你有关的那一部分吧。"

被船长如此亲密地介绍的医生先生一直站在旁边，外表看起来十分平常，根本看不出他是船上的上层人士。他的面孔很圆，但是很严肃，穿一件褪了色的蓝毛绒外衣和一条打了补丁的裤子。他时而看看手里的那根穿索针，时而看看另一只手里的药盒，偶尔也满不在意地看看这两位船长鲸骨制的残肢。在听到他的上司把他介绍给亚哈之后，他十分礼貌地鞠了一躬，马上就按照他的船长的吩咐说开了。

"那伤口真吓人，"那位捕鲸船上的医生说，"这位布默船长接受了我的劝告，把我们的老赛米——"

"我们的船叫萨缪尔·恩德比，"这位独臂的船长这时插了一句，向着亚哈说，"继续讲吧，老兄。"

"把我们的老赛米向北开，好避开赤道的高温。不过，根本没有用——我用尽了最大的努力，整夜整夜地陪着他，严格限制他的饮食——"

"啊，的确是非常严格！"这伤员附和道，然后声调突然一转，"他每天晚上陪我喝热柠檬罗姆酒，喝得烂醉，都没有办法给我上绷带了。凌晨三点左右才打发我上床，那个时候半个海洋都过去了。啊，天哪，他确实夜夜陪着我，严格限制我的饮食。啊！朋求大夫真是最好的看护人，在饮食上也要求十分严格，（朋求，你这狗东西，笑吧！干吗不笑？你真是个招人喜爱的混蛋）不过，还是继续说吧，我的孩子，我宁可被你治死，也不愿被别人看护着活着。"

"尊敬的先生，你一定早就看出我们的船长有时很爱开玩笑，"丝毫不为所动、面容依旧严肃的朋求向着亚哈稍微弯了下腰继续说："他经常给我们编出许多诸如此类的奇闻。不过，我还是像法国话里说的那样，顺便提一下：我本人，就是我，我杰克·朋求，是位卸任不久的牧师——是个在生活上非常有节制的人；我从不喝——"[赏析解读：从对朋求动作及语言上的描述，以及他对于布默船长说他喝酒给出的解释，表现出了他刻板和一本正经的形象。]

"水！"那位船长大声说道，"他从不喝水。一喝水就生病。淡水会让他得恐水病。不过，还是继续说说胳臂的事吧。"

"是的，"那位外科大夫平静地说，"我还是继续说一下刚才被布默船长的玩笑打断的话。先生，当时尽管我尽了最大的努力，但他的伤口却恶化了。事实上，先生，那是做外科医生所见到的最恐怖的伤口了，足有两英尺又好几英寸长。我用测深索量的。总之，伤口发黑了。我知道这样下去会让他有生命危险，便把它锯掉了。[赏析解读：此处的描写，写出了布默船长伤口的严重，从侧面也说明了捕获白鲸的凶险。]可是我没有给他安装那只鲸骨手臂，那是违反常规的。"他用穿索针指着那只鲸骨手臂。"那是船长自己干的，不是我干的，他命令木匠做的。他还让木匠在末端装一个木榔头，好用来敲烂人家的脑袋。他就敲过一次我的脑袋。有时，他像个魔鬼一样大发脾气。你看看这个坑，先生"——他脱下帽子，把头发掠到一边，在头顶上露出一个碗状的坑，可是却看不出有疤痕，也看不出那是个伤口，——"看，那是怎么来的，船长会告诉你，他心里最清楚。"

"不，我不清楚，"船长说，"倒是他的母亲比较清楚是怎么回事。那个坑，在他生下来时就有了。啊，你这个把谎言说得像真的一样的恶棍，你——好一个朋求！在海洋世界还找得出第二个这样的朋求来吗？朋求，你就是死，也应该死在泡菜水里，你这头恶犬；应该永远把你封存起来，你这个无赖。"

"那白鲸怎么样了？"亚哈叫道，他对这两个英国人这场节外生枝的斗嘴已经听得很不耐烦了。

"哎！"独臂船长大声说道，"哎，真的！好啦，它潜到水里以后，我们有一段时间没有再见到它。实际上，正如我先前说到的那样，那时我还不知道我遇到的是头怎样的鲸。过了些时候，再次回到赤道，我们听人说起莫比·迪克——有些人这样叫它——才知道原来就是它。"

"后来还碰到过它吗？"

"又碰到过两次。"

"两次都没有杀死它？"[赏析解读：简单的一句反问，却凸显出了亚哈船长急切、失望又十分无奈的心情。]

"没打算一定杀死他，丢了一只胳臂还不够吗？我要是连另一只胳臂也丢了怎么办呢？那时莫比·迪克只怕咬都不咬，而是干脆直接把我吞掉。"

"那好，"朋求插嘴道，"那就把你的右臂当作鱼饵，去把左臂找回来。你们知道吗，先生们，"他异常严肃并恭敬地向两位船长各鞠了一躬，"你们知道吗，先生们，老天爷把鲸的消化器

官造得令人费解，甚至连人的一只胳臂都不能整个消化。而且，鲸自己也知道。所以，你们以为鲸很凶狠，其实那只是因为它的样子难看而已。因为它从来就没有真的想要吞下人的一只胳臂和一条腿。它只不过是在做样子，吓唬你。不过，它像我在锡兰（即斯里兰卡，是印度洋上的岛国，有"宝石王国""印度洋上的明珠"的美称，被马可·波罗认为是最美丽的岛屿）遇到的一个病人。那是个玩杂耍的老头，经常表演吞小刀，有一次还真的把小刀吞了下去，那把刀在他的肚子里面待了一年或者不止一年。后来我给他服了催吐药，才一小块一小块地吐出来，明白了吧。他根本消化不了那把小刀，它也不是他整个身体组织能够吸收的。事实就是这样，布默船长，如果你对此有足够的理解，并且因为那只胳臂享有厚葬的殊荣而想把这一只也搭上去的话，那你不妨去试一试，反正胳臂是你自己的，只需要让那头鲸快速地给你来一下就行了。"

"不，谢谢你，朋求，"那英国船长说，"它得到的那只胳臂，随它怎么处理都行，反正我又做不了主。再说当时我也不认识它，这一只就算了吧。我再也不想跟白鲸打交道了。我追击过它一次，已经心满意足了。我知道，要能杀死它，那就是极大的光荣，而且还可以得到大量宝贵的鲸油。不过，听着，最好别去惹它。[赏析解读：此处的语言描写，凸显出了英国船长对白鲸又敬又怕的心情，再次显示了它的凶猛与危险。]你觉得呢，船长？"他在说话的同时，用眼睛瞟着亚哈船长那头鲸骨腿。

"它是不好惹。不过，不管怎么样，我都要追捕它。凡是喜欢到处惹是生非的东西，就像那个该死的家伙，往往都是最有吸引力的。它就是块大磁铁！你最后一次看见它是什么时候？它往哪个方向去了？"[赏析解读：从亚哈船长的话中不难看出他追捕白鲸的决心，同时也表明他对白鲸的仇恨已经深入骨髓。]

"愿上帝保佑我，诅咒那个丑恶的魔鬼，"朋求叫道，他弓着身子围着亚哈转，像条狗一样奇怪地嗅着，"这个人的血——拿只体温计来——一定到了沸点啦！——他的脉搏跳得连船板都震动了！——先生！"说着他从口袋里掏出一把手术刀，往亚哈的胳膊上凑过去。

"住手！"亚哈吼道，一下子把他推到船舷边，"上艇！往哪个方向去了？"

"天哪！"那英国船长大声说道，"怎么啦？它往东去了，我想——你们船长疯了吧？"他悄悄地问费达拉。

可是，费达拉只是把一根手指搁在嘴唇上，不声不响地滑过船舷，抓起了小艇上的舵桨，亚哈把滑车摇过来，命令船上的水手把他放下去。

没过多久，他就站在小艇艇尾了，那些马尼拉水手拼命地划着桨。那位英国船长怎么喊他都没用。他笔直地站在那里，背朝那艘陌生船，板着脸望着自己的大船，一直站到小艇靠到"披谷德"号边上。

第六十四章　亚哈船长的假腿

[名师导读]

亚哈船长在跳下"萨缪尔·恩德比"号时，由于过于匆忙，导致他的那条鲸骨假腿受到了重创，接着又在"披谷德"号的甲板上下达命令时使它二度受创。虽然"我"没有从那条假腿的外形上看出来有什么问题，但是亚哈已经着手让木匠帮他打造新的假腿了。

亚哈船长在跳下"萨缪尔·恩德比"号时，因为走得过于急促，使他本人受到了些伤害。他的假腿狠狠地撞在所乘小艇的坐板上，小艇受到了犹如要裂开般的震动。等他回到自己船上的甲板上，把鲸骨假腿插进那个可以回转的钻孔之后，猛地转身向着他的舵手下达了一道紧急命令（与平时一样又斥责这个舵手没把舵掌稳）。于是，那条已经遭到严重震动的假腿在这么突然的扭动后，虽然从外表上看与之前并没有什么不同，但是亚哈却觉得它有些靠不住了。

其实这也并没有什么好奇怪的。尽管亚哈看起来做事鲁莽，不知死活，但是他对那根没有感觉的腿骨的状况却是密切关注的。因为就在"披谷德"号从南塔克特起航前不久，有天晚上，有人发现他毫无知觉地倒在地上。不知道发生了什么匪夷所思的事情，使他的鲸骨假腿的接榫（是指把榫头和榫眼接起来，就像长条板凳的板子和腿接口那样。）处产生了严重的错位，差一点就扎穿了他的腹股沟。事后他费了很大力气才算把那令他痛苦不堪的伤口治愈。

当时，他的复仇心理并没有使他忘记，他现在遭受的所有痛苦都只不过是先前灾难的直接后果。

说到这里，无意间公开了一个秘密，如果按照老办法早些向大家揭开也许更合适。这个秘密和其他有关于亚哈的事情在某些人的心里始终保留着一份神秘感。在"披谷德"号出海前后一段时间，亚哈像个孤傲的僧侣一样对人避而不见，他藏匿在一个仿佛是安放死人的元老院一般的庇护所里。这是为什么呢？法勒船长为此事所编造出来的理由看来根本站不住脚。虽然只要提及亚哈每一个隐秘的启示，总会令人越发糊涂，了解其中真实情况的少之又少。不过最终还是真相大白了，至少在这件事情上是如此。原来在那次可怕的灾难中失去了一条腿就是他暂时对人避而不见的缘由。

这是他暂时隐匿的原因，不仅如此，就连对他岸上那个日益缩小的交际圈中的人（那些人都是与他有着各种各样的牵连，较容易能见到、享有特权的人）来说，只要一提及那场灾难，亚哈就会暴跳如雷，不作任何说明，这使得他们认为这件事与那个鬼哭狼嚎的世界有着必然的联系，都充满了一种恐怖的意味。所以，他们出于对亚哈的关切，不谋而合地决定将这件事情的真相隐藏起来。以至于过了很长一段时间后，这件事才在"披谷德"号上传开。

但是就算事已至此，那些神龙见首不见尾的教士或是睚眦必报的权贵，他们与这凡间的亚哈打不打交道都无关紧要，总之在眼下这头鲸骨假腿的问题上，亚哈倒是个有着明确目标的实际派——他喊来了木匠。

等到那位木匠来到他面前，亚哈马上吩咐他动手做一条新的假腿，同时指示他的三位船副负责供应材料，就从他们一路上积攒下来的那些大大小小的鲸（抹香鲸）的下颚中，仔细挑选出最结实、纹理最清晰的材料。等到材料备齐后，他要求木匠当晚就把新的假腿做好，并提供假腿所需的所有附件，那条还在使用着的、不牢靠的假腿上的附件一概不用。另外他还令人把暂时闲置在舱下用不着的熔铁炉给吊上来。为了赶制假腿，他命令铁匠马上动手锻造出可能会用上的铁制零部件。

第六十五章　亚哈和木匠

[名师导读]

夜里，木匠借着灯光在"披谷德"号上为亚哈赶制假腿，铁匠在熔铁炉边上锻造假腿所需的零件。这时亚哈走了过来，木匠在为他量假腿尺寸的时候，他说了一些匪夷所思的话。这让木匠十分不解，但是一想到斯德布说起他时都会提到"奇怪"，奇怪的人说出奇怪的话倒也不是什么奇怪的事。

（木匠站在老虎钳凳子边，旁边有两盏灯照明，此时他正在忙碌地锉着做假腿用的牙骨，牙骨已经被牢牢地固定在老虎钳上。除此之外，一块块骨头、皮带、衬料、螺丝和各式各样的工具摊满了整个凳子。前边的熔铁炉火光熊熊，铁匠正在那里干着自己手上的活。）

这可恶的锉子，这可恶的骨头！该软的东西不软，该硬的东西又偏不硬。要锉这陈年的下颚骨和胫骨，看来我们要受苦了。让我换一块试试。哦，这块就好多了（打了个喷嚏）。呸，这块骨头锉起来灰真大（又打了个喷嚏）——哎，怎么了这是（接着又是一个喷嚏）——真是的（继续打喷嚏），上帝保佑我吧，它竟然不让我说话！这就是老家伙跟这种死板骨头打交道的结果。要是锯一棵活树，根本就不会有这么多的灰。锯一块活人的新鲜骨头，也不会有这么多灰（打喷嚏）。喂，喂，您帮帮忙，快打好一个小的铁箍和带扣的螺丝，我等会就要用了。我还算走运（打喷嚏），不用做膝关节，这为我省了好多事。单独做根胫骨，就跟做一根跳柱一样容易，我只要把它做得光滑些就可以了。

时间，时间，如果他能多给我些时间，我肯定能给他装上一条完美的假腿，让他照样能像绅士一样在客厅里向女士们行礼。我在橱窗里看到的那些鹿皮假腿和假腿肚子根本无法与它相比。那些假腿泡过水，这条是真的。泡过水的腿自然会引起风湿病，到时还要看大夫（打喷嚏），又要用药水擦洗，又要上药水，就像对待真腿一样。看，在我锯下它之前，我得先去找一下船长大人，让他看看长短是否合适，我猜多半会短一点儿！哈哈！这正好做成后跟。啊，他过来了，要不就是别人，反正有人过来了。

亚哈（走了过来）

（接下来，木匠仍时不时地打喷嚏）

好啊，造人的师傅！

您来得正是时候，先生。如果您不介意的话，我现在需要定一下尺寸。让我量一下，先生。

量腿！好。嗯，反正也不是头一回啦。[赏析解读：简单的一句话，亚哈说得看似风轻云淡，但其中包含的许多痛楚与心酸是常人无法体会到的。] 量吧！唉，用你的手按住。木匠，你的老虎钳看起来挺好用啊。让我试试它牢不牢固。哦，哦，夹得还挺紧的。

哎呀，先生，你的骨头都会被夹断的——小心些，小心！

有什么可怕的。我就喜欢夹得紧的。在这个滑溜溜的世界上，我更喜欢摸能够抓得住的东西，老兄。那个普罗米修斯在那里干什么呢？我是说那个铁匠——他在那里干什么？" [赏析解读：在希腊神话传说中，普罗米修斯是一个因为为人间偷来天火而受尽酷刑的英雄，作者在这里借此比喻铁匠。]

他一定是在那里锻造扣子和螺丝，先生。

这才对。你们就应该合作，他为你提供硬件。他那炉火烧得好旺啊！

您说的没错，先生。要想做好这种精细活儿，炉火必须要烧到白热程度。——嗯，非得有高温才行。我现在想这事确实合情合理：那个古希腊人普罗米修斯，据说是他创造了人类，他想来应该是个铁匠，因此才使人类生机勃勃。因为凡是锻造出来的自然是属于火的，因此地狱大概也是存在的。看，那煤灰到处飞舞！那些煤灰肯定是那个希腊人造完非洲人后剩下的。木匠，等他打好扣子之后，再让他打一对钢肩胛骨，一副重担快将船上一个小贩压垮了。您说什么，先生？

等一下，趁着普罗米修斯正忙着的时候，我要按照我想像中的模样定做一个四肢齐全的人。首先，在不穿鞋的情况下，身高有五十英尺高；其次，胸膛要仿照泰晤士河隧道的宽度打造；再其次，双腿要生根，固定在一个地方；每只手臂要有三英尺长；不要有心，前额要用铜铸，出色的脑子要有四分之一英亩大；我再想想——要不要定制一对向外看的眼睛呢？不要，不过要在头顶上开个天窗，让光线照进去就行了。[赏析解读：亚哈想像中的模样看起来十分荒谬可笑，但是"四肢齐全"说明他对缺失了一条腿而耿耿于怀。] 好啦，拿着我的这张订单，去吧。

哎，他在说些什么？又是在跟谁说的？真把我弄糊涂了。我还要待在这里吗？（旁白）

没有开窗的建筑物还是建筑物吗，这里有一盏灯。不，不，不，我得有盏灯。

嚯，嚯！您说的是这个吗？呃？这里有两盏灯，先生。我留一盏就够用了。

喂，老兄，你用那捉小偷用的东西挨着我的脸干吗？用灯对着人家比用手枪瞄着人家更令人愤怒。[赏析解读：此处的描述，刻画出了亚哈脾气暴躁、喜怒无常的性格特征，从而进一步强调出了他的"奇怪"。]

先生，您是在跟木匠说话吗？

木匠？那是——啊，不——木匠，你现在干的活还不错，而且我觉得这项营生也足够斯文，难道你还想要去和泥巴打交道吗？

先生您说什么？——泥巴，泥巴？先生，那是烂泥。还是让挖沟的人去跟泥巴打交道吧，先生。

这家伙不信上帝！[赏析解读：据说上帝是用泥巴造人的，而木匠却说那是挖沟的人才碰的东西，这里看起来像是木匠不相信上帝，实则是作者不相信上帝，表现了他反叛神明的精神。] 你干吗总是打喷嚏？

锉骨头的灰屑有点呛人，先生。

那你就得吸取教训。在你死后，千万别埋在活人的鼻子底下。

先生——嗯，啊！——我也是这么想的——是的——啊，天哪！

木匠，你听好了，我敢肯定，你一定觉得自己还算是个挺不错的手艺人，就像个工人那样，是吧？既然是这样，你觉得自己的活能算得上完美吗？万一等我装上你做的这条假腿，却让我想起了那个地方原本存在的那条腿，就是那条被咬掉的腿；就是说，木匠，我原本那条有血有肉的腿。你能不能让我不再想起那个再也回不来的家伙呢？［赏析解读：此处的描写，写出了亚哈内心的煎熬与痛苦，而那条令他念念不忘的腿也正是他复仇的缘由。］

真的，先生，我现在开始有点明白了。没错，对于这件事我曾听到过一些稀奇古怪的言论，先生。说是断了一条腿的人总是无法完全忘掉原来的腿，还不时会感到疼痛。我现在冒昧地问一句，那是真的吗，先生？

没错，老兄。看，把你身上这条真腿安到我原先那条腿所在的地方，眼睛里看到的分明只有一条腿，但是我心里想着的却是两条腿。你能感觉到你的腿里有生命在跳动；在那里，就在那里，差着一根头发丝，我就是这样想的。这难道不是个谜吗？

依我看，那只怕是个难解的谜题，先生。

去你的。那你怎么知道，不会有个既看不见也摸不透，但有着思想的、某种鲜活的、完整的东西正站在你现在所站的地方？没错，虽然你现在站在那里，它却依然同你站在同一个地方？所以，在你独自一人的时候，难道就不怕有人偷听吗？别张嘴，你先别说话！如果我在很早之前就失去了一条腿，然而至今却仍然感到疼痛。那么，木匠，你怎么能肯定当你的躯体不在的时候，就永远也无法感受到被地狱之火灼烧的痛楚呢？［赏析解读：身体上的痛苦虽然可以随着时间的推移变淡甚至遗忘，但是心灵的痛楚与煎熬是永远存在的，目前亚哈船长就是这样的。］

我的天啊！真的，先生，要是事情到了那种程度的话，那我得重新打算一下了。我想我还没有错得特别严重？

听着，愚蠢的人永远也不要做什么假设——这条腿还要多久才能做好？

大概要一个钟头，先生。

那你就马马虎虎做一做吧，做好以后给我送来（转身便要走开）。哎，天啊！我在这里，骄傲得像个希腊神明，却为了站起来而去乞求一个蠢货给我制作一条腿！真该死，还要把这欠来欠去永远还不清的人情债记下来。要不是我四处欠下了人情债，我现在就会像空气一样自由自在。[赏析解读：**此处的叙述说明，打破了先前亚哈船长那副铁石心肠、冷酷无情的形象，展现出了他内心柔软的一面，使人物形象更饱满。**] 我有的是钱，完全可以在罗马帝国（是一个以地中海为中心，跨越欧、亚、非三大洲的帝国，公元前27年屋大维被授予"奥古斯都"称号，罗马进入帝国时代，1453年拜占庭帝国被奥斯曼帝国灭亡则象征着罗马帝国的彻底消亡）和最富有的执政官在拍卖中竞价。而除此之外，我连那能够口若悬河的舌头都欠下了账。我的天啊！我要去弄个坩埚跳进去，把自己化成一小堆脊椎骨。就是这样。

木匠

（重新开始干活）

好吧，好吧，好吧！斯德布最了解他，但是斯德布却总说他很奇怪。就算他什么也不说，单凭着"奇怪"这个再简短不过的词就能够说明一切了。[赏析解读：**此处的叙述，表达出在众人印象中亚哈的形象，"奇怪"赋予了他神秘感。**] 他很奇怪，斯布德说的；他很奇怪——奇怪——奇怪。而且他总是没完没了地把这个词往斯塔勃克耳朵里灌——奇怪，先生——奇怪，奇怪，真是很奇怪。他的假腿还在这里！没错，我现在想起来，这条假腿与他可谓是同床共枕，是他的伴！他拿一根鲸的下颚骨做老婆！这就是他的腿，它要支撑着他站起来。他说的一条腿站在三个地方，而那三个地方都属于地狱，这又是怎么回事呢？

他看着我的眼光充满了鄙夷，这倒没有什么奇怪的。他们说我有时候会有一些异想天开的想法，但也只是偶尔而已。再说，像我这样又矮又小的老头根本就不想跟有着苍鹭般体格的船长们一起进入深水；因为水很快就会漫到你的脖子下面，你到时只能大喊救命。而眼前的这条腿就是苍鹭的腿！又细又长，一点不假！

对大多数人来说，双腿能用一辈子，那肯定是因为他们不会使自己的腿过分劳累，就像心软的老太太不会过分使用她们那圆润的拉车老马一样。但是，亚哈，唉，他冷酷，不知体恤他的马。[赏析解读：**此处木匠的自言自语，表面上在埋怨亚哈是因为不爱惜自己的腿才导致失去了那条腿，同时也间接地反映了捕鲸的风险非常大。**] 你瞧，他失去了一条腿，余生只能靠一条腿；现在那条假腿也都被磨坏了。喂，您帮帮忙，快把那些螺丝拧好，我们好赶在那个家伙吹起号角、催促大家行动之前把腿做好，他的号角声一响，不论真腿假腿都得动，就像啤酒厂的家伙到处收旧啤酒桶来装酒一般。这是一条多么好的腿啊！它看起来就像一条真腿一样，已经锉得只剩下芯子了。它明天就会派上用场，他能依仗它站在船上测量高度了。唉！我差点忘了那块椭圆形的小石板，那块被打磨光滑的牙骨，他还要在上面算船所在的纬度呢。好，凿子、钢锉和砂纸，干吧！

第六十六章　亚哈和斯塔勃克在船长舱中

[名师导读]

第二天早上，水手们照常去抽船舱里的水，却发现放在船舱底部的油桶漏油了，水混着油一起被抽了上来，为此大家十分担心，大副斯塔勃克马上向船长舱里的亚哈报告，但是他们却因是否修补的问题险些动手。

第二天早上，水手们按照惯例用水泵抽船舱里的水。[赏析解读：按惯例，在装有一定数量鲸油的捕鲸船上，每周要有两次用水管将海水引进存放鲸油桶的船舱里，将鲸油桶浸泡，时间没有具体规定，然后再用水泵把水抽出来。这是为了让木桶经过浸泡后涨得更紧实，而且水手们也可以根据抽出来的水的变化随时发现宝贵的鲸油是否有泄露。]天啊！看，有不少油和水一起被抽了上来。想必舱底里的油桶上一定有个大口子。大家对此都很担心，斯塔勃克马上到船长舱里向亚哈报告这件糟糕的事情。

这时，"披谷德"号正从西南方向着中国台湾岛和巴丹群岛（是菲律宾最北的群岛，在菲北海峡群之中，北隔巴士海峡与我国台湾省台东县兰屿乡相望）驶近，在这两者之间是一条从中国水面通向太平洋的水道。斯塔勃克进去的时候，正看见亚哈在自己的面前摊着一幅这一带群岛的总地图，除此之外还有一幅日本各岛屿——日本、松前和四国（此处所列岛名有误，其中日本应称为九州岛，松前则应是北海道，只有四国无误）——的长长的东海岸海图。亚哈雪白的新牙骨腿顶着他用螺丝固定的桌腿，手里拿着一把修剪用的带有长钩的小刀。这个奇怪的老头背对门口通道，皱着眉头，又在对比着海图查找着他去过的旧航线。

"谁在那里？"他听到了门口的脚步声，却没有回头，"到甲板上去！出去！"

"亚哈船长，是我！舱底里的油桶在漏油，先生。我们要吊起滑车把油桶吊出来。"

"吊起滑车把油桶吊出来？我们就快要到日本了。难道要花费一个星期的时间停在这里去修补那一堆破桶箍吗？"

"先生，如果不修补的话，我们一天损失的油可能比我们一年里弄到的还要多。我们漂洋过海好不容易挣到手的东西应该爱惜它呀，先生。"［赏析解读：对斯塔勃克来说，他们出海的真正目的是为了谋生，而鲸油就是他们得以谋生的根本，所以对他来说修补是很有必要的。］

"你说的没错，说的没错，只要我们找到它就行了。"

"我说的是已经存放在舱底里的鲸油，先生。"

"而我说的想的根本就不是那个。去！让它随便漏去！［赏析解读：对亚哈来说，此时他心里想的是白鲸，追捕白鲸才是他的最终目的，他的内心完全被仇恨填满，置整船人的安全与利益于不顾，两人意见上的分歧，也为下文的展开埋下了伏笔。］我自己还在浑身漏油呢。哎！这就是漏上加漏！不仅是那些油桶在漏油，船也在漏。我现在的处境就是这样，比'披谷德'号眼下的处境更糟，老兄。不过我不准备停下来修补我的漏洞，因为想要在满载的船舱里找漏洞，谁能找得出哪里在漏？即使找到了，在这没完没了呼啸的狂风中，你又想怎样把漏洞补上呢？斯塔勃克，我不同意吊起滑车。"

"船东们会对此怎么说呢，先生？"

"让他们站在南塔克特的海边去喊吧，看他们和飓风谁更厉害些。亚哈才不在乎呢！船东们，船东们？你老拿那些要钱如命的船东在我耳朵边唠叨，斯塔勃克，好像他们就是我的良心似的。但是现在你听着，这艘船唯一、真正的船东就是船长。你听着，我的良心就在这艘船的龙骨里——回到甲板上去！"

"亚哈船长，"脸涨得通红的大副看起来愤怒到极点，他一边说着，一边又向船长舱里走了几步，他的行动大胆且出乎意料，但却依然表现得既毕恭毕敬又小心谨慎，让人觉得他似乎在极力避免自己的愤怒有丝毫的外露，而且他的内心好像连自己都不敢相信自己会有这么强烈的情绪，"一个脾气比我好的人可能会容忍您现在的态度，但是如果您的面前是一个比您年轻的人，那他马上就会做出失去理智的事情，亚哈船长。"［赏析解读：之前提到过大副斯塔勃克是个沉稳且小心谨慎的人，此处的叙述描写，表达出了他愤怒之下的隐忍与克制。］

"混账东西！你竟敢挖苦我？——回到甲板上去！"

"不，先生，让我把话说完，我求您了！我坚决请您考虑一下，先生，请您包容我的无礼！难道我们到现在为止还不了解彼此吗，亚哈船长？"

亚哈从枪架（这是大多数捕鲸船船长舱里必备的陈设之一）上抄起一支装满了子弹的滑膛枪，对准了斯塔勃克并大声喝道："人间的主人只有一个上帝，'披谷德'号上的主人只有一个船长。——回到甲板上去！"[赏析解读："披谷德"号上的人组成了一个讲究上下尊卑的等级制度，而站在这个等级制度最高点的就是船长亚哈，换言之，由船长实行独裁的等级制度是航海这种艰辛、残酷的生活的必然产物。]

一时之间，你几乎可以从大副发红的双眼及涨得通红的脸上，认为他是真的挨了那举起的枪里的一颗子弹，但是他最终还是控制住了自己的情绪，极力地做出一副冷静自若的表情，然后走了出去，在离开船长舱前他停了一下，说："你刚才不仅侮辱了我，还对我施加暴力，先生；不过即使这样，我请你不必因此而提防斯塔勃克，你只需一笑置之；不过，亚哈需要提防亚哈，去提防你自己吧，老头。"

"他虽然强装出一副勇猛的样子，不过还是屈服了，这才是最有心机的勇敢！"在斯塔勃克走开之后，亚哈喃喃自语道。"他刚才是怎么说的来着——亚哈要提防亚哈——这句话说得还是有道理的！"他在不知不觉间把滑膛枪当拐杖，脸色铁青，在小小的船长舱里踱来踱去；但是没过多久，他深锁着的眉头就舒展开了，他把枪放回枪架，走上了甲板。[赏析解读：斯勃塔克的话引起了亚哈的深思，也正是斯塔勃克的话让亚哈改变初衷，他决定去修补装鲸油的桶。]

"你真是好样儿的，斯塔勃克。"他低声对大副说，然后又提高嗓门对水手们说道："把上桅帆卷起来，把前后中桅帆都收紧，装上大桅下桁，架好滑车，打开主舱把桶吊起来。"

亚哈为什么会改变主意，斯塔勃克想要猜出真正的原因怕是白费力气。那可能是他的一念之善，也可能仅仅是考虑到当时情况后的谨慎行事，在那种情况下，还是要想办法制止他船上一位举足轻重的下属对他表示不满，即使是暂时的也好，那样做才是最稳妥的。但是不管亚哈是出于什么动机，他的命令被一一执行，滑车被吊起来了。

第六十七章　待在自己棺材里的季奎格

[名师导读]

"我"的季奎格，"我"可怜的兄弟，他在搬那些木桶的时候受了寒，发起了高烧，眼看着就要离开人世。在奄奄一息之际，他请求木匠为他造一只黑木独木舟作为自己的棺材，木匠很快就做了出来。就在季奎格对自己的棺材十分满意且做好迎接死亡的准备时，他忽然复原了，而那口棺材则成了他的衣箱。

经过检查，发现最后放进货舱里的那批鲸油桶完好无损，那么发生泄露的油桶一定是存放在货舱下层的那批里的。趁着现在风平浪静，大家便把深处的木桶都吊了出来，为此连底舱那些特大号的木桶都不得安宁，那些大地鼠被人们从漆黑的船舱里搬出来，暴露在光天化日之下。这些被搁置在最下层的大桶年头久远，桶身也腐朽得很严重，当看到它们那破旧的样子，几乎会认为它们是属于大洪水时期诺亚船长（指的是《圣经》中诺亚方舟的故事）的东西——那些装着他的财物、被埋在地下当柱石且发了霉的木桶上贴着许多份徒然警告大洪水即将到来的布告。

除了这些堆在深处的木桶之外，一桶又一桶的淡水、面包、牛肉，成捆的桶饭和成堆的铁箍都被吊了上来。甲板上被堆得满满的，水手们想找个地方歇歇脚都困难，而且被掏空了的船体受到人的踩踏时会发出回声，好像脚下是空无一物的墓穴一般。空船体在海上摇晃起伏，犹如一个装满了空气的细脖子瓶。这艘头重脚轻的船就像是腹中空空却满脑子装着亚里士多德学说的学者一样。还好那时天气一直都很好，台风没有来凑热闹。

然而这时，我那可怜的异教徒伙伴，我最要好的朋友季奎格，却得了一种热病，他也因此临近生命的尽头了。

在此应当说明一下，在捕鲸这个行业中是不存在闲职这一说的。尊严与危险是共存的，你的职位越高，工作就越辛苦，这种情况会一直持续到你当上船长。可怜的季奎格就是这样。他作为一名标枪手，不仅必须要承受活鲸的狂怒（之前我们已经提到过），还要在波涛汹涌的大海中登上死鲸的脊背，最后还得钻进暗无天日的像地下室一样的底舱里去，整天汗流浃背地使劲搬动那些笨重的油桶，负责把它们存放好。简单来说，标枪手就是捕鲸人口中挑大梁的。

可怜的季奎格啊！在船舱被搬空了约一半时，你只要俯身到舱口向下望去，就能看到那个文身的野蛮人光着上身，下身只穿着一条毛裤衩，在潮湿黏腻的地面上爬来爬去，看上去就像是井底一只长着斑纹的绿色蜥蜴。说是一口井也好，一间冰屋子也罢，货舱让这个可怜的异教徒吃尽了苦头。不知怎的，尽管他在里面汗流浃背，但却受了寒，发起了高烧。这样的情况持续了一段时间后，他被放在了吊床里，眼看着就要死了。

在那度日如年的有限的日子里，他危在旦夕，在病魔的折磨下日渐消瘦，最后瘦到脱了形，只剩下一副满是文身的空架子。但是尽管他全身消瘦，颧骨越发地突出，他的眼睛却似乎越来越圆，双眼中透露着一种异常柔和的光。他虽重病缠身，却仍然温和而深情地望着你，那双眼睛就成了证明他身上有一种不朽力量的最有力的凭证，这是一种不减不灭的力量。就像是水面上出现的涟漪，一圈圈的水纹在逐渐变淡的同时，也在逐渐扩大。季奎格的眼睛就像永恒之环一样，看起来越来越圆了。

当你坐在这个奄奄一息的野蛮人身边，像旁观者看着琐罗亚斯德（公元前628—公元前551年，是琐罗亚斯德教创始人，琐罗亚斯德教在汉语中又称拜火教或祆教。琐罗亚斯德在77岁时被战争牵连，在神庙中被杀。尼采曾根据琐罗亚斯德教教义，创作了《查拉图斯特拉如是说》一书）在临终前脸上出现的各种奇怪神情时，一种无以言表的敬畏之情就会悄然袭上心头。因为人类身上真正令人感到惊奇可畏的东西原本就不会被宣之于口或见诸文字。在人之将死时，它却能使人不分贤愚贵贱，公平地将最后的启示传递给人们。那是怎样的启示呢？相信只有死者中的作家才能说得明白。所以——让我们再重复一遍——当可怜的季奎格静静地躺在摇来摇去的吊床上时，翻腾的波浪似乎在轻轻摇晃着他，以便他能够进入最后的安息，而在那暗涌的潮水将他向天空越举越高时，你会发现在他的脸上浮现出的那些神秘的神情，其崇高圣洁的程度绝不比任何一个临终时的迦勒底人（是古代生活在两河流域的居民，是闪米特人的一支，曾建立新巴比伦王国，著名的空中花园就是新巴比伦王国国王尼布甲尼撒二世建造的）或希腊人的差。

没有谁会愿意接受他的离去。[赏析解读：简单的一句话里，体现出了此刻水手们伤心难过但是却无能为力的心情。]至于季奎格对自己病情的看法，下面这件事情就可以说明：在一个灰蒙蒙的早晨值班时分，天刚破晓，季奎格便叫了一个人到他的跟前，拉着对方的手请求他帮自己做一件事，在外人看起来那绝对可以称得上是件怪事了。

他说他曾在南塔克特偶然遇到过用黑色木头做成的小独木舟，那黑木与他老家用来制作武器的厚重木料很相似。经过多方打听，他得知在南塔克特死去的捕鲸人都会被装进那样的黑色独木舟里。当时他一想到自己死后也会被这样殓葬就十分高兴，因为这与他自己民族的风俗很像：在他的老家如果有武士死了，就会被用香油涂抹全身，然后把他平放在自己的独木舟里，放在海中让其随波逐流，漂向被星星照耀的那些岛屿。[赏析解读：此处的叙述，一方面为读者说明了南塔克特捕鲸人死后的殓葬方式；另一方面说明了季奎格在临死之前，想到的是家乡的习俗和方式，从而表明了他对家乡的思念。]

因为他们不仅相信那些星星就是岛屿，还相信远在地平线外，它们独自拥有温和无害的无边无际的海洋，与蓝天相接，形成银河中的滔滔白浪。他接着又说，一想到自己的尸体将被放在吊床里，按照海上的习俗，像是件邪恶的东西一样被扔进大海里，让鲨鱼三口两口地吃掉就浑身发抖。不，他想要一只在南塔克特看到的那种独木舟。对一个捕鲸人来说，那种充当棺材的独木舟和捕鲸艇一样是没有龙骨的，这一点令他无比中意。没有龙骨就无法掌好舵，因而可能会在海上漂很长一段时间。

等到这个怪异的请求传至船尾后，"披谷德"号上的木匠马上就得到了命令，让他按着季奎格的要求行事，不论需要什么材料。[赏析解读：此处的叙述，一方面表明了季奎格在大家心中还是占据了很重要的地位；另一方面也说明了他们要帮助季奎格完成心愿的决心。]船上正巧有些带有异教色彩、棺材色的旧木头，那还是上一次出海时从莱卡戴群岛的原始丛林中砍来的。于是这些黑木板就被挑选出来做棺材。木匠接到命令后，马上就拿起尺子，以他惯有的敬业精神（他的性格即此），快步走到了船首楼，一丝不苟地量了季奎格的尺寸，在量的时候还用粉笔在季奎格的身上留下了丈量的印记。

"啊！可怜的家伙！他眼看着就不行了。"那名长岛水手喊道。

木匠回到他的老虎钳凳子后面，为了方便和能够随时查看，他把棺材的精确尺寸转画到了凳子上，然后又在两边刻上了无法擦除的印子。之后他便把整理好的木板和工具放在随手可以拿到的地方，动手做了起来。

等敲进最后一枚钉子，棺材板也刨好安装上，木匠就轻松地扛起棺材向前走去，边走还边打听人家是不是已经等着要用了。

正在大家既好气又好笑地喊木匠赶紧扛走时，季奎格听到了，他便嘱咐别人赶快把那东西拿到他的跟前，大家对此大吃一惊，却又不敢不按他说的做。众所周知，世界上有些人临死前最蛮横无理，再说他们很快就不会再给大家惹麻烦了，于是自然也就由着这些可怜的家伙了。

季奎格趴在吊床上，目不转睛地盯着那口棺材。过了好一阵子后，他便让人把他的标枪拿了过来，拔掉了木枪杆，把铁枪头连同他小艇上的一支桨一起放到了棺材里。[赏析解读：季奎格把铁枪头和桨放进棺材的举动，凸显出了他对航海事业的热爱与追求。] 一切都按照他的要求做了：在棺材里面的两边摆满了硬面包，头边搁着一壶淡水，脚部横放着一袋从舱底刮拢来的木屑，枕头是用一块帆布卷成的。之后，季奎格恳求大家把他抬到他最后的床铺里去，好让他试试那里的舒适度。果然还是十分舒服的。他在里面一动不动地躺了几分钟，然后让人拿出他行李袋里的那个小雕像，一切都做完后，他双手环抱在胸前，抱着小雕像，吩咐大家把棺材盖（他叫它舱盖）给他盖上。棺材顶端装有一个皮铰链，可以把盖翻过来盖上。于是季奎格躺在里面，从外面看只能看到他那平静安详的面容。"拉梅尔。"（这就行了，挺好的）他终于喃喃自语道，然后示意把他搬回到吊床上去。[赏析解读：季奎格在这里使用自己家乡的语言，表明了他对家乡的思念和牵挂之情，同时也说明了他此时心愿达成时的欣慰。]

但是还没有等到大家将他放回去，一直暗地里躲在附近的比普走到他的棺材边，轻轻地啜泣，他一只手抓着季奎格的一只手，另一只手拿着他的手鼓。

"可怜的漂泊的人啊！你是不是已经厌倦了这样疲惫的漂泊生活？你现在要去往哪里呢？如果海浪将你带到那美丽的安的列斯群岛（是指西印度群岛中除巴哈马群岛以外的全部岛群，由包括古巴岛、西班牙岛、牙买加岛和波多黎各岛的大安的列斯群岛，以及包括所有其余岛屿的小安的列斯群岛组成），那里的海滩被睡莲覆盖着，到那时你能不能帮我个小忙？替我找到一个叫比普的家伙，他已经失踪很久了。我想他是在那遥远的安的列斯。如果你能找到他，请你要好好地安慰他，想必他一定很伤心，你看！因为他的手鼓落下了，被我发现了。噼——噼，嘭——嘭！好了，季奎格，你走吧，我为你敲起你的死亡进行曲。"

"我听说，"斯塔勃克一边小声地说道，一边低头看着那个小舱口，"有些人哪怕大字不识一个，但在发高烧的时候也会使用古代的语言。人们通过对这种事情探究后发现，那些病人说的听不懂的话全都来自他们早在童年时就遗忘了的，而这种语言可能被一些博学者使用。因此，我由衷地相信，可怜的比普在他精神错乱时说出的这些奇妙的话里，包含着我们这些人的神圣证词。他如果不是从那里学到的，又是从哪里学到这些的呢？——听！他又说话了：不过这次说的话更没谱了。"

"两两一对排列好！让我们尊他为将军！唉，他的标枪在哪儿呢？把它横在这里。噼

——噼，嘭——嘭！啊，他的头上有只斗鸡正在叫！季奎格死得英勇！——你们看好，季奎格死得英勇！——你们要牢记这一点，季奎格死得英勇！我是说，英勇，英勇，英勇！可是那个卑贱的小比普，他就像个胆小鬼一样地死去了，死时还浑身发抖，——把那个胆小鬼扔出去！你们听着，要是找到了比普，就对所有的安的列斯人说：他是个逃兵，是个胆小鬼，胆小鬼，胆小鬼！告诉他们，他是从捕鲸艇里跳到海里去的！那个卑贱的家伙要是再死一次，我绝不会为他敲响手鼓，绝不会尊他为将军。不，绝不！所有的胆小鬼都是可耻的——可耻的！让他们都像从捕鲸艇里跳进海里的比普那样被淹死。可耻啊可耻！"

在这段时间里，季奎格闭上眼睛躺着，仿佛在做梦一般。比普被带走了，病人又被搬回了吊床。

此时此刻，季奎格很明显已经做好了一切死的准备，他很中意自己的棺材也证实了这一点，然而季奎格的病又突然好转了。没过多久，木匠做的那口棺材就派不上用场了。对此，有人表现得异常欣喜，而用他自己的话来说则是：他突然间复原了是有原因的，那是因为当他正离开人世时，忽然想起岸上还有个小小的心愿未了结，所以他就改变主意了。他决定：暂时还不死。别人又问道难道是死是活都完全随他心意，由他做主吗？他给出了肯定的回答。总之，季奎格是这样想的：如果一个人下决心要活下去，仅仅是一场病痛是无法让他死亡的。除非是鲸或狂风，又或是某些人力所无法控制的、愚昧的、毁灭性的暴力，才能置人于死地。

然而，一个野蛮人与一个文明人之间的区别非常明显：一个病倒的文明人，通常来说至少要用半年的时间才能康复；而一个病倒了的野蛮人，通常只需要一天的时间，病情就会有所缓解。所以，我的季奎格很快就恢复了力气。他在绞盘上懒懒的坐了几天（不过他的胃口却极好）之后，猛地一跃而起，甩了甩胳膊，踢了踢腿，舒展了一下身子，还打了好几个呵欠，就跳进他那吊起的小艇里，站在艇首举着标枪，声称自己已经准备好参加战斗了。

他一时突发奇想，把他的那口棺材当成船上的箱子用，将自己帆布袋里的衣服一股脑地倒进了棺材里，又整整齐齐地摆放好。他在闲暇时雕刻他的棺材盖，那上面刻满了各种奇形怪状的人像和图案，看起来他似乎是极力想要以他自己那种粗放的手法，将文在身上的弯弯曲曲的图案刻一部分到棺材盖上，而那些文身图案是他家乡的一位已经过世、拥有大智慧的先知的作品。他用那些象形符号在季奎格的身上写下了一套关于天和地的完整理论，以及一篇如何获得真理的高深论文。所以说，季奎格本身就是一个有待解开的谜团、一部天书。不过，这部天书中的奥秘连他自己也理不清楚，虽然他那颗跳动的心在天书背后不停地撞击着。因此，这些奥秘注定终会与刻着它们的活羊皮纸走向腐烂，不为人知。[赏析解读：此处的叙述，设置了悬念，同时也预示了未来大灾难的出现，为下文的故事埋下了伏笔。]准是因为触发了这一想法，才使亚哈有一天早上仔细打量了可怜的季奎格一番后，转过身去的同时心里发出了一声荒唐的叹息——"啊，天上的众神也逃不过这恶魔的捉弄啊！"

第六十八章　太平洋

[名师导读]

经过漫长的航行后，我们来到了太平洋中一片宁静的海域，这里不但散发着一股令人着迷的奇妙气息，更重要的是它几乎是我们此次航行追捕白鲸的最后一片海域了。来到这片海域后，大家能够明显感觉到亚哈那日益强烈的欲望。

在我们驶过巴丹群岛后，浩瀚的南海海面终于映入眼帘了。要不是因为一些别的事情，我真的会向亲爱的太平洋表达我的万分感谢，因为我青年时代的夙愿终于在今天实现了。宁静的大洋气势磅礴地从我眼前掠过，一路向东，蔚蓝的水流绵延数千里之远。[赏析解读：此处景色的描写，表现出了太平洋辽阔磅礴的气势，从侧面表现出了人与自然的和谐之美。]

眼前的这片海洋散发着一种令人难以言喻的奇妙气息，它那既温和又不失威严的波动起伏，似乎足以说明在它的下面有一个深藏不露的灵魂，就如同传说中埋着福音传播人圣约翰（《圣经》中的人物，奉上帝之命，为耶稣施以洗礼，当他舀起约旦河的圣水为耶稣洗礼时，天空突然豁然开朗，有一鸽子形状的圣灵显现在被开启的天空中。从此圣约翰紧随耶稣布道，得名"施洗者圣约翰"）的以弗所（该城坐落于爱奥尼亚，公元前10世纪由雅典殖民者建立。圣奥古斯丁称以弗所人曾向他保证：圣约翰并没有死，他虽然被葬在以弗所，但是却仍是个活人，他在坟墓里就像睡着了一般，他的呼吸会使坟墓上的泥土也随之波动）草地一样，波动起伏着。与此相应的则是在这海上的大牧场上，来自四大洲的绵延起伏的水上草原和公共墓地，随波大起大落，潮水般的时涨时落，永不停歇。因为这里有无数的幽灵、阴魂，溺死的梦想家、梦游者和白日梦者，以及一切被我们称为生命和灵魂的东西，都还在这里沉迷地做着梦，就像睡得不踏实的人在床上总是翻来覆去一般，正是他们的烦躁不安才使得波涛汹涌、起伏不定。

这样宁静的太平洋，如果被一个沉思修行的波斯袄教徒见到了，那么从此之后他必然会将这里当作自己的故土。它气势磅礴，位于世界海洋的正中间，印度洋和大西洋也只不过是它的两只臂膀。它的波涛冲击着加利福尼亚人新修造的防波堤，比亚伯拉罕还要古老的、已经没落但仍旧华丽如昔的亚洲各国的边缘也被它冲洗着，而浮在北美和亚洲大陆中间的是那银河般的珊瑚小岛群、地势低洼的不知名的众多群岛，以及那闭关自守的日本。由此看来，这不可思议的、神圣的太平洋将整个世界的身躯都环抱住，各海沿岸都是它的海湾，而它自己则是地球那随着潮涨潮落起伏跳动的心脏。当汹涌不息的巨浪高高举起你时，你必定会情不自禁地对那个富有魅力的神臣服，顺从好色的潘（希腊神话中的丰产神，长着山羊的角、腿和耳朵，通常人们将他描述成一个精力旺盛的好色之徒的形象）。

但是当亚哈像尊铁像一般站在后桅索具旁的老地方时，他的脑子里却很少会想到潘，他的一个鼻孔漫不经心地嗅着从巴丹群岛上飘来的甜甜的麝香气（一定有一对亲热的情人在岛上最甜美的树林里漫步），另一个鼻孔则有意识地呼吸着这新发现的海洋中带来的咸湿的气息。这头可恶的白鲸此时很可能正在这片海里游动着。他终于进入了几乎可以说是此次航行中最后一片海域中了，船向着日本渔场（指的是北海道渔场，是世界第一大渔场，位于日本北海道东南海域，浮游生物丰富，故鱼群密集，主要产鱼类型有鲑鱼、狭鳕、太平洋鲱鱼、远东拟沙丁鱼、秋刀鱼等）驶去，亚哈的欲望也与日俱增。他的双唇闭得像老虎钳的夹子一样紧，他额头上那三角形的血管网像满溢的河流一般鼓了起来。即使在睡梦中，他那洪亮的喊叫声也在拱形的船体中回荡："大家倒是划啊！白鲸喷出浓血啦！"

第六十九章　铁匠珀斯

[名师导读]

"披谷德"号上的铁匠名叫珀斯，他是个年迈的老人，总是不温不火且有条不紊地抡着他的锤子修修补补或打造新的器具。从他那不稳而且带着明显隐忍痛苦的脚步中不难断定，他一定是个有故事的人。

那位满脸污垢、双手起疱的老铁匠名叫珀斯，他想趁着这个地区正处于温和凉爽的季节，为不久后即将展开的紧张捕猎提前做些准备，在协助做好亚哈的假腿后，他并没有把那个轻便的熔铁炉搬回货舱，依然把它留在了甲板上，并将它紧紧地固定在前桅的环端螺栓上。这时艇长、标枪手和桨手等，几乎一刻不停地前来请求他帮他们做些零碎活，或是修修补补，或是打造新的各式各样的武器和艇上用具。他的身边常常围着一群面带急色的人，等着他干活。这些人有的拿着小艇上的铲子，有的拿着矛镞（其横截面为三角形，狭刃，十分锋利），有的拿着标枪，有的拿着长矛，目不转睛地盯着他在煤烟中的每一个动作。其实老铁匠所干的活无非就是拿着锤子抡起胳膊来敲敲打打，只不过不论是胳膊还是锤子，都需要极好的耐力。他从来不埋怨，也从不急躁，更不会发火。他总是一声不吭、有条不紊、严谨地做着自己的事情，其早已劳损的背倾得很低，仿佛他生命的意义就在于干活。锤子沉重的击打与他心脏沉稳的搏动融合在一起。他的生活就是这样 —— 听起来也十分悲哀！

这个老头走起路来与众不同，他迈出去的步子稍有些倾斜，而且看上去一副十分痛苦的样子，在航行开始的时候大家都觉得很奇怪。之后在大家的一再追问下，他终于吐露出了实情，因此现在大家都知道了他那充满窘迫的悲惨命运。

在一个严冬的夜晚，铁匠在两个镇子之间的路上行走，那时已经是半夜了，他赶路有些晚了（自然也与他自己有关系）。他虽然感觉没有那么灵敏，但是模模糊糊地也能感到自己快要冻僵了，于是便在一间歪歪斜斜、破败的谷仓里稍作休息，结果把十个脚趾头都冻掉了。从这里开始，他终于逐渐道出了他一生中充满喜悦的前四幕以及那至今还尚未落下帷幕、充满了悲痛的第五幕。[赏析解读：作者在这里用"喜悦"与"悲痛"将老铁匠的人生分为了两个极端，此处设下了悬念，引起读者的兴趣。]

他年事已高，在将近六十岁的时候，却还碰上了家破人亡的悲剧。他曾是个远近闻名的手艺人，从来不用担心没有活干。他住在带花园的房子里，有一位年轻得像他女儿的妻子，夫妻感情融洽，育有三个活泼健康的孩子。每个星期天他都会到那座被树林环抱、令人赏心悦目的教堂做礼拜。[赏析解读：此处的叙述说明，一方面说明了老铁匠精湛的手艺，另一方面体现出了他优越的生活与幸福美满的家庭，与现在在捕鲸船上的生活简直有着天壤之别。]

然而就在一天夜里，一个孤注一掷的盗贼，利用夜色做掩护，再加上伪装得十分巧妙，溜进了他原本幸福和美的家，把他家里的财物盗了个精光。比这更悲惨的是，盗贼是铁匠自己无意中引到家里的。这个家伙与《天方夜谭》（阿拉伯民间故事集，又名《一千零一夜》）中那装在瓶子中的恶魔没什么两样！那致命的瓶塞一旦被拔出，恶魔就会飞出来，他的家也跟着被毁灭。[赏析解读：这里将盗贼比作"瓶子中的恶魔"，不难看出这场灾难对老铁匠一家带来的伤害是极其严重的。] 做事一向谨慎、精明的铁匠，为了节约成本，将自己的作坊安置在房子的地下室里，为此还单独开了一扇门便于出入。这样，他年轻漂亮、身强体健的妻子在听到她上了年纪但胳膊依然有力的丈夫在抡起锤子不断使劲敲击时，就不会感到担心害怕，还会在听到结实而响亮的声音时感到极为愉悦。那猛烈的击打声回荡在空中，在经过上层地板与墙壁的消音作用后，传到待在育婴室里的她的耳边时，已经不会令人感到厌烦了。所以说，铁匠的几个孩子就是在摇篮里听着这沉重的钢铁催眠曲入睡的。

唉，可是祸不单行，屋漏偏逢连夜雨！唉，死神啊，为什么有时你却又来得那么晚呢？如果你在这老铁匠家破人亡之前就把他带走，那么年轻的寡妇还能够在丧夫之痛中获取些许的安慰，也能为他那几个失去了父亲的孩子之后的岁月中增添一位真正值得尊敬、富有传奇色彩的先人形象，而且他们还可以长大，过上吃穿不愁的日子。可是死神偏偏留下了这个可以称为累赘的老头，非要等他奄奄一息了再来轻松地收拾他。[赏析解读：此处的叙述说明，为读者交代了这件事情所带来的严重后果，同时表现出了以实玛利的惋惜，从侧面为下文老铁匠的落魄埋下了伏笔。]

整件事情的经过还需要细细说明吗？地下室里的锤子声一天比一天慢，一声比一声轻。年轻的妻子僵坐在窗前，已经流不出泪的眼睛出神地望着孩子们布满泪痕的面孔。风箱停了，熔铁炉堵满了煤灰，房子被卖掉了。孩子的母亲被埋在教堂墓地高深的青草丛中，她的孩子分别陪伴在她的身边。于是这个既无家可归又无依无靠的老头便戴着黑纱，脚步蹒跚地到处流浪。他的悲痛无人理睬，他那灰白的头发还被有着浅黄色卷发的年轻姑娘所耻笑。

人这一辈子，死亡可能是唯一能得到解脱的结局，但是死亡无非是让你闯进一个全新的、未曾亲身经历的陌生国度，只不过是你向那遥远、荒凉、一片汪洋、无边无际的前路未知的广阔国度打的第一声招呼而已。因此，对那些一心向死，却又觉得自杀有罪的人来说，慷慨大方又公平对待的海洋便展现出了它那难以想象的凶险和充满神奇的新生活的全貌。而在无垠的太平洋中心，万千美人鱼向他们唱着歌："到这里来吧，伤心的人们。这里有另外一种生活，不用承担死亡的惩罚；这里有超自然的奇迹，这些奇迹都是永恒的。

到这里来吧！与其用死来使你从那个自己厌恶他人又遭他人厌恶的陆地世界摆脱，倒不如将自己埋葬在另外一种比死亡更能让你忘记一切的生活中。到这里来吧！将你自己的墓碑立在教堂的墓地里。到这里来吧！直到我们融合在一起！"

不论日出东方，还是日暮西垂，这些话一直在铁匠的耳边响起，听着这样的声音，他的灵魂做出了答复：好吧，我来了！于是珀斯就这样跟着捕鲸船出海了。

第七十章　熔铁炉

[名师导读]

一天正午时分，珀斯正在干活，亚哈找到他，要求他为自己打造一支量身定制的标枪，他甚至早早地就为这支标枪准备好了材料。珀斯按照亚哈的要求打造了这支标枪，他知道这支标枪是亚哈为那个白色的魔鬼准备的，甚至标枪头上的倒钩都受到了"披谷德"号上那三位异教徒标枪手的鲜血的洗礼。

正午时分，胡子蓬乱的珀斯围着一块硬挺的鲨鱼皮围裙，站在他的熔铁炉与铁砧之间。他的铁砧放在一个木质坚硬的木桩上。他的一只手拿着一根矛镞在炭火中烧，另一只手则拉着炉子旁的风箱。这时，亚哈船长走了过来，他的手里拿着一只铁锈色的小皮袋，看起来像生着闷气似的在距离熔铁炉不远处停下了脚步，一直等到珀斯从炭火中夹出了矛镞，在铁砧上锤打起来时才开口说话——那烧得通红的矛镞在锤子的敲击下火星四溅，有的火花甚至飞到了亚哈的面前。

"珀斯，这些是海燕（是鹱形目海燕科鸟类的统称，小型鹱类，也是体型最小的海洋鸟类，翅短而圆，飞行时振翼频率高，以不惧怕惊涛骇浪而著称）吗？它们总是在你身后飞舞着。通常这种鸟会带来好运，不过并不是对每个人都是这样的——看，它们会把人烫伤；可是你——你整天与它们打交道，它们不会伤害你。"

"因为我浑身都是伤疤了，亚哈船长。"珀斯回答道，他手握着锤子稍微歇了歇，"我已经没有地方再添新疤了；烫一回就留下个伤疤，那可不是一件容易的事。"

"好啦，好啦，我们不说这个了。从你嘴里说出来的不幸，在我听起来太过于平静了。我自己也不是生活在极乐世界里，别人不发狂、如此冷静地对待自己的不幸，我可没有耐心听下去。铁匠，你为什么不发泄一下呢？你怎么能够沉得住气而不发狂呢？难道老天爷对你不够狠心吗，你到现在都不发狂？——你是在锻造什么呢？"

"在修理一支旧矛镞，先生。它上面有好些裂缝和缺口。"

"损耗得这么严重，都这样了还能把它弄得像新的一样吗，铁匠？"

"我想可以，先生。"

"我觉得不管多么硬的材料,你基本上都能把裂缝和缺口修理得很平整,是不是,铁匠？"

"是的，先生，我想我可以。所有的裂缝和缺口都能修理，当然只有一样东西除外。"

"好吧，那你听我说，"亚哈稍显激动地走上前，将双手搭在珀斯的肩上大声说道："你看看这里——这里——你能把这样的裂缝修理好吗，铁匠？"他一边说着，一边用一只手抹了抹自己满是皱纹的前额，"你要能做到，铁匠，那我很乐意把我的头搁到你的铁砧上，让你用沉重的锤子在我的两眼之间狠狠地敲打一番。回答我！你能将这道裂缝修理好吗？"

"啊！这就是我说的唯一不能修理的东西，先生！我刚才不是说过所有的裂缝和缺口都能修理，但是有一种除外吗？"

"对，铁匠，就是这一种；对，老兄，那是无法修理的；因为你看到的只是长在我皮肉上的，但是实际上它已经深入到我的头盖骨里了——那里布满了皱纹！好了，别玩幼稚的游戏了，今天不打什么鱼叉和长矛。看看这个！"他把皮袋子摇晃得叮当作响，好像里面装满了金币似的。

"我需要一支标枪，那是一支数千恶魔也无法弄断的标枪，珀斯，那是一支扎进鲸身体里就像原本就长在它身上的鳍骨一样的标枪。这就是用来制作它的材料，"亚哈随手把皮袋子扔在铁砧上，接着说："你瞧，这都是我特意收集的赛马马掌上的钉头钉脑。"

"先生，你说的是马掌上的钉头钉脑？哎呀，亚哈船长，你弄到的这些材料可算得上是最好最耐用的了。"

"我知道，老伙计，它们就像把杀人犯的骨头熬成胶然后黏在一起。赶快动手吧！给我把标枪打造出来。要先把它们锻造成十二根用来做枪杆的棒条，再将它们绞在一起，打造成一根像由十二股麻绳拧成的用来拖船用的绳索那样。赶快动手！我来拉风箱。"[赏析解读：此处对于亚哈船长的语言描写，凸显出了他想要拿到这支标枪的急切心情。]

等到那十二根棒条打造好之后，亚哈亲自检验，把它们绕在一根又长又粗的铁螺栓上，再一根根地拧成螺旋状。

"这根有问题！"他把最后一根剔出来，"重新打，珀斯。"

重新打过之后，珀斯正准备把十二根棒条打造成一个整体时，亚哈却让他住手，说要亲自打造自己的标枪。于是，亚哈便有规律地在铁砧上敲打着。珀斯则把通红的棒条一根一根地递给他。熔铁炉在风箱的推动作用下蹿起笔直的火苗。这时那个袄教徒悄悄走过来，对着炉火低垂着头，不知道他是在祈求赐福还是降祸。但是等亚哈抬起头时，他马上就闪开了。

"那边火星闪闪烁烁的，是在干什么呢？"斯德布从船首楼观望着，嘀嘀咕咕说道，"那袄教徒一闻到火就像闻到了什么风吹草动一样。他现在亲自闻到了，就成了滚烫的滑膛枪里的火药池。"这时，已经被打成了一整根枪杆的棒条还要再回一次火。当珀斯将它整个投进旁边的水桶里淬硬时，一股灼人的热气扑到了正在低头观看的亚哈的脸上。

"你是想给我留下个烙印吗，珀斯？"亚哈痛得直眨眼，"这难道是我在给自己打造烙印用的烙铁吗？"

"上帝保佑，并不是那样的。不过说起来，亚哈船长，我有些担心。这标枪是不是用来对付白鲸的？"

"就是为那个白色的魔鬼准备的！[赏析解读：亚哈将白鲸比作白色的魔鬼，凸显出了他对白鲸的仇恨已经深入骨髓。] 现在要打倒钩了。老兄，这个任务一定要由你亲自完成。这是我的刮脸刀——用的是最好的钢。拿去用，一定要把倒钩打得就像冰海里的冰针那般锋利。"

老铁匠看着那刮脸刀好一阵子都没有说话，好像并不情愿用这么好的东西做倒钩。

"拿去吧，老兄。我用不着它们了。我现在既不刮胡子，不吃晚饭，也不做祷告，一直要等到——嗳，拿去——开始干活吧！"[赏析解读：从此处的语言描写中，不难看出亚哈船长想要杀死白鲸的决心和愿望，同时未说完的话为故事增添了神秘的气氛。]

那些材料最终在珀斯的手里变成了箭镞的模样，接着他又把它焊到了标枪头上，没过多久钢尖就出现在标枪头上。这时，铁匠准备给倒钩回最后一次火，再淬一次就算完工了，他喊亚哈把水桶挪过来。

"不，不——这不能用水，我要用一种让白鲸中枪就死的方法来淬它。喂，塔希特戈，季奎格，达果，你们过来！你们愿意为我淬这倒钩献出点鲜血吗？"他边说边高举着倒钩。

三颗黑色的头点了点。于是这三个异教徒刺破了皮肉，那专门用来对付白鲸而打造的倒钩便完工了。

"我不是以上帝的名义，而是以魔鬼的名义为你举行洗礼！"在亚哈失去理性的吼叫声中，滴在那支邪恶的标枪枪尖上的鲜血"咝"的一声被蒸发了。[赏析解读：对白鲸的仇恨使亚哈船长失去了理智，同时也体现出了他势在必得的坚定信念。]

接着，亚哈收集了舱里备用的所有木杆，从中挑选了一根还没有去皮的山核桃木杆，把木杆用力地捅进了枪杆口里。之后又打开了一盘新的曳鲸索，拉出几十英尺，盘在绞车上，让绳索绷得紧紧的。他把一只脚踩在绳索上蹬，等绳索像竖琴弦那样"喇喇"作响时，急忙俯下身去，看到绳索没有断股，这才大声喊道："好！这次就等着捕它了！"

随后，绳索的一头被他们拆成一股股的，那些散开的绳索被编成辫子缠在枪杆口处，再把木杆使劲地向枪杆里捅。绳索的另一头分股交叉地缠在木杆上，直到缠至木杆半中间，再牢牢捆住。所有的一切都完成后，杆子、标枪杆和绳索就像三位命运之神一样，成了一个无法分离的整体。亚哈拿着武器，板着脸大步走开了，他的假腿和山核桃木杆每一次敲打船板时都会发出空洞的响声。可是他还没有走进船长舱，就听到了一种轻轻的、不自然的却又非常可怜的假笑声。啊，比普！是你发出了那种凄惨的笑声，你那无所事事却又不安稳的眼睛，你那些意味深长的、奇特的哑剧动作和这艘阴郁的船交织在了一起，织成了一部黑色悲剧，并对它加以嘲弄。

第七十一章　镀金工

[名师导读]

"披谷德"号在进入日本渔场之后，水手们变得繁忙起来，大家整天都在为捕鲸工作忙碌。即使如此，当碰上阳光宜人的日子，大家坐在艇里看着那布满金色光辉的宁静海面时，就会不由自主地生起一种美妙的感觉，那股柔情会直达心灵深处。

在"披谷德"号越来越深入到日本渔场的中心后，没过多久船上的气氛就变得异常紧张起来。在风和日丽的天气里，水手们常常要在小艇里连续待上十二个、十五个、十八个甚至长达二十个小时；他们需要不停地停桨、扳桨或是扬帆追击；又或是为了等鲸浮出水面，屏气凝神地等上六七十分钟。虽然这一切都十分辛苦，但是白费力气的时候居多。[赏析解读：此处的叙述说明，显示出了水手们日常的工作状态，从侧面体现出了出海的艰辛。]

在阳光宜人的时候，人坐在轻如桦木（一般指桦木属约100种乔木和灌木的通称。单叶的边缘呈锯齿状或浅裂状，果实是小的翅果）小舟的艇里，一整天都漂浮在微波轻荡的宁静海面上，人与柔和的波浪友好相处，波浪依偎在船舷时就像是趴在火炉边的小猫发出咪呜咪呜的叫声。在这种如同梦幻般的宁静时光里，人们触目所及都是大海的静谧之美以及它那耀眼的皮肤，在此刻常常会忘记在这副宁静祥和的表层下那颗蠢蠢欲动的虎狼之心，也不愿意想起在它这如天鹅绒般柔软的脚蹼间还藏着无情的利爪。

面对这样的大海，当出门在外的游子坐在捕鲸艇里时，心里就会生出一种别样的柔情，就像是置身在陆地上的儿子对母亲的依赖一般，他会把它看成开满了鲜花的大地。[赏析解读：大海的宁静祥和，使离家在外的捕鲸人心生柔情，同时也暗示出了他们对家乡的思念之情。]那艘远得只能隐约看到桅尖的船只，仿佛并不是在波涛汹涌的巨浪中努力行进，更像是在芳草碧连天、随风起伏的草原上前行，犹如向西迁徙的移民的马群只露出竖起的耳朵，被淹没的身躯正在一望无际的青草中举步维艰。

这种令人心醉神迷的景色，即使短暂，至少也让亚哈暂时沉浸其中。[赏析解读：此情此景，纵然是冷酷的亚哈也为之动容，从侧面说明了这个铁汉并不是像他所表现出来的那样无情，也有柔软的一面。]然而，如果这种神秘的金钥匙打开了他身上秘密的黄金宝藏，那么他的呼吸却又让这些宝藏失去了原有的色泽。

啊，绿草如茵的林间草地！啊，长驻在心头的那四季如春的景色！在这里，虽然人世间的生活苦难早已把你榨干，但是人们还可以在你的身上打滚，如同马驹在清晨的三叶草地上打滚一般。虽然时间很短，却依然让它们在草地上感受到不朽的生命露水所带来的清凉，但愿上帝能够让这种美好的宁静永存。但是生命之线是由经、纬两线混杂交错而成，无处不在。宁静会被风暴侵扰，宁静的后面必然跟随着风暴。人生从来就不是一个一路向前、不走回头路的过程。我们并不是按照固定的阶段前行，而是走到最后一个阶段时才会停下来——从无意识的婴儿时期，走过盲目信仰的童年时期，经过疑惑的少年时期（大家都是如此），然后是对一切的怀疑，接着是否定一切，最终以成年时期的万般思虑从"如果"中得以解脱。

可是这一遭的结束，紧接着又是另一遭的开始，周而复始；又要从婴儿时期、童年时期、少年时期和成年时期，直至永恒的"如果"。哪里才是人生的终点，从此再也不用启程呢？这世界到底是在何等令人沉醉的灵气中航行的，而这种灵气可以让最疲惫的人永不知累？弃儿的父亲到底藏在哪里？我们的灵魂就像是那些孤儿，在他们还在襁褓中时就失去了未婚的母亲。我们的父亲到底是谁，这个秘密被他们一同带进了坟墓中。这个问题的答案只有我们也躺在那里时才会得知。[赏析解读：在前文中就曾提到过亚哈是个孤儿，他的寡妇母亲在生下他一年后就死了。此处的描写，从侧面体现出了两人幼时漂泊无依，同样被社会遗弃的悲惨身世。]

也就在那一天，斯塔勃克坐在艇里，一边望着金色的大海深处，一边低声自言自语道：

"美好的东西总是深不可测的，这与新郎在他的新娘那里所看到的是一样的！——别跟我说你的牙齿如鲨鱼般锐利，你的行径与绑匪一般野蛮。让信念取代事实，用幻想驱赶记忆：我望向深处，对此深信不疑。"

斯德布看起来就像是一条鱼一样，披着一身灿烂夺目的鱼鳞，他从这闪着金色的光辉中跳起来：

"我是斯德布，斯德布有自己的经历；不过斯德布可以在这里起誓：他一直都活得很快活！"[赏析解读：此处的语言描写，凸显出了斯德布乐天派的性格特征，同时也体现出了海洋人身上勇于冒险的精神。]

第七十二章　与"单身汉"号相遇

[名师导读]

"披谷德"号在日本渔场遇到了一艘来自南塔克特的捕鲸船，它叫"单身汉"号，它正准备返航。那是一艘真正满载而归的船，据说船上所有能装鲸油的东西都被装满了。当这两艘有着天差地别收获的船相遇时，会擦出怎样的火花呢？

在亚哈的标枪打好后的几个星期里，我们的航行一帆风顺，一路上的见闻也使人感到身心愉悦。

这里所说的见闻中包括遇见一艘来自南塔克特的船，它叫"单身汉"号，它刚刚把最后一桶油硬塞到舱里去，拴好它那快要被鲸油桶撑破的货舱。[赏析解读：此处用"撑破"来说明"单身汉"号上的鲸油之多。] 这时，它正收拾得焕然一新，兴高采烈中透露着几分炫耀，准备从渔场上零星的捕鲸船中掉转船头返航。

"单身汉"号的瞭望哨上有三名水手，他们的帽子上都垂着细长的红飘带。船尾处吊着一艘底朝下的捕鲸艇，第一斜桅上挂着他们最后捕杀的一头鲸的长下颚骨。两侧的索具上飘扬着五颜六色的信号旗、船旗和公司旗。它那三个篮子形状的桅楼边各捆着两桶抹香鲸油；在鲸油的上方，位于中桅的横桁位置，同样有两只装满珍贵鲸油的小水桶，主桅的上桅顶上卦着一盏黄铜灯。

我们后来才知道，原来"单身汉"号这次出海收获颇丰。更不可思议的是，在这一带水域巡游的其他诸多捕鲸船却整月整月地没有收获，而"单身汉"号为了空出地方来装更多珍贵的鲸油，不仅要把成桶的牛肉和干面包送人，甚至还要用食物来与相遇的船只换取空桶，这些交换来的木桶都堆放在甲板上、船长及船副们的舱房里。甚至连舱房里的餐桌都被劈了当作柴火用，以至于这些船上的长官们只能在固定在地板中央的一只桶面宽大的大油桶上进餐。在船首楼里，水手们为了装油竟然把他们的衣箱缝隙用麻丝和沥青填补。有人开玩笑说，厨子把他最大的烧锅安了个盖子，以便于装油；还说管家把备用的咖啡壶嘴堵上，灌上了鲸油；标枪手把去了木枪柄的标枪杆也倒过来装满油；不管什么东西都装满了鲸油，除了船长的裤兜，那是他留下来专门插手用的，以便显示他得意扬扬的心情。

当这艘快活、幸运的船向着郁郁寡欢的"披谷德"号驶近时，它的船首楼上响起了充满野性的鼓声。等到两船靠得更近一些时，便看见它那特大的炼锅四周站着一群水手，锅上用黑鲸那羊皮纸似的鳔和胃膜蒙上了，水手们握紧拳头在那上面敲击，每敲一下就会发出一声巨响。后甲板上，三位船副和标枪手们正在和从波利尼西亚群岛与他们私奔的棕皮肤女郎跳着舞；三个长岛黑人正在一艘被装饰一新、高悬在前桅和主桅之间的小艇里，用鲸骨做成的提琴演奏，主持着这场欢快热闹的舞会。与此同时，还有一群水手正在热火朝天地拆着炼油间的灶台，灶台上的大锅已经被移走了。听着他们的狂喊声，再看着那些此时已经一无是处的砖和灰泥不断地沉没在海里，让人几乎以为他们将那该死的巴士底狱（原名"巴士底要塞"，是根据法国国王查理五世的命令，按照14世纪著名的军事城堡的样式建造的。到18世纪末期，它成了巴黎的制高点和关押政治犯的监狱，在法国大革命时期曾发生著名历史事件"攻占巴士底狱"）拆了。

主宰整个场面的船长挺直了腰杆站在后甲板的高处，整个富有戏剧感的欢庆场面被他尽收眼底，而这样的场面看起来只是为他个人娱乐而举行的专场演出而已。

亚哈这时正站在后甲板处，他须发蓬乱、情绪低落，始终板着脸。两船迎面相遇时，一艘船正在为收获辉煌庆贺，而另一艘船却正在被未知的灾难所笼罩——这样对比鲜明的场景正好恰如其分地在他们两人身上得到了呈现。[赏析解读：鲜明的对比，衬托出了"单身汉"号的意气风发和"披谷德"号的萎靡不振，同时也为后文埋下了伏笔。]

"上船来喝一杯！上船来喝一杯！""单身汉"号上那位极其兴奋的船长一手举着酒杯，一手举着酒瓶大声说道。

"见到过白鲸吗？"亚哈咬牙切齿地问道。[赏析解读：此处的描写，一方面写出了亚哈船长的愤怒，另一方面再次说明了他寻找白鲸的决心和毅力，同时也说明了寻找的困难。]

"没有，只是听人说起过，不过我根本就不相信这头鲸的存在。"对方明显心情很好，"上船来喝一杯吧！"

"我看你是开心过头了吧。向前走。船上有人出事吗？"

"折损不值一提——一共才损失了两个岛民——还是上船来吧，老兄，来呀，来呀，我马上就会让你高兴起来。要不要来？（玩着玩着就有兴致了）我们是真正的满载而归啊。"[赏析解读：折损的那两个人的生命，在巨大的利润面前根本不值一提，一方面说明了捕鲸业的凶险，另一方面体现出了在利益面前人性的淡漠。]

"这个傻瓜倒是挺热情！"亚哈喃喃道，然后马上提高嗓门说道："你说你们真正的满载而归；好吧，你可以说我们这艘空船正在向前行驶。现在，你走你的，我走我的。前进！扬起所有的帆，尽量顺风行驶！"

就这样，两艘船分道扬镳，一艘船高高兴兴地乘风而去，另一艘船则吃力地逆风而行。"披谷德"号上的水手们心情沉重地望着逐渐远去的"单身汉"号，目光里满是依依不舍。可"单身汉"号上的人此时正沉醉在狂欢中，根本无暇顾及他人的目光。亚哈此时正伏在船尾栏杆上，注视着那艘返航的船，他从口袋里掏出了一小瓶沙子，目光从船上移到了手中的瓶子上，似乎把这两件看上去毫不相干却又有某种割不断的联系的东西联系起来了，原来那个瓶子里装的正是南塔克特海底的泥沙。[赏析解读：此处的叙述说明，凸显出了"披谷德"号上全体船员对家乡思念和牵挂的心情。]

第七十三章　垂死的鲸

[名师导读]

在与"单身汉"号相遇后,"披谷德"号好像沾了它的光,也变得顺风顺水起来——发现了一个鲸群并捕杀了四头抹香鲸,其中有一头还是亚哈亲手杀死的。当一番血战结束后,亚哈看到了这样一个情景:那头被他杀死的鲸临死之前努力将自己的脑袋冲向了太阳所在的位置。

在我们的生活中总会遇到下面这样的情况:幸运与我们擦身而过,虽然在此之前我们士气低落,但是突然变得顺畅起来,我们惊喜地发现帆篷变鼓了。"披谷德"号眼前的情况就是这样的。在遇到欢快的"单身汉"号后的第二天,我们就发现了一个鲸群并捕杀了四头鲸,其中有一头是亚哈亲自捕杀的。[赏析解读:此处的叙述,一方面说明了丢失了一条腿的亚哈依然勇猛,另一方面也为下文展开作铺垫。]

那时正值黄昏,那场标枪飞舞的血战已经结束。船漂浮在余晖遍布的海面上,太阳和鲸在水天一色的景色里归于沉寂。然后,一种异常甜蜜却分外哀伤的气味在那玫瑰色的空气中弥散出来,好像在花圈围绕中祷告一般。此时此景,宛如西班牙陆地上的和风,从遥远的马尼拉群岛(马尼拉是菲律宾的首都。这里应是指菲律宾群岛)郁郁葱葱的幽谷中的女修道院吹过来,满载着那些晚祷赞歌,飘飘然地出海去了。

杀死一头鲸让亚哈的心里得到了些许安慰,但是紧接着他的心情更加沉郁了。他倒划着小艇离开了那头鲸,坐在小艇里注视着它,直到它咽下了最后一口气。所有的抹香鲸在临死前都会先把脑袋对着太阳,这种怪异的情景在垂死的抹香鲸身上都会出现;但是在这样宁静的余晖下亲眼看见这一幕的发生,不知怎么的让亚哈有了一种前所未有的奇妙感觉。

"它转呀转呀,最终把自己的头转向了太阳——转得虽然缓慢,但却如此坚定,看它那一副对上天崇敬、祈祷的神情,还有它那最后垂死时的动作。原来它也敬奉太阳,它是太阳最忠诚、最宏伟、最高贵的子民!啊,那至纯至善的眼睛必然要看到这样至纯至善的情景。[赏析解读:对于亚哈此处的心理活动描写,表现出了抹香鲸临死之前的状态,同时渲染出了肃穆的氛围。]看!这里,被汪洋包围着,远离世俗间福祸的喧嚣;这里,没有岩石用来做记载古老传说的碑碣;这里,历经漫长的中国各朝各代,奔腾的波涛始终无言,也无人向它倾诉,就像是照耀着尼罗河那不为人知源头的星星一样;这里,生命的结束也充满了信仰，向着太阳。可是你看！一旦断气，死神马上围着尸体转一圈，然后再去往别处——"

"啊，你这个代表着半个自然界的阴暗的印度神明，那些葬身海底的人中谁为你在这个寸草不生的海中央建起了单独的神殿。女王，你是个异教徒。你这个皇后（**在黑人的神话中，大神西瓦之妻卡立被称为死亡女神**）在毁坏了一切的台风中、在事后销声匿迹的平静中向我吐露了真情。还有这头临死时头向着太阳又转回来的鲸，一个教训也没有给我留下。"

"啊，加了三道箍又被牢牢焊住的力大无比的尾部！啊，那高耸如彩虹的喷水！——一头在竭力拼搏，另一头在喷水，可是这一切都是徒劳的！鲸啊，即使你向那匆忙的太阳求情也是白费气力，它只能唤醒生命，却无法赋予你新的生命。然而你所拥有的更加阴暗的一半，却以一个更黑暗也更骄傲的信念使我震惊。所有你那些难以捉摸的、复杂的情感都在我脚下起伏；我凭借着曾经有生命的气息才没有下沉，但是它们曾经呼出的空气现在消失了，取而代之的是水。"

"永远欢呼吧，永远欢呼；啊，大海，野生的海鸟在你永恒的澎湃起伏中找到了它唯一的栖身之处。生于大地，海洋却哺育了它；虽然是山陵和溪谷抚育了我，但是你那滔滔的白浪却是我没有血缘关系的兄弟！"

第七十四章　看守死鲸

[名师导读]

"披谷德"号杀死的那四头鲸分布在不同的地方，而亚哈杀死的那头鲸距离大船最远，由于大船无法在天亮之前赶到他们所在的地方，所以他们整艘小艇上的人都要待在原地守着那头死鲸。

那天傍晚时分捕杀的四头鲸彼此相距甚远。一头死在上风处很远的地方；一头死的地方稍近一些，在背风处；一头死在船头前面；一头死在船尾后面。后面提到的那三头在天黑之前都被牵引到了船边，只有上风处的那头鲸距离大船最远，大船在天亮之前无法赶到那里，所以捕杀它的那艘小艇就要在它边上看守着，而那艘小艇就是亚哈的。

一支浮标杆笔直地插在死鲸的喷水孔里，杆顶挂着的灯在黑亮的鲸背上投下了昏暗、闪烁的光亮。远处，半夜的波浪就像爬到轻缓的沙滩上的潮水一般，轻轻地冲洗着它那巨大的身躯。

除了那个袄教徒，亚哈和他小艇上的其他水手都已进入了梦乡。那个袄教徒蜷缩着身子，坐在艇尾，看着一群鲨鱼像是鬼怪似的在死鲸周围嬉戏，还时不时地用尾巴轻轻拍打薄杉木船板。忽然，一个类似呻吟的声音陡然颤抖地划过天空，就像是蛾摩拉城（《圣经·创世纪》中记载，蛾摩拉是摩押平原五城中的一个，象征神对罪恶的愤怒和刑罚）中罪孽深重的大型鬼魂队伍走在地狱的沥青岩上发出来的。

亚哈从睡梦中惊醒过来，发现那个袄教徒正与他面对面地坐着，他们被昏暗的夜色包围着，像是洪水时期的两个幸存者。

"我又梦见它了。"他说。[赏析解读：此处亚哈所说的"它"即指白鲸，说明了那场灾难所带给他的重创，以及他对白鲸的仇恨。]

"梦见灵车了？老兄，我不是说过吗，无论是灵车还是棺材都没有你的份。"

"死在海上的人还用得着灵车吗？"

"可是我说过，老兄，如果你真的会丧命于这次航行，那么在你死之前，一定会在海上看到两辆灵车：第一辆凡人做不出来，第二辆用的木料一看就知道是来自美国的。"

"没错，没错！那倒真是个奇观，袄教徒，一辆扎满了羽毛的灵车在海上漂着，波浪是抬棺人。哈哈！这样奇异的景象可惜我们眼下还看不到。"

"信不信由你，反正你在看到它时是不会死的，老兄。"

"说你自己的那句话是怎样的呢？"

"虽然到最后，我还是要走到你前面，给你带路。"

"既然你会走在我前面（如果真是这样的话），那么在我跟你走之前，你还是一定会走到我面前，要给我带路的，对吗？——你刚才是不是这么说的？那好吧，我的带路人，你说的我全都相信！但是我要在这里发下两个誓言：我要杀了莫比·迪克，我要让它死在我前面。"[赏析解读：此处的语言描写，写出了亚哈的全部心思都放在白鲸身上，他对白鲸疯狂的仇恨是他活下去的动力。]

"老兄，你再发一个誓，"袄教徒说，这时他的眼睛就像萤火虫似的在黑夜里发着光，"只有麻绳才能杀死你。"

"你指的是绞架吧——那我可以告诉你，我死不了，无论是在陆地上还是在海上，"亚哈发出了嘲笑声，高声喊道，"无论是在陆地上还是在海上都死不了！"

接着，他们又像是事先商量好的一样同时停止了交谈。天在开始蒙蒙亮时，在艇底安睡了一晚的水手们都起来了，不到中午他们就把死鲸拖到了大船边上。

第七十五章　象限仪

[名师导读]

在赤道海域捕猎鲸的旺季终于快要到来了，亚哈每天都会观察太阳以确定他所在的方位。这一天，他在确定了自己船只所在的方位后，猛地砸掉了他手里的象限仪，这一举动使"披谷德"号上的水手们大为不安。

在赤道海域捕猎鲸的旺季终于迫近了。每天当亚哈从船长舱出来，抬头望天时，那个时刻保持警惕的舵手便会装模作样地掌起舵把，那些讨好的水手便会快步跑到转帆索（改变船的航向而使帆转向的绳索）跟前站住脚，眼睛死盯着那枚金币，急切地等待着船长下令把船头转向赤道。这道命令终于及时下达了。当时已临近正午，亚哈坐在他那高高吊起的小艇艇首，正在对着太阳做着每天例行的观察，以此来判断自己当前所在的方位。

日本海域夏季的太阳几乎无法直视，骄阳直射到这块辽阔的、灼人的平静海面上。天空像是涂上了一层漆，看不到一丝云彩；水天交接处起伏不定；这种赤裸裸的耀眼的光华，就像是上帝的宝座那不可名状的尊荣。[赏析解读：此处的场景描写，凸显出了海上炎热的气候特征，同时从侧面说明了出海的艰辛。]还好亚哈的象限仪上装的是深色镜片，可以通过它观察那火一般的烈日。

亚哈坐在小艇里，身体随着艇身的颠簸而晃动着，他的眼睛贴着那个观察天文的仪器。他长时间维持这样的姿势，以便抓住太阳刚好达到子午线上时最准确的瞬间。就在亚哈全神贯注地做着这件事的同时，那个袄教徒就在他下面，此时他正跪在甲板上，也像亚哈一样仰面朝天地观察着太阳，只不过他的眼睛半眯着，他那充满野性且冷漠的脸上看不出丝毫热情。终于，亚哈得到了他所盼望的观察结果，随即拿起铅笔在他的假腿上计算起来，很快就得出了在那一瞬间他所处的方位的准确数据。

之后亚哈便陷入了沉思中，没过多久他又抬起头仰望着太阳，喃喃自语道："你这海上的标志！你这拥有着不可抵挡力量的引航员！你和我说实话，我现在到底在哪儿——能不能稍稍给我一点暗示：我将会在哪儿？或者你能不能告诉我：此刻除了我之外的另一个活着的东西在哪里？莫比·迪克在哪里？此刻你一定看到它了。我的眼睛正在看着你的眼睛，而你的眼睛此时正在看着它。哎，你这太阳啊，我的眼睛正在看着此刻也同样在看着你那一边的未知之物的眼睛！"

之后，他盯着象限仪，用手摆弄着上面的许多精细的部件，接着又沉思起来，嘴里喃喃道："可笑的玩意！你不过是傲慢的海军将领和船长们手中的小娃娃用的玩具，世人将你夸得神乎其神，说你如何神通广大，可是你除了能指明一个点，一个无足轻重的点外，你还能干什么呢？在这世间，只是你和拿着你的人碰巧看到了那个点而已。"[*赏析解读：近乎疯狂的寻找，却依然没有看到白鲸的身影，这让曾充满希望的亚哈船长陷入了绝望中，因此他借此来发泄心中的不满与愤怒。*]

"没错，仅此而已，难道还有其他的吗？你连哪怕是一滴水或一粒沙子明天中午会出现在什么地方都说不出来。然而，就是这样的'宝贝'却让太阳受到了侮辱！科学啊！见鬼去吧，你这个一无是处的玩意！一切能让人仰望上苍的东西都该见鬼去，但凡仰望上苍的都会被上苍那鲜活的热度灼伤，就好像我这双老眼，此刻就已经被你的强光灼伤了一样。太阳啊！人的视线生来就是与地平线平行的，而不是从头顶上射出去的，好像上帝特意希望人们仰望上苍那样。见鬼去吧，你这象限仪！"他把象限仪往甲板上一摔，"我再也不需要你来替我引路了。我会用船上的水平罗盘，根据测程仪及航线平面的传统计算方法来做指引，它们会告诉我在海上的方位。嗳，"他跨下小艇来到甲板上，"所以我要把你踩在脚下，你这个无精打采指着天空的玩意！我要把你踩碎，我要毁了你！"

当这个处于疯狂状态的老头一边说着这样的话，一边用他那真假两条腿踩着象限仪时，那个一直默不作声的袄教徒的脸上闪过了两种神情：一种神情像是对亚哈的嘲笑；另一种神情则像是对自己宿命的绝望。[*赏析解读：袄教徒的神情令人感到不解，在设下悬念的同时，也预示着最终的灾难即将来临。*] 在没有人注意的时候，他悄悄地起身离开了这里。而那些水手则因为船长那疯癫的模样而感到不知所措，他们在船首楼里挤成一团，一直到亚哈烦躁地在甲板上踱来踱去，大声嚷嚷"到转帆索那里去！转舵！——直行！"时，他们才回到各自的岗位上。

帆桁顿时都转过来了，它那三根牢牢矗立在用肋木加固的、长长的船体上的精致桅杆，以艄为中心点转了一百八十度，仿佛荷拉斯三兄弟（传说当年罗马人曾与邻国伊特鲁里亚的古利茨人发生战争，罗马的荷拉斯三兄弟与居里亚斯三兄弟在阿尔贝城的对战中，就是采用了此计才打败敌方，从而取得这场战争的胜利。1785年法国画家达维特曾根据他们的故事创作了名画《荷拉斯三兄弟的宣誓》）骑在一匹急转的、能够承受他们之重的骏马上一样。

斯塔勃克站在支撑着船首斜桅的杆子之间，淡漠地看着"披谷德"号上那一片混乱的情景，同时也冷眼看着亚哈那气急败坏的模样，此时的亚哈正跟跄着在甲板上行走。[赏析解读：此处通过斯塔勃克冷漠的表情与反应，与船上其他人的混乱形成鲜明的对比，反衬出了他看透一切的孤独和无力感。]

"我曾经坐在旺盛的炭火前，看着通红的炉火，那里充满了备受煎熬的炙热的生命力。我看着它的火势逐渐衰微，越来越小，最终只剩下一堆死灰。你这个以海为生的老人啊！你这轰轰烈烈的一生，最后也只会在一小堆骨灰中落下帷幕！"

"喂，"斯德布喊道，"不过是一堆煤灰罢了——请注意这一点，斯塔勃克先生——是海煤，不是你用的那种普通的木炭。我听到亚哈在嘟囔：'有人把这些牌塞到我这双年老衰朽的手里来了，并发誓让我非玩这把牌不可，换谁都不行。'唉，我真该死，亚哈，不过，你干得漂亮，为捕鲸而生，也为捕鲸而死！"

第七十六章　蜡烛

[名师导读]

"披谷德"号在行驶过程中突遇台风，狂风卷起巨浪，伴随着电闪雷鸣一起向着船只袭来。通常在这样的天气里，船上安装的避雷针是要放进水里的，但是当斯塔勃克想要这样做时，却遭到了亚哈的阻拦。这是为什么呢？

炎热气候哺育出最凶残的猛兽：孟加拉虎（又名印度虎，是世界上数量最多、分布最广的虎亚种，主要分布在印度和孟加拉国，在我国西藏墨脱也有少量跨境分布）就潜伏在四季常青的丛林里。最灿烂璀璨的蓝天却孕育着致命的雷电，古巴就遭受过龙卷风的骚扰。同样，在美不胜收的日本海域，水手们也会遇上最恐怖的风暴——台风。即使有时晴空万里，它也会突然窜出来，就像一颗炸弹在一座衰败荒凉的村镇上空爆炸。[赏析解读：此处的描写说明了海上天气多变的特点，同时也表现出了航海环境的恶劣以及航海生活的艰辛。]

那一天天快黑时，"披谷德"号上的帆布就被一股劈头盖脸袭来的台风卷走了，只剩下几根光秃秃的桅杆和它奋战。刚一入夜，海天齐吼，电闪雷鸣，那几根疲惫的桅杆上还挂着一些在狂风中飞舞的破布，那些破布是第一阵暴风雨施暴之后为它未尽的余兴特意留下来的。

斯塔勃克抓着一根护桅索站在后甲板上，每亮起一道闪电，他便朝上看看，是不是又有什么平时必需的工具在此时变成了负担。斯德布和弗兰斯克则在指挥着人把小艇吊得更高些，捆得更牢些。可是他们所做的一切看起来都是白费力气。亚哈那艘在上风头的小艇，虽然已经用吊车吊到了最高处，依然没有幸免。滔天的巨浪猛地扑到不住摇晃的船侧高处，直接冲破了小艇艇尾的底部，小艇里的人就像被筛子筛过了一样，掉了下来。

"不好了，不好了！斯塔勃克先生，"斯德布瞧着那艘破艇说，"可是大海就是想干什么就干什么，没有人能拦得住它。反正我拿它没有办法，你瞧，斯塔勃克先生，一个浪头在跃起之前，总是在很远的地方就做好了猛攻的准备。水到处都是，然后真正的浪头扑过来！但是对我而言，在真正的浪头扑上来之前，与它对抗的战场也只限于在这甲板上。不过不要紧，这都是开玩笑的，就像那首古老的曲子里唱的那样。"——（他唱道）

啊！大风刮得真开心，

鲸是小丑之一，

它的尾巴挥舞着 ——

啊，海洋！你真是个滑稽、可笑、大胆、诙谐、爱闹、喜欢捉弄人的家伙！[赏析解读：此处将大海拟人化，用"滑稽""可笑""大胆""诙谐""爱闹""喜欢捉弄人"等词汇，生动形象地刻画出了它的高深莫测。]

浪花四处飞溅，

这只是他喝的气泡酒，

在他搅拌调料时 ——

啊，海洋！你真是个滑稽、可笑、大胆、诙谐、爱闹、喜欢捉弄人的家伙！

惊雷劈开了船只，

但是他尝过了调过的酒后，

也只是咂了咂嘴——

啊，海洋！你真是个滑稽、可笑、大胆、诙谐、爱闹、喜欢捉弄人的家伙！

"闭嘴，斯德布，"斯塔勃克喝止道，"还是让台风随便唱吧，把我们的索具当作竖琴来演奏。你要是一个有种的汉子的话，就保持沉默。"

"可我不是一个有种的汉子呀，我从来没有说过这样的话。我是个懦夫，我唱歌无非是想给自己壮胆。我可以这样和你说，斯塔勃克先生，除非把我的喉管割断，世界上还没有什么其他办法能让我停止唱歌，而且就算真的割断了我的喉管，十有八九我最后还会为你唱首赞歌。"

"疯子！要是你的眼睛看不见，那就把我的眼睛借给你用用吧。"

"什么！在这样黑的夜里，别人都看不清而唯独你比别人看得清，这是为什么呢？即使那是个蠢人。"

"看！"斯塔勃克一把抓住斯德布的肩膀，指着上风头的船头喊道，"你没注意到大风是从东边刮来吗，那不正是亚哈去追捕莫比·迪克的航向吗？那不是他今天中午要船转过来的航向吗？你现在再看看他的艇子，艇子破在哪里？就在后艄那里，老兄！他平时总会站在那里——他习惯站的地方被打破了，老兄！如果你现在还要非唱不可，那好，你跳到海里去唱个痛快吧！"[赏析解读：从斯塔勃克一系列的动作和语言中，说明了他心情的急切，增加了故事的紧张气氛，同时也为即将到来的灾难作铺垫。]

"我几乎听不懂你在说什么，要出事了吗？"

"我没有说错，没有错，绕过好望角走是回南塔克特的最短航线，"斯塔勃克没有理睬斯德布的问题，突然自言自语地说，"我们可以让正在狠狠抽打着我们的、致命的大风，变成送我们回家的顺风。那边，朝上风走，前途未卜，而顺风走，那是回家的路——我看到那边的亮光了，但不是闪电照亮的。"[赏析解读：一瞬间的想法让斯塔勃克又重新燃起了希望，此时的自言自语淋漓尽致地体现出了他激动的心情。]

此时，正处于闪电过后随之而来的黑暗间歇中，他听到身边有人在说话，而几乎就在同时，一阵雷鸣轰隆隆地从他头上滚过。

"谁在那里？"

"老雷公！"亚哈答道，他正扶着船舷一路摸索着向他的那个钻孔走去，猛然间一道长矛似的火光划过，把他要走的路照得一清二楚。

在这里需要说明一下，陆地上建筑物的尖顶是要装避雷针的，以便把危险的电流引到地下。同样，在海上有些船只的每根桅杆上也装着类似的避雷针，以便把电流引到水里。但是想要使它的末端不和船体有任何接触，避雷针要插到水中一定的深度才可以。如果长时间拖着它在海里行驶，不但会导致很多事故发生，还会对某些索具造成干扰，或多或少地影响船的航速。出于对这种情况的考虑，船只的许多避雷针的下端并不总是插在水里，通常都会做成细长的一节节的模样，平时收起来放在锚链里，需要时扔进海里。

"避雷针！避雷针！"斯塔勃克朝着水手们喊道，刚才那像投出去的火炬一样的闪电不但充当了亚哈的照明灯，而且猛地唤醒了他的警惕心。

"把它们都扔进水里了吗？快把它们扔到水里去，船头船尾都扔出去。快！"

"慢着！"亚哈喝止住，"虽然我们实力较弱，但还是要讲求公平公正的。我倒是想把我们的这些避雷针都贡献出去，插在喜马拉雅山和安第斯山上，以确保全世界都平安无事，而不是只有我们在这里得到特殊照顾！随它们去吧，伙计。"[赏析解读：在前文中提到过，船只上安装的避雷针会影响船的航速，而亚哈正在全力追寻白鲸的身影，他不想因此而被耽误，从而体现出了他为了一己私欲，置全船人生命于不顾的自私行径。]

"你看看那上面！"斯塔勃克大叫道，"看那桅顶上的电光！那些电光！"

所有帆桁的尖上都闪着青白色的火光，每根避雷针的顶端也都闪动着尖细的白焰；三根高耸的桅杆不声不响地燃烧着，散发着一股硫黄味，就像在祭坛前的三支奇大无比的蜡烛。[赏析解读：作者在这里将三根被电光点燃的桅杆比作祭坛前的蜡烛，为亚哈下文中的疯狂举动埋下了伏笔。]

"该死的小艇！快松开它！"此时的斯德布正在把他的那艘小艇用绳索紧绑在大船上，然而奔腾的巨浪一直涌进他的小艇里，艇舷狠狠地夹到他的手，夹得他生疼。"见鬼！"他马上向甲板退去，仰起头的瞬间正好看到了桅顶上的火焰，登时换了一种口气叫道，"桅顶的火焰，你发发慈悲吧！"[赏析解读：此处的语言描写，直白地写出了斯德布此时面对死亡时惊慌、恐惧的心理。]

对水手来说，粗话脏话是他们的日常用语，他们会在风平浪静时咒骂，自然也会在与疾风骤雨对抗时咒骂，还会在波涛汹涌的时候站在中桅桁臂上咒骂。但是，在我所经历的航行中，每当上帝的手放在要接受惩罚的那艘船上时，每当听到他说出的"弥尼，弥尼，提客勒，乌法珥新"（这句话的意思是说上帝已经算出你的国家将要灭亡，而因你亏损甚多，你的国家将会分归给别人掌管）已经交织在护桅索和绳具中时，我却很少能够听到那种已成为家常便饭的咒骂。

当青白色的火焰在桅顶上燃烧时，那些不知道被什么迷住了的水手却不怎么说话了。他们聚在一起，站在船首楼上。他们的眼睛在那青白色火焰的照耀下闪闪发亮，宛如一个远在天际的星座。那个魁梧伟岸的黑人达果在那鬼火似的焰火的衬托下，看起来比他原本的个头更高大，就像是一块发出响雷的黑云。塔希特戈张开了嘴，露出一口雪白如鲨鱼牙般的牙齿，散发着一种奇特的光，好像他的牙尖和桅顶一样冒着电光。季奎格身上的图案在这股奇异电光的照耀下，像恶魔般吐出蓝色的火焰。

这令人毛骨悚然的一幕终于随着桅顶上青白色的火焰落幕而划下了句点。"披谷德"号上的所有人再度被笼罩在了夜幕里。过了一会儿，斯塔勃克上前走了几步并推了推一个人，那人是斯德布。

"你现在怎么想的，老兄？我听见了你的喊声，那可跟你唱歌时不一样。"

"是的，是的，是不一样。我说，求那桅顶的火焰发发慈悲吧，我至今仍旧希望它大发慈悲。但是难道火焰只对愁眉苦脸的人大发慈悲吗？难道对笑容满面的人就没有怜悯之心吗？你看，斯塔勃克先生——啊，天太黑想必你也看不到。那你就听我说吧。我觉得我们看到的那桅顶上的火焰是个好的开始。因为那些桅杆直通到一个船舱里，这个船舱有一天会被抹香鲸油装满。而这些抹香鲸油会向上流，渗透到桅杆里，就像树身上的汁液一样。没错，这三根桅杆就像是三支抹香鲸脂蜡烛——那就是我们之前看到的好的开始。"

在这一瞬间，斯塔勃克看到斯德布脸的轮廓，接下来他的脸变得越来越清晰。他抬头向上看去，大声叫道："瞧！瞧！"原来桅顶上青白色的火焰又出现了，只是比刚才所见的更加诡异。

"桅顶的火焰发发慈悲吧。"斯德布再一次喊道。

在主桅的底座处，就在那金币与火焰的下方，那个袄教徒跪在亚哈面前，他低垂的脑袋冲向一旁，没有直对着亚哈。在那些拱起的、垂着的索具附近，有几名水手正在手忙脚乱地固定桅杆，这时火焰吸引了他们，大家聚在一起，钟摆似的吊在索具上，看起来就像是一小群失去了知觉的黄蜂正停在一棵低垂的果树枝上。这些人姿态各异，仿佛着了迷般，活像是庞贝古城（始建于公元前 4 世纪，位于意大利南部那不勒斯附近，维苏威火山东南脚下 10 千米处，公元 79 年维苏威火山爆发，全城居民被活埋。18 世纪时被发掘出来）里的遗骸，或站立，或行走，或奔跑，或是呆立在甲板上生了根。但是他们的目光全都集中在半空中的某一处上。

"好，好，伙伴们！"亚哈大声说道，"向上瞧，看清楚它，因为它将为我们寻找白鲸而照亮道路！[赏析解读：这里用亚哈船长的话重新解读了火焰的含义，他认为这并不是什么危险和不祥，而是一种充满力量、积极乐观的指引。]把主桅上的那些链环递给我，我要摸着它的脉搏，让我的脉搏与它的一起跳动；血与火在一起！这样是最好的。"

说完，他转过身来用左手紧紧抓住了最后一个链环，把脚踩在那袄教徒的背上，目不转睛地朝上看着，他的右臂高高扬起，挺立在那高耸的桅顶燃烧着的三股火焰之前。[赏析解读：作者文中所说的袄教，即是指波斯早年盛行的拜火教，此时亚哈的所作所为，则是皈依拜火教的一种仪式。]

"啊，你这火焰的真神啊，在海洋上，我曾经像波斯人一样礼拜你，直到后来在受圣礼时被你烧伤了，那疤痕至今还在。现在我看清了你，你这真神，现在我也看清了对你最好的礼拜莫过于反抗你。不论爱戴你也好，崇敬你也罢，你都不会领情的。甚至出于憎恨，你便大开杀戒，所有人被赶尽杀绝。现如今连无所畏惧的傻瓜也不敢与你对抗。我承认你有着至高无上的威力。可是只要我有一息尚存，我就不会让这种威力无条件地控制我。在那些徒有人形的人中，有一个有人格的人站在这里。虽然充其量只不过是个点滴，但是不管我来自何方，要去往何处，只要我在这世上活一天，这种不可侵犯的人格就会存活于我身上一天，它便独享至高的权力。然而，战争会带来痛苦，仇恨会导致灾难。哪怕你给我最低限度的爱，我也会向你跪拜，亲吻你。可是如果你只是以至高无上的权力露面，即便你出动了世界上所有全副武装的海军，这里照样会有人不把你当回事。啊，你这真神，你让我变成了你的一团火，我就要像一个火神真正的孩子那样，把火还给你。"[赏析解读：虽然亚哈称自己为火神真正的孩子，祈求火神保佑，却叫嚣着将火还给火神，这实则是对火神的蔑视，进一步说明了他蔑视一切神灵，这种傲慢与基督徒的谦卑精神是背道而驰的。]

突然电光闪烁，三根桅杆顶上的九股火焰蹿了起来，比原来高出了三倍；亚哈和其他人一样闭上了眼睛，他用右手紧紧地蒙住了自己的眼睛。[赏析解读：此处的描写，一方面写出了当时情形的诡异，为剧情增添了神秘而紧张的气氛，另一方面体现出了亚哈内心的恐惧。]

"我承认你有着至高无上的权力，难道我不是这样说的吗？并不是你逼我这么说的，现在我也不会扔下手里的这些链环。你可以让我变成盲人，但我还可以摸索着走。你可以把我烧为灰烬，但我最后还剩下一堆灰烬。请你接受这双可怜的眼睛和蒙住眼睛的这双手的敬意。我不会接受它。闪电穿过我的脑袋，令我的眼球疼痛不已，我那毫无知觉的脑袋像被割了下来，在地上直滚，脑浆流了一地。啊，啊，虽然我的眼睛被蒙住了，但我还是想要对你说：尽管你是光明，你已摆脱了黑暗；但是我却是黑暗，跳出了光明，跳出了你的主宰！闪电停止了，张开眼睛，还能不能看到？火焰还在那里燃烧着！"

"啊，你真是仁慈！现在我是在为我的家族增光，你只不过是我的火热的父亲，而对于我那亲爱的母亲，我却无从知晓。啊，真残酷！你把她怎么样了？这是让我感到困惑的事情，但是与你的困惑相比，我的就不算什么了。你不知道自己的出身，所以声称自己还未出世；你一定不知道自己是怎么来的，所以你说自己还没开场。我知道我的来历，而你却不知你的，啊，你这无所不能的神啊。除了你之外，还存在着另外一种虚空的东西。对你这样的真神来说，你的永恒只体现在时间上，而你的创造力显得那样呆板。通过我，通过你那燃烧的自我，我被灼痛的眼睛还是隐约地看到了它。啊，你这被父母遗弃的火神，你这来自远古的隐士，你也有无以言表的秘密，无人分担的痛楚。在这里，我再一次怀着一种骄傲的痛苦了解了我的先辈。火舌，跳吧！高高跳起，去舔那蓝天！我和你一起跳，我和你一起燃烧，我甘愿和你融合在一起；我既要反抗你，又要不顾一切地膜拜你！"[赏析解读：亚哈的语言描写，更像是他从此皈依拜火教的宣言，同时此处的言语与他为了复仇所表现出来的疯狂状态更合拍。]

"那小艇！那小艇！"斯塔勃克叫道，"看看你那小艇！老兄！"

亚哈的标枪——就是请珀斯特意为他打造的那一支——还牢牢地绑在小艇很显眼的叉柱上，因此它一直延伸到艇首外，但是打穿艇底的巨浪使那宽松的皮质枪鞘脱落了，此时那锋利的倒钩上正冒出了一道平整灰白的、分了叉的火焰。就在那支标枪上的火焰像蛇信子似的默默吞吐时，斯塔勃克一把抓住亚哈的胳膊说："上帝，上帝已经在惩罚你了，老兄；你还是克制一点吧！这次航行很不吉利！一开始就不吉利，一路上也不吉利。趁现在还来得及，让我调整好帆，老兄，我们顺风返航吧，下次会比眼下的情形好。"

那些手足无措的水手无意中听到了斯塔勃克的这番话，马上跑到转帆索跟前，虽然现在桅杆上光秃秃地。一时之间，看来那惊慌失措的大副说的与他们的想法不谋而合，他们发出了一阵近乎叛变的呐喊声。可是亚哈把哗哗作响的避雷针的链环朝着甲板上一摔，抓起那支还在燃烧的标枪，充当火把在水手们中间挥舞，发誓说谁敢第一个解开转帆索上的结，他就在他们身体上戳个窟窿出来。他那副癫狂的样子吓住了大伙，而他手里的那支正在燃烧的标枪更是让他们望而却步，于是他们沮丧地退了回去。[赏析解读：此处的叙述说明，表现出了亚哈船长此时破釜沉舟的决心以及众人对他的敬畏。] 这时亚哈接着说："你们跟我一样都发了誓，说要追捕白鲸，我们要兑现我们的誓言。我亚哈是把心、灵魂、肉体、五脏六腑和我的这条老命与我的誓言绑在了一起，为了让你们知道支撑着我的心跳动的源头是什么，现在就让我来消灭这最后的恐怖吧！"随即，他一口气吹灭了标枪头上的火焰。

当飓风侵袭平原地带时，人们会有意离那棵孤零零的巨大榆树远远的，因为它越高大粗壮，就越容易成为雷击的目标，比其他东西危险。同样，许多水手在听完亚哈的话后，在心惊胆战之中快步地远离了他。

第七十七章　即将结束的初夜班的甲板上

[名师导读]

在台风的侵袭下，"披谷德"号岌岌可危，此时斯塔勃克向亚哈请求将主中桅的下桁卸下来，却被亚哈坚定地拒绝了。不仅如此，他告诫他的大副，什么也不要动，只要把东西绑牢就好了。

亚哈站在舵旁。斯塔勃克走上前去。

"我们必须卸下主中桅的下桁，先生。带子已经松动了。背风面的吊索也有些散了。我能不能把它收下来，先生？"

"不收，把它绑好。如果我有第三层的桅杆，我会把第三层的帆也都升起来。"

"先生？——看在上帝的分上！——先生？"

"嗯。"

"锚杆摇动了，先生。我能把它们收到船上来吗？"

"不收，什么都不要动，只要把所有东西都绑牢了就行。起风了，不过还没有刮到我的头顶上。快，快去做。——守好自己的岗位！它把我看作沿海渔船的驼背船长了。要落下我的主中桅的下桁！最高处的桅杆帽是要对抗最猛烈的暴风的。我脑袋上的帽子都被吹到半空中了，是不是我也要把它收下来呢？哼，只有胆小鬼才在狂风骤雨的时候把帽子摘下来。风吹得多猛烈啊！但是有什么要紧的，我难道不知道肚子痛的人总是会大呼小叫的吗？喂，拿药来，拿药来！"

第七十八章　半夜——船首楼的舷墙边

[名师导读]

半夜时分，在船首楼的舷墙边，二副斯德布和三副弗兰斯克正在海浪的洗礼下用绳索绑锚。对于亚哈不放下避雷针的疯狂行径，显然斯德布有着自己的理解，但是弗兰斯克却听得云里雾里。

斯德布和弗兰斯克为了给悬在舷墙边的锚加绑绳索而爬上了舷墙。

"那样不行，斯德布。那个绳结随你怎么折腾，但要让我听进去你说的话，那想都别想。再说，几天前你跟我说的话与今天说的可是完全相反的。那一次你不是说：只要亚哈在船上，保险费都会比别人付的多，就像是船尾装满了火药桶，船头装满了黄磷火柴的箱子一样。[赏析解读：此处的语言描写，一方面凸显出了亚哈脾气的火爆，另一方面说明了与他出海有着非常大的危险。]算了吧，这话是不是你说的？"

"哼，是我说的又怎样？从我说完那些话后，我的肉体就发生了变化，难不成我的脑子还不能发生变化吗？而且，就算像我说的那样，在这样潮湿的天气里，那黄磷火柴也点不着啊。嘿，我的兄弟，就算你像恶魔一样长有红色的头发，你也无法在这样的天气里点着火柴。不信你大可试试，你是宝瓶宫吗？还是说你是挑水夫？[赏析解读：宝瓶宫原为黄道第十一宫，"弗兰斯克"这个词的意思为扁平的水瓶或酒瓶，所以斯德布用挑水夫这样的词来打趣他。]弗兰斯克，你为什么不在你的上衣领口上挂上装满水的水壶呢？还是说你不知道海事保险公司会对这些额外的风险作出额外的保证？这里有水龙头，弗兰斯克，你这次一定要听好我对你所说的另一个问题的答案。但是首先你要把脚从锚顶上拿开，让我把绳索递过去。现在听我说。你先说说，在暴风雨中把一根桅杆的避雷针抓到手里和站在一根完全没有避雷针的桅杆旁边的区别是什么呢？你这个笨蛋，难道你不知道，除非桅杆先被雷电劈中，否则手拿着避雷针是出不了事的吗？所以看你都说了些什么胡话？"

"一百艘船中有一艘船带有避雷针就算好的了，而亚哈——嗯，还有我们所有人，兄弟——依我的拙见，这艘船上的水手简直比此时航行在海上的一万艘船上的所有水手都危险。[赏析解读：此处的语言描写，从侧面反衬出了亚哈的疯狂举动令斯德布的内心感到不安和害怕。] 嘿，你这根中柱，你啊，我看你是想让世界上每个人都在他的帽角上插上一根小避雷针走来走去，就像一个民兵军官串起来的羽毛，像他的绶带那样拖在背后。弗兰斯克，你为什么就不明白事理呢？明白事理一点也不难，可是即使这样，你为什么还是做不到呢？哪怕只长着半只眼睛的人都会明白。"

"我就是不明白，斯德布。有时候我觉得那太难了。"

"是呀，想让一个浑身湿透了的人明白事理，那确实很难，这是个事实。这浪打得我都快湿透了。别去在意这些了；抓住绳子，再递给我。看来现在我们要把这些锚绑得结结实实的，好像它们再也派不上用场了。[赏析解读：斯德布的语言中所透露出的信息，仿佛表明了亚哈已经进入了最后的疯狂阶段，为即将进入的高潮作铺垫。] 把这两只锚绑住，弗兰斯克，就像反绑着一个人的两只手似的。那真是两只无比热情的大手啊。这是你的一对铁拳头，对吗？只要把它们扔下去，就能平稳许多！"

"弗兰斯克，我常常怀疑这世界是不是在什么地方下了锚定住了。如果真是那样的话，那它必然是在一根无比长的缆绳上吊着打晃儿。哎，把这个绳结敲好，我们就完工了。好了，回到甲板上去，除了岸上外，就那里最令人感到满意了。喂，帮我拧一拧外套的下摆好吗？谢谢。人们对水手上岸时穿的外套大肆嘲笑，弗兰斯克；但是在我看来，在海上，只要赶上暴风雨，就应该穿燕尾服。你知道吗，燕尾服背后那两个尖尖的后摆，正好可以让水顺着流走，那两端的尖头就像是山墙末端的屋檐水槽，弗兰斯克。我再也不要穿紧身短上衣和雨衣了。我一定要穿件燕尾服，戴上一顶高帽。哎呀！我的雨衣被刮到海里去了。天哪，想不到从天上吹下来的风竟这么不讲礼貌！兄弟，这个夜晚可就难对付了。"

第七十九章　半夜上空 —— 雷电交加

[名师导读]

台风使"披谷德"号受到了严重的损坏，半夜时分，除了二副与三副要出来干活，塔希特戈也被分派了任务，他要去加固主中帆桁。

主中帆桁。——塔希特戈正要将它用绳索加固。

"喂，喂，喂。别打雷了！这上面的雷已经够多了。总打雷有什么用？喂，喂，喂。我们不要打雷；我们想要朗姆酒（是以甘蔗糖蜜为原料生产的一种蒸馏酒，原产地在古巴，口感甜润、芬芳馥郁），给我一杯朗姆酒吧。喂，喂，喂！"

第八十章　斯塔勃克的纠结

[名师导读]

午夜之后的几个小时，猛烈的台风终于有了收敛的意思，最后从逆风转成了顺风。斯塔勃克虽然十分不情愿，但还是按照亚哈的意思将横桁调向了顺风的位置。在他到船长舱向亚哈报告情况时，发现了那把曾指着自己的滑膛枪，他鬼使神差地拿起了它……

在台风猛烈地冲击下，"披谷德"号上那个守着由鲸下颚骨做成的舵柄的舵手有好几次都被舵柄抽风似的打中，打得他站都站不稳，摔倒在甲板上。[赏析解读：此处的一连串动作描写，说明了台风的强大破坏力，同时也从侧面凸显出了台风作用下的恶劣天气。]尽管舵柄上配备了防滑车来控制它，但是防滑车是松动的，而且总要给舵柄留下一定的活动空间才好。

在这样的大风暴中，船像个随风舞动的羽毛球，被刮得东倒西歪。这时你要是看罗盘针，就会发现它时不时地转上一圈，这并不是什么奇怪的现象。"披谷德"号上的罗盘针现在是这样转动的：几乎每受到一次冲击，舵手都能看到指针在罗盘上飞快地旋转。看到这种景象，鲜少有人能够做到内心毫无波澜。

午夜后的几个小时，台风的威力大大地减弱了，斯塔勃克和斯德布一个张罗船头，一个张罗船尾，在两人的共同努力下，终于把三角帆、前桅以及主中桅上那些帆布的残片从圆桁上割下来，看起来就像是一只信天翁（为大型海鸟，体长 0.7～1.4 米，双翅展开可达 3～4 米，体重 8～9 千克。需要逆风起飞，有时还要助跑或从悬崖边缘起飞，在有风的情况下，能在空中停留几小时而无须拍动翅膀。主要分布于南半球，少数生活在北太平洋和赤道地带）的羽毛随风打着旋儿向下风头飘了过去。要知道，在暴风雨中飞行的信天翁，羽毛可能会被风刮走。[赏析解读：此处的描写，一方面说明了海上风云突变的糟糕环境，另一方面暗示出了"披谷德"号确实是艘稳定、久经历练的老船。]

三张对应的新帆这时被折叠收好。在船尾处扯起了一张风暴中用的斜桁纵帆，这样一来，船很快就能向着较准确的航向行驶了。此时船的航向是东——东南，舵手需要尽量掌握好航向。因为在狂风肆虐的情况下，他只能根据当时变化的情况来掌舵。就在他控制着船尽可能地向它的航线贴近，同时观察罗盘时发现，嗬！好兆头！风向似乎转到船尾去了。太好了，逆风转成顺风了！[赏析解读：逆风转成顺风，是故事的一个转折点，带动了故事发展，把故事情节推向了另一个高潮。]

于是水手们一边高兴地唱起歌，"嗬！顺风啦！喔——嗨——哟，真高兴，弟兄们！"一边将那些横桁调整到合适的角度。让他们感到高兴的是，即将发生的大灾难竟然在很短的时间内就换了另外一番光景，而且还是如此让人顺心遂意。

斯塔勃克按照船长下达的、长期有效的命令：甲板上的事务，无论何时，只要出现任何决定性的变化，就必须随时向他报告。虽然他十分不情愿，但还是把横桁调向顺风的位置，然后公事公办地走下舱去向亚哈船长报告情况。

在敲开亚哈的船长舱的门之前，斯塔勃克不由自主地在门前站了一会儿。舱房里的那盏灯大幅度地来回摆动，灯光忽明忽暗地照在那老头上了闩的门上，门上的影子也随之忽浓忽淡。门板薄薄的，上部没有装镶板，是用固定的百叶窗代替的。舱房好像一个与外界隔绝的墓室，虽然它被四周的风声与浪声包围着，但是屋里却静得出奇。前舱壁立着一支支装好了火药的滑膛枪，在枪架上直挺挺地散发着光泽。[赏析解读：此处对于环境的描写，渲染出一种诡异的气氛，滑膛枪的出现也是下文中让斯塔勃克产生恶念的根源，给文章增添了紧张的气氛，引起读者的好奇。]斯塔勃克是个诚实正直的人，但是他在看到那些滑膛枪的一瞬间，心里却奇怪地涌起了一个恶念，这样的念头与那些善恶念头交织在了一起，以至于他一开始并没有发现它的存在。

"他有一次竟然想朝我开枪，"他喃喃自语道，"没错，他曾经用那支枪柄有饰钮的

枪对准了我 —— 让我摸摸它，把它提起来。真奇怪，我这个不知道和多少杀鲸的标枪打过交道的人，此时竟然会抖成这副模样，这真是太奇怪了。[赏析解读：此处的描写，凸显出了斯塔勃克当时内心的紧张与害怕，甚至还有一丝的兴奋。] 火药已经装好了？我要看看。看来是装好了，药池里真的有火药 —— 这可不妙。最好把火药倒了？ —— 等一下，我要先让自己冷静下来。我要勇敢地握住这支枪，就在我思考的这段时间里 —— 我是来向他报告风向变成顺风的消息的。可是怎么个顺法？顺到带我们走向死亡 —— 那对莫比·迪克来说算得上是顺风。对那头可恶的鲸来说顺风是件好事 —— 他就是举着这支枪瞄着我的！就是这支！现在我手上握着的这支枪就是他当时想要杀死我的那支 —— 没错，而且他还会把他手下所有的水手都干掉。”

“他不是说，无论刮多大的风，谁也不能把横桁放下来吗？他不是把能观察天象的象限仪都砸了吗？他不是要仅仅依靠漏洞百出的航海日志上那些古老的计算方式在这万分凶险的海面上摸索着前行吗？而且就在这场台风中，他竟然还发誓说不用避雷针吗？[赏析解读：从斯塔勃克一连串的反问中，表现出了亚哈的疯狂，同时也表达出了大副的不安，为下文作铺垫。] 难道我们就该俯首帖耳地听任这个疯狂的老头带着整船的人为他陪葬 —— 没错，只要这艘船遇上什么大灾难，那么他不就是蓄意杀害了三十多条人命的杀人犯吗？而且如果再由着亚哈一意孤行下去，我敢保证，这艘船一定会出事的。如果现在把他干掉，他就不会犯下这样无法挽回的过错了。嘿！他是不是在那里说着梦话？没错了，他就在那里 —— 就在那里边。他睡着了。睡着了？对，不过他还没死，而且一会就会醒过来。老头，我真的是受不了你了。不论我与你讲道理、规劝、恳求，你全都听不进去；这一切都让你觉得无足轻重。你要说的也只是让我们毫不犹豫地服从你下达的命令。”

“是的，你还说水手们都跟你一起发过誓，说什么我们大家都是跟随着你亚哈的。根本就没有那样的事！ —— 是不是就没有别的办法呢？不能采取别的合法方法吗？能不能把他囚禁起来带回家去呢？什么！怕是只有傻瓜才想把这个老头的权威硬夺过来吧。甚至把他的双手绑起来，用绳索把他捆成一团，用锁在舱房地板环端螺栓上的脚镣困住他的双脚，即使到了那时，他也会比关在铁笼子里的老虎还要可怕，我不敢看他那副模样，也不敢听他的咆哮声。在那漫长的、让人难以忍耐的航程中，我会坐立不安，夜不成寐，心烦意乱到失去理智。那么还有什么办法呢？陆地在千百海里之外，而离这里最近的只有闭关锁国的日本。我现在孤立无援，放眼望去只有一片汪洋。在我和法律之间隔着两个大洋和整整一个大陆的距离。"[赏析解读：此处的叙述，凸显出了斯塔勃克明知道会发生大灾难却无能为力，而这正是他下定决心想要杀死亚哈的原因。]

"没错，没错，就是这样。——如果老天用雷把一个心存不轨的杀人犯击毙在睡床上，把他的身体和床一起烧了，难道也要说老天是杀人犯吗？——这样说起来，我是不是也成了杀人犯，如果——"于是他慢慢地、偷偷地、从容不迫地用那支装满了火药的滑膛枪顶住了房门，同时一双眼睛还来回地观察着两边的情况。

"亚哈的吊床正在房里来回摆动，就在这个水平线上；他的头在这一边。只要我的手指扣动扳机，我斯塔勃克就可以活着回家，能够抱着我的老婆孩子了——啊，我的玛丽！玛丽！——我的儿子！宝贝儿子！——可是，万一我没有打死他呢，谁知道这一两天里，斯塔勃克的尸体和其他水手的尸体，会葬身在哪里的深渊呢？我亲爱的上帝啊，您在哪里呢？我要不要动手啊？我动不动手？——台风已经减弱并转向，先生。前桅和主中帆都收好卷起来了，船现在正按照它的航线行驶着。"[赏析解读：对于亲人的想念与强烈的求生欲让斯塔勃克觉得应该杀死亚哈，但是正直的性格与碍于亚哈的威严又使他心生敬畏，这里看似是斯塔勃克的纠结，实则暗示的是人性中善与恶的冲突。]

"向后划！嘿，莫比·迪克啊，这下我总算揪住你的心肝了。"[赏析解读：即使在睡梦中，亚哈的世界也被仇恨所覆盖着，从而可以看出他的偏执以及他想要杀死白鲸的决心是多么强烈。]

这句话出自那个睡梦中都极度不安的老人的嘴里，仿佛是斯塔勃克最后的那两句话使这个在梦中一睡不醒的人开口说起了话。

那支还平端着顶着门上镶板的滑膛枪剧烈地抖动起来，就像是醉汉的手臂一样。那支枪似乎还让斯塔勃克和一位天使扭打了起来。但是最终他还是从门前转过了身，把那个可决定人生死的东西放回了原位，接着他便离开了那个地方。

"他睡得太死了，斯德布先生，还是你下去叫醒他并把情况告诉他吧。我还要在这里照料甲板上的事务。你知道要和他说些什么。"

第八十一章　罗盘针

[名师导读]

第二天早上，当意气风发的亚哈出现在甲板上时，他发现了一个致命的问题：船的航向出现了重大的偏离。经过观察后得知，发生这种偏差的原因是罗盘被雷电击中，罗盘针失效了！这样的结果让水手们感到惶恐，为了安定人心，亚哈化身成了一个魔术师。

第二天早晨，还没有平息下来的海面翻腾着长长的、平缓的巨浪，在"披谷德"号身后留下汩汩作声的航迹，就像是巨人摊开的手掌极力推动着它前进。风强劲地吹着，整个世界几乎只有风的声音。没有露面的太阳在四散的晨光里也失去了颜色，只能根据它所在位置散发出来的光束知道它的存在。彩霞遍布天空，就像是象征着至高无上权力的巴比伦国王的王冠和王后的纹章。大海就像是一口坩埚，正在熬炼着黄金，沸腾着冒泡，散发着光和热。

亚哈远离人群站着，他像被什么迷惑住了久久地默不作声。每当这艘颠簸不已的船的牙墙下沉时，他就会掉转头，目光追随着前面海上明媚的阳光。当太阳出现在船后面的时候，他就会转过身，看船后太阳所在的位置以及它那金黄色的阳光是怎样和自己那从未改变的背影相融合的。

"哈，哈，我的船啊！现在大可以把你看作太阳做成的海上战车了。嘿，嘿！那些在我船头前面的国家，我现在把太阳给你们送来了。嗨，给远处的波浪套上辕吧！就像马匹一样串联在一起，我要驾驶着海向前进！"

可是，猛然间亚哈好像感到有些不对劲，及时收住了马缰，他快步走到舵边，嗓音嘶哑地询问船的航向有没有错。

"东——东南，先生！"舵手虽然感到诧异，但还是回答了他。

"你撒谎！"亚哈握紧拳头给了他一拳，"早上向着东行驶，太阳会出现在船后面吗？"

听他这么一说，在场的人都愣住了。不知道怎么搞的，在亚哈没有观察到这个现象前，谁也没有发现有什么异常，归根结底，主要是因为阳光太大，让人睁不开眼。

亚哈把半个头都伸进罗盘柜里，他看了一眼罗盘，举起的胳膊便慢慢地放了下来。有那么一会儿时间，他好像站不稳似的晃动着身体。[赏析解读：此处一连串的动作描写，表达出了亚哈船长那失望、沮丧的心情，摇晃的身体足以说明他受到的打击很严重。] 斯塔勃克站在他身边一瞧，哎哟！两只罗盘的指针都指着东方，但是"披谷德"号却在向西行驶，这一点是毋庸置疑的。

但是，还没等惊慌在水手们身上蔓延开，这个老头就发出了一声干笑，他高声喊道："我知道啦！斯塔勃克先生，这种事情以前也曾发生过，一定是昨天晚上的雷电让我们的罗盘针反过来了——就是这么回事。我想你以前肯定也听过这样的事。"[赏析解读：在事件还没有产生恶劣影响之前，亚哈就先抑制了事态的进一步发展，他在此处的语言起到了稳定人心的作用。]

"没错，虽然我听说过这样的事情，但是还从来没有亲眼见到过，先生。"脸色苍白的大副一副沮丧的神情。

在这里有必要说明一下：这样的事情在受到暴风雨袭击的船上屡见不鲜。我们都知道，船上的罗盘针经过磁化处理后，它的磁能基本上与天上的闪电是一样的，因此出现上述事情也就没有什么奇怪的了。有几次，闪电只是击落了船上的一些横桁和索具，在这种情况下，闪电带给罗盘针的危害可能会更大。它所具有的那种天然磁石的效应遭到了毁灭性的破坏，使原来的磁性钢针与老太婆手里的织衣针无异。磁针在受到破坏后失去的效用是无法自行恢复的。如果罗盘柜里的罗盘针受到了损坏，那么船上即使有其他罗盘针，也同样会失去原有的效用，哪怕是插在船底龙骨内的也难逃同样的命运。[赏析解读：此处的叙述说明，说明了罗盘针的重要性，同时也为下文作铺垫。]

亚哈站在罗盘柜前，看着那个逆向的罗盘针，然后举起一只手，用手的指尖来测量太阳准确的方位，在确认好磁针指向的方向是相反的之后，便下达命令，让船按此改变航向。帆桁被其他东西固定住，"披谷德"号再次无所畏惧地将船头冲向逆风的方向，刚才大家所认为的顺风现象，只不过是罗盘针开的玩笑罢了。

这时，斯塔勃克虽然有着自己的某些看法，但是却没有说出来，他只是默默地发出一切必要的命令；斯德布和弗兰斯克在这时似乎有些同感，也保持沉默。[赏析解读：对拥有丰富经验的三位船副来说，他们自然知道罗盘对于航行的重要性，同时他们也清楚地知道这会给他们以后的航行带来怎样的危险。] 至于那些水手，虽然有些人心怀怨气忍不住嘀咕了几气，但是对他们来说，亚哈是恐怖的存在。而那几个异教徒标枪手，几乎还跟平常一样无动于衷。如果他们的内心也曾有过松动的话，那也无非是亚哈坚强的意志通过某种磁场作用击中了他们与之意气相投的心。

亚哈一副思绪万千的样子，在甲板上踱来踱去了好一阵子。在他的假腿后跟打滑的一瞬间，前一天被他摔在甲板上的象限仪那坏掉了的铜制瞭望筒便出现在他的眼前。

"你这可怜又狂妄自大的望天仪和太阳的向导啊！昨天我摔毁你，而今天我差点被罗盘针毁了。真好，真好，但是那平凡的天然磁石一样要听我亚哈的。斯塔勃克先生，请帮我拿来一支去了把的标枪、一只铁锤和一根最小号的缝帆针来。"

亚哈眼下之所以要冲动地去做这件事，也许还包含着某些思虑周密的动机，其目的是想要在罕见的罗盘针倒转了方向这一事情上一展身手，用来鼓舞士气。而且，这个老头心里很清楚，虽然让那个失去了效用的罗盘针继续使用，问题并不大，只是会麻烦一些，但是难免会让那些迷信的水手为此担惊受怕，认为是种不祥的预兆。

"兄弟们，"他一手接过大副准备好的东西后，从容地转过身来面对着水手们说："我的兄弟们，雷电把我的罗盘针调了一个个儿；但是我只需要用这根小钢针，就能做出像真正的罗盘针一样好用的自制罗盘针。"

水手们听到他说的这番话后，带着一种唯命是从的惊奇感，暗中相互望了望对方。他们用兴致勃勃的眼神看向他，期待着他能变出什么魔术来。可是只有斯塔勃克把头转向了别处。[赏析解读：此处的描写，体现出了众人对亚哈的敬畏和好奇心，以及斯塔勃克洞悉一切却又无力改变现实的心情，同时设下悬念引出下文。]

亚哈手中的大铁锤只敲了一下，标枪上的钢尖就掉了下来，之后他把剩下的长铁柄递给大副，命令他悬空笔直地拿着，不能碰到甲板。接着他又拿起锤子，反复地敲打着长铁柄的顶部，再把去了针尖的针竖立在上面，拿着锤子又轻轻地敲打了几下。大副则保持着最初的动作拿着长铁柄。之后亚哈做出的动作就显得有些诡异了，不知道那样做是因为钢针磁化需要，还是为了增强水手们的敬畏感，对于这点无人知晓。他拿着让人取来的麻线走到罗盘柜前，将那两根被逆转了方向的罗盘针取了出来，把麻线系在那根缝帆针中间，平悬着放在罗盘上方。起先那根钢针来回转个不停，两头不停地轻颤着。但是到了最后，它定格住再也没了动静。此时，一直在旁目不转睛地看着结果如何的亚哈坦然地从罗盘柜前后退了几步，伸出一只胳膊指着它，大声说道："你们自己来看看吧，看看那天然磁石是不是得听我亚哈的！太阳现在在东边，这个罗盘针说明了一切。"

水手们挨个走上前去看，因为只有亲眼看见的东西才能使他们这样无知的人信服。看完后，他们便一个接一个地溜走了。

只有在此时，你才能从亚哈那神采奕奕的眼睛里看清，那里流露出来的是充满鄙夷以及致命、骄横、自大的狂态。[赏析解读：此处对亚哈神情的描写，凸显出了他的疯狂，也正是他那不可一世的自大，带着大家走上了一条不归路。]

第八十二章　计程仪和测量绳

[名师导读]

亚哈在制造罗盘针后不久，突然发现了计程仪和测量绳的存在，在他命令水手投下计程仪时，这疯狂的大海又割断了拖着计程仪的绳子，导致了计程仪的丢失。一切都在向不好的方向发展着。

在这次航行中，"披谷德"号这艘在劫难逃的船很长一段时间里都没有使用过计程仪（是指一种测定船舶航速并累计航程的导航设备。早期船舶上装的是转轮式计程仪，通过测量海水流速，测得船舶航速，再通过计时装置得到航程）和测量绳。要知道有些商船和捕鲸船，特别是对巡游中的捕鲸船来说，由于相信其他方法测定的船只方位，因此便不会想到使用计程仪，但是为了走走形式，还是会定期把船只行驶的航向和大致的时速都记录在常备的石板上。"披谷德"号也是这样做的。那个和木制的线轴连在一起的棱形计程仪，就挂在后舷墙的栏杆下面，已经闲置很长时间了。雨水和海浪将它们浸湿，在风吹日晒下已干裂变形。自然界的风霜雨露侵蚀着这老挂着不用的物件。亚哈虽然对此并不上心，但是在他自制了罗盘针后不久，偶然间看到了那个线轴，这才想起自己摔碎了象限仪，又想起了他冲着那无辜的计程仪和测量绳发狂地咒骂。后艄的巨浪翻腾不已，船也随着颠簸起伏。

"喂，前面的人过来！投下计程仪！"

随后便过来了两名水手：金黄色皮肤的那个是塔希提人，头发花白的那个是马恩岛（是位于英格兰与爱尔兰间的海上岛屿，属于不列颠群岛，是英国的皇家属地。每年这里都会举行国际旅行者大赛，这里还有一种著名的马恩岛无尾猫）人。"来一个人抓住线轴，我来投。"

他们行至后艄尽头的下风面，那里的甲板因为风力斜冲的作用，几乎被从侧面冲进船里的乳白色海水淹没了。

马恩岛人抓住线轴上突出的柄端，高高举起，绳子就绕在这边。棱形计程仪垂在下面，他就这样站着，直到亚哈走过来。

亚哈站在他面前，轻松地松开了事先盘在手上的三四十圈的绳子，以便往海里投。马恩岛人紧紧地盯着他和他手里的绳子，突然鼓足了勇气说道：

"先生，我有些担心，这绳子看起来根本靠不住，长时间的日晒雨淋已经让它变得不结实了。"

"它可以的，老先生。你也没有在长时间的日晒雨淋中变得不结实啊。从表面上说是你在掌握着它，或是应该这样说才对，也许是命运掌握着你，而并不是你在掌握着命运。"

"但是我抓住的是线轴呀，先生。不过，船长您说什么都不会错。我这么一大把年纪了，也没有必要和人家争论什么，特别是和上司争论，你说什么都自有道理。"

"你说什么？这里竟然有一个在给自然女王用花岗石建造的学院中打杂的教授；不过我觉得他天生一副奴才相。你是哪里人？"

"那是一个小小的遍地是石头的人岛，先生。"

"太好了！你就是凭这来到这世上的呀。"

"我不知道，先生。不过那里是我的出生地。"

"人岛上，是吗？好吧，反过来说还不错。举高线轴！这些鄙陋的下等人竟然敢质问我。举起来！好。"

计程仪被投进了海里。原本松松垮垮的绳子迅速在船尾外被拉直、绷紧。紧接着，线轴也随之转了起来，它随着波浪的起伏忽起忽落，海水拉动计程仪的力量使那位拿着线轴的老人古怪地东倒西歪起来。

"抓紧！"

"叭"的一声过后，绷得过紧的测量绳垂了下来，成了一根长长的彩饰，绷断的绳子拖着计程仪跑掉了。

"我砸了象限仪，雷电扭转了罗盘针，如今这疯狂的大海又割断了拖着计程仪的绳子。但是，我亚哈什么都能修好。塔希提佬，拉上来；马恩岛的老头，举起线轴。喂，让木匠再做一个计程仪，你修补绳子，负责把它弄好。"

"他就这么说了，对他来说就像什么事也没发生过一样；但是对我来说，线轴就像被魔法击中了一样突然就松了。拉上来啊拉上来，塔希提佬！这些绳子是完整地转出去的；收回来的时候却断了，还得慢慢拉上来。嘿，比普？来帮帮忙，呃，比普？"

"比普？你在叫谁？比普不是从捕鲸艇里跳到海里去了吗？比普早就失踪了。让咱们看看你是不是把他捞起来了，渔夫。拉得好费力，我想他一定是拖着什么。抖一抖，塔希提佬！抖掉他。我们是不会捞胆小鬼的。嘿，他的一只胳膊露出水面了。拿斧子过来！拿斧子过来！砍断它——我们是不会捞胆小鬼的。亚哈船长！先生，你看比普来了，他又想上船来。"[赏析解读：从比普的疯言疯语中感觉得到，当他被抛向大海时的孤独与无助。正是这份孤独无助让他的精神失常了。]

"安静点，你这个疯子，"马恩岛人一边说，一边抓住了他的胳臂，"离开这里，后甲板可不是你待的地方！"

"大傻瓜总是拿小傻瓜撒气。"亚哈喃喃地说着走上前去，"别碰那无辜的孩子！你说比普在哪儿呢，孩子？"

"在后艄那里，先生，在后艄！嘿，嘿！"

"那你是谁，孩子？你那失色的瞳仁里空荡荡的，我看不到自己的影子。天啊！一个人竟然成了那些伟大的人用筛子筛出来的东西！你到底是谁，孩子？"

"我是钟僮（旧指未成年的仆人），先生，船上的公告人；叮，咚，叮！比普！比普！比普！谁能找到比普我就付给他一百磅泥土——他有五英尺高——一副胆小鬼的模样——胆小鬼的样子，一看就知道！叮，咚，叮！有谁看到胆小鬼比普了？"

"在雪线（多年积雪区的界线，是年降雪量与融雪量持平的地带）以上是很难存有人心的。啊，你这冷冰冰的老天啊！你低头看看吧。是你生下了这个不幸的孩子，然后又抛弃了他，你这创造万物却又不养育的浪子。哎，孩子，只要亚哈活在这世上一天，他的舱房就是比普的家。你打动了我的心，孩子；我的心弦织成的绳索已将你我捆在了一起。来，让我们下去吧。"

"这是什么啊？这是天鹅绒般的鲨鱼皮，"比普出神地看着亚哈的手，还摸摸它，"唉，如果当初比普能够摸到这样一件温暖的东西，那么或许他就不会失踪了！这东西在我看来，先生，就像是用作扶手的舷梯索，能够让胆小的人抓住后产生勇气的东西。先生啊，你现在让珀斯那个老头来把你我这一黑一白的两只手钉在一起吧，因为我不愿意松开它。"[赏析解读：与其把比普看作一个精神失常的人，倒不如说他是位精神旅行者，他总是能够发现常人所不知的事物。]

"啊，孩子，我也不会松开你的手，除非我要拉你去的地方比这里还要可怕。到我的舱房里来吧。你们啊，你们这些深信一切神都是好的，一切人都是不好的的人啊。你们啊，请看看那些无所不知的神对那些受苦受难的人视若无睹的样子吧。而人呢，虽然愚昧，不知道自己在做什么，但是心里却充满了爱和感激这样美好的感情。来吧！让我拉着你那黑色的手带你走，这比拉着一个皇帝的手还让我感到自豪！"

"这两个傻子走了，"马恩岛来的老头小声嘀咕道，"一个傻子是个强人，一个傻子是个弱者。啊，这根朽烂的绳子终于拉上来了——湿漉漉的。修好它？我看最好还是换根新的吧。我要把这件事告诉斯德布先生。"

第八十三章　救生器

[名师导读]

在"披谷德"号驶近赤道渔场的水域时，弗兰斯克和值班的水手突然听到了一声令人胆战心惊的凄厉叫喊。而在这叫声出现后的那天上午，"披谷德"号就丧失了一名水手和船上唯一的救生器——一个干缩的细长木桶。为了添置新的救生器，季奎格把他的那口棺材贡献了出来。

"披谷德"号这时正在根据亚哈平吊着的钢针向着东南方向行驶，航速也完全由亚哈制作的计程仪和测量绳决定，它的航向一直向着赤道。在这样一片人迹罕至的海域行驶这么久，没有看到一艘船，而且没过多久，从斜刺里吹来的不变的贸易风将它推到了微波荡漾的海面上。所有的一切都出奇的平静，预示着一场凶险万分的场面即将来临。

终于，船来到了似乎是赤道渔场的水域边缘，在黎明前的黑暗中驶过了满是岩石的小岛群。这时，由弗兰斯克带班值班的水手突然听到了一声令人感到格外凄厉、毛骨悚然的叫喊，那种宛如被犹太王黑落德（指大希律王，公元前73年—公元前4年，是罗马帝国在犹太行省耶路撒冷任命的代理王，自己并不是犹太人而是以东人，他是西方人心目中典型的恶棍国王。在《新约圣经》中，大希律王无疑是俗世暴君的象征，当他得知伯利恒有个君王诞生了，就下令将伯利恒及其周围境内两岁及以下的所有婴孩都杀死）所杀害的无数无辜百姓的冤魂发出的含糊不清的哀号声，让大家感到吃惊。水手们一个个从迷迷糊糊的睡梦中惊醒，有好一阵子，他们全都失神地发着呆，或站或坐或倚，全都在凝神听着，就像一群罗马奴隶的雕像，直到那个叫声再也听不到了为止。那些信仰基督教或者自认为是文明人的水手信誓旦旦地说那是美人鱼的叫声，边说边发抖；但是那些异教徒标枪手却毫不在意。而那个白发苍苍的从马恩岛来的人（他是所有水手中年纪最大的一个）却说，他们听到的那一阵阵令人胆战心惊的凄厉叫声来自那些掉进海里快要被淹死的人的。

躺在下面舱里吊床上的亚哈并没有听到这样的叫声，他是在天蒙蒙亮走到甲板上时，才从弗兰斯克那里听到了这件事情，弗兰斯克还在讲述的时候添油加醋地向他暗示这是不祥的预兆。亚哈听后干笑了一声，随即便对这件怪事做出了解释。

原来他们之前经过的那些满是岩石的岛屿其实是海豹（是对鳍足亚目种海豹科动物的统称，它们的头部圆圆的，貌似家犬，身体呈流线型，四肢为鳍状，适于游泳，有一层厚的皮下脂肪保暖，并提供食物储备，产生浮力）的聚集地，它们在此处栖息。一些找不到妈妈的小海豹，或是一些找不到孩子的海豹妈妈，总是会在离船近的海面上浮出来或是跟着船，同时还会因为找不到亲人而发出像人一样的哭声。但是这样做只会让某些海豹遭遇更大的灾祸，因为大多数水手都对海豹怀有一种非常迷信的心理，这不仅仅是因为它们在危难中会发出一种奇特的呼喊声，更在于它们那圆圆的头颅和颇具灵性的脸都与人相似，特别是当它们在船边浮现出来抬眼观望时就更相像了。在海上，海豹不止一次被错认为是人。

那天上午，水手们那不祥的预感在他们某人的命运上得到了证实，而且看起来似乎是无可争辩的。太阳刚出来，这个人便从吊床上起来爬上了前桅顶。不知道他是因为当时还处于迷糊的状态（因为水手们有时就是在半睡半醒中爬上桅顶的），还是因为他生性如此，总之这一切都不得而知了。在他到了自己的岗位没多久后，大家就听到一声大叫和一阵向下栽倒的呼呼声——大家抬起头时，只看到一个人影从空中掠过；再低头一看，蔚蓝的大海里泛起一堆白色水泡。

一件救生器——一只细长的木桶——从船尾放了下去。那木桶一直挂在那里，一个安置得很巧妙的弹簧操控着它。可是却没有看到有手伸出来抓住木桶。这只木桶由于长时间的曝晒，已经干缩了，被水浸泡了一段时间后，桶里灌满了水，那干缩的木板也吃足了水，最终那镶着铁箍的木桶在水手落水后也沉到了海底，好像是给他送去了一个枕头，虽然事实上它最多只能算是个硬邦邦的枕头。

于是，在这个白鲸的个人洄游场上，"披谷德"号上第一个爬上桅顶搜寻白鲸的人就这样葬身于海底。当时也许很少有人会朝这方面去想。实际上，从某种角度来看这件事，并没有给其他人带来多少悲痛，至少没有把它当作一个凶兆；因为他们并没有把它看作灾祸的预警，而是把它看作应验了灾祸。他们声称，现在终于明白前一个晚上他们听到的叫声如此凄厉的原因了。可是那个马恩岛来的人却不同意这样的说法。

损失了的救生器现在必须要重新换上一个，斯塔勃克接到命令由他来处理这件事。可是一时找不到分量那样轻的木桶，再加上现在即将到来的关键时刻使大家处于狂热的氛围中，除了与那个最终目的有着直接关联的事情外，不管别的活有什么样的意义，他们都没有心思干。因此，大家对于那个空着的船尾有没有救生器保持一种放任不管的态度，没想到就在这时，季奎格却比画出一个奇怪的手势，暗示可以利用他的棺材。

"用棺材做救生器？"斯塔勃克惊叫起来。

"我觉得这有些古怪。"斯德布说。

"那可是个挺棒的救生器。"弗兰斯克说，"这对船上的木匠来说毫不费力就能弄好。"

"找不到别的东西，只好把它拿上来了。"斯塔勃克忧心忡忡地想了想，才说，"木匠，开始干吧。别这样看着我——我说的是棺材。你听见我说的话了吗？动手吧。"

"我是不是要把棺材盖钉上，先生？"他做了个拿锤子挥动的动作。

"是的。"

"是不是要把那些缝隙都堵上，先生？"他做了个拿着填缝铁器的动作。

"是的。"

"是不是再抹上一层沥青，先生？"他又做了个拿着沥青锅的动作。

"走开！你是着了什么魔吗？把这口棺材改成救生器，就是这样——斯德布先生，弗兰斯克先生，跟我一起到前面去。"

"他怒气冲冲地走了。他原本就是这样：在大事上沉得住气，在小事上能躲就躲。我可不喜欢他这样的人。我为亚哈船长做了条假腿，他体面地用上了；可是我给季奎格做了个盒子，他却不肯把脑袋伸进去。难道我做棺材所花费的力气都白费了？现在又要让我把它改成救生器。这就像把一件旧外衣翻新，把里子翻到外边去。我不喜欢做这种补鞋匠干的活——我根本就不想干。这很不体面。这不是我该干的事。"

"让打杂的娃娃去干这修补的活吧，我们干的营生可比他们干的体面多了。我只愿意干干净利落、从头开始的活，干那种井然有序的活；我不做补鞋匠的活，那是别人收尾后你再去开始、一开始就已经收场的活。只有老娘儿们才会愿意去做那种修补的差事。天啊！没有哪个老娘儿们不喜欢找这种修补匠。据我所知，有个六十五岁的老娘儿们就和一个秃顶的年轻修补匠跑了。所以从前我在马萨葡萄园岛有自己的店铺时，从来不和岸上的老寡妇有来往；这些老娘儿们的脑袋里，说不定会打着和我私奔的主意。可是，嘿——嘿！在海上可没那么多讲究。"

"让我想想看。把棺材盖子钉死，填上那些缝隙，再抹上一层沥青，把它弄得严严实实的，安上个弹簧，挂在船尾。过去有人曾经拿棺材这样做过吗？有些迷信的老木匠宁可让人捆起来吊到索具上去，也不会接这样的活的。不过，我是用阿鲁斯图克（美国缅因州最北部的一个县，县名来自印第安语，意思是"美丽的河流"）河谷里那满是疖疤的枞树做的，我可不信这一套。船屁股上吊口棺材！带着个墓地里的盒子到处乱跑！不过，也没关系。我们做木匠的，不光会做新人的床和牌桌，也会做棺材和柩架。我们可以做月工，或是做零工，或是挣赚头。至于为什么，做的东西干什么用，都不在我们考虑的范围内，除非要做的活太过零碎，如果是那样的话，我能不做就不做。哦！这活我勉强接下了。我得算一算多少人——让我想想——船上一共有多少人来着？哎，我想不起来了。总之，我要弄上三十根救生绳，每根长达三英尺，吊在棺材周围。如果船一旦沉下去，就会有三十个身强体壮的大活人去抢夺那口棺材，这样的奇观可谓世间罕见！来吧，拿上锤子、填缝铁器、沥青锅和穿索针！我们开始吧！"

第八十四章　甲板上

[名师导读]

就在木匠开始为改造成救生器的棺材填缝隙时，亚哈来到了甲板上，两个人围绕着棺材进行了一番讨论。最终亚哈还是败在了那嗒嗒作响的敲打声下，选择回去与比普待在一起。

棺材被放在位于老虎钳凳子和敞开的舱口中间的两只装着绳索的大桶上；木匠正在填棺材里面的缝隙，用麻絮拧成的绳子，一点点地被抽出来——亚哈从容地从船长舱的通道走了上来，比普在后面跟着他。

"回去吧，孩子，我过一会儿就会回来陪你了。他干起活来了！并不是说这个木匠比那个孩子更与我合得来些，听话——这看起来就像是教堂中间的大通道！[赏析解读：通常教堂中间的甬道是十分宽敞的，婚葬典礼都会在那里举行。因为棺材现在就放在木匠的老虎钳凳子和敞开的舱口中间，所以把船长舱通往甲板的通道比作教堂中间的大通道。] 这是什么？”

“救生器，先生。斯塔勃克先生让我做的。啊，看，先生！留心这舱口！”

“谢谢你，老兄。你把棺材放在这里，是为了方便人进入墓室吗？”[赏析解读：此处亚哈用一种诙谐的语言把自己的船长舱比作墓室，渲染出轻松的氛围。]

“先生，你说的是舱口吗？啊！没错，是很方便，先生。”

“你不是那个给我做假腿的吗？看，这条假腿难道不是从你的作坊里做出来的吗？”

“我想那确实是我做的，你觉得那套圈好用吗，先生？”

“挺好用的。不过你还负责做棺材吗？”

“是的，先生。我是为了给季奎格做棺材才把这东西拼凑起来的，可是现在他们又要我把它改成别的东西。”

“那我倒要问问你：你前一天给我做假腿，第二天就给人做棺材，现在又要把棺材改成救生器，你不就成了一个身败名裂、什么都抓、爱管闲事、垄断一切的邪教徒老恶棍了吗？你跟天上的那些神一样都没有什么原则，也是个什么活都会干的家伙。”[赏析解读：此处的语言描写，看起来像是亚哈对上帝的不满，实则上是作者对主宰一切的神进行猛烈的批判。]

“可是这又不是出自我的本意，先生。我只是做交给我的活。”

“这一点又跟那些神有什么不同呢。你听好了，你在做棺材的时候，不会唱些什么吗？据说，神话中的那些巨人在将火山凿开喷火口时还会哼唱上几句呢。还有那出戏里挖墓的，他在手里拿着铲子干活的时候还唱歌（指《哈姆雷特》中的第五幕第一场，第一个掘墓人一边挖，一边唱：“我年轻时闹过恋爱，闹过恋爱……”）呢。难道你从来都不唱吗？”

“唱歌，先生？我唱不唱歌？哦，先生，我对那件事着实没有什么兴趣。不过，要说起来挖墓的为什么要唱歌，那一定是因为他的铲子无法唱歌，先生。可是我填缝的锤子却会唱歌。你听。”

“嗯，那是因为这口棺材的盖上有块共鸣板，而之所以会形成共鸣板，就在于里面空无一物。然而一口装了死尸的棺材也会发出差不多的声音。木匠，你有没有帮人抬过柩架，在灵柩被抬进教堂墓地时，听到过它撞在门上发出的响声吗？”

“真的，先生，我听到过——”

“真的吗？那是一种怎样的声音？”

"哎呀，先生，那种声音其实充其量不过是一种叹息声——就像这样，先生。"[赏析解读：此处的叙述体现了人在死亡面前的无能为力，同时也表现出了死亡的宿命论以及不可抗性的。]

"好，好，接着说下去。"

"我刚要说，先生，说——"

"你是一条蚕吗？难不成你准备用自己吐出来的丝织成包裹你自己的裹尸布吗？看看你的怀里！快点！快点把你那些乱七八糟的东西收走。"

"他往船尾去了。这可真是突然袭击；不过，在热带地区，大风总是说来就来。我听说加拉帕戈斯群岛（位于南美大陆以西 1000 千米的太平洋上，由海底火山喷发的熔岩凝固而成的 13 个小岛和 19 个岩礁组成，隶属于厄瓜多尔。这里奇花异草荟萃，珍禽怪兽云集，被称为"生物进化活博物馆"，达尔文曾于 1835 年到这里考察，促使他后来提出著名的生物进化论）中的阿贝玛里小岛正好被赤道截断，从中一分为二。在我看来，好像也有个什么赤道被那个老头从中间一分为二啦！他总是在这赤道上航行，转来转去的——我告诉你，天气热得让人受不了！他看起来真的像是被赤道切开了——快拿麻絮来。我们再来一遍。这大木槌是个软木塞子，而我就是位会让玻璃瓶演奏的专家——嗒，嗒！"

（亚哈自言自语）

"确实是看到了！确实是听到了！那只头发花白的老啄木鸟将那中空的树身啄得嗒嗒响！如今我倒是羡慕起那又瞎又聋的人了。看，那东西被放在两只装满了绳索的大桶上。那家伙是个心肠歹毒的小丑。嘀——嗒！这是卑贱的人发出的声音！啊，一切有形的东西都是一副若有若无的形态！除了那高深莫测的思想，还有什么东西能够称为真实呢？现在摆在眼前的那个东西，象征着惨死的可怕，一个岌岌可危的生命出于偶然也会做出求生的手势。把一口棺材改成救生器！还有什么更深奥的意义吗？说到底，从某种精神意义上来说，棺材只是一种以快速消逝求永生的体现方式！关于这一点，我要好好想想。但是不可能啊，我这个人已经在人间阴暗的地方沦陷了；而它的另一面，从理论上说是光明的一面，而对我来说似乎只是变化莫测的广阔夜空罢了。木匠，你那该死的嗒嗒声要没完没了地响下去吗？我要下去了。等我再上来的时候，我不想再看到那东西还在这里。好了，比普，我们来讨论一下这事吧。我从你那里吸取到了不少玄妙的哲理呢！一定是一些未知的渠道把一些未知的世界灌输给了你！"

第八十五章 悲惨的"拉谢"号

[名师导读]

第二天,"披谷德"号遇上了"拉谢"号,在亚哈船长想要到对方船上探听白鲸的消息时,没想到"拉谢"号的船长比他更着急,先一步登上了"披谷德"号。原来他们有一艘小艇在追捕白鲸时失踪了,而那艘小艇上有他年仅十二岁的儿子,"拉谢"号的船长是来请求援助的。

第二天,有一艘大船直直地朝着"披谷德"号驶来,那艘船所有的圆桁上都站满了人。"披谷德"号当时的航速非常快,在那艘乘风鼓翼而来的陌生船只飞快地向它贴近时,那平日里被吹得鼓起来的帆全部落了下来,就像雪白的鱼鳔炸了似的瘪缩在一起,所有的生气也都从这艘布满伤痕的船上消失了。

"坏消息,它带来了坏消息。"马恩岛来的老头喃喃自语道。可是,还没等那位站在小艇里的船长打招呼,亚哈已经迫不及待地问道:

"你们见过白鲸了吗?"

"看到啦,就是昨天,你们看到过一艘随风漂流的捕鲸小艇吗?"

亚哈强忍着克制住心中的喜悦,接着对那个意想不到的问题做出了否定的回答。他本来想亲自登上那艘陌生船只仔细询问一下,但是那艘陌生船只的船长已经下令自己的船停下来,随后他从自己的船边下来,船桨只是猛划了几下,他的艇子钩就搭上"披谷德"号的主锚链了,随即这位船长就登上了"披谷德"号的甲板。

亚哈一眼就认出对方是他熟悉的一个南塔克特人——"拉谢"号的船长,但是他们彼此却没有什么例行的寒暄。

"它当时在哪里?——竟然没有杀掉它!——没有杀掉它!"亚哈一边大声喊着,一边向前迎了过去,"到底是怎么回事?"

原来在前天下午稍晚的时候,当时"拉谢"号有三艘捕鲸艇在和一群鲸交战,追击鲸的小艇那时已经离大船有四五海里远了。就在他们朝着上风头猛追时,突然莫比·迪克那白色的背峰和脑袋在下风头不远处的蔚蓝水面中冒了出来。大船为了追捕它,马上将第四艘后备艇装备起来放了下去。[赏析解读 此处的解释说明,一方面说明了白鲸的声名远播,另一方面说明了"拉谢"号为了追赶白鲸,才导致了后面一连串事情的发生,推动着后文的发展。] 第四艘有龙骨的小艇，速度比其他小艇都快，从大船桅顶的瞭望哨上看去，那鼓足的风帆带着小艇好像已经追上了鲸。他看到那艘小艇在远处的地方缩成了一个点，然后只见溅出的雪白海浪飞快地在海上闪现了一下，之后便消失了。

他们据此得出结论：那头被击中的鲸，一定就像往常一样拖着追捕小艇不知跑到哪里去了。虽然大家有些担心，却还不至于引起惊恐。大船上挂起了回船的信号旗。这时天色已暗了下来，大船只好先去把远在上风头的三艘小艇接回来，然后再顺着相反的方向去寻找第四艘小艇。但是大船因为当时的情势所迫，不仅在午夜之前没有顾得上那艘小艇的安危，而且从当时的情况看还把它扔得更远了。等到其他三艘小艇上的人都平安地回到大船上后，大船才扯起所有的帆，甚至连所有的辅助帆都用上了，去寻找那艘失踪的小艇。大船的炼油锅里点起火以此作为灯塔来指路，每两名水手中就有一名被安排爬上桅顶去瞭望。虽然大船尽量快地赶路，算起来已经到了最后看到那艘失踪小艇的大致地点。船停在那里，随后把船上的后备艇放下来在周围寻找，但是却什么也没有找到，只好接着往前行驶。过一阵子后再次停下来，又放下小艇寻找；就这样它一直找到第二天天亮，那艘失踪的小艇却连个影子都没有看到。

"拉谢"号的船长讲到这里后，紧接着就透露了他来到"披谷德"号上的意图。他希望"披谷德"号能和他一起去寻找那艘失踪的小艇。两艘船保持四五海里的距离，平行行驶，这样可以扩大搜索范围。

"现在我敢打赌，"斯德布悄悄地对弗兰斯克说，"那艘失踪的小艇上一定有人穿走了那位船长最好的外套，或许连同他的怀表都一起拿走了——他急着要追回他的东西。如今正是捕鲸的旺季，有谁听说过两艘捕鲸船为寻找一艘失踪的小艇一起巡游呢？瞧，弗兰斯克，你只要看看他那急得发白的脸色——连眼珠子都变色了——瞧——还不是丢了外套——那准没错——"

"我的孩子，我自己的儿子在那艘小艇上。看在上帝的分上——我请求你，我恳求你啦。"这时"拉谢"号的船长朝着亚哈大声地哀求，但是亚哈却一直神情冷冰冰地听着他的请求。

"要不，你把船租给我四十八个小时，我情愿付给你船租，付给你想要的租金——如果没有其他办法行得通的话——只要四十八个小时——只要那么久——你一定要答应我，啊，你一定要答应我，你非答应不可。"

"他的儿子！"斯德布叫了起来，"啊，原来是他的儿子不见了！我不该说什么外套和怀表的——亚哈怎么说？我们一定要去救这个孩子。"[赏析解读：在得知船长的儿子在那艘小艇上时，斯德布的语言中又表现出了那种饱含着担忧、愧疚以及不安的复杂心情。]

"在昨天晚上，他和小艇上的其他人就一起被淹死了，"站在两位船长身面的那名马恩岛的老水手说，"我听到了，大家也都听到了他们的鬼魂的哀号声。"

原来在那艘失踪的小艇上不仅有这位船长的一个儿子，另一艘小艇上还有他另一个儿子，此时也吉凶难测。这位可怜的父亲此时陷入痛苦的折磨中，左支右绌，慌乱不安。幸好他的大副在这种紧急情况下本能地采取了捕鲸船的惯用规则：那就是大船在面对分散在海面上并处于危难中的各艘小艇时，通常都是先救多数。

可是这位船长不知是由于什么样的原因，始终闭口不提，如果不是因为亚哈冷漠的态度所迫，想必他也不会说出他这个失踪的儿子，还是个年仅十二岁的小孩子。出自南塔克特人的那种热切又古板的深沉父爱，做父亲的决定让孩子早早地进入这凶险且欢乐的行业中去历练一下。南塔克特的船长们没有把自己年轻的儿子留在自己船上，而是送到别人的船上去过那长达三四年的海上生活的做法，也是常常可以见到的。这样做，可以让这些以捕鲸为业的孩子，在最初接受这一行时不会因为父亲偶然间流露出的天生但又不合时宜的偏爱，又或是过分的担心和关怀所影响。

这时陌生的船长还在苦苦哀求亚哈帮帮他，可是亚哈却仍旧像个铁砧一样站着，随便怎么去敲打，都无动于衷。[赏析解读：此处陌生船长的期待与亚哈船长的冷漠反应形成了鲜明的对比，从侧面也说明了亚哈此刻复杂的心情。]

"如果你不答应我，我是不会走的，"这位陌生的船长说道，"如果你遇到这样的情况，也一定希望我能帮你的忙，请你设身处地为我考虑一下。因为你也有孩子，亚哈船长——只不过你是老来得子，如今你的孩子还小并且平平安安地待到家里。——啊，啊，你发慈悲心了。我看出来了——开船，开船，伙伴们，快，准备调整帆桁。"

"等一下，"亚哈高声叫道，"一根绳子都不许碰。"然后他以毫无商量余地的口气一个字一个字地说道，"加迪纳船长，你的事情我不管。这已经耽误了我许多时间了。再见，愿上帝保佑你，老兄，但愿我能宽恕我自己，然而我非走不可。斯塔勃克先生，你看着罗经匣上的钟，从现在起三分钟之内，让其他船上的人离开。然后用转帆索向前转帆，按原航线前进。"[赏析解读：此处的描写，说明了亚哈此时内心的复杂与坚定，但任何事都不能与他追捕白鲸的复仇计划相比，哪怕是人命也不行。]

亚哈随即转过身，在别人没有看到他的脸的时候，就急匆匆地朝他的舱房走去，留下那位因遭到毅然决然拒绝而目瞪口呆的船长。不过，加迪纳很快就清醒了过来，默不作声地走到船边，慌不择路地跌进自己的小艇里，回到了自己的船上。

没过多久这两艘船便分道扬镳了。只见那艘船东奔西走地向着海上出现的每一个黑点赶去，即使那个黑点看起来极小——它时左时右，一直走着蜿蜒的航线；它时而迎头冲向海浪，时而又与海浪同行。这期间，它的桅桁上始终站满了人，就像是三株高耸的樱桃树，男孩子们正在树枝间采摘樱桃一样。

不过，从它那仍然没有章法的走向以及迂回前进的样子可以明显地看出，这艘在飞溅的海浪里航行的船好像在哭泣一样，但是仍然没有得到一丝安慰。它就是"拉谢"号，在为她的儿女哭泣，因为他们都不在了。[赏析解读：此处通过对"拉谢"号的描写，渲染出了一种清冷悲凉的气氛，同时也说明了航海生涯的残酷及无情。]

第八十六章　在船长舱中

[名师导读]

在亚哈正准备到甲板上去时，比普抓着他的手要和他一起上去，但是亚哈拒绝了他。他让比普老实地待在船长舱里，而他则要去完成自己的使命。

（亚哈准备到甲板上去，比普抓住他的手要跟他一起上去）

"孩子啊孩子，我跟你说，你现在一定不要再跟着亚哈了。关键时刻到了，我亚哈不会吓跑你，但是也不要你待在我身边。可怜的孩子，我能感觉到，在你身上有太多东西能够医治我的病。以毒攻毒啊，就拿这次捕猎来说，我的毛病成了我最希望的健康。你就待在这里，他们会像伺候船长一样地伺候你。是的，孩子，你就坐在这里，坐在我这把用螺丝拧紧固定在甲板上的椅子上。再拧上一颗螺丝，你一定要活下去。"

"不，不，不！您已经失去了一条腿了，先生，你就把我当成你失去的那条腿用吧；我只求你踩在我的身上，先生，我不要求别的，这样我就能够成为你身体的一部分了。"

"啊！尽管这世上有数以百万的恶棍，你的话却让我深信人类（而且还是个黑人！是个疯子！）存在着永远的忠诚！——不过我觉得，以毒攻毒的方法也适用于他，他现在又恢复理智了。"

"他们告诉我，先生，说斯德布曾经抛弃了可怜的小比普，我埋葬在海里的骨头已经变白了，尽管我生前的皮肤是黑色的。不过，我决不会抛弃你的，先生，不会像斯德布抛弃我那样对待你。先生，我一定要跟你走。"

"你要再这样和我不停地说下去，亚哈的决心就要动摇了。我跟你说不行，坚决不行。"

"啊，我的好主人，我的好主人呀！"

"你再这样哭下去，我就杀了你！你注意点，因为我亚哈也是个疯子。听着，你只要经常听到我的假腿在甲板上走动的声音，就知道我还在那里。好了，现在我要离开你了。伸出你的手！——握一握！孩子，你像圆周绕着圆心那般忠诚。因此，愿上帝永远保佑你，直到遇到了危险——不管大家即将面临什么，愿上帝永远保护你。"[赏析解读：亚哈既是魔鬼也是人，更是一个意志坚定的硬汉，而正是他的这种复杂个性，导致了悲惨结局的发生。]

（亚哈走了，比普上前一步）

"在此之前他就站在这里，我现在站在他曾站过的地方——可是只有我一个人。现在哪怕是可怜的比普在这里，我也能好过一点，可是他失踪了。比普！比普！叮，咚，叮！有谁看到比普了？他一定在上面，让我打开门看一看。怎么？既没有锁，也没有上门闩，可门就是打不开。一定是中了什么魔法，他要我待在这里。没错，还说这把用螺丝拧紧固定在地板上的椅子是我的。好吧，那我就坐在这里，背靠着横梁，在船的正中央，船上所有的龙骨和三根桅杆都在我前面。我们的那些老水手说，在那些装有七十四门大炮的黑色军舰上，海军大将们有时就坐在桌边，向他们的上校和中校下达命令。"

"嘿！这是什么？肩章！肩章！来了那么多戴肩章的人！把酒瓶传递给他们吧，很高兴看到你们，斟满，先生们！这是种多么尴尬的感觉啊，一个黑人小鬼成了主人，招待起穿绣金丝线制服的白人来了！——先生们，你们有没有看到过一个叫比普的人？一个黑人小鬼，有五英尺高，看起来一副猥琐的样子，胆小如鼠！他是在一次追捕鲸时从一艘捕鲸艇上跳到海里去的——有看到过他吗？没有！那算了，再斟满吧，先生们，让我们为所有胆小的家伙而干杯！我不指名道姓。他们真可耻！把一只脚放在桌子上，真为那些胆小鬼感到可耻。——嘘！在那上面我听到了假腿的声音——啊，主人啊主人！听到你在我头上走动的时候，我心里真难过。不过，即使船尾触了礁，暗礁撞穿了船底，牡蛎来和我做伴，我都不会离开这里的。"[赏析解读：虽然从表面上看，比普只是一个精神错乱的疯子，他说的不过是一些疯话，但这个可怜的、不起眼的小角色实则被作者赋予了预言者的身份，他的话里预示着一场危险的到来。]

第八十七章　帽子

[名师导读]

在这片最后的巡游水域上，亚哈有理由确信他的死对头就在某处等着他。在这种关键时刻，全船所有人都变得异常紧张起来，连空气中都透露出了一丝火药味，而亚哈更是不论白天黑夜地站在甲板上观望。他还为了成为第一个发现白鲸的人而登上了桅顶的瞭望哨，不过付出的代价是少了一顶帽子。

亚哈觉得，经过了如此漫长的准备阶段的巡游——已经在适当的时间和地点扫遍了其他渔场之后——他的死对头已经被赶进了海洋中的一个围栏里，以便他更有把握在那里把它杀死。同时，他发现自己正好到了那个曾使他受到莫大屈辱的海域。再加上他曾和一艘船的船长交流过，得知它的确就在前一天碰到了莫比·迪克——而且他陆陆续续地碰到了许多船只，从各方面得到了确切的证明：那就是白鲸在对待追捕它的人的方式上——无论是主动向它发起攻击的，又或是它主动发起攻击的——都是如魔鬼般冷酷。

这时，这位老人的眼神中闪现出一种让意志薄弱的人看了会难以忍受的异样光芒。正如不落的北极星在历经长达六个月的漫漫长夜后，仍然保持着能穿透一切、稳定且明亮的目光注视着你，对亚哈来说也是一样的，他的目光此时也正坚定不移地照在心情始终像午夜般阴沉的水手身上。这个目光傲慢地扫向水手们，使他们不得不把一切疑虑、不安和恐惧都埋在了心底，不敢让它露出一点儿端倪。

在这段阴暗的间歇里，一切或强装或自然的神色全都销声匿迹了。斯德布已经不再勉强自己展露欢颜，而斯塔勃克则不再刻意板着脸。欢乐和忧伤，希望与恐惧，似乎都被亚哈钢铁般的意志钳住而放在研钵里，很快就被碾成了粉末。他们好像机器一样，一声不响地在甲板上来回走动，时刻都能感觉到那个老人霸道凌厉的眼神在注视着自己。

不过，如果你有机会在水手们自以为只有一个人、没有其他人（除了那个人外）注视着他们时，仔细地看着他们，你就会发现，亚哈的眼神虽然让他们感到敬畏，但是那个高深莫测的祆教徒的目光也同样让他们感到敬畏。或者可以这样说，至少偶尔会以某种狂野的方式对他们有所影响，从而感到忐忑。如今这个瘦瘦的费达拉身上展现出了一种飘忽不定的怪异气息，他的身子瑟瑟地抖个不停，让水手们都以怀疑的目光看着他，似乎无法确定他究竟是个真正的普普通通的活人，还是某个无法看到的人的躯体投射在甲板上的一个颤抖的影子。那个影子时刻在那里徘徊。因为即便是在夜晚，你也无法确认费达拉是在睡梦中还是到舱底去了。他会默不作声地一站就是好几个小时，却从来不坐一坐或靠一靠。他那既沮丧又奇异的眼神明明白白地告诉你——我们两个负责守望的人从来不用休息。

现如今，任何时候——不论白天或黑夜——只要水手们一走上甲板，总能看到亚哈的身影，他不是站在那个钻孔里，便是在主桅和后桅之间的船板上，迈着同样的步子踱来踱去；再不然就是站在船长舱通往甲板的出口处，他的那条真腿踏在甲板上，好像就要朝前走，他的帽子低低地压在眉眼之处。即使他站着一动不动，即使他多少个日夜都没有好好休息，可是水手们却从来都无法准确地知道，藏在那顶帽子后面的眼睛究竟有时是真的闭上了，还是仍然在紧紧地盯着他们。有时他就这样在舱口一口气站上一个钟头，夜间的湿气悄无声息地在他石雕般的外套和帽子上凝成了露珠。夜里被打湿了的衣服，第二天太阳又会把它们晒干。就这样，一天又一天，一夜又一夜，他再也不曾到过下面的舱房里，他需要什么，就会打发人拿上来。

他吃饭也在甲板上。他每天只吃两顿饭——早餐和午餐，晚餐从来不吃；他胡子也不刮，任由它黑乎乎地虬结在一起，就像是风把树给吹翻了，虽然它的根基已经露了出来，枝丫也还在任意生长着，可是上面的青绿却已经消失了。尽管他现在的全部生活就是日夜守望在甲板上，尽管那个祆教徒与他一样不分日夜地守望着，但这两个人除了偶尔间隔很久不咸不淡地说上两句话外，似乎从不多谈。虽然在这种生死未卜的时刻，似乎有一种无形的力量把这两人绑在了一起，但是从表面上看，在那些心有敬畏的水手心里，他们却有着南辕北辙般的差距。如果在白天，他们还偶尔有些许交谈；一到晚上，两人就都成了哑巴，彼此就像没有看到对方一样。有时他们相距很远地同站在星光下，一站就是许久，却连一声招呼都不打。亚哈站在舱口，祆教徒则站在主桅旁；偏偏两人还目不转睛地对望着，亚哈仿佛在祆教徒的身上看到了自己的灵魂，而祆教徒则在亚哈身上看到了自己被放弃了的身体。

可是不知道什么原因，亚哈每时每刻都在下属面前一如既往地显露出他所特有的不可一世的气派，这让他看起来更像是个高高在上的君主，而祆教徒只不过是他的奴隶而已。然而这两人又好像是套在一个轭上的两匹马，另外有一个看不见的暴君在驱使着他们，使他们瘦瘦的身影依偎在结实的肋材上。因为不管这个祆教徒到底有什么本事，结实的亚哈都充当了所有的肋材和龙骨。

每当东方刚隐约地露出一点白时，船尾就会响起亚哈那果断的声音："上桅顶！"整整一天，从日出一直到日落，以及天黑之后，每过一个钟头，舵手的钟声就会响一下，然后就会响起同样的声音："看到什么了？留心盯好了！留心盯好了！"

但是，自从和那寻找儿子的"拉谢"号船长分别后，三四天过去了，还是没有发现有鲸喷水。这个偏执的老人似乎对他的水手们的忠诚产生了怀疑，至少对那几个异教徒标枪手以外的水手，他几乎都不相信；他甚至怀疑斯德布和弗兰斯克或许故意隐瞒了他所搜寻的目标的去向。[赏析解读：长久的等待和煎熬使亚哈几乎崩溃，在那种焦虑、急切心情的影响下，使他把一切不满都转移到了水手们身上。] 不过，即使他心里真的是这么想的，在行为上也对他们有所暗示，但是他却十分精明，半点口风都不露。

"我要第一个发现这头鲸，"他说，"没错，那枚金币一定是我亚哈的！"于是，他亲自动手用绳索做成了一个系着蝴蝶结的篮子，打发一个人上去把一只有槽轮的轱辘固定在主桅顶上，他接住了从轱辘槽里放下来的绳索的两个绳头；把一个绳头系在篮子上，为另一个绳头准备了一个铁栓，以便把它固定在船栏上。然后，他一只手攥着绳子的一头，站在铁栓旁边，环顾了一下他的水手们，他的目光久久地停留在达果、季奎格和塔希特戈身上，却唯独不与费达拉对视；最后他将坚决而信任的目光落在大副身上，说："接住这根绳子，先生——我把它交到你的手里了，斯塔勃克。"[赏析解读：亚哈把与自己性命攸关的绳子交给了他的大副，而这位大副是全船唯一反抗过他的人，引起读者对船长如此行为的好奇。] 然后他坐进篮子里，下令让他们把他升到主桅顶的瞭望哨上，斯塔勃克则被指定为最后拴住绳子的人，随后就站在绳子旁边。于是，亚哈就这样一手抱住最高的桅杆，远远地望着几海里以至十几海里外的海面——前后左右地眺望着——他就在这样的高度上指挥着全船的人，瞭望着四周的辽阔海面。

当船在航行时，水手如果要在四面几乎没有任何依靠物的高空用双手在索具之间干活，而脚下又碰巧没有立脚点时，便会让人用一根绳子把他升上去，就那么挂在那里。在这种情况下，绳子固定在甲板上的那一头总会有人专门严加看管。因为他头上那些摇晃不定、乱糟糟的索具之间错综复杂的关系在甲板上很难辨别清楚。而且，有时隔几分钟会把一根绳索的一头从上面固定的地方解开扔下来拴到甲板上。如果这时那根绳子不配备专人看守，就极容易发生意外，因为要是碰到哪名水手疏忽大意了，上面的那名水手便会掉下来，一头栽进海里。所以，亚哈在这件事上做出这样谨慎的安排也就没有什么奇怪的了。唯一令人感到奇怪的是，斯塔勃克几乎是从开始到现在唯一一个有胆量反抗他的人，虽然他的反抗并不是很坚决；另外还有一点，在瞭望方面他也被亚哈列入怀疑对象中，说明亚哈对于他的忠诚是持保留意见的。因此，斯塔勃克竟被他挑选出来作为看守人，他就这样随意地把自己的生命交给这个并不被他所信任的人手里，这实在令人感到奇怪。

现在再来说说亚哈有生以来第一次登上桅顶的样子。他在那上面待了还不到十分钟，一头凶猛的红喙海鹰就飞来了。这种鸟只要一看到有人登上瞭望哨，就会来到近处来来回回地飞，让人心生不安。这时就有一只发出尖叫声、围着他的头肆意地转圈圈的鸟，它一会直冲上天，一会儿俯冲下来，接着又围着他的脑袋盘旋。

不过，亚哈的目光始终都盯在远处隐约可见的水平线上，似乎完全没有注意到这只鸟。事实上，这种情况并不稀罕，所以没有人会在意。只是现在，几乎连最粗心的人似乎都能从这只鸟的每个动作中看出点诡诈的意图。

"你的帽子，你的帽子，先生！"那名西西里水手突然大声喊道。他正在后桅顶上值班，正好站在亚哈的后面，中间隔着一段距离，虽然在高度上相比，他要低一些。

但是，那对黑色的翅膀已经掠到了老头的面前，那如长钩一般的喙已经对准了他的头，只听到一声尖叫，那头海鹰已经叼着它的战利品远去了。

据说，一头海鹰曾经绕着塔克文（卢修斯·塔克文·普里斯库斯，也称老塔克文，或者塔克文一世。是罗马王政时代第五位国王，公元前616—公元前578年在位，他的妻子是先知塔娜奎尔）的头转了三圈后，叼走了他的帽子，又重新放回到了原处。因此，塔娜奎尔说，塔克文会成为罗马的王。但是，只有把帽子叼走再送回原处才能算得上是好兆头。亚哈的帽子却再也没有被送回来。那头海鹰叼着帽子一直朝着船头前方远远地飞走了，直到再也看不到。而就在那头海鹰即将完全消失在视野里的一瞬间，大家隐约看见有一个极小的黑点从高空中落进了大海里。[赏析解读：传说中帽子放回原处才是吉利的，但是亚哈的帽子却被扔进了大海里，由此传达出了一种令人感到既危险又恐慌的信号。]

第八十八章　遇见"欢喜"号

[名师导读]

"披谷德"号在波涛汹涌的海面上继续前行，那个奇怪的棺材做的救生器就在船尾处摇晃。这时一艘名为"欢喜"号的捕鲸船与它相遇了。很不幸的是，"欢喜"号看来并非如其名字那样，反而显得很沮丧。亚哈上前询问白鲸的踪迹，却被对方的船长告知，他的船上已经因它死了五个人了。

箭在弦上的"披谷德"号继续向前行驶，翻滚的波涛与日子一起在流逝。那个用棺材做的救生器依然在原处轻轻地摇晃。这时，一艘名叫"欢喜"号的船出现了，这个欢快的船名好像与现实并不相符。当它驶近时，大家的眼睛被它宽阔的横梁吸引了。横梁也就是所谓的起重梁，它有八九英尺高，在一些捕鲸船的后甲板上会看到它的身影，这种横梁是专门用来起吊备用的、没有装备好的或者报废的小艇的。

只见在这艘陌生船的起重梁上吊着一艘小艇的破碎的白色肋材和几块碎艇板。这破艇的残骸看上去就像是一具没有了躯体、已经散了架的、发白的马骨架子一样。

"看到白鲸了吗？"

"瞧！"那位双颊凹陷的船长站在船尾栏杆边，一边回答着问话，一边用手里的喇叭指着那破艇的残骸。

"杀死它了吗？"

"能杀死它的标枪还没有打出来呢。"对方的眼睛悲伤地望着甲板上那张鼓起来的吊床，吊床的两边收紧了，几名一声不吭的水手在忙着缝补。[赏析解读：此处的描写，凸显出了船长的悲痛，从而也说明了莫比·迪克的凶猛和强大。]

"还没有打出来？"亚哈抄起珀斯为他打造的那支标枪，伸手举了起来，大喊道，"你瞧，我的南塔克特老乡，它的命就在我的手里！它是用鲜血淬硬的，而这些倒钩则是在雷电中淬成的。我发誓，要在它后鳍的致命处把这些倒钩扎进去，那个地方是白鲸最脆弱的地方。"

"但愿上帝保护你，老人家，你看到那个东西了吗？"他指着吊床说道，"那里收殓着我五名身强力壮的水手中其中一人的尸体。他们昨天白天还生龙活虎，可是没到晚上就全死了。只有一人还留有尸体，其余四人的尸体已经无法收殓了。你是从他们的坟墓上行驶过来的。"[赏析解读：用"欢喜"号上损失的水手说明航海工作的危

险，人们随时都有可能会丧命，从侧面体现出了在鲸面前人类的脆弱。] 接着他转过身对他的水手们说——"都准备好了吗？那就把船板放在船栏上去，抬起尸体放在上面；好——啊！上帝啊，"——他举起双手，朝着那张吊床走去，"愿你复活，重获新生——"

"把帆桁转过来，向着前方！转舵迎风！"亚哈接连快速地向着他的水手们下达着命令。

但是突然启动的"披谷德"号还是没有来得及躲开那具尸体被扔进海里时撞击水面所溅起的浪花，来了个鬼魂的洗礼。

就在"披谷德"号从沮丧的"欢喜"号身边驶离时，吊在船尾后的救生器以一种诡异奇特的模样呈现在"欢喜"号眼前。

"哈！那边！瞧那边，伙计们！"只听到后面响起了不祥的声音，"啊，你们这些陌生人，一切都是徒劳。你们为了躲开我们悲伤的葬礼，转过身去，却让我们看到了你们的棺材！"[赏析解读："欢喜"号船上的人说的话预示着"披谷德"号将要面临的巨大危险和灾难，他认为亚哈船长无疑是去送死的。]

第八十九章　交响曲

[名师导读]

在一个万里无云的大晴天，亚哈心情沉重地靠在船舷上，他与自己的大副说起了从前，说起了他从业四十年的艰辛、他对妻子和儿子的思念……但是所有的一切在白鲸的面前都失去了颜色，什么也无法让偏执的亚哈放弃报仇的念头。

这是一个万里无云的大晴天。满目皆是一片蔚蓝，海水共长天一色。只是那清冷的天过于纯净柔嫩，带着女人的风韵；那壮如男子的大海，其深长而有力的波浪绵延不断地起伏着，就像熟睡中的参孙（《圣经·旧约·士师记》中的犹太领袖，生于公元前 11 世纪的以色列，玛挪亚的儿子，凭借神赐予的超人的力量，以徒手击杀雄狮并只身与以色列之敌腓力斯丁人争战周旋而著名）的胸膛一样。

天空中，小鸟挥舞着没有丝毫杂色的雪白翅膀忽左忽右地掠过，这时充满女性气质的天空涌现出娇柔的思绪。但是在那蔚蓝的深海中，强有力的鲸、剑鱼和鲨鱼在来回奔驰着，那里涌现的则是足以代表阳刚的大海的焦虑、暴躁以及残酷的思绪。

虽然两者的内部对比十分鲜明，但是体现在外部的反差却微乎其微。海天似乎合为一体，而它们的区别大约只是体现在了性别上。

高高在上的太阳有如君王统治着一切，它似乎把温和的天空交给了洒脱豪放、奔腾着的大海，看起来就像是把新娘嫁给了新郎一般。而在那水天交接之处，有一种轻柔的颤动——那是在赤道上最常见的一种景象——象征着那娇弱的新娘在献出自己的一切时的那种喜爱、激动的信任。

亚哈站在清晨的晴空下，眉头紧锁，满脸的皱纹都堆在了一起，神色憔悴但坚定不屈，他那双火热的眼睛此时还在燃烧着，但也只是即将燃尽的灰烬中的零星火光。他抬起那好似破碎了的头盔一般的额头，仰望着光滑如妙龄女郎前额般的天空。

啊，永远天真无邪的蓝天啊！在我们周围嬉戏着许多肉眼看不见的、有翅膀的精灵！美好的童年时代的天空！你对老亚哈的苦恼一点儿也不关心！不过我也同样看到了那两个整天笑眯眯的小蜜琳和小玛莎，这两个小精灵对于他们身边老主人的痛苦也是漠不关心，只顾着自己玩耍，戏闹地拨弄着他那好像熄灭了的火山口似的脑袋边上一圈被烧焦了的枯发。

亚哈离开舱口，慢慢地穿过甲板，走到了船边。他探头凝望着水中的影子在自己的目光中一点点地沉下去，他越是想往深处探索，影子沉得就越快。可是迷人的空中散发出的那令人心旷神怡的香气，暂时驱走了他灵魂中腐蚀的东西。这令人悠然自得的长空，这迷人的上天最终还是给了他安慰。这继母般的世界，长期以来一直残忍地对待他，令人难以亲近，此刻也终于伸出慈爱的双手搂住了他倔强的脖子，抱着他哭泣，仿佛是对着一个她无法忍心不挽救和祝福的人，不管他是怎样的肆意妄为。借着那低垂帽子的掩护，亚哈的一滴眼泪落进了大海里。整个辽阔的太平洋也无法放得下这小小的珍宝。

斯塔勃克看着这位老人心情沉重地从船边探头凝视。他似乎听到了从四周寂静深处悄悄传出来的那没完没了的哭泣声。他小心翼翼地不去碰他，或者引起他的注意，向他靠了过去。

亚哈转过身来。

"斯塔勃克！"

"是的，先生。"

"啊，斯塔勃克！这风多么柔和，天空看上去也很柔和。就是在这样一个和今天一样美好的日子里，我捕猎到了有生以来的第一头鲸 —— 那时我还只是一个年仅十八岁的小标枪手！那是四十年前的事情了！我已经连续不断地捕了四十年鲸了！四十年的艰辛，四十年的危险，四十年的风餐露宿！四十年都生活在这无情的大海上！四十年来，我舍弃了宁静、安稳的陆地，与这凶险的大海抗击了四十年！"[赏析解读：此处的语言描写，表明了亚哈陷入回忆中时那激动、欣喜及小心翼翼的心情，同时对往事又充满了伤感。]

"事实就是这样，斯塔勃克，这四十年间，我待在岸上的时间也不过三年。每当我回想起我这一生，想起这孤独凄凉的处境，过着与世隔绝的船长生活，年轻的世界却从来不给我一丝安慰 —— 啊，好累啊！好压抑啊！几内亚湾（是西非海岸外的大西洋海湾，大西洋的一部分，也是非洲最大的海湾。15世纪欧洲殖民者入侵后，成为西非—美洲间的贸易通道，沿岸是掠夺胡椒、黄金、象牙及贩运奴隶的重要基地，其不同的地段分别被称为"奴隶海岸""黄金海岸""象牙海岸"和"胡椒海岸"）的奴隶才是孤独的首领！我所想的这一切放在以前来说只是偶尔才能体会到，从来没有像今天这样感受深刻 —— 四十年来我吃的全都是那些脱水的腌制品，恰好正是我的灵魂缺乏营养的象征；陆地上最穷的人每天都能吃到新鲜水果和新鲜面包，而我却只能吃那种发霉的面包干 —— 我年过五十才娶了一位年轻的妻子，却在新婚第二天就出海去了合恩角，只在新婚的枕头上给她留下一个凹形，现如今我们相距甚远。那也算是妻子吗？能算是妻子吗？丈夫健在，却等同于没有，倒不如说是守活寡！唉！斯塔勃克，那个姑娘嫁给我，其实等于在守寡。"[赏析解读：此处的描写，写出了亚哈对妻子的愧疚之情，表现出了他内心中柔软的一面，同时也说明了他对生活的无奈。]

"紧接着便是疯狂的、热血沸腾的、忙碌的生活，我就是在这样的生活状态下无数次地放下小艇，奋力拼搏地追捕着猎物 —— 与其说是人，还不如说是魔鬼！唉，唉！这四十年来，他一直是个傻瓜 —— 傻瓜 —— 老傻瓜，就是亚哈我！为什么要拼了命地去追捕、扳桨、投标枪，累得胳膊都快要废了，这么做是为了什么呢？我亚哈现在是很富有吗？日子过得很美满吗？你看看吧，啊，斯塔勃克！我肩上的重担奖励给我的就是让我拥有了一条被咬掉了的腿，难道这不够惨吗？嘿，替我把这缕头发撩到一边去，它挡住了我的眼睛，弄得我好像要哭了似的。这样灰白的头发，除了从某些灰烬里长出来，在其他地方是长不了的！但是，我是不是看起来很老，十分老呢，斯塔勃克？我已经精疲力尽，直不起腰板了。我是亚当（是《圣经》中的人物），从被天堂驱逐出来后，多少个世纪就是这么跌跌撞撞地走过来的。"

"天啊！天啊！天啊！打我吧，把我的心打碎！让我不能再用脑子思考！嘲讽吧！嘲讽吧！尽情地嘲讽我那灰白的头发吧，我是因为过得太幸福才长出这样的白发吗？才会从外表和心理变得这样衰老吗？站过来！站到我的跟前来，斯塔勃克；让我好好看看人的眼睛，这比望着大海、天空、上帝要强得多。朝气勃勃的家乡啊！美满的家庭啊！人的眼睛是一面奇妙的镜子，老兄。我从你的眼睛里看到了我的妻子和孩子。不，你一定要留在船上，留在船上！我上小艇的时候，你千万不要上，让额上被打上了烙印的亚哈去追击莫比·迪克吧。你不该和他一起去冒险的。不，不！就为了我从你的眼睛里能看到遥远的家，你也不能和我一起去。"

"啊，我的好船长！我的好船长！你是个好人！毕竟你是个慈爱的老头！为什么非得去追捕那头可恨的鲸不可呢？我们返航吧！让我们赶快从这片致命的水域上逃离！让我们回家去吧！我斯塔勃克也有妻子和孩子 —— 那些我年轻时亲如手足的伙伴也有妻子和孩子；你也是一样的，先生，你是你妻子和孩子朝思暮想的亲人啊！走吧！我们走吧！——让我们立刻改变航向！啊，我的好船长，让我们平稳安全地回到南塔克特去吧，那该有多快活、多开心啊！先生，在南塔克特也时常会有这样柔和晴朗的好天气的，甚至和这里的一模一样。"[赏析解读：斯塔勃克的劝说体现了他此时内心的真实想法，以及对家乡的思念之情。]

"有的，有的，我曾看到过 —— 有时夏天的早上就能看到这样的景象。大概就是在这个时候，没错，这是孩子的午睡时间，啊，那个孩子生气勃勃地醒过来，坐在床上。他的妈妈就会和他说起我，说起我这个食人生番是怎么在海上漂泊的，不过有一天会回来再教他跳舞。"[赏析解读：从亚哈的语言描写中，凸显出了他对家乡以及家人的思念之情，体现出了硬汉的柔情。]

"那是我的玛丽啊，我的玛丽！她答应过我，每天早晨都会把孩子抱到山上去等着，好让他头一个看到他爸爸的船出现！是的，是的！不多说了！就这么定了！我们朝南塔克特走！来吧，我的好船长，考虑考虑，定好航向，让我们返航回家吧！瞧，瞧！窗口里露出了我儿子的脸！我的儿子在山顶上向我挥手！"

可是，亚哈的目光避开了，他像是一棵被虫害侵蚀的苹果树，把最后一个被蛀空了的苹果抖落了下来。

"这是什么，这是什么匪夷所思、捉摸不透的神秘东西？是哪一个藏匿着的花言巧语的君王以及残酷无情的暴君在控制我，才使我违背了天性的爱和欲望，始终桀骜不驯、毫无顾虑地逼自己去做我原来根本就不敢去做的事情呢？是亚哈吗，是亚哈？是我还是上帝又或是其他什么东西让我举起了这只胳膊吗？不过，如果伟大的太阳不是凭借自己的意志在运行，而只是天上一个跑腿的仆人；如果天上的星星在失去了背后某种不可见的力量的推动后无法运转，那么我这颗小小的心怎么会跳动呢，我这颗小小的脑袋又怎么能够思考呢？除非让它们这样做、这样生活的人不是我本人，而是上帝。"

"天啊，老兄，我们活在这个世界上就像那边的绞车一样，是被别的力量推着转的，而命运便是那根推动绞车转动的推杆。同时，天空一如既往的明朗，海洋一如既往的深奥。看！瞧那边那条大鱼！是谁让它去追，去咬死那条飞鱼的？老兄，杀人犯要到哪里去呢？连法官自己都被拖上了法庭，又有谁能来判决呢？不过这风好柔和，天空看上去也好柔和；此时空气中好像有一股从遥远草原吹来的香气。在安第斯山的山坡下一定有人在晒干草，斯塔勃克，割草人在新割倒的草堆里睡觉。睡觉？没错，不管我们怎样辛苦劳作，到最后我们都会睡在草场上。睡觉？是的，当去年丢失的镰刀，遗留在还没有割完的半行草里，它以后就只能在青草里生锈了，斯塔勃克！"

可是，那位绝望的大副的脸色苍白得如同死尸的颜色，他趁着亚哈不注意的空当，悄悄地走开了。[赏析解读：通过此处的细节描写，说明了大副当时在预感到死亡时的那种既无奈、绝望又害怕的复杂心情。]

亚哈跨过甲板，走到对面凝望着海中，让他大吃一惊的是，水中倒映着一双死死盯着他的身影的眼睛。原来费达拉正一动不动地和他靠在同一根栏杆上。

第九十章　第一天的追击

[名师导读]

在与斯塔勃克交谈后的那天夜里，亚哈在空气中闻到了抹香鲸的气味，于是他调整航向向着那个散发着味道的方位驶去。到了天亮时，事实证明他的决策是对的，在那里他看到了自己的死敌——莫比·迪克，于是他马上做出部署，让大副留守在大船上，他与二副、三副带着小艇去追捕那个白色的魔鬼。

那天夜里，在其他人值中班的时候，亚哈像往常那样，不时地从他靠着的小舱口走上来，向着他的钻孔走去。突然，他猛地把头探了出去，使劲地嗅着海上的空气，就像船上机敏的狗在船驶近一座荒蛮的小岛时的表现一样。他坚信附近有一头鲸。[赏析解读：此处的叙述说明，一方面体现出了亚哈船长有着丰富的经验，另一方面说明了他判断力的准确。]不久后，所有的值班人员都闻到了那股独特的气味——偶尔在很远的地方才能被闻到的气味——只有鲜活的抹香鲸才能散发出来。亚哈在仔细地察看过罗盘又观察了风信旗后，确定了发出那股味道的方位，之后他便迅速下令稍微调整一下航向，同时把帆收得短些。他下达的这些命令，没有哪名水手会觉得奇怪。

到了天亮时，事实充分证明了他的决策是正确的。因为大家发现在船的正前方，与船呈直线的方向有一条泛着光泽的线，看起来就像是位于它两边的海水泛出的皱褶波纹，又像是一条水流湍急的深河在入海时与海水冲击形成的急浪所发出的金属似的耀眼的标记。

"桅顶上的注意！全体集合！"

达果拿起三根像擂鼓一般的粗杠，在船首楼的甲板上使劲地敲打着，那种犹如炸雷的声响把还在睡着的人都惊醒了，他们像是被人一口气从舱口吹上了甲板，有的甚至连衣服都来不及穿，将衣服抓在手中就冲了出来。

"你们看到了什么？"亚哈抬头朝着上面问道。

"什么也没有，什么也没有，先生！"上面的人大声地回答道。

"上帆！辅助帆！不管高的、低的，还有两边的，全都扯上去！"

所有的帆都被扯上去了，亚哈解开了救生索，那是专门为他留的，用来送他上主桅顶。不久后，水手们便把他升了上去。刚升到三分之二的高度，他从主上桅和主中桅之间的空隙望去时，便像海鸥似的叫了起来："它在那儿喷水呢！——它在那儿喷水呢！那个像雪山一样的背峰！那是莫比·迪克！"[赏析解读：此处的语言描写，凸显出了亚哈发现白鲸后兴奋、激动难耐以及喜悦的心情。]

当亚哈的喊声响起的时候，三个瞭望哨的人也都同时喊了起来，这个消息让甲板上的人全都争先恐后地向着索具涌去，都想看一眼他们这么久以来一直追捕的那头威名远播的鲸。[赏析解读：白鲸出现后，对甲板上的人们一连串的动作描写，说明了水手们好奇、激动、兴奋、紧张的心情。]亚哈这时已经爬到了主桅顶上，这里要比那三个瞭望哨还要高出几英尺。塔希特戈正好站在他下面的上桅顶上，这个印第安人的脑袋差不多挨着亚哈的腿后跟。从这个高度看去，那头鲸就在前方几海里外。波涛退去的时候，它那高耸的、泛着柔美光泽的背峰就露了出来，它有规律地向着空中默默地喷着水。对那些容易轻信的水手来说，这样的喷水似乎和他们很久之前在月光下的大西洋和印度洋上所见到的喷水并无差异。

"你们之中难道有人比我先发现它吗？"亚哈朝着他周围的人问道。

"我几乎就在亚哈船长发现它的时候也发现了它，先生，并且我马上就喊了出来。"塔希特戈说。

"不是跟我同时发现的，不是同时——那枚金币是我的，命运专门把它留给了我。只有我一个人，除了我你们谁都不可能第一个发现白鲸。它在那里喷水呢！它在那里喷水呢！——它在那里喷水呢！它又喷了——又喷了！"他拖着长音悠悠地、有条不紊地喊着，这被拉长的语调与那鲸逐渐拉长的、明显可见的喷水间的节奏相配合，"它要下潜啦！扯起辅助帆！放下上桅帆！准备好三艘小艇。斯塔勃克先生，请记住，你留在船上，负责守船！舵手要留心！贴风行驶，靠近一点儿！好，稳住，兄弟们，稳住！鲸的尾巴沉下去了！不，不，那只不过是一团黑水！小艇全都准备好了吗？等等，等等！让我下去，斯塔勃克先生！放下来，放下来——快点儿，再快点儿！"他抓着绳子一下子滑到了甲板上。[赏析解读：白鲸的出现让亚哈船长十分喜悦、激动和兴奋，他已经迫不及待地想要与那个大家伙正面交锋了，此处的描写增添了紧张气氛。]

"它直奔下风头去了，先生！"斯德布说，"它掉头从我们这边游走了，可能还没有发现我们的船。"

"别说话，兄弟们！转帆索那边守住！把好舵！把帆桁前后再调整一下！把帆桁扯过去，让风在它的边上吹！好，正好！小艇，小艇！"

很快，除了斯塔勃克的小艇外，其他的小艇都被放了下去，小艇上的帆都升了起来——所有的桨都拼命地划动着，飞快地向着下风头疾驰而去，亚哈在最前面。费达拉深陷的眼睛里闪现着一种灰蒙蒙的光芒，他的嘴巴动了动，十分吓人。[赏析解读：此处对费达拉神情的描写，渲染出一种既诡异又紧张的气氛，设下了悬念，引起读者的好奇。]

三艘小艇轻巧得像悄无声息的鹦鹉螺（是头足纲、鹦鹉螺科的海洋软体动物的通称，整个螺旋形外壳光滑如圆盘状，形似鹦鹉嘴，故此得名"鹦鹉螺"。鹦鹉螺已经在地球上经历了数亿年的演变，但外形、习性等变化很小，被称作海洋中的"活化石"）壳一般急驰着，在接近对手的时候才放慢了速度。

这时的大海似乎变得更加平静了，波浪上如同铺上了一张地毯，又像是正值中午时的草原，分外宁静。终丁，专心致志的猎手已经离那似乎毫无觉察的猎物更近了，连它那耀眼的背峰都清晰可见。它在海里孤独地前行着，身后不断地划出一道精密细致的、羊毛似的、淡绿色打着旋儿的圆圈。猎手还看到了远处它那微突的、布满皱纹的巨大脑袋。在它的前面，远远的犹如铺着土耳其地毯的海面上，是它那乳白色的宽大前额闪闪发光的影子，微波发出欢快动听的淙淙声与影子嬉戏着，后面那蔚蓝的海水从两边交替地涌进它那破浪前行时所形成的航迹里。它的两边冒出了明亮的水泡，在它的身边舞动跳跃着。[赏析解读：作者在此处运用一连串的华丽辞藻，写出了人们期待已久的目标莫比·迪克出场时那种令人惊叹的场面，使人们忍不住赞美这个海上魔鬼的恢宏气势。]

成百上千只快活的水鸟，时而贴着水面飞行，身姿轻柔地探出细爪将那些水泡一一抓破；时而又猛地飞向天空。在白鲸的背上有一个它最近被袭击时残留的长矛柄，就像是一艘气派宏伟的大商船上矗立的旗杆一样。这群云彩似的水鸟飞来飞去，像是鲸头上的华盖一样；不时地会有一只水鸟悄然落在那长矛柄上，随着它来回摆动，那长长的尾羽像是小小的燕尾旗在飘扬。[赏析解读：此处的描写，表现出了白鲸的优美、从容以及静谧的背后又有着让人难以觉察的凶险。]

这头鲸在水中滑翔时又快又猛，带着一种磅礴的气势，同时还显现出一种柔和从容，全身透露着一种坦然自若的欢快。当年那化作白公牛的宙斯（古希腊神话中的第三代神王，奥林匹斯十二主神之首，对应罗马神话中的朱庇特）驮着神魂颠倒的欧罗巴（希腊神话中的腓尼基公主，被爱慕她的宙斯化作公牛带往另一个大陆，后来这个大陆取名为欧罗巴，也就是现今的欧洲。根据神话故事所说，欧罗巴是欧洲最初的人类，也就是说欧洲人都是她的孩子）游走，他那双漂亮的眼睛一直专注地看着这位女郎，以一种平稳迅疾的速度勇往直前，直奔克里特岛（位于地中海东部的中间，是希腊的第一大岛，是地中海文明的发祥地之一，岛上的米诺斯文明举世闻名）的新房。可是就算是当年的宙斯，那位无比尊贵的希腊主神出现在这里，也不能遮挡住这头气质脱俗的、游着水的白鲸的风采。

白鲸劈开波浪前行，这些波浪也只是冲刷了它的身体后便马上逃离开。与此同时，白鲸两侧柔软的侧腹散发着迷人的光泽，难怪有些猎手会被它那份静谧而迷住，竟然去攻击它，却在死之前才发现这种静谧不过是那狂暴回击的伪装而已，但是却悔之已晚。[赏析解读：此处的叙述描写，再次体现出了人们在看到莫比·迪克后为之着迷、喜悦的心情，从侧面又暗示出了潜在的危险。]这迷人的静谧，你这鲸啊！虽然你常常用这种招数使人上当并为之丧命，但是在初次与你打交道的人眼里，你依然游得如此从容，如此迷人的从容啊！

于是，莫比·迪克就这样在宁静的热带海洋中听着海浪的掌声，有时它也会在海浪因为高兴得过了头而忘了鼓掌的情况下一直前行着，却仍然不肯把它那沉没在水中、令人心生恐惧的巨大身躯露出来，它那有着狰狞伤疤的歪嘴更是深藏不露。不过，没过多久，它的上半身慢慢地浮出了水面，一瞬间，它那整个大理石般的身躯便形成了一个高高的拱门，看上去就像是弗吉尼亚州的天然桥（位于美国弗吉尼亚州的蓝岭山脉的石桥县，高 66 米，跨度 27 米，是溶洞坍塌后遗留的洞顶部分，被列为世界七大自然奇迹之一，桥身上的刻痕很多，可以清晰地发现华盛顿于 1750 年来此地勘测时留下的自己名字的首字母），它在空中挥舞着旗帜般的尾巴，向世人发出警告。[赏析解读：作者在这里采用了比喻的修辞手法，把白鲸比作弗吉尼亚州的天然桥，说明了它体形的巨大和优美。] 这尊贵的神只是露了一下面，便又潜入了水中。那些飞在空中的白色海鸟依依不舍地在它下沉时激起的水面上原地盘旋着，还用翅膀的一边点了点水面。

这时三艘小艇都竖起了大桨，放下了小桨，所有的帆都松了。它们就这样静静地漂在海面，等着莫比·迪克再一次出现。

“等一个小时，”亚哈像生了根似的站在艇尾说道。他的目光越过白鲸沉入海中的地方，朝着迷人的蔚蓝水面和下风头那一大片等着人前去的辽阔处望去。这只是在短短一瞬间发生的事，因为他的目光随后便在海面上环顾了一周，他的眼珠子似乎打了一个转。这时一阵清新的微风吹来，大海开始泛起了波浪。

“那些鸟儿！——那些鸟儿！”塔希特戈喊道。

这时那些白色海鸟像起飞时的苍鹭那样，排成长长的一列纵队，向着亚哈的小艇飞去。在距离小艇还有十几英尺远的时候，便用翅膀在水面上拍打起来，它们一边不断地盘旋，一边发出愉快的、有所期待的叫声。它们的视力比人的视力强，此时的亚哈并没有发现海里有什么动静。可是就在他朝着海底望下去时，突然看到在深海处有一个活动着的白点正在迅速向上升着，看起来并不比一只白鼬（体形似黄鼬，身体细长，四肢短小，毛色随季节不同，夏毛并不是全身都是白的，只有冬毛为纯白色）大多少，等它打了个转时亚哈才看清，原来那是两排长而凌乱的牙齿，那白森森的牙齿从深不可测的海底浮了上来：那是莫比·迪克张开的嘴和它的下巴，它那庞大的身躯有一半还隐藏在蔚蓝的海水里。[赏析解读：此处的描写，一方面写出了白鲸的狡猾，另一方面用小白点来指代它那白森森的牙齿，凸显出了它的凶猛和巨大。] 它用那闪耀着光泽的嘴在小艇下面打了个呵欠，像是打开了一座大理石坟墓。亚哈把舵桨向边上一划，小艇便转到了一边，躲开了这个可怕的魔鬼。然后，他和费达拉交换了位置，来到了艇首，手里拿着珀斯为他打造的标枪，命令他的水手握紧桨，准备倒划。

这时，由于小艇及时做出了调整，艇首的位置正好如他所愿地对着没在水中的白鲸脑袋。哪想到莫比·迪克这个机灵鬼，好像识破了亚哈的意图，横过身子，瞬间就把它那满是皱纹的脑袋对准了艇底，冲了过来。[赏析解读：作者在这里将莫比·迪克拟人化，赋予它人类的灵性，它能够看穿人的意图并使其落空，体现出了它的灵敏和强烈的感知力。]

与此同时，整个小艇开始颤抖起来，它的每一块船板、每一根肋材都在不停地抖动。白鲸半侧着身子仰卧着，犹如一条要咬人的鲨鱼，慢慢地将整个艇首放进嘴里品尝，以至于它那狭长的弧形下巴在半空中形成一个弧形高拱，它的一颗牙齿还卡在一个桨环里。当时它那泛着青色、珍珠白的下巴内侧离亚哈的脑袋不足六英寸，比他的脑袋还要高。白鲸这时就保持着这样的姿势，摇晃着那轻巧的杉木艇首，看起来就像是一只恶猫在饶有兴趣地逗弄那已是它口中之物的老鼠。

费达拉面无表情地环抱着双臂看着它，而那几名虎黄色皮肤的水手早已吓得争先恐后地涌向艇尾。就在这头鲸残忍地戏弄着这艘注定要毁灭的小艇时，小艇那有弹性的两舷便也跟着弹进弹出地动着，因为鲸的身躯还藏在小艇底下的海水里，费达拉没有办法从艇首向它投掷标枪，而艇首几乎完全在它的嘴里了。与此同时，其他两艘小艇上的人面对这突如其来的变故，一时束手无策，全都不由自主地愣在了那里。这时被仇恨冲昏了头的亚哈，眼看着自己的死敌就在眼前蠢蠢欲动，自己却又一筹莫展地身陷于那可恶的下巴之内。这样的情景让他失去了理智，竟然徒手抓住了鲸那长长的颚骨，拼了命地想要把它拧下来。正当他在那里白费力气时，他的手一滑，颚骨便从他的手里消失了。脆弱的艇舷不堪折磨，凹了进去，破裂了。同时，白鲸那巨大的、剪刀似的上下颚向后一缩一咬，小艇瞬间变成了两半，接着它的上下颚又闭得紧紧的沉到了水中，把小艇残骸的一半留在了外面。[赏析解读：此处的描写，把白鲸的嘴巴比作一把巨大的剪刀，形象生动地说明了它的凶猛和巨大。] 这些残骸浮到了一边。位于艇尾的那些水手，一边紧紧地抓着舷板，一边极力握紧了手里的桨，以便用它们划到大船上去。

在这艘小艇即将断开之际，亚哈首先看出了白鲸的意图，他急中生智地一抬头，这样抓着白鲸下颚骨的手就暂时松开了，趁此他又做了最后一次努力，想要把小艇从白鲸嘴里推出来，但是反而让小艇往白鲸嘴里滑得更深了，同时还让它翻向了一边。不过最终小艇还是使他松开了抓着白鲸下颚骨的手，就在他俯身去推的空当，他摔了出去，整个人面朝下地跌入海中。

莫比·迪克丢下它的猎物，在起伏的波涛中退到了不远处。它那椭圆形的白色脑袋在波涛中竖了起来，同时慢慢地翻滚着它那纺锤似的身躯。因此，当它那巨大的、满是皱纹的前额伸离水面二十多英尺时，那上涌的波涛和所有那些向它汇合而来的大浪，闪着夺目的光撞碎在它的额头上，它转而又报复性地把那些浪沫抛向更高的半空中。这就像在狂风中，英吉利海峡中澎湃的波涛打在涡石灯塔（耸立在英吉利海峡波浪不断冲刷的涡石礁上，距离英格兰普利茅斯市海岸 22 千米。第一座灯塔用木料建成，1703 年被大风暴冲走，第二座灯塔毁于火灾。第三座灯塔则完全用铁拉条把石块固定住，从而成为灯塔建筑史上的一次改革。此灯塔在民谣和海员传说中都极具盛名）的底座上又被反弹回去，而那些飞溅到灯塔顶上的浪沫却成了它们洋洋得意的资本。

然而没过多久，莫比·迪克就恢复了它平时的姿势，迅速地围着那些落水的水手打转，用尾巴在旁边搅起巨大的水花，仿佛已经准备好了再进行一次更加猛烈的攻击。看起来那艘碎裂的小艇刺激到了它，让它怒火中烧，正如《马卡如父子书》中将血红的葡萄汁和桑葚泼洒在安泰奥卡斯的象群面前一样。同时，那鲸尾看似随意搅起的泡沫快要让亚哈喘不上来气了，加上他只有一条腿，无法游泳，但是他也沉不下去，哪怕是处在这样一个漩涡中心。从远处看，亚哈那颓废的脑袋就像是撒在水面上的气泡，一丁点儿的震动就会使它破碎。[赏析解读：此处采用了比喻的修辞手法，将亚哈的头比作撒在水面上的气泡，说明他当时处境的危险，随时都会像气泡一样被摧毁。]

费达拉则从碎裂的艇尾以一种冷漠的、无动于衷的神情看着他。浮在海上另一半艇子上的那些水手已自顾不暇，紧抓着舷板不敢松手。虽然其他小艇并未受到损伤，但是由于一直打转的白鲸看起来十分吓人，而且它飞快旋转的圈子越缩越小，好像随时都会横扫到他们，使他们不敢贸然冲进涡流里去攻击它，生怕那样做会让处于危难之中的亚哈和其他人马上被撕碎，同时那样一来，他们自己也会身陷厄运之中。[赏析解读：此处的叙述，体现出当时另外两艘小艇上的人无计可施的复杂心情。] 他们只敢在旁边徘徊，始终打起精神停在这个危险地带的边上，而亚哈的脑袋此时则是这片危险地带的中心。

所有发生的一切被大船桅顶上的人从始至终地看在了眼里。于是大船赶紧调整了帆桁，向着出事地点驶来。当大船驶到离落水者很近的距离时，亚哈在水中向它招呼："驶过来，"——可是话还没说完，莫比·迪克掀起的巨浪就把他淹没了。他又挣扎出来，正好落在了高高的浪峰上，他大喊道，"向着那头鲸驶过去！——把它赶走！"

"披谷德"号的船头尖尖的，它冲破了那个像被施了魔法的圈子，顺利地把白鲸与遇难者分开了。白鲸气愤地游开后，两艘小艇以最快的速度赶去救援。

亚哈被拖到了斯德布的小艇里。此时他的两眼充血，什么也看不到，雪白的盐花凝结在他脸上的皱纹里。由于长时间处于紧张状态中，他的体力已经耗尽了，只能暂时听凭别人的摆布。在一段时间里，他一动不动地躺在斯布德的小艇底板上，活像一个被象群践踏过的人。他发出一种难以形容的、仿佛来自远方的哀号声，犹如来自谷地里的凄凉的声音。

不过，这种体力消耗殆尽的状态却正好把虚脱的时间缩短了。凡是伟大的人有时能把普通的人生所经历的零散微小的痛苦聚集在一起，浓缩成为一瞬间刻骨铭心的剧痛。这样一来，这些非凡的人虽然每次经受的痛苦折磨很短暂，但是如果命中注定，他们的一生所要承受的由无数瞬间的剧痛汇成的总和，足以与一个时代的苦痛相提并论，因为他们的一瞬间就已经包含着寻常人的整个人生了。

"我的标枪呢？"亚哈拖着一只胳膊，支撑起了一半身子问道，"它还在吗？"

"它还在，先生，因为你没有投出去。你看，就在这里。"斯德布说，把标枪举给他看。

"放到我面前——所有人都回来了吧？"

"一、二、三、四、五——一共是五支桨，先生，五个人都回来了。"

"太好了——扶我一把，老兄，我要站起来。好，好，我看到它啦，在那里！在那里！它还在朝着下风头游着，那喷水多有气势啊！——放开我！我亚哈那股永不衰竭的精气神又在体内运行开了！扯上帆，划桨，把好舵！"

一艘小艇遭到了破坏，它上面的水手被另一艘小艇救上来后，他们就会帮着那艘小艇上的水手干活，这是常有的事。所以就会有双倍的人力划桨继续追击，现在就是这样的情况。可是虽然增加了划桨的人手，但是与白鲸增加的力量根本没得比，因为它的鳍好像增加了三倍，而它的游速也分明在传递着这样的信息：就目前的情况来看，小艇永远追不上。而且这样不停歇地拼命划桨，只能在短时间内有效，没有哪名水手能坚持下去。在这种情况下，只能让大船去追赶，说不定还有追上的希望。因此两艘小艇都向大船划去，很快便由吊车吊到了大船上。

那艘损坏的小艇在此之前就已经被打捞了上来，所有的东西都吊在船侧。所有的帆布都高高地堆起，辅助帆向着两侧张开，看上去就像是信天翁的一对长翅膀。随后"披谷德"号就朝着下风头的莫比·迪克紧追过去。桅顶上负责瞭望的人按照人尽皆知的方法，有条不紊地定时报告着白鲸闪光的喷水情况。每到报告白鲸刚刚下潜的时候，亚哈就会把时间记下来，手里拿着罗盘柜上的表，在甲板上踱来踱去；等白鲸预定上升的最后一秒刚过，马上就会响起他的声音——"这下金币归谁了啦？你们看到它了吗？"如果回答是否定的，他会马上下令让他们把他升到桅顶上亲自去瞭望。这一天就这样慢慢地过去了。亚哈或是在高处一动不动，或是在甲板上焦虑地踱来踱去。

他就这样一声不吭地在甲板上来回走动，除了跟桅顶上的人打声招呼，或是吩咐他们将某一张帆扯得更高些，或者把某一张帆张得更开一些——他就这样踱来踱去，每次都会经过那艘已经断为两截的破艇，现在它正背朝天地躺在后甲板上。最终，他在这艘破艇面前停住了脚。有时，在已经乌云密布的天空偶尔还会有新的厚重的乌云掠过，此时在这位老人脸上也出现了这样的情况，他原本就阴郁的神情上又添上了一重阴沉。

斯德布看到他停住了脚步，也许是想有意、并非枉费心机地表示一下自己丝毫未减弱的坚定信念，从而使他在船长心目中保留一个勇敢的形象，他走上前去，看着破艇的残骸大声说道："这是那个蠢货不吃的藜藜，它刺痛了它的嘴，先生，哈！哈！"

"多么没心没肺的家伙，还能对着破艇笑得出来？你啊你！要不是我早知道你勇敢得就像那无畏的火（同样也没脑子），我就敢断定你是个胆小鬼。虽然面对着破艇的残骸不该垂头丧气的，但是却也不该大笑。"

"是的，先生，"斯塔勃克走上前去说道，"这应当是个庄重的场面。这是一个预兆，而且是一个很不祥的预兆。"

"预兆？预兆？——辞典上才会这样说！如果神明有意要跟人们说什么，那它就该光明正大地说出来，不会这样摇摇头，像个老娘儿们似的给出一个不祥的暗示，——走开！你们两人是一件事情的两个极端：斯塔勃克就是斯德布的极端，而同样的，斯德布也是斯塔勃克的极端。你们俩代表着世上的人，而我亚哈却孤零零地置身在这熙熙攘攘的人世间，神明也好，世人也罢，他们都不是我的邻居！真冷啊，真冷——我浑身发抖！——现在怎么样啦，上边的！你们看到它了吗？哪怕它隔一秒钟会喷水十次，你们也得见一次报一次，就像这样报出来！"

天色暗了下来。太阳那金色长袍的镶边已经发出了沙沙的声响，但是瞭望哨上的人仍然待在上面，没有下来。

"现在看不到喷水了，先生，天太黑了。"半空中传来人的叫喊声。

"你最后看到它时，它是奔哪个方向去了？"

"跟先前一样，先生，它一直朝着下风头在游动。"

"好！天黑了，它会游得慢些。把最上桅的帆和中桅的辅助帆放下来吧，斯塔勃克先生。在天亮之前，我们千万别追到它的前面去。它正在转移中，很有可能会歇一歇。掌好舵，保持满帆！上边的人！下来吧！——斯德布先生，换一个精神头足的人到前桅顶上去，在天亮之前那个哨位上都要有人值班。"随后，他朝着钉着金币的主桅走去，站在金币前说道："兄弟们，这枚金币是我的，因为我第一个发现了它。不过，我还是要让它继续留在这里，直到杀死白鲸的那天再拿下来。到那时，你们中无论谁第一个发现它，这枚金币就归谁。如果还是我先发现它，那么，我就拿出十倍的钱来分给你们！大家散了吧，甲板归你了，先生。"

说完这话的时候，他已经置身于舱口里了，他把帽子压得更低，在那里一直站到了天亮，只是偶尔会让自己打起精神，看看晚上有没有事情发生。

第九十一章　第二天的较量

[名师导读]

第一天的战斗以亚哈失败而告终，回到大船上后，他加派了人手时刻盯着白鲸的动向，并继续向它游走的方向猛追。终于，他们再次相遇了。白鲸这次向亚哈他们发起了猛烈的进攻，虽然三艘小艇把标枪和长矛都扎在了白鲸的身上，但是却丝毫没有影响这次战斗的结果。亚哈再次惨败，不过他这次不但再一次失去了他的腿，而且还失去了那个神秘的袄教徒。

黎明时分，三个桅顶上都准时重新安排了人上去。

"你们看到它了吗？"亚哈等到天稍亮了一些后，大声叫道。

"什么也没有看到，先生。"

"把所有人都叫来加帆！它游得比我预料的要快——上桅帆！——唉，这些帆应该通宵张着不收下来。不过，没关系——养精蓄锐，休息一下再追也好。"

在这里有必要说明一下，像这样没日没夜地穷追一头鲸的事情，在捕鲸业中绝不是首例。因为那些南塔克特杰出的船长，天生就有了不得的本领，甚至已经到了一种神奇的境界，他们丰富的经验和坚定的信念让他们能够未卜先知。他们可以在某些特定的情况下，根据简单观测，就相当精准地预知鲸在一段时间内继续前游的方向以及在此期间它的游速。在这方面，他们与引航员很像，在出发的海岸（这个海岸是他在到达某一处后要返回的基地）快要看不到时，站在罗盘前调整航向，就能精准地到达那视线中的海港。这样做就是为了最后能够更有把握地回到那个远得已经看不到的老地方。在罗盘前穷追着鲸的捕鲸人也是一样的。白天他们追捕鲸，一连好几个小时做着详细的记录；到了晚上看不到它的时候，鲸趁着夜色留下的行踪，对机敏的猎手来说，就像引航员所负责的领水海岸一样，了然于心。

人人都知道鲸的行踪瞬间就会消失，但对一个有着丰富经验的杰出猎手来说，不管从哪一方面分析，想要寻找它就犹如到那块稳固的陆地上一样可靠。现代铁路上行走的那个强而有力的钢铁巨兽，人们对它的行止十分熟悉，只要拿着一只怀表，就能像医生数新生儿的脉搏那样计算出它的速度，还可以很轻松地说出这趟上行或下行列车将在什么时候到达什么地方；同样的道理，那些南塔克特人也能根据所观察到的鲸的具体游速，计算出这种大海怪游二百海里，到达某个经纬度时大约需要几个小时。但是要想这捕鲸人的技艺得到淋漓尽致的运用，还需要风和大海的配合。因为如果遇到风停了，船就不能前进，又或是遇到逆风，那么船就会被困住，这样一来，即使一名水手能够说出他此时距离他的港口还有九十三又四分之一海里，又有什么用呢？由上述情况可以得知，追捕鲸这件事会受到许多微妙情况的影响。

大船破浪继续向前急驰，在海上留下一道深沟，就像一颗没有瞄准目标的炮弹，落下来时变成了一张犁，为平地翻出了一道沟。

"我的天啊！"斯德布喊道，"甲板抖得这么厉害，连带得我的腿都抖起来了，抖得我心里直发痒。这艘船和我一样都无所畏惧！——哈！哈！有人把我举了起来，我的脊梁被贴着海面推了出去——因为我的脊梁是船的一道龙骨，不管你信不信！哈，哈！我们走得好轻快，背后没有扬起一丝丝的尘土。"

"它在那里喷水啦——喷水啦！——喷水啦！——就在正前方！"这时，桅顶楼上有人喊了起来。

"好呀，好呀！"斯德布大声喊道，"我心里有数——你逃不掉了——喷吧，你尽情地喷吧。白鲸啊！有个疯狂的恶魔会杀死你！吹起你的号角吧——鼓起你的肺吧！亚哈会封住你流出来的血，就像磨坊主人把溪上的闸门落下来一样。"

斯德布所说的话差不多也是那些水手想说的。这样疯狂穷追不舍的时候，他们全都热血沸腾，一如喝了陈年老酒后的酒劲发作一样。他们中有些人以前可能隐约有过恐惧和不好的预兆，可是这些东西此时已经在对亚哈日渐增长的敬畏下蒸发了，就像草原上胆怯的野兔，一看到那跳跃的野牛就会四散奔逃。命运之神的手已经将他们的灵魂紧紧地抓在了手里。而且经历了前一天那种胆战心惊的凶险场面，昨天晚上忐忑不安的煎熬，还有他们那艘疯了一般的船在猛追那疾驰的目标时，那种勇往直前、毫无畏惧、横冲直撞的劲头再次涌现了出来；经过了这所有的一切后，他们的内心都随着向前疾奔了。[赏析解读：前一天的凶险与此时他们猛追白鲸的种种都融合在了一起，说明了"披谷德"号上的水手在经历了所有的一切之后，依然信心满满、坚定地向着目标前进，体现了海洋人与生俱来的冒险精神。]风帆被吹得鼓胀，有一双看不见又让人无可抗拒的臂膀推着船向前猛赶。这风似乎就是一种驱使着他们去进行较量的看不见的神力。

他们三十个人此时已经合成了一个人，就像这艘载着他们所有人的船一样，尽管它是由许多大不相同的东西——橡木、枫树、松木、铁、沥青以及苎麻——拼凑成的，但是这些东西彼此结合成了船体。那根长长的主龙骨平衡着、指引着这艘船。同样的，这些各具特色的水手，或勇敢，或胆小，或犯过罪，或心存恶念，形形色色的人最终融合成了一个整体，在他们唯一的主人和主心骨——亚哈的指引下，向着那个性命攸关的目标奔去。

索具已经准备好。桅顶看上去就像是高高的棕榈树的树冠，上面张开着手脚一般的枝叶。有的人一只手攀着根圆木，另一只手伸出去急迫地挥着打招呼；还有些人坐在不停摇晃的帆桁外端，用手放在眼上挡住那强烈的阳光。所有的圆木上站满了人，他们都在等着接受命运的判决。唉！他们还拼命地在那一望无际的蔚蓝海面上不停地搜索着，寻找那个可能会让他们丧命的东西！

"你都看到它了，为什么不喊出来？"在水手发出了第一次叫喊声之后又过了几分钟，就再也没有新的消息传来了，亚哈这时不禁叫道："伙计们，把我升上去，你们都上当啦。

莫比·迪克绝不会只喷这么一下就消失的，它绝不会。"[赏析解读：此处的语言及动作描写，一方面表现出了亚哈急切想要知道白鲸消息的心情，另一方面说明了他对白鲸习性的了解，凸显出了他的经验丰富。]

事实上他说的没错，这一点很快就得到了证实，原来那个人一时大意，竟然把别的东西看成白鲸喷水了。因为亚哈刚刚到达他的瞭望点，那根吊绳刚刚扣到了甲板上的铁栓，他就对他的手下下达了命令，使得空气像许多来复枪齐发似的震荡起来。三十个健壮结实的汉子一起发出了胜利的欢呼声，原来他们看到莫比·迪克跃出了水面！它就在前面不到一海里的地方，比想象中的喷水位置离船还要近得多！这次近距离地看到它时，它并没有在悠闲自若地喷着水，也没有从它那巨大的头上看到那股安闲神秘的喷泉，它现身的方式要比喷水现象罕见得多，那就是鲸跳（鲸跳有多方面的原因：第一，繁殖期跳跃，吸引异性；第二，跳跃是一种格斗方式；第三，跳跃是一种联系手段；第四，跳跃是一种娱乐活动。此外，鲸跳还与鲸的捕食和逃避敌害有关系）。

它从海底深处以极快的速度升上来，轰隆一声一跃而起，使整个身躯猛地展现在半空中，随之涌起的是一座散发着炫目光泽的泡沫小山，人们在七海里外的地方都能看到它的所在。这时，被它搅动的滔天巨浪宛如它的鬃毛一般。在某些特定的情况下，鲸跳是一种挑衅的行为。

"它在跳！它在跳！"伴随着叫声，白鲸爆发出强大的威力，像大马哈鱼（是鲑科、太平洋鲑属的一种凶猛的肉食性鱼类，是著名的冷水性溯河产卵洄游鱼类，一生只产卵一次，产卵后即死亡）那样将自己的巨大身躯甩向了空中。在这片蔚蓝的水上草原上出现的鲸跳，掀起了漫天的浪花，在比海水更蔚蓝的天际衬托下，闪耀如冰川，白花花的一片，让人睁不开眼。接着，这巨大的浪花从最初夺目的光亮渐渐变得暗淡，最后化成阵雨后山谷中的水雾。[赏析解读：此处对于情景的描写，凸显出了白鲸出现时那异于寻常的华丽优美，以及人们对它的惊叹和赞美。]

"太好了，莫比·迪克，你就朝着太阳最后一跳吧！"亚哈大声喊道，"你的时辰到了，而你的标枪也已经来到了你的面前——下来！大家都下来，桅顶上只留一个人就可以了。小艇——准备好！"

那些水手嫌那些用护帆索做的绳梯碍手碍脚，便一个个像流星似的，抱着单独的后支索和升降索滑到了甲板上。亚哈虽然没有这么急躁，但也很快就从他的瞭望点下到了甲板上。

"放小艇，"他走到他的小艇旁（那是一艘在前一天下午才装备好的备用小艇）大声喊道，"斯塔勃克先生，你负责守在大船上——和小艇拉开一段距离，不过不要太远。把艇子都放下去！"

　　这一次莫比·迪克先发起了进攻，只见它转过身子，向着三艘小艇上的水手冲过来。亚哈的小艇居中，为了鼓舞士气，他要给那个可恶的家伙迎头痛击，也就是说他要让小艇直奔白鲸的额头。这样做并没有什么稀罕的，因为鲸的眼睛是长在巨大的脑袋两侧的，这样它就无法直面攻击。不过在进入这个限定的距离之前，这三艘小艇在它的眼里就像大船上的三根桅杆一样清晰可见；它使劲地翻腾着，几乎就是一眨眼的工夫，它就冲到了三艘小艇中间，张着大嘴，横扫着尾巴，在四面八方展开了一场混战。它对那些小艇投来的标枪毫不在意，似乎专心致志地只想把做成小艇的木板全部摧毁。它进退自如，不停地转来转去，灵活得就像是一个训练有素的战士一样。那些小艇虽然有时距离死亡只有一块船板那么宽的距离，但还是暂时幸运地避过了那凌厉的攻势。在这段时间里，亚哈那恐怖的喊叫声掩盖住了其他人的喊叫声。

　　但是白鲸的变化令人目不暇接，它就在这样的变化中冲过来又冲过去，而扎在它身上的那三根曳鲸索最终也被它千方百计地缠成了一团，由于曳鲸索缩短了，所以那些拉着绳索的小艇被拉得东倒西歪，不由自主地被拽向插在白鲸身上的标枪前。幸好这时白鲸暂时稍微退了退，好像要歇一歇，再集中精力进行一次更猛烈的冲击。这时，亚哈趁此空当头一个放出了一些绳索，然后又迅速地把扔出去的绳索用力拉紧——他想要借此解开一些绳索上的活结——谁也没有预料到此时竟然出现了比鲨鱼那满口尖锐的牙齿还要恐怖的一幕。

　　那些带着倒钩和尖刺扎在白鲸身上的标枪和长矛，和缠成一团的绳索缠在了一起，在白鲸不断拉紧和放松的作用下，标枪和绳索都被甩到了亚哈的小艇艇首的导索口上。这时只有一个办法可行。亚哈抓起艇上的刀，费了很大的力气才把塞进艇首导索口一头的绳索割断，又通过导索口把小艇外的绳索割断；之后把外边的绳索拽进来，经过导索口递给了位于艇首位置的水手长。然后他又分两次把导索口附近的绳索割断，把成束的枪矛扔进了海里。一切终于恢复正常。这时，白鲸又突然冲进了剩余的缠成一团的绳索中，这样一来斯德布和弗兰斯克那两艘被缠得难解难分的小艇，在无法抗拒的力量牵引下被拉向白鲸的尾部，两艘小艇就像两片被波涛冲击的贝壳相互碰撞。[赏析解读：此处把装载着水手的

两艘小艇比作贝壳，以此凸显出白鲸的凶猛和威力，同时说明了在这头巨大的海怪面前，人类的渺小和脆弱。] 然后，它沉到海里，消失在了一个沸腾的大漩涡里。有一段时间，艇上掉落的杉木板碎片在漩涡里不停地跳跃，就像是浮在一大碗迅速搅动着的五味酒上的肉豆蔻沫一样。

这时，两艘小艇上的水手们还在水中打转，伸手去够四周那些翻滚的装绳索的木桶、桨和其他浮在水面上的木制品。小个子弗兰斯克像是一个斜着浮在水面上的空瓶子，随着波涛上下起伏，不停地曲起双腿来躲避鲨鱼的袭击；斯德布拼命大叫，希望有人能把他从水里捞起来；而老头的绳索（这时已经一分为二了）还能派上用场，使他能钻到奶油色的海浪里去救别人——在这危险时刻，白鲸像箭一般笔直地从水里跃出来，它那宽大的额头上顶着亚哈至今还完好无损的小艇的底部，小艇翻滚着被送到了空中，像是有一条无形的钢丝把它牵到了天国。随即又掉了下来，艇舷朝下。亚哈和他的水手们这才像海豹从海边洞穴里钻出来似的，从艇底拼命地钻出来。

白鲸最初向上冲的势头（在它即将冲破水面时方向有所变化）使它不自觉地朝着海面冲了出去，落下来的时候偏离了它一手造成的灾难的中心点。它背对着这个中心点，躺着休息了一下，用尾巴慢慢地来回摆动刺探情况。一旦感觉到散失的桨、船板碎片或是一点点的小艇碎片，它就会快速地收回并用力地将尾巴横扫出去。[赏析解读：一系列细节的描述，凸显出了白鲸的狡猾以及灵敏的感知力，同时从侧面体现出了它的凶猛。] 没过多久，它似乎很满意今天的收场方式，便用那皱褶的额头劈浪前行，身后拖着成团的绳索，像个悠然自得的旅行者，向着下风头游去。

一直在旁边密切关注着这边动向的大船看到了这场恶战的整个过程，于是像上次一样马上过来救援。它放下了一艘小艇，打捞起漂浮在海面上的水手、大木桶、桨以及其他一切能够打捞的东西。有的水手扭伤了肩膀、手腕和脚脖子；有些人伤口发青；标枪和长矛扭曲得看不出原来的样子，绳索乱七八糟地缠成了一团，桨和船板没有完整的；所有的东西都被放在了甲板上，让人触目惊心。[赏析解读：对于场景的描写，写出了当时战况的惨烈，同时也说明了水手们的凶险处境。] 不过万幸的是，似乎没有谁受了致命伤或重伤。至于亚哈则和昨天的费达拉一样，死死地抓着那一半艇子，以便他能够不费力气地浮在海面上，不像昨天那样弄得筋疲力尽。

等他被扶上甲板时，大家的目光全都注视着他。他现在已经无法站立了，只能半靠在斯塔勃克的肩膀上。斯塔勃克一直都是第一个给他帮助的人。亚哈的假腿断了，现在只剩下又尖又短的一截。

"唉，唉，斯塔勃克，有时候能找个人靠一靠还真舒服，不管靠在谁身上。要是亚哈这个老头过去多靠一靠别人就好了。"

"假腿上的那铁箍没有顶住，先生。"铁匠这时走了过来说，"为了做那条假腿我可下了不少功夫。"

"不过，没有伤着骨头吧，先生，但愿没有。"斯德布的话里透露着真切的关心。

"唉，骨头全都碎了，斯德布！—— 你看到了吧。—— 不过，哪怕是骨头断了，也无法动摇亚哈的意志。活着的骨头和那根丢掉的骨头我都不在乎。不管是白鲸也好，人也好，还是魔鬼也好，都不会对我亚哈的本身和本性有丝毫损伤。有什么子弹能射到那里的海底，有什么桅杆能够够得着天呢？—— 喂，上边的人，它朝着哪个方向游走了？"

"它正朝着下风头游去，先生。"

"那就转舵迎风，把所有的帆都扯起来！把剩下的备用小艇放下来装备好 —— 斯塔勃克先生，你去把小艇的水手们都集合起来。"

"让我先扶你到船舷那边去吧，先生。"

"哎哟，哎！这一会儿这残腿还真扎得我好痛啊！这该死的命运！一位灵魂不可征服的船长竟然有一个如此胆怯的大副！"

"先生，你在说什么？"

"我在说我的身体，老兄，不是在说你。给我找个什么东西当拐杖 —— 嗳，那支不怎么牢靠的标枪就不错。把人集合起来。我确定直到现在我还没有看到他。难道他失踪了？ [赏析解读：此处的语言描写，表现出了此刻亚哈对袄教徒的行踪充满了疑问，并设下悬念，为下文埋下伏笔。] 老天啊，这不可能！—— 快！把人都叫过来。"

老头心中的怀疑在大家集合好后得到了证实，他没有看到那个袄教徒的身影。

"那个袄教徒！"斯德布大声说道，"他肯定是被什么缠住了。"

"见你的鬼吧！—— 你们全都快去找，不要放过任何一个地方，舱房，船首楼 —— 给我找到他 —— 他不会死的 —— 不会死！"

但是派出去的人很快就回来了，大家谁也没有发现那个祆教徒的身影。

"唉，先生，"斯德布说，"可能他被你那缠成一团的绳索绊住了——我好像看到他被拖下去了。"

"我的绳索！我的绳索！完啦？——完啦？这个简单的词是什么意思。这个词就像是被敲响了的丧钟，我亚哈老头撞着它，仿佛它就是那钟楼似的。哎哟！还有我的那支标枪！在那堆乱七八糟的东西里面好好找找——你们看见了吗？——那支新打造的标枪，兄弟们，那是专为白鲸准备的标枪——不，不，不，——我真是个可恶的傻瓜！这只手确实已经把它投出去了！——它扎在了白鲸身上！上边的人！好好盯住它——快！——大家去装备那些小艇——把桨都拿过来——标枪手们！把标枪和长矛都拿过来，标枪和长矛！——把最上面的帆升高些——把所有的帆都升高！——掌舵的！稳住，拼命稳住！即使我要把这无法测量的地球绕上十圈，即使我要从地球中间钻进去，我也非把它宰了不可！"

"伟大的上帝啊！您现身一次吧，哪怕只是一下子也好，"斯塔勃克叫道，"老头，你绝对逮不住它——奉耶稣基督之名，算了吧，再这样下去，比魔鬼发疯还要糟。追了两天，都以失败而告终，你再次失去了你的腿，你那个邪恶的影子也死了——好心的天使们纷纷向你发出警告——你还想要干什么？难道我们还要继续追击那头致命的鲸，一直到最后一个人也因此丧命吗？难道非要它把我们都拉到海底去才算完吗？啊，啊，——还要穷追下去，那就是造孽，是对神明的大不敬啊！"[赏析解读：作者在此处采用排比、反问的修辞手法，说明了此时斯塔勃克即将崩溃的心态，他对亚哈的做法充满了不满、愤怒和抱怨，同时也说明了他还保有理智。]

"斯塔勃克，近来你总让我感到十分亲切，上次我们彼此在对方的眼睛深处看到的——至于看到了什么，你很清楚。但是在这头鲸的问题上，即使你对着我的脸，就像我的手掌一样没有嘴、空白地没有任何面貌特征，没有表情，亚哈永远是亚哈，老兄。所有一切都是命中注定，无法改变的。在这大洋形成之前的亿万年中，你和我就已经排练过了。傻瓜！我是命运的助手，现在只不过是奉命行事。我的副手，你们听好！按我说的去做！站到我边上来，兄弟们。你们面前站着的是一个被咬掉了一条腿的老头；他挂着一支不牢靠的标枪，靠一条孤零零的腿站着。这就是我亚哈——虽然他的身体有了残缺，但是亚哈的灵魂却有一百条腿，他用一百条腿走路。我筋疲力尽，几乎一动也不能动，就像是几根绳子，在狂风中拖着些折断了桅杆的舰船，现在我在你们的眼里可能就是这样一个模样。可是在我这根绳子绷断之前，你们会先听到我身体裂开的声音。只要你们还没有听到那样的声音，你们就知道我亚哈这根粗缆绳还在拖着他要拖的东西。兄弟们，你们相信预兆这个东西，对吧？好，那就先发出笑声，再发出哭声吧。因为凡是即将淹死的东西，在淹死前都会再浮起来两次，然后等它再浮上来后，就会永远地沉没了。[赏析解读：此处的叙述说明，表现了亚哈船长对莫比·迪克的了解，从而可以看出，为了进行他的复仇计划，他花费了很多时间和精力。]莫比·迪克也是一样——它连着两天都浮了上来，明天是第三天。嘿，兄弟们，明天它还会再浮上来一次——不过只是上来喷最后一次水而已！你们觉得有胆量了吗，有胆量吗？"

"像无所畏惧的火神一样。"斯德布大声说道。

"也像火一样没脑子，"亚哈低声喃喃道，随后水手们陆续走上前，他接着低声喃喃道，"所谓预兆这个东西！昨天，在我和斯塔勃克谈到我那艘被毁了的小艇时，还说过这样的话。啊！我是那样勇敢，想从别人心里赶走在我心里坚不可摧的东西！——那袄教徒——那袄教徒！——他死了吗，他是死了吗？如果他走在前面，那在我死之前他还会出现的——怎么会这样呢？——现在有一个巨大的谜团，它可能会让所有的律师都无可奈何，即使有那些已经去世的一长串法官的阴魂做后盾的律师也束手无策——这谜团宛如兀鹰的尖嘴在啄着我的头。但是，我一定会，一定会将它解开的！"[赏析解读：此处的语言描写，渲染了气氛，增加了故事的神秘性，使读者对袄教徒的去向以及那个巨大的谜团产生了兴趣，引起读者的好奇。]

天色暗下来时，他们仍能看到白鲸在下风头游着。

于是，一些帆篷又重新被放下来。所有的一切几乎跟昨天晚上相同，只是这一夜的半空中都回荡着铁锤和磨刀石的声音，一直到天快亮时才停歇，因为大家都在为明天的战斗做准备，他们挑着灯细心地将那些后备艇装备好，打磨好他们的新武器。同时，木匠用亚哈那艘破艇折断了的龙骨作木料，重新给他做了一条假腿。亚哈则仍和昨天晚上一样，把帽子压得低低的，一动不动地站他舱房的小舱口那里。他那隐蔽的、就像日光反射信号板一样的目光，回到了它正对着东方的日晷（是观测日影计时的仪器，主要根据日影的位置指定当时的时辰或刻数）上，盼望着第一抹朝阳的出现。[赏析解读：这里对亚哈的神情进行了描写，从他的期待中说明了在他的内心对于杀死白鲸这件事情，还是抱有强烈的幻想和希望的。]

第九十二章　第三天的恶战

[名师导读]

第三天天气晴朗，亚哈依然在寻找着莫比·迪克的身影。终于皇天不负有心人，他再次发现了白鲸。他随即让人放下小艇，留斯塔勃克守船，自己便带着二副和三副向着白鲸追去。莫比·迪克由于前一天受到了重创，疼痛使它发了狂，竟然向着大船撞去。最终，整场恶战以船毁人亡而告终，亚哈最终没有亲手杀死他的死敌，大海成了他的葬身之地。

第三天的一早便迎来了清新晴朗的好天气，亚哈重新安排了一批白天瞭望的水手，专门将在前桅顶上值班的人替换了下来，他们散布在每一根桅顶和几乎所有的横桁上。

"你们发现它了吗？"亚哈高声问道，但是那头白鲸依然不见踪影。

"不过，我敢肯定，我们就在它的身后。只要盯紧它就可以了。掌舵的，稳住，就按现在这样一直走。又是一个美好的日子！如果这是个新世界，是专门为天使们盖的夏宫的话，那么今天早上就是夏宫开放日。这世上没有比今天再美好的日子了。如果亚哈有时间思考的话，那这里真的有可供他思考的东西。可是亚哈从来不思考事情，他只凭感觉行事，感觉，感觉，这对寻常人来说已经很好啦！"[赏析解读：此处的叙述，从侧面表达出了亚哈的疯狂和偏执，同时也暗示在他的心里杀死白鲸才是最重要的，报仇雪恨才是他的最终目的，这是一件不需要思考、只需要去行动的事情。]

"思考是一种冒犯。只有上帝才享有这种权利和特权。思想或许应该说是一种冷静、稳重的心态，而我那可怜的心在猛烈地跳动，我那可怜的脑子也运转得过于凶猛。但有时候我却认为我的头脑十分冷静——冷静得就像冻住了一样。这个老脑壳就像一个玻璃杯快要裂开了，因为杯里的水结了冰，冻得它直打冷战。然而这头发如今还在生长，此刻就在生长，一定是因为热力的作用。啊，不对，这头发就像到处生长的草一样，在格陵兰岛（位于北美洲与欧洲的交界处，沟通了北冰洋和大西洋，是世界上最大的岛屿，整个岛屿超过80%的土地被冰盖覆盖）被冰雪覆盖的地缝里能够生长，在维苏威火山（是一座位于欧洲大陆上的活火山，位于意大利南部那不勒斯湾东海岸，是世界著名的火山之一，被誉为"欧洲最危险的火山"，公元前79年的大喷发曾掩埋了著名的庞贝古城）的熔岩里也一样能够生长。狂风剧烈地肆虐着它，就像破帆的碎片抽打着它们如今依然还在依附的上下起伏的船一样，抽打着我周围的一切。"

"在这之前，这股残暴凶恶的狂风一定先吹进了监狱的过道和牢房以及医院的病房，为它们吹走了原本污浊的空气。接着它又变成了像雪白的羊毛一般纯净，刮到了这里。但是走上前去迎风细嗅！——原来这是一股被污染了风。如果我是风的话，一定不会在这个邪恶肮脏的世界上吹。我会在某个地方找个洞穴，藏在里面。不过风这种东西，其实是十分高贵又无比英勇的！没有人能够征服它。在每一次的战斗中，它总是负责最终的致命一击。你朝它冲过去，结果却只是从风里钻了过去。哈，哈！只有那怯懦的风才会袭击弱不禁风的人，就是我亚哈也比那样的风高贵、勇敢。"

"风如果有躯体就好了，凡是那些让普通人感到十分火大的东西都是无形的，但并不是作为无形的神，而是作为无形的物。这中间有极为特殊、极为狡猾、极为恶毒的区别！不过我要再说一遍，而且要郑重其事地说：风里藏着一种光明磊落、宽容厚道的东西。最起码，这些贸易风就很温暖，它在万里无云的天空中笔直地吹过，强劲有力、坚定不移、轻柔温和，无论拙劣的大海中的暗流如何随意改变方向，也无论陆地上的那些滚滚大江如何急转偏斜，无法确定自己最终的去向，贸易风都始终没有偏离地向着自己的目标吹去。老天啊！我这艘宝贵的船正是在贸易风的推动下前进的，这贸易风或是某种类似它的既坚定不移又强劲有力的东西吹着我那宁折不弯的灵魂前行着！向着它前行！喂，上面的人！看到什么了吗？"

"什么也没有看到，先生。"

"什么也没有看到！马上就到中午了！那金币正在找主人呢！看看那太阳！唉，肯定是这样的，我超过它了。怎么会超过它了呢？唉，现在是它在追我而不是我在追它了——这可不是件好事，我早就应该想到会发生这样的情况。傻瓜啊傻瓜！它还拖着那些绳索和标枪呀！唉，昨天晚上我就超过它了。调转船头，调转船头！除了正规的瞭望哨，其他人都下来！拉转帆索！"

航向调整后，风或多或少在"披谷德"号的船侧后边出现，所以此时调转了帆的船正在向着相反的方向逆风行驶，重新搅起了自己刚才留下的白色浪花。

"他现在是逆着风朝白鲸张开的大嘴里送啊，"斯塔勃克一边把刚拉过来的主转帆索绕到船栏上，一边喃喃自语道，"愿上帝保佑我们，不过我已经感觉到骨髓里的潮气开始往外冒了，它从里到外湿透了我的皮肉。我以前认为不听他的号令是对上帝的背叛，是我错了！"

"准备把我升上去！"亚哈一边朝着篮子走去，一边大声喊道，"我们很快就会再次见到它的。"

"是，是，先生。"斯塔勃克马上照办了，于是亚哈再一次来到了他的瞭望点上。

整整一个小时过去了，太阳迟迟不愿落下。时间此时也似乎停止了。最终，亚哈在距上风舷约三十四度的方向，再次发现了正在喷水的白鲸，随即从三根桅顶上传出了三声尖叫，仿佛是三条火舌发出的声音。[赏析解读：此处对于场景的描写，渲染出一种紧张的氛围，同时表现出了大家再一次发现莫比·迪克时的激动、兴奋心情。]

"莫比·迪克，这是我第三次面对面地与你交锋了！到甲板上来！转帆索把帆转得更高些，迎风前行！我们离它太远了，现在还不能放下小艇，斯塔勃克先生！帆在发抖！拿把大木槌去舵手旁边守着！啊，它游得太快了，我必须要下去了。但是在下去之前，再让我在上面好好看看周围的大海，这点时间还是够的。这景色对我来说熟悉得不能再熟悉了，但是却总也看不够。从我还是孩子、离开南塔克特的沙丘第一次看到它的时候起，它始终是这副模样！一如既往！一如既往！从诺亚所在的洪荒时代直到如今我身处的时代，一如既往！下风头下起了小雷阵雨。多可爱的下风头啊！它一定会在某个地方落脚——那是一个非同寻常的地方，那里的棕榈树更加繁茂高大。下风头！白鲸在下风头；那就去上风头看看，后边的风刮得越猛烈越好。不过你这老桅顶楼，再见吧，再见！那是什么？——绿的？唉，有了裂缝的木头里长出了小小的苔藓。我老亚哈的头上可没有岁月留下的绿色痕迹！可能这就是人老了和东西旧了之间的区别吧！唉，你这根老桅杆啊，我们两个都老了，但是我们的身子骨还很结实，是不是，我的船？[赏析解读：此处的语言描写，说明了此时亚哈船长的复杂心情，渲染出了一种英雄落幕的悲壮氛围。]唉，只不过少了一条腿。"

"老天啊，这根死木头不论从哪方面来说都强过我的血肉之躯。我无法和它相比。据我所知，有些用死掉的树制造的船，比起被父母赋予健壮身躯的人的寿命要长。他是怎么说的，我的引航员，你还应该在前面引导着我才对，我们还能再见到他吗？可是在哪里才能看到他呢？如果我走下那永无止境的阶梯下到海里，我在海底还能看到他吗？一整晚我一直在往前走，离他沉没的地方越来越远了。唉，我的祆教徒啊，就像你提到的那些关于自己的可怕的事情一样。不过亚哈，你那一枪并没有投中啊！再见啦，桅顶楼上的人——我下去后你要好好盯着白鲸。我们明天再聊吧，不，确切地说是今天晚上，到了那个时候，白鲸就会被从头到脚地牢牢捆住，躺在那儿。"

他许下了这样的承诺，一边环顾着四周，一边从蔚蓝的天空中平稳地落到了甲板上。

小艇已经在适当的时候放了下去。此时亚哈站在艇尾，在正要被放下去的间隙，他突然向抓着甲板上一根滑车索的大副挥了挥手，示意他停一停。

"斯塔勃克！"

"有什么事，先生？"

"我灵魂的船第三次出发了，要去结束这次航行，斯塔勃克。"

"唉，是你决意要这样做的啊，先生。"

"有些船从港口驶离后就再也回不来了，斯塔勃克。"

"这是事实，最令人悲伤的事实，先生。"

"有些人死在退潮中，有些人死在浅水里，有些人死在汹涌的潮水里——我此刻觉得自己就是那汹涌澎湃的一排巨浪，斯塔勃克。我老了——跟我握握手吧，好伙计。"[赏析解读：此处的语言描写，表现了亚哈此时将个人生死置之度外，他决定以身赴死与他的死敌决战。]

他们的手握在一起，他们的目光交织在一起，斯塔勃克满脸是泪。

"啊，我的船长，我的船长！——你是个好人——不要去——不要去！——你看，硬汉都流下眼泪了。想一想，劝诫开导你令他感到十分痛苦！"

"放下去！"亚哈把大副的胳膊甩到一边，大声命令道，"水手们准备好！"

没过一会儿，小艇就紧贴着船尾划开了。

"鲨鱼！鲨鱼！"从舱房低处的窗口处传来一阵声音，"主人啊，我的主人，快回来吧！"[赏析解读：此处的叙述，表现出了比普对亚哈船长的担心和忧虑，同时也预示了大灾难的即将发生，为下文作铺垫。]

可是亚哈什么也没有听到。因为这时他正扯着嗓门大喊大叫，小艇飞快地向前冲了出去。

然而那个人没有说假话，就在亚哈的小艇刚驶离大船，一群鲨鱼就仿佛从船底下幽深的水中冒了出来，它们每钻回水里一次，就会猛咬一下桨板。就这样，它们跟着小艇边游边咬。这种事情在那些鲨鱼聚集的水域中很常见。鲨鱼有时显然是有预感地紧紧跟着捕鲸艇，就像在东方，时常会有兀鹰在行进的大军头顶上空盘旋一样。不过，这是"披谷德"号自发现白鲸以来第一次看到鲨鱼。不知道是不是因为亚哈手下的水手都是虎皮黄肤色的野蛮人，因为他们的肌肉会散发出一股麝香的香气，这很难说（众所周知，麝香味可以吸引鲨鱼），但是不管怎样，看起来鲨鱼认定了这艘小艇，对其他的小艇却丝毫没有兴趣。

"真是铁石心肠！"斯塔勃克依靠在栏杆上，望着小艇离去的方向喃喃自语道，"你看到了这种情景，竟然还敢在那些恨不得吃掉你的鲨鱼群中放下小艇，任由它们张着大嘴紧跟着你，而你还要去追击白鲸？而且这已经到了至关重要的第三天了。如果把猛追的这三天连在一起的话，那第一天一定是在早上，第二天一定是在中午，而第三天就是傍晚了，最后就会收场——不论结果是好是坏。啊！我的上帝啊！是什么东西划过我的心，让我如此镇静从容又有所期待。——是寒战定住了我！未来的事浮现在我的眼前，却徒有轮廓、空有骨架，过去的一切却反而变得模糊了！玛丽，我亲爱的妻子！你慢慢地消失在了我背后昏暗的荣光里；我的儿子！我似乎只看到你那格外美丽的蓝眼睛。"[赏析解读：此处的语言描写，写出了斯塔勃克内心的惶恐不安，表现出了他在面临死亡时对家人的思念之情。]

"人生中许多奇怪的问题似乎都变得明朗了，可是云雾却从中阻挠——我人生的终点是不是快要到了？我的双腿发软，就像连日奔波的人那样。摸摸你的心——它还在跳吗？——让你的手脚动起来，斯塔勃克！——阻止它吧——说吧，说吧！大声说出来！——喂，桅顶上的人！你们看到沙冈上我的孩子挥舞的手了吗？——疯啦——喂，上边的！——留神盯着那些小艇——仔细盯着那头白鲸！——嘀！又来啦！——把那头鹰赶走！瞧！它在啄——它把风信旗弄破了，"他指着飘扬在主桅圆帽顶上的红旗——"哈！它叼着风信旗飞走了！——老亚哈现在在哪儿呢？——你看看那个景象吧，亚哈啊！——真让人浑身战栗！"

那些小艇没有走出去多远，就看到桅顶上的人做了个手势——一只胳膊向下指，亚哈知道那头白鲸沉下去了。不过他想等它下一次冒出来时正好在它附近，所以便稍稍偏离了大船，继续前行。水手们像被施了魔法似的，一直默不作声，只有巨浪像锤子似的一下一下地迎面敲击着艇首。

"敲吧，敲你的钉子吧，你这海浪！把钉子敲进去，一直敲到底！不过你钉的只是一件没有盖子的东西。棺材和灵车都不属于我，能够杀得了我的只有麻绳！哈！哈！"

突然，那些小艇四周的海面慢慢地冒起了一个个大圆圈，接着是迅速的波动，就好像有一座沉在水下的冰山正在以极快的速度冒出水面，水从它的周围流了下来，然后是一阵低沉的隆隆声，那是一种来自地下的嗡嗡声。于是大家屏气凝神，只见一个巨大的身躯拖着长长的曳鲸索、标枪和长矛，和海面呈一斜角纵身跃出了海面。它裹在一层纱一般的水雾里。它的纵身一跃，为空中带来了一道彩虹，随后便"哗"的一声掉进了海里。海水溅起三十英尺高，一瞬间犹如万泉齐喷，闪着亮光，随即化为阵雨般落下，然后白鲸那大理石般的身躯就被仿佛新鲜牛奶似的水面包围了。[赏析解读：此处的情景描写，表现了白鲸出现时那令人感到惊叹的异于寻常的美，同时也说明了白鲸的巨大和凶猛。]

"往前呀！"亚哈朝着桨手们喊道，于是几艘小艇冲上前去发起了攻击。可是昨天的新伤让莫比·迪克痛得发疯，似乎所有的天使在合力压制它，使它野性大发。在它那宽阔白色额头的透明皮肤下，遍布着一层层拧在一起的筋。它向着小艇迎面冲过来，用尾巴在小艇中间一阵猛搅，再一次把它们打得丢盔弃甲，二副和三副小艇里的枪矛全都掉进了海里，还把他们小艇首部的上边一侧给撞碎了。只有亚哈的小艇几乎没有受到损伤。

达果和季奎格此时正在忙着堵船板上的窟窿，白鲸从他们中间游出后转了个身，再度从他们艇边掠过，露出了它整个一面的侧腹。在这个关键时刻，只听到一声短促的叫喊。原来昨天夜里白鲸在不断地翻滚中，身上的绳索顺势把它的身子牢牢地捆住了，一道又一道的，却让那个袄教徒的残破身体露了出来，他原本那套黑色的衣服成了碎布条，他那泡得肿胀的眼睛此刻正好直直地瞪着亚哈。

那支标枪从他手中溜了出去。

"上当了，上当了！"亚哈倒吸了一口凉气说，"唉，你这个袄教徒！我又见到你啦——唉，你还是先走了，而这个就是你事先为自己准备好的灵车。不过我完全相信你说的话。那第二辆灵车在哪里呢？二副和三副，你们回大船上去吧！你们的小艇现在已经不能用了，要是有时间的话，你们去把它修补好，再回来找我；要是没有时间的话，那我亚哈一个人死掉也够了——下去啊，兄弟们！谁要想从我的小艇里临阵脱逃的话，就得先挨上我一枪。你们不是别的什么人，你们是我的手足，要服从我的命令。白鲸在哪里？又沉下去了？"

莫比·迪克好像执意要背着那具尸体逃走，而且对它来说，今天这场遭遇战的地点似乎也只是它往下风头去的航程中的一站，因此它又坚定地向着下风头游去，几乎已经游过了"披谷德"号。而大船到目前为止一直跟它背道而驰，不过现在它停下了。白鲸看起来是在以最快的速度向前游动着，而且现在它只是在专注地赶它自己的航程。

"亚哈啊，"斯塔勃克大声说道，"就算是现在也还来得及，这是第三天了，住手吧。你看看，莫比·迪克并没有想找你决斗。是你，是你在疯狂地找它！"

那艘孤零零的小艇上的水手看到刮起了风后便扯起了帆。小艇借助桨和帆，迅速地朝着下风头赶去。当亚哈终于划过大船时，他们离得是那样近，甚至可以看清趴在栏杆上的斯塔勃克的脸，他招呼斯塔勃克把船掉过头来跟着他，不过不要太快，保持一定的距离。他抬头向上望，看到塔希特戈、季奎格和达果正匆忙地爬上桅顶，而那些桨手则摇摇晃晃地待在那两艘被吊到船侧的破艇里，不停地修补着。就在他与大船擦身而过时，目光透过舷窗飞速地瞥见了斯德布和弗兰斯克正在甲板上的一簇簇新的标枪和长矛丛中忙活着。他看到了这一切，又听到了从甲板上传来的锤子敲打在破艇上的声音。他觉得有许多把锤子把一根钉子往他心里敲。可是他咬牙忍住了，然后他发现大船主桅顶上的风信旗不见了，于是他朝着刚刚爬上桅顶的塔希特戈大喊，让他下去再拿一面旗子还有锤子和钉子来，重新钉上。[赏析解读：对于大船上环境的描写，渲染出了此时水手们严阵以待、不敢松懈的紧张气氛，同时也为最终的毁灭埋下了伏笔。]

究竟是由于连续三天来遭到的追击，再加上身上那些缠成团的绳索影响到了它的游动，让它感到疲倦了，还是心怀叵测？反正不管是哪个原因，这时白鲸的游速已经慢了下来。于是小艇很快又来到了它附近，实际上，白鲸这次与小艇的距离并没有先前那两次远。不过就在亚哈的小艇在波浪上滑行时，那些紧跟着他的鲨鱼并没有对他表示出友善；它们一步不落地跟着小艇，不断地咬那些划动着的桨，在桨板上留下了一个个牙印，几乎每划一次桨，海面上就会留下一些细木片。

"别理它们！那些牙齿正好给你们的桨提供了新的桨架。继续划！"

"可是，先生，这么咬下去，那薄薄的桨板就会越来越小的！"

"它们能撑住的，够你划了！继续划！——可是谁知道呢，"他喃喃自语道，"究竟这些鲨鱼是为了啃噬白鲸还是我亚哈呢？——不过，继续划！喂，大家小心啊——我们靠近它了。掌舵的！掌好舵；让我过去。"接着，两个桨手便将他扶到了这艘仍在飞速前进的小艇艇首。

最后，小艇冲向了一边，在白鲸的侧腹近处平行行驶。令人匪夷所思的是，白鲸好像并不知道小艇就在眼前了——有时候鲸就是这样——这时亚哈已经深入到了白鲸喷水口冒出的萦绕在摩纳德诺克山（位于美国的新罕布什尔州南部，是一座孤立的山峰，山上草木不生）似的大背峰周围的水雾中了。它甚至就在眼前。这时，他的身子往后一靠，双臂高举过头顶，作出了投掷的姿势，凶狠地把标枪连同更加凶狠的咒骂一起投向那头令他恨之入骨的鲸。[赏析解读：此处一连串的动作描定，凸显出了亚哈的凶狠以及他对白鲸那滔天的恨意。] 标枪连同咒骂一起深深地插进了白鲸的喷水口，仿佛被吸进了泥沼中。莫比·迪克的身子向侧面一扭，它靠近艇首一边的腹部像抽风似的一滚，猛地把小艇掀翻了，小艇却没有被捅破。亚哈要不是早已抓住了那艇舷翘起的部分，只怕又要被掀进海里去了。可是，小艇上的三个桨手事先并不知道标枪投出去的确切时间，因此对于白鲸的反应也无法提前做出准备。于是，他们就被抛了出去，不过在下落时的一瞬间，其中两个人碰巧抓到了艇舷，他们借助海浪起伏，待升到与小艇持平时，翻身进到了小艇中。而另外一个则无奈地落到了艇尾后，不过还在水面上游着。

差不多就在同时，白鲸毅然决然地飞速冲进了波涛汹涌的海里。亚哈马上大声命令舵手，让他再把曳鲸索放出几圈，并把绳索紧紧卡住，然后又让两名水手在各自的位置上转身，借着绳索被拉紧的力量，让小艇冲向目标。可就在这时，那根靠不住的曳鲸索因为承受不了前后两边的拉力，"砰"的一声在空中断开了。

"我身上有什么东西断了吗？是筋断掉了！——好，又接上了！划呀！划呀！向着它冲上去！"

白鲸似乎感受到小艇正不要命地向着它猛冲过来，便猛地转过了身，准备用它的白色额头来抵抗。可是就在它转过身的一瞬间，它突然看到了正朝它靠近的大船那黑色的船身，似乎明白了这艘船才是它所受迫害的根源，以为（很有可能是这样的）这是一个更大、更厉害的敌人，便猛地向迎面驶来的大船船头冲了过去，在漫天飞舞的泡沫的掩护下，它用那巨大的嘴使劲地向着大船撞去。[赏析解读：这里把此时的白鲸比作一个有情感的人，而它对水手们的报复也即将展开。]

看到这一幕的亚哈几乎站不稳脚，他用手敲打着自己的前额，"我看不见了。你们快把手伸到我的眼前来，让我摸索着走。是到了夜里了吗？"

"白鲸！大船！"战战兢兢的桨手们大声喊道。

"划呀！划呀！大海啊，它在头朝下地奔向你的怀抱，在我亚哈悔不当初之前，让我给我的目标最后一击！我看到了，大船！大船！冲呀，我的兄弟们！难道你们不想救我们的船吗？"

可是，正当桨手们拼命划着，使小艇穿过那像大铁锤似的浪头时，之前被白鲸袭击过的艇首的两块船板突然裂开了。几乎就是一瞬间的工夫，暂时动弹不得的小艇就已经沉得与海浪齐平了。小艇上那几个落在水里的水手，正拼命堵着不断涌进海水的破洞，同时把涌进小艇里的水舀出去。

与此同时，桅顶上的塔希特戈手里举着的锤子停在了半空中，那面红旗像披肩似的半裹着他，然后就像他身体里那颗血红的勇往直前的心一样，从他身边笔直地飘了出去。就在这一瞬间，斯塔勃克和斯德布在探出船头的一根圆木上站着，他们和塔希特戈同时看到了那头海怪向着大船扑了过来。

"白鲸扑过来了，白鲸扑过来了！转舵迎风，转舵迎风！啊，求求你这股仁慈的风，帮帮我吧！千万不能让斯塔勃克死，如果他非死不可，那就让他像个女人似的晕死过去吧！我说，转舵迎风，喂 —— 你们这些傻瓜，那是鲸嘴！鲸嘴啊！难道这就是我真诚祈祷的结果，我的虔诚只换来如此下场吗？啊，亚哈啊亚哈，都是你干的好事。稳住，舵手，稳住。不，不！再转舵迎风！它转过身要迎面扑来。啊，它那无情的额头正对准了一个因职责所在而无法离开岗位的人撞过来。我的上帝，请帮帮我吧！"

"不要站在我身边，站在我下面。不管是谁，现在都去帮助斯德布，因为斯德布也坚守在这里。我笑着望向你，你这头正在龇牙咧嘴笑着的鲸！有谁曾帮过斯德布，让他保持清醒，还不是靠着他那双眨都不眨一下的眼睛？可是现在可怜的斯德布要在一张太过柔软的床垫上睡觉了，希望这张床垫里装的是小树枝！我笑着望向你，你这头正在龇牙咧嘴笑着的鲸！你们听着！太阳、月亮和星辰！我把你们称为杀人犯，你们杀了一个好人，他可是穷得把自己的灵魂都交换出去了！即便如此，只要你们把酒杯递过来，我还是愿意跟你们碰杯的！啊，啊！啊，啊！你这头正在龇牙咧嘴笑着的鲸，很快你就可以好好地享用了！亚哈啊，你为什么不逃走呢？如果是我，我会脱掉上衣和鞋子逃走的；就让斯德布穿着衬裤死去吧！不过这种死法会让我发霉，盐味也很重——樱桃！樱桃！樱桃！弗兰斯克啊，如果在我们死之前能够吃到樱桃该有多好啊！"

"樱桃？如果可以的话，我倒宁愿我们现在是在长有樱桃树的地方。斯德布啊，我多么希望我那可怜的母亲在此之前已经支取了我的那一份工资；如果没有的话，那她就拿不到几个钱了，因为这趟航行已经结束了。"［赏析解读：此处对于三位船副的语言描写，衬托出了在死亡面前他们害怕、紧张、不舍却又无计可施的心情。]

这时，基本上所有的水手都一动不动地待在船头，锤子、碎船板、标枪和长矛，都被他们不知不觉中拿在手里，他们脸上的神情就好像刚放下各自手里的活直奔这里来时的一模一样。他们那好似着了魔般的眼睛一刻也没有从那头白鲸身上移开，而白鲸则一直在左右晃动着它那颗令人恐惧的巨大脑袋。它在横冲直撞时把一片呈半圆形的大片浪沫从一边洒到另一边。它的整个神情都充满了一种将人置于死地好为自己报仇雪恨的歹毒。世人所能想出的一切办法，它都漠不关心；它那结实的白色额头猛烈撞击着右舷船头，撞得站在上面的人直摇晃。有人脸朝下地摔在甲板上。身处桅顶上的那几个标枪手的头在他们那公牛般的脖子上不停地摇晃着，看起来就像散了架的桅杆帽一般。他们听到海水从裂口处涌进船里的声音，就像山泉在渡槽里向下奔腾一般。

[赏析解读：情景描写，表现出了白鲸奇大无比的力量与它所造成的毁灭性攻击，显示出了在鲸面前人类的渺小。]

"大船成了灵车了！它是第二辆灵车！"亚哈在小艇上大声说道，"它的木料只能是美国的！"

白鲸潜到了静止的大船下面，窸窸窣窣地擦着龙骨游了一阵子，接着便在水下一个转身，呼的一下飞快地冲出水面，离船头的另一边远远的，但离亚哈的小艇却只有约十英尺远。它暂时一动不动地躺在那里。

"我转过身子不再朝着太阳了。怎么了，塔希特戈！让我听听你的锤子发出的敲击声。啊！我那三个坚韧不拔的佼佼者；你们是折不断的龙骨，是只有神明才能让你们屈服的船体；你们是坚硬的甲板，是傲岸的舵，指着北极星的船头。啊，这艘死得其所的船！难道你就要撇下我西去了吗？难道最卑微的失事船的船长那最后一点骄傲都不能给我吗？啊，孤寂的生，孤寂的死！啊，我现在才感到我那独一无二的伟大隐藏在我独一无二的悲痛之中。嗝，嗝！那些与我打了一生交道的、勇敢的巨浪以及置我于死地的最后一重波浪，从那四面八方浩浩荡荡地涌来吧！你这头摧毁一切但却不能征服一切的鲸，我朝着你冲过来了，誓死要与你拼到底。我拿着刀从地狱深处向你刺去，为了发泄我心头的仇恨，我要拼到最后一口气。把所有的棺材和柩架都沉到那个公共的水葬场去！既然棺材和柩架都没有我的份，那就让我在追击你时粉身碎骨吧！与其说是追击，倒不如说是和你绑在一起，融为一体，你这头该死的鲸！好，我的标枪也不要了！"

标枪被投了出去，中枪的白鲸往前疾驰，枪上的曳鲸索以闪电般的速度被拉出了细槽——结果却拧成了团。亚哈俯身去解，绳索被解开了，可是没有想到那如飞的绳索绕了一圈后，恰巧就套在了他的脖子上。就像沉默的土耳其人无声地勒死受害者一样，他像箭一般地从小艇里飞了出去，甚至连水手们一时也不敢确定他是不是不在了。没过多久，曳鲸索末端沉重的索眼从空空的索桶里飞出去，打翻了一个桨手，又跌到海面上，之后便沉入海底不见了。

有一阵子，小艇上的水手们精神恍惚，如在梦中，一动不动地站在那里，半晌才回过神来，转过身子问道："大船呢？天啊，大船哪去了？"他们在震惊之余受到了一种命中注定的感应，好像看到了船的侧面消失在了仙女摩根的海市蜃楼（这种海市蜃楼偶尔会在西西里岛与意大利之间的墨西拿海峡出现，其特点为双重形影。正影上还有同样的一个倒影与正影相接。而此处的仙女摩根又叫莫佳娜，是指英国中世纪传奇故事中的亚瑟王同父异母的妹妹）中一般，只剩下桅杆尖还露在水面上。那三个异教徒标枪手，不知是因为过于迷恋，还是因为过于忠诚，又或是听天由命，依然坚守在已经沉入海里的船上那高高的瞭望哨上。最后，那艘孤独的小艇以及艇里所有的水手，每支漂浮着的桨，每根长矛杆，一切有生命和没有生命的东西都像陀螺似的在一个旋涡里打着转，就连"披谷德"号最小的碎木片最终也消失在了这个旋涡里。[赏析解读：此处的叙述说明，表明了最终惨烈的结局，悲伤在整个海面上空飘荡着。]

当涌来的浪潮最后漫过站在主桅顶上那个印第安人的头时，整艘船隐约还露在水面上的东西，就只剩下那几英尺长笔直的圆木顶和那面几英尺长的飘扬的风信旗了。那面平静飘扬的风信旗与毁灭了一切的巨浪几乎碰在了一起，颇有些巧合的讽刺意味。就在此时，只见一只红色的胳膊和一把锤子高高举起在半空中，仍然想把那面风信旗往那下沉的圆木上钉得更牢固些。一只苍鹰从群星中的老家朝着主桅杆飞了下来，仿佛在责备那面旗，使劲地啄着它，给站在那里的塔希特戈添麻烦。一不留神，苍鹰巨大的翅膀落到了锤头和圆木之间，令那个已经沉在水中的野蛮人心里产生了一种微妙的快感，在弥留之际想要抓牢一切能抓牢的劲头，让他把手中的锤子狠狠地敲向了桅木，然后便没有了声息。于是，这只鸟儿发出了几声天使般的尖叫，它那高高在上的尖喙在水面上探出了头，就被亚哈的旗子裹住了整个身体，随着他的船一起沉入海底。那艘船就像撒旦（指魔鬼的名字，《圣经》中所描绘的恶魔和堕天使，基督教认为，魔鬼终将于世界末日审判中被投入火湖受永罚）一样，不抓住它头顶上的生灵与自己一起毁灭的话，是绝不肯回到地狱去的。[赏析解读：这里把"披谷德"号比作来自地狱的撒旦，凡是在它上面的生灵最终都会遭到毁灭，渲染出一种悲壮凄凉的气氛。]

现在，小小的水鸟还在那张着大嘴的海湾上呼啸飞舞着，愤怒的白浪猛地撞向它的峭壁，最终以失败而告终。那无边无际的、像尸布一样的海洋依然如五千年前那般奔腾咆哮着。

尾声 "唯有我一人逃脱，给你报信。"

[名师导读]

之所以还有人能够讲出整件事情的始末，那是因为"我"成了"披谷德"号上唯一幸免于难的人。而让"我"得以逃脱死亡魔爪的是那个棺材做的救生器。"我"坐在棺材里在海上漂了差不多一天一夜，最终被寻找失踪孩子的"拉谢"号捡了回去。

戏已落幕。那为什么还有人出现在台前呢？——因为有一个幸免于难的人。

说起来这纯属巧合，在那个袄教徒失踪之后，亚哈小艇上的头桨手就顶替了他原本的岗位，而命运之神则指定我去顶替头桨手的岗位。最后，那天有三个人从剧烈颠簸的小艇上被甩了出去，其中有一个人落到了艇尾稍微靠后的地方，那个人就是我。这使我成了一个身处事故现场的局外人，观看着整个事态的发展。而那艘船下沉时所造成的吸力，到达我身边时已经减半，于是我被慢慢地拖到了那个正在合拢的旋涡边。当我被拖到边沿时，它已经消退成一个奶油似的潭水。那旋涡越缩越小，最终成了一个慢慢旋转的圈子中心点那颗纽扣大小的黑色水泡，我在四周不停地旋转，成了第二个伊克西翁（希腊神话角色，原是特萨利的国王，要求邻邦国王狄奥尼斯将他的美丽女儿嫁给他，狄奥尼斯迫于他的强大而答应，但索取了一笔聘礼，伊克西翁于是设计将狄奥尼斯推入火坑烧死，他的罪行激怒了全体国民，被迫向宙斯寻求庇护。宙斯宽恕了他并让他进入了天堂，没想到他在天堂中又追求宙斯的妻子——天后赫拉。宙斯愤怒至极，罚他下地狱，缚在一个永远燃烧和转动的轮子上）。

后来当我转到了那个致命的中心时，黑色水泡向上迸裂了，而此时那个棺材做的救生器被它那巧妙的弹簧弹了出来。因为浮力巨大，它被猛然笔直地射出了海面，在空中翻了个儿，漂到了我的身边。我借着棺材的浮力，在这柔和的、唱着挽歌似的大海上几乎漂了一天一夜。鲨鱼只是从我的身边游过，却从来不伤害我，仿佛嘴巴被大锁锁起来了一样；

凶猛的海鸥的长喙也像被套上了鞘，在我头上掠过。第二天，我看到一艘船向我驶了过来，越来越近，船上的水手最终把我捞上了船。原来那就是航向迂回曲折的"拉谢"号。它是回过头来搜索它那失踪的孩子的，没想到只找到了另一个孤儿。[赏析解读：以实玛利把自己比作孤儿，表明了他的悲伤难过，也从侧面表现出了"披谷德"号的悲惨结局。]